21 世纪高等学校本科电子电气专业系列实用教材

电工电子技能实训教程

曹海平　主编

堵　俊　顾菊平　盛苏英　副主编

电子工业出版社

Publishing House of Electronics Industry

北京·BEIJING

内 容 简 介

本书是根据社会发展及教学改革的新形势，基于培养适应社会需求的高素质应用型人才的目的，依托高等工科院校本科电气信息类专业及机械工程专业相关课程（电工电子实践、电工电子实习）的基本要求而编写的实训教材。

本书分成三篇，共 11 章，这三篇分成三个层次，既可以独立使用，也可以合并使用。第一篇为电工电子认识实训指导（包括：安全用电知识，常用的电工工具、仪表及低压电器，常用电子仪器的基本原理与使用，常用电子元器件的识别与测试，焊接技术，印制电路板的设计与制作）；第二篇为电工电子装配实训指导（包括：电工装配实训，电子装配实训）；第三篇为现代电子线路设计技术指导（包括：Multisim 2001 仿真软件，MAX+plusⅡ仿真软件，Protel 99 SE 软件）。

本书可作为电气信息类专业及机械工程专业相关课程的实训教材，也可作为非电类相关课程的实践教学参考书。

未经许可，不得以任何方式复制或抄袭本书之部分或全部内容。
版权所有，侵权必究。

图书在版编目(CIP)数据

电工电子技能实训教程/曹海平主编．—北京：电子工业出版社，2011.1
21 世纪高等学校本科电子电气专业系列实用教材
ISBN 978-7-121-12603-1

Ⅰ.①电… Ⅱ.①曹… Ⅲ.①电工技术－高等学校－教材②电子技术－高等学校－教材 Ⅳ.①TM②TN

中国版本图书馆 CIP 数据核字(2010)第 249776 号

策划编辑：柴　燕
责任编辑：韩玲玲
印　　刷：北京七彩京通数码快印有限公司
装　　订：北京七彩京通数码快印有限公司
出版发行：电子工业出版社
　　　　　北京市海淀区万寿路 173 信箱　邮编 100036
开　　本：787×1092　1/16　印张：22　字数：563 千字
版　　次：2011 年 1 月第 1 版
印　　次：2023 年 7 月第 13 次印刷
定　　价：38.00 元

凡所购买电子工业出版社图书有缺损问题，请向购买书店调换。若书店售缺，请与本社发行部联系，联系及邮购电话：(010)88254888。
质量投诉请发邮件至 zlts@phei.com.cn，盗版侵权举报请发邮件至 dbqq@phei.com.cn。
服务热线：(010)88258888。

前　　言

　　实践教学是培养学生实训能力的有效途径。实践教学的改革是当今高等学校教学改革的一项重要任务,对培养学生理论联系实际的能力具有重要作用。电工电子实践(实习)是电气信息类各专业、机械工程专业的必修实训课程,其特点是应用性广、实践性强,在培养学生的学习能力、实践能力和创新能力等方面具有不可替代的作用。

　　本书是根据电工电子实践(电工电子实习)课程教学的基本要求,基于工程训练中心平台的基础而编写的电气信息类各专业及机械工程专业的实践教学用书,能满足普通工科院校电气信息类专业及机械工程专业对"电工电子实践"(电工电子实习)课程的要求。本书力求做到内容系统化、层次化,适应性广,针对性强,便于教师和学生阅读和因材施教。

　　本书由南通大学曹海平主编,堵俊、顾菊平、盛苏英、周俊、姚娟、刘明、曾飞、郭汉清参编。在编写的过程中,东南大学王澄非老师给予了很大的关注和帮助,同时南通大学电工电子教研室的老师们提出了许多有益的意见和修改建议,王晓霞完成了部分文字的录入工作,在此表示诚挚的谢意。

　　由于编者水平有限,书中难免有错误和欠妥之处,恳请广大读者提出宝贵意见。

目 录

第一篇 电工电子认识实训指导

第1章 安全用电知识 ... 1
1.1 人身安全 ... 1
1.1.1 安全电压 ... 1
1.1.2 触电危害 ... 1
1.1.3 触电形式 ... 3
1.1.4 防止触电 ... 4
1.2 设备安全 ... 5
1.2.1 设备接电前检查 ... 5
1.2.2 电气设备基本安全防护 ... 5
1.2.3 设备使用异常的处理 ... 6
1.3 电气火灾 ... 6
1.4 用电安全技术简介 ... 7
1.4.1 接地和接零保护 ... 7
1.4.2 漏电保护开关 ... 8
1.4.3 过限保护 ... 9
1.4.4 智能保护 ... 11
1.5 电子装接操作安全 ... 11
1.5.1 用电安全 ... 11
1.5.2 机械损伤 ... 12
1.5.3 防止烫伤 ... 12
1.6 触电急救与电气消防 ... 13
1.6.1 触电急救 ... 13
1.6.2 电气消防 ... 13
思考题 ... 14

第2章 常用的电工工具、仪表及低压电器 ... 15
2.1 常用电工工具 ... 15
2.1.1 螺丝刀 ... 15
2.1.2 电工刀 ... 15
2.1.3 剥线钳 ... 16
2.1.4 钢丝钳 ... 16
2.1.5 尖嘴钳 ... 16
2.1.6 斜口钳 ... 17
2.1.7 验电笔 ... 17

- 2.1.8 活络扳手 ... 17
- 2.1.9 冲击钻 ... 18
- 2.1.10 管子钳 ... 18
- 2.2 常用电工仪表 ... 19
  - 2.2.1 电工仪表概述 ... 19
  - 2.2.2 电流表 ... 20
  - 2.2.3 电压表 ... 20
  - 2.2.4 钳形电流表 ... 21
  - 2.2.5 兆欧表 ... 22
  - 2.2.6 功率表 ... 24
  - 2.2.7 电度表 ... 26
- 2.3 常用低压电器 ... 28
  - 2.3.1 常用低压电器的分类 ... 29
  - 2.3.2 刀开关 ... 29
  - 2.3.3 主令电器 ... 32
  - 2.3.4 熔断器 ... 35
  - 2.3.5 接触器 ... 38
  - 2.3.6 继电器 ... 40
  - 2.3.7 低压断路器 ... 46
  - 2.3.8 低压电器常见故障及维修 ... 49
- 思考题 ... 52

第3章 常用电子仪器的基本原理与使用 ... 54
- 3.1 示波器 ... 54
  - 3.1.1 示波器的组成及工作原理 ... 54
  - 3.1.2 DF4320 型双踪示波器 ... 56
  - 3.1.3 示波器的主要技术特性 ... 63
- 3.2 函数发生器 ... 64
  - 3.2.1 函数发生器的组成及工作原理 ... 64
  - 3.2.2 YB1638 型函数发生器 ... 64
- 3.3 电子电压表 ... 67
  - 3.3.1 电子电压表的组成及工作原理 ... 67
  - 3.3.2 SX2172 型交流毫伏表 ... 68
- 3.4 直流稳压电源 ... 68
  - 3.4.1 直流稳压电源的组成及工作原理 ... 69
  - 3.4.2 DF1731S 型直流稳压、稳流电源 ... 69
  - 3.4.3 直流稳压电源的主要技术特性 ... 71
- 3.5 万用表 ... 72
  - 3.5.1 模拟式万用表 ... 72
  - 3.5.2 数字式万用表 ... 77
- 3.6 实训：常用电子仪器的使用 ... 80

  3.6.1 实训目的 ························ 80
  3.6.2 实训内容 ························ 80
思考题 ······························· 82

第4章 常用电子元器件的识别与测试 83

4.1 电阻器 83
  4.1.1 电阻器的电路符号与电阻的单位 ············ 83
  4.1.2 电阻器的分类 ····················· 83
  4.1.3 常用的电阻 ····················· 84
  4.1.4 电阻器型号的命名方法 ················ 85
  4.1.5 电阻器的主要参数 ·················· 85
  4.1.6 电阻器的标注方法 ·················· 86
  4.1.7 电阻器的测试 ···················· 88

4.2 电位器 88
  4.2.1 电位器的电路符号 ·················· 89
  4.2.2 电位器的分类 ···················· 89
  4.2.3 电位器的主要参数 ·················· 89
  4.2.4 电位器的标注方法 ·················· 90
  4.2.5 电位器的测试 ···················· 91
  4.2.6 电位器的使用 ···················· 91

4.3 电容器 92
  4.3.1 电容器的电路符号与电容的单位 ············ 92
  4.3.2 电容器的分类 ···················· 92
  4.3.3 常用的电容器 ···················· 93
  4.3.4 电容器的主要参数 ·················· 94
  4.3.5 电容器的标注方法 ·················· 95
  4.3.6 电容器的测试 ···················· 96
  4.3.7 电容器的使用 ···················· 96

4.4 电感器 98
  4.4.1 电感器的电路符号 ·················· 98
  4.4.2 电感器的分类 ···················· 98
  4.4.3 常用的电感器 ···················· 98
  4.4.4 电感器的主要参数 ·················· 99
  4.4.5 电感器的标注方法 ·················· 100
  4.4.6 电感器的测量 ···················· 100
  4.4.7 电感器的使用 ···················· 101

4.5 半导体分立元件 101
  4.5.1 半导体二极管 ···················· 101
  4.5.2 半导体三极管 ···················· 104
  4.5.3 场效应管 ······················ 109
  4.5.4 晶闸管(可控硅) ·················· 111

4.6 集成电路 ·· 113
　　4.6.1 集成电路的型号与命名 ·· 113
　　4.6.2 集成电路的分类 ·· 114
　　4.6.3 数字集成电路的特点与分类 ·· 115
　　4.6.4 模拟集成电路的特点与分类 ·· 117
　　4.6.5 集成电路的引脚排列识别 ··· 118
　　4.6.6 集成电路应用须知 ··· 119
　　4.6.7 集成电路的检测 ·· 120
思考题 ··· 120

第 5 章　焊接技术 ·· 122
5.1 焊接的基本知识 ·· 122
　　5.1.1 焊接的分类 ·· 122
　　5.1.2 焊接的方法 ·· 122
5.2 焊装工具 ·· 123
　　5.2.1 电烙铁 ··· 123
　　5.2.2 其他的装配工具 ·· 126
5.3 焊接材料与焊接机理 ·· 126
　　5.3.1 焊料 ·· 126
　　5.3.2 焊剂 ·· 128
　　5.3.3 阻焊剂 ··· 129
　　5.3.4 锡焊机理 ·· 130
　　5.3.5 锡焊的条件及特点 ··· 131
5.4 手工焊接技术 ··· 132
　　5.4.1 焊接操作的手法与步骤 ·· 132
　　5.4.2 合格焊点及质量检查 ·· 135
　　5.4.3 拆焊 ·· 137
　　5.4.4 焊后清理 ·· 139
5.5 实用焊接技艺 ··· 140
　　5.5.1 焊前的准备 ·· 140
　　5.5.2 元器件的安装与焊接 ·· 141
　　5.5.3 集成电路的焊接 ·· 143
5.6 电子工业生产中的焊接简介 ··· 144
　　5.6.1 浸焊 ·· 144
　　5.6.2 波峰焊 ··· 144
　　5.6.3 再流焊 ··· 145
　　5.6.4 无锡焊接 ·· 146
　　5.6.5 电子焊接技术的发展 ·· 147
思考题 ··· 147

第 6 章　印制电路板的设计与制作 ·· 149
6.1 印制电路板的设计 ·· 149

  6.1.1 印制电路板的基本概念 ································· 149
  6.1.2 印制电路板的设计准备 ································· 151
  6.1.3 印制电路板的排版布局 ································· 154
  6.1.4 印制电路的设计 ··· 157
  6.1.5 印制电路板的抗干扰设计 ····························· 161
  6.1.6 印制电路板图的绘制 ··································· 168
  6.1.7 手工设计印制电路板实例 ····························· 171
 6.2 印制电路板的制作 ·· 172
  6.2.1 印制电路的形成方式 ··································· 172
  6.2.2 印制电路板的工业制作 ································· 173
  6.2.3 印制电路板的手工制作 ································· 174
  6.2.4 印制导线的修复 ··· 178
思考题 ·· 179

第二篇　电工电子装配实训指导

第7章　电工装配实训 ·· 181
 7.1 常用导线的连接工艺 ·· 181
  7.1.1 导线端头绝缘层的剥离 ································· 181
  7.1.2 导线的电气连接工艺 ··································· 183
  7.1.3 导线端头的压接 ··· 186
  7.1.4 导线的封端与绝缘层的恢复 ·························· 187
 7.2 常用照明灯具的安装 ·· 188
  7.2.1 照明灯具安装工艺 ······································ 188
  7.2.2 白炽灯的安装 ·· 190
  7.2.3 日光灯的安装 ·· 191
 7.3 常用低压电器的拆装 ·· 192
  7.3.1 组合开关的拆装 ··· 192
  7.3.2 按钮开关的拆装 ··· 192
  7.3.3 熔断器的拆装 ·· 193
  7.3.4 交流接触器的拆装 ······································ 193
  7.3.5 热继电器的拆装 ··· 194
  7.3.6 时间继电器的拆装 ······································ 194
 7.4 三相异步电动机及其控制线路的连接 ·················· 194
  7.4.1 三相异步电动机的基本结构及铭牌 ················· 194
  7.4.2 三相异步电动机的基本测试 ·························· 198
  7.4.3 三相异步电动机控制线路的连接 ···················· 200
思考题 ·· 202

第8章　电子装配实训 ·· 203
 8.1 DT830B 数字式万用表组装实训 ························· 203
  8.1.1 DT830B 数字式万用表简介 ·························· 203

  8.1.2 DT830B 数字式万用表各单元电路原理 …… 204
  8.1.3 DT830B 数字式万用表的组装 …… 208
  8.1.4 DT830B 数字式万用表的调试 …… 212
 8.2 HX118-2 超外差式收音机的组装实训 …… 213
  8.2.1 超外差式收音机简介 …… 213
  8.2.2 HX118-2 超外差式收音机的各单元电路 …… 216
  8.2.3 HX118-2 超外差式收音机的装配 …… 219
  8.2.4 HX118-2 超外差式收音机的调试 …… 222
  8.2.5 HX118-2 超外差式收音机的故障分析与检修 …… 224
 思考题 …… 226

第三篇 现代电子线路设计技术指导

第9章 Multisim 2001 仿真软件 …… 227
 9.1 Multisim 2001 概述 …… 227
 9.2 Multisim 2001 的主窗口 …… 228
  9.2.1 菜单栏 …… 228
  9.2.2 工具栏 …… 230
  9.2.3 元器件库栏 …… 231
  9.2.4 仪表工具栏 …… 231
  9.2.5 电路窗口 …… 232
  9.2.6 快捷菜单 …… 232
 9.3 Multisim 2001 的元器件库和仪器仪表库 …… 232
  9.3.1 Multisim 2001 的元器件库 …… 232
  9.3.2 Multisim 2001 的仪器仪表库 …… 239
 9.4 Multisim 2001 的仿真分析方法 …… 252
  9.4.1 基本仿真分析法 …… 252
  9.4.2 扫描分析法 …… 256
  9.4.3 统计分析法 …… 258
  9.4.4 电路性能分析 …… 261
  9.4.5 其他分析法 …… 264
  9.4.6 后处理器 …… 266
 9.5 Multisim 2001 在电子设计中的应用 …… 268
  9.5.1 Multisim 2001 在电路分析中的应用 …… 268
  9.5.2 Multisim 2001 在模拟电路分析中的应用 …… 269
  9.5.3 Multisim 2001 在数字电路分析中的应用 …… 275
 思考题 …… 278

第10章 MAX+plus Ⅱ 仿真软件 …… 280
 10.1 MAX+plus Ⅱ 概述 …… 280
 10.2 MAX+plus Ⅱ 主窗口 …… 281
  10.2.1 菜单栏 …… 282

  10.2.2 工具栏 ··· 287
  10.2.3 编辑器 ··· 288
 10.3 MAX＋plusⅡ软件设计流程 ·· 291
 10.4 MAX＋plusⅡ操作示例 ··· 293
  10.4.1 MAX＋plusⅡ在数字组合逻辑电路设计中的应用 ··· 293
  10.4.2 MAX＋plusⅡ在数字时序逻辑电路设计中的应用 ··· 303
 思考题 ·· 308

第 11 章 Protel 99 SE 软件

 11.1 Protel 99 SE 简介 ··· 309
  11.1.1 Protel 99 SE 的三大技术 ·· 309
  11.1.2 Protel 99 SE 的三大功能模块 ··· 309
  11.1.3 Protel 99 SE 的常用命令及操作方法 ·· 310
 11.2 Protel 99 SE 原理图设计 ·· 314
  11.2.1 建立 Schematic 文档、设置图纸 ··· 315
  11.2.2 放置元器件 ·· 316
  11.2.3 原理图布线 ·· 321
  11.2.4 常用工具软件的使用方法及原理图的输出 ·· 323
 11.3 网络表生成软件 ·· 324
  11.3.1 网络表中所包含的内容 ··· 324
  11.3.2 由原理图生成网络表 ·· 324
  11.3.3 元件列表生成 ·· 325
  11.3.4 原理图输出 ·· 327
 11.4 绘制印制电路板(PCB) ·· 329
  11.4.1 启动 PCB 设计系统与环境设置 ·· 329
  11.4.2 制作印制电路板 ··· 333
 思考题 ·· 339

参考文献 ·· 340

第一篇　电工电子认识实训指导

第1章　安全用电知识

　　安全是人类生存的基本需求之一，也是人类从事各种活动的基本保障。从家庭到办公室，从娱乐场所到工矿企业，从学校到公司，几乎没有不用电的场所。电是现代物质文明的基础，同时又是危害人类的肇事者之一，如同现代交通工具把速度和效率带给人类的同时，也让交通事故这个恶魔闯进现代文明一样，电气事故是现代社会不可忽视的灾害之一。

　　从使用电能开始，科技工作者就为减少、防止电气事故而不懈努力。长期实践中，人们总结积累了大量安全用电的经验。但是，人不可能事事都去实践，特别是对安全事故而言。我们应该汲取前人的经验教训，掌握必要的知识，防患于未然。

　　安全技术涉及广泛。本章安全用电的讨论只针对一般工作生活环境而言，对于特殊场合，如高压、矿井等的用电安全不在讨论之列。限于篇幅，即使是一般环境，也只能就最基本、最常见的用电安全问题进行讨论。

1.1　人身安全

1.1.1　安全电压

　　安全电压是指在各种不同环境条件下，人体接触到带电体后各部分组织（如皮肤、心脏、呼吸器官和神经系统等）不发生任何损害的电压。安全电压一方面是相对于电压的高低而言，但更主要的是指对人体安全危害甚微或没有威胁的电压。我国的安全电压额定值的等级分为42V、36V、24V、12V和6V。通常情况下将36V以下的电压作为安全电压。但是，安全电压也与人体电阻有关，人体的电阻一般为100kΩ，皮肤潮湿时可降到1kΩ以下。因此，在潮湿的环境中，因人体电阻的降低，即便接触36V的电压也会有生命危险，所以要用12V安全电压。

1.1.2　触电危害

触电对人体的危害主要有电伤和电击两种。

1. 电伤

电伤是由于发生触电而导致的人体外表创伤，通常有以下三种。

（1）灼伤。灼伤是由于电的热效应而对人体皮肤、皮下组织、肌肉甚至神经产生的伤害，是最常见也是最严重的一种电伤。灼伤会引起皮肤发红、气泡、烧焦、坏死。

（2）电烙伤。电烙伤是指由电流的化学效应和机械效应造成的人体触电部位的外部伤痕，触电部位的皮肤会变硬并形成肿块痕迹，如同烙印一般。

（3）皮肤金属化。这种化学效应是由于带电体金属通过触电点蒸发进入人体造成的，使局部皮肤变得粗糙坚硬并呈青黑色或褐色。

2. 电击

所谓电击，是指电流通过人体时所造成的内部伤害，它会破坏人的心脏、呼吸系统及神经系统的正常工作，甚至会危及生命。低压系统通电电流不大且时间不长的情况下，电流会引起人的心室颤动，但通电电流时间较长时，会造成人窒息而死亡，这是电击致死的主要原因。绝大部分触电死亡事故都是由电击造成的。日常所说的触电事故基本上多指电击。

电击可分为直接电击与间接电击两种。直接电击是指人体直接触及正常运行的带电体所发生的电击；间接电击则是指电气设备发生故障后，人体触及该意外带电部分所发生的电击。直接电击多数发生在误触相线、刀闸或其他设备的带电部分；间接电击一般发生在设备绝缘损坏、相线触及设备外壳、电器短路、保护接零及保护接地损坏等情况。违反操作规程也是造成电击的最大隐患。

3. 影响触电危害程度的因素

（1）电流的大小。人体是存在生物电流的，一定限度的电流不会对人体造成损伤。一些电疗仪器就是利用电流刺激穴位来达到治疗目的的。电流对人体的作用如表 1-1-1 所示。

表 1-1-1　电流对人体的作用

电流/mA	对人体的作用
<0.7	无感觉
1	有轻微感觉
1~3	有刺激感，一般电疗仪器取此电流
3~10	感觉痛苦，但可自行摆脱
10~30	引起肌肉痉挛，短时无危险，长时间有危险
30~50	强烈痉挛，时间超过 60s 即有生命危险
50~250	产生心脏纤颤，丧失知觉，严重危及生命
>250	短时间内（1s 以上）造成心脏骤停，体内造成电灼伤

（2）电流的类型。电流的类型不同对人体的损伤也不同。直流电一般引起电伤，而交流电则电伤与电击同时发生，特别是 40~100Hz 交流电对人体最危险。不幸的是我们日常使用的工频市电（我国为 50Hz）正是在这个危险的频段。当交流电频率达到 20000Hz 时对人体危害很小，用于理疗的一些仪器采用的就是这个频段。

（3）电流的作用时间。电流对人体的伤害与其作用时间密切相关。可以用电流与时间的乘积（也称电击强度）来表示电流对人体的危害。触电保护器的一个主要指标就是额定断开时间与电流乘积小于 30mA·s。实际产品可以小于 3mA·s，故可有效防止触电事故。

(4) 人体电阻。人体是一个不确定的电阻。如前所述,皮肤干燥时电阻可呈现100kΩ以上,而一旦潮湿,电阻可降到1kΩ以下。人体还是一个非线性电阻,随着电压升高,电阻值减小。表1-1-2给出了人体电阻值随电压的变化情况。

表1-1-2 人体电阻值随电压的变化情况

电压/V	1.5	12	31	62	125	220	380	1000
电阻/kΩ	>100	16.5	11	6.24	3.5	2.2	1.47	0.64
电流/mA	忽略	0.8	2.8	10	35	100	268	1560

1.1.3 触电形式

触电是指当人体接触到电源(或带电体),电流就由接触点进入人体,然后由另一点(接触到的地面、墙壁或零线)而形成回路,造成深部肌肉、神经、血管等组织破坏。若电流经过心脏则会造成严重的心律不齐,甚至心跳暂停而死亡。同时两个接触点因电流的流过而产生热能并对肌肤造成损伤。触电的形式可分为单相触电、两相触电和跨步触电3种。

1. 单相触电

单相触电是指人体在地面上或其他接地体上,人体的某一部分触及一相带电体的触电事故。单相触电时,加在人体的电压为电源电压的相电压。设备漏电造成的事故属于单相触电。绝大多数的触电事故属于这种形式,如图1-1-1所示。

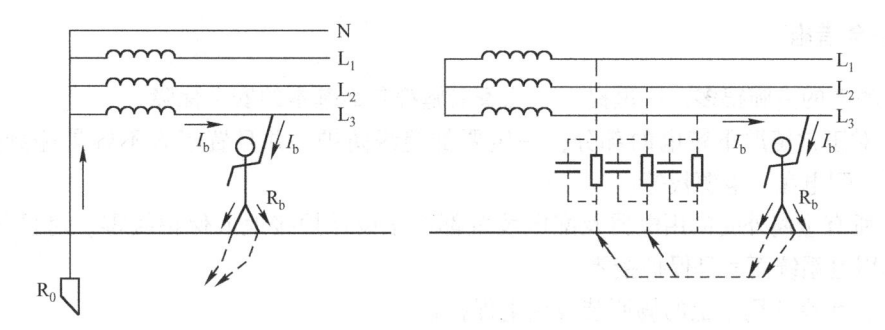

图1-1-1 单相触电

2. 两相触电

两相触电是指人体两处同时触及两相带电体而发生的触电事故。其加在人体的电压是电源的线电压。电流将从一相经人体流入另一相导线。因此,两相触电的危险性比单相触电大,如图1-1-2所示。

3. 跨步触电

当带电体碰地有电流流入大地,或雷击电流经设备接地体入地时,在该接地体附近的大地表面具有不同数值的电位。人体进入上述范围后,两脚之间形成跨步电压而引起的触电事故叫跨步触电,如图1-1-3所示。

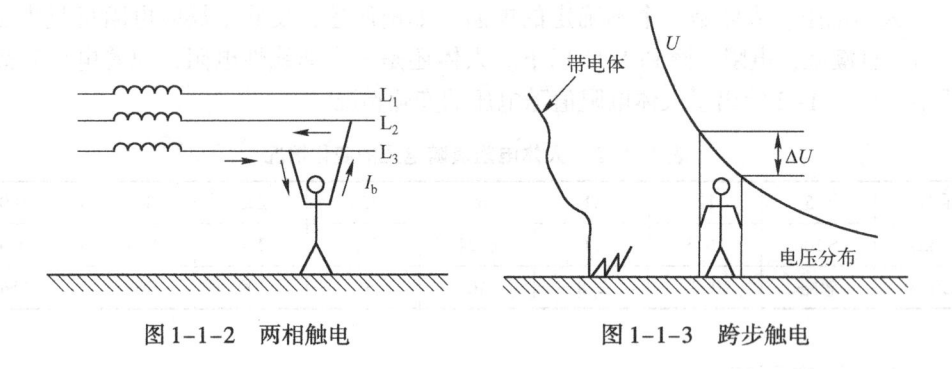

图 1-1-2　两相触电　　　　　图 1-1-3　跨步触电

1.1.4　防止触电

防止触电是安全用电的核心。没有任何一种措施或一种保护器是万无一失的。最保险的钥匙掌握在自己手中，即安全意识和警惕性。以下几点是最基本、最有效的安全措施。

1. 安全制度

工厂企业、科研院所、实验室等用电单位，几乎无一例外地制定了各种各样的安全用电制度。这些制度绝大多数都是在科学分析基础上制定的，也有很多条文是在实际中总结出的经验，可以说很多制度条文都是用惨痛的教训换来的。我们一定要记住：在你走进车间、实验室等一切用电场所时，千万不要忽略安全用电制度，不论这些制度粗看起来如何"不合理"，如何"防碍"工作与学习。

2. 安全措施

预防触电的措施很多，这里提出的几条措施都是最基本的安全保障。

（1）对正常情况下带电的部分，一定要加绝缘防护，并且置于人不容易碰到的地方，如输电线、配电盘、电源板等。

（2）所有金属外壳的用电器及配电装置都应该设保护接地或保护接零。对目前大多数工作生活用电系统而言是保护接零。

（3）在所有使用市电的场所装设漏电保护器。

（4）随时检查所用电器插头、电线，发现破损老化应及时更换。

（5）手持电动工具尽量使用安全电压工作。我国规定常用安全电压为 36V，特别危险的场所使用 12V。

3. 安全操作

（1）任何情况下检修电路和电器时都要确保断开电源，仅仅断开设备上的开关是不够的，还要拔下电源插头。

（2）不要湿手开/关、插拔电器。

（3）遇到不明情况的电线，先认为它是带电的。

（4）尽量养成单手操作电工作业的习惯。

（5）不在疲倦、带病等状态下从事电工作业。

（6）遇到较大体积的电容器时要先行放电，再进行检修。

1.2 设备安全

设备安全是一个庞大的题目。各行各业、各种不同的设备都有其安全使用问题。我们这里讨论的，仅限于一般范围的工作、学习、生活场所的用电仪器、设备及家用电器的安全使用。即使是这些设备，这里涉及的也是最基本的安全常识。

1.2.1 设备接电前检查

将用电设备接入电源，这个问题似乎很简单，其实不然。有的数十万元的昂贵设备，接上电源一瞬间变成废物；有的设备本身若有故障就会引起整个供电网异常，造成难以挽回的损失。因此，建议设备接电前应进行"三查"。

① 查设备铭牌。按国家标准，设备都应在醒目处有该设备要求的电源电压、频率、容量的铭牌或标志。小型设备的说明也可能在说明书中。

② 查环境电源。检查电压、容量是否与设备吻合。

③ 查设备本身。检查电源线是否完好，外壳是否可能带电。一般用万用表欧姆挡进行如图1-2-1所示的简单检测即可。

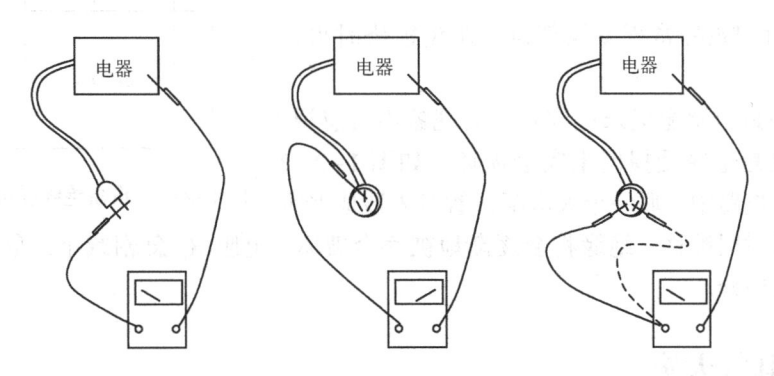

图1-2-1 用万用表检查用电设备

1.2.2 电气设备基本安全防护

所有使用交流电源的电气设备均存在因绝缘损坏而漏电的问题。按电工标准将电气设备分为四类，各类电气设备特征及基本安全防护见表1-2-1。

表1-2-1 各类电气设备特征及基本安全防护

类型	主要特征	基本安全防护	使用范围及说明
O型	一层绝缘，二线插头，金属外壳，且没有接地（零）线	用电环境为电气绝缘（绝缘电阻大于50kΩ）或采用隔离变压器	O型为淘汰电器类型，但一部分旧电器仍在使用
I型	金属外壳接出一根线，采用三线插头	接零（地）保护三孔插座，保护零线可靠连接	较大型电气设备多为此类
II型	绝缘外壳形成双重绝缘，采用二线插头	防止电线破损	小型电气设备
III型	采用8V/36V、24V/12V低压电源的电器	使用符合电气绝缘要求的变压器	在恶劣环境中使用的电器及某些工具

1.2.3 设备使用异常的处理

1. 用电设备在使用中的异常情况

（1）设备外壳或手持部位有麻电感觉。
（2）开机或使用中熔断器烧断。
（3）出现异常声音，如噪声加大、有内部放电声、电机转动声音异常等。
（4）异味中最常见的为塑料味、绝缘漆挥发出的气味，甚至烧焦的气味。
（5）机内打火，出现烟雾。
（6）仪表指示超范围。有些指示仪表数值突变，超出正常范围。

2. 异常情况的处理办法

（1）凡遇上述异常情况之一，应尽快断开电源，拔下电源插头，对设备进行检修。
（2）对烧断熔断器的情况，决不允许换上大容量熔断器继续工作，一定要查清原因后再换上同规格熔断器。
（3）及时记录异常现象及部位，避免检修时再通电查找。
（4）对有麻电感觉但未造成触电的现象不可忽视。这种情况往往是绝缘受损但未完全损坏，如图1-2-2所示，相当于电路中串联一个大电阻，暂时未造成严重后果，但随着时间推移，绝缘将会逐渐地被完全破坏，电阻 R_0 急剧减小，危险也会增大，因此必须及时检修。

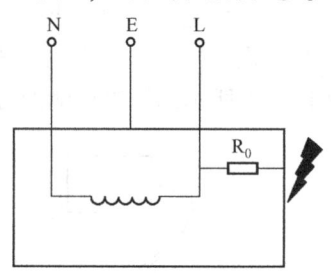

图1-2-2 设备绝缘受损漏电示意图

1.3 电气火灾

随着现代电气化的日益发展，在火灾总数中，电气火灾所占比例不断上升，而且随着城市化进程，电气火灾损失的严重性也在加剧，研究电气火灾原因及其预防意义重大。表1-3-1所示是有关电气火灾的基本分析及预防。

表1-3-1 电气火灾的基本分析及预防

原因	分析	预防
线路过载	输电线的绝缘材料大部分是可燃材料。过载则温度升高，引燃绝缘材料	（1）使输电线路容量与负载相适应； （2）不准超标更换熔断器； （3）线路装过载自动保护装置
线路或电器火花、电弧	由于电线断裂或绝缘损坏引起放电，可点燃本身绝缘材料及附近易燃材料、气体等	（1）按标准接线，及时检修电路； （2）加装自动保护
电热器具	电热器具使用不当，点燃附近可燃材料	正确使用，使用中有人监视
电器老化	电器超期服役，因绝缘材料老化，散热装置老化引起温度升高	停止使用超过安全期的产品
静电	在易燃、易爆场所，静电火花引起火灾	严格遵守易燃、易爆场所安全制度

1.4 用电安全技术简介

实践证明，采用用电安全技术可以有效预防电气事故。已有的技术措施不断完善，新的技术不断涌现，我们需要了解并正确运用这些技术，不断提高安全用电的水平。

1.4.1 接地和接零保护

在低压配电系统中，有变压器中性点接地和不接地两种系统，相应的安全措施有接地保护和接零保护两种方式。

1. 接地保护

在中性点不接地的配电系统中，电气设备宜采用接地保护。这里的"接地"与电子电路中简称的"接地"（在电子电路中"接地"是指接公共参考电位"零点"）不是一个概念，这里是真正的接大地，即将电气设备的某一部分与大地土壤作良好的电气连接，一般通过金属接地体并保证接地电阻小于4Ω。接地保护原理如图1-4-1所示。如没有接地保护，则流过人体的电流为

$$I_r = \frac{U}{R_r + \frac{Z}{3}}$$

式中，I_r 为流过人体电流；U 为相电压；R_r 为人体电阻；Z 为相线对地阻抗。当接上保护地线时，相当于给人体电阻并上一个接地电阻 R_g，此时流过人体的电流为

$$I_r' = \frac{R_g}{R_g + R_r} I_r$$

由于 $R_g \ll R_r$，故可有效保护人身安全。

由此也可看出，接地电阻越小，保护越好，这就是为什么在接地保护中总要强调接地电阻要小的缘故。

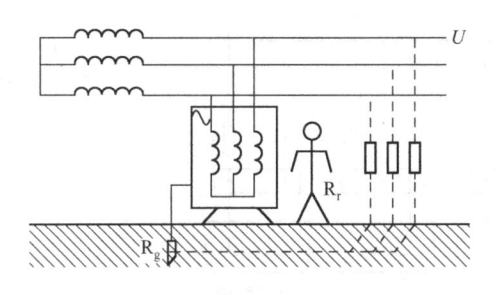

图1-4-1 接地保护原理示意图

2. 接零保护

对变压器中性点接地系统（现在普遍采用电压为380V/220V三相四线制电网）来说，采用外壳接地已不足以保证安全。参考图1-4-1，因人体电阻 R_r 远大于设备接地电阻 R_g，所以人体受到的电压就是相线与外壳短路时外壳的对地电压 U_a：

$$U_a \approx \frac{R_g}{R_0 + R_g} U$$

式中，R_0 为工作接地的接地电阻；R_g 为保护接地的接地电阻；U_a 为相电压。

如果 $R_0 = 4\Omega$，$R_g = 4\Omega$，$U = 220V$，则 $U_a \approx 110V$，这个电压对人来说是不安全的。因此，在该系统中应采用保护接零，即将金属外壳与电网零线相接。一旦相线碰到外壳即可形成与零线之间的短路，产生很大的电流，使熔断器或过流开关断开，切断电流，因而可防止电击危险。这种采用保护接零的供电系统，除工作接地外，还必须有重复接地保护，如图1-4-2所示。

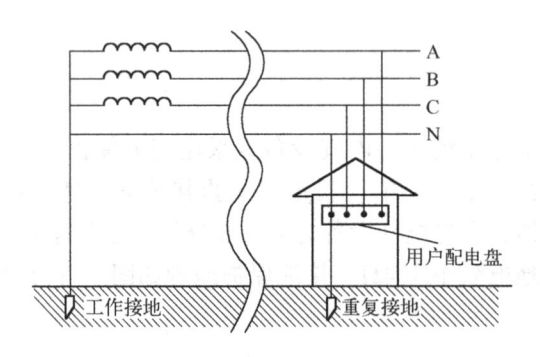

图1-4-2 重复接地

图1-4-3所示为民用220V供电系统的保护零线和工作零线。在一定距离和分支系统中，必须采用重复接地，这些属于电工安装中的安全规则，电源线必须严格按有关规定制作。

应注意的是这种系统中的保护接零必须是接到保护零线上，而不能接到工作零线上。保护零线和工作零线的对地电压都是0V，但保护零线上是不能接熔断器和开关的，而工作零线上则根据需要可接熔断器及开关。这对有爆炸、火灾危险的工作场所为减轻过负荷的危险是必要的。图1-4-4所示为室内有保护零线时，用电器外壳采用保护接零的接法。

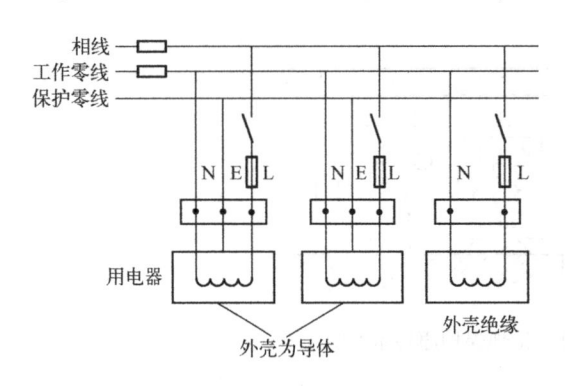

图1-4-3 单相三线制用电器接线

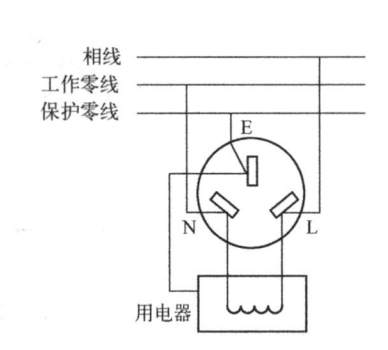

图1-4-4 三线插座接线

1.4.2 漏电保护开关

漏电保护开关也叫触电保护开关，是一种保护切断型的安全技术，它比保护接地或保护接零更灵敏，更有效。据统计，某城市普遍安装漏电保护器后，同一时间内触电伤亡人数减少了2/3，可见技术保护措施的作用不可忽视。

漏电保护开关有电压型和电流型两种，其工作原理有共同性，即都可把它看作是一种灵敏继电器，如图1-4-5所示，检测器JC控制开关S的通断。对电压型而言，JC检测用电器对地电压；对电流型则检测漏电流，超过安全值即控制S动作切断电源。

由于电压型漏电保护开关安装比较复杂，因此目前发展较快、使用广泛的是电流型漏电保护开关。电流型漏电保护开关不仅能防止人体触电而且能防止漏电造成火灾，既可用于中性点接地系统也可用于中性点不接地系统，既可单独使用也可与保护接地、保护接零共同使用，而且安装方便，值得大力推广。

典型的电流型漏电保护开关工作原理如图1-4-6所示。当电器正常工作时，流经零序互感器的电流大小相等，方向相反，检测输出为零，开关闭合电路正常工作。当电器发生漏电时，漏电流不通过零线，零序互感器检测到不平衡电流并达到一定数值时，通过放大器输出信号将开关切断。

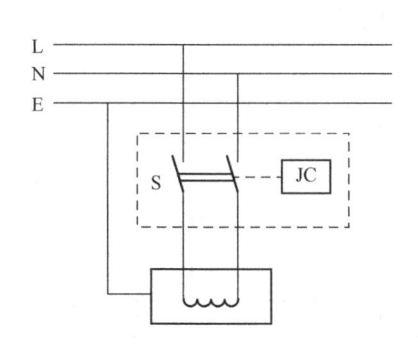

图1-4-5　漏电保护开关示意图　　图1-4-6　电流型漏电保护开关工作原理

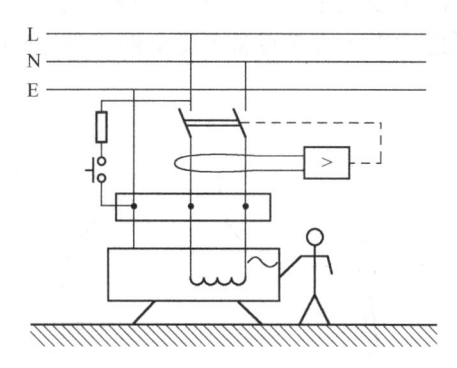

图1-4-6中按钮与电阻组成检测电路，选择电阻使此支路电流为最小动作电流，即可测试开关是否正常。

按国家标准规定，电流型漏电保护开关电流时间乘积应不小于30 mA·s。实际产品一般额定动作电流为30mA，动作时间为0.1s。如果是在潮湿等恶劣环境下，则可选取动作电流更小的规格。另外还有一个额定不动作电流，一般取5mA，这是因为用电线路和电器都不可避免地存在着微量漏电。

选择漏电保护开关更要注重产品质量。一般来说，经国家电工产品认证委员会认证、带有安全标志的产品是可信的。

1.4.3　过限保护

上述接地、接零保护、漏电开关保护主要解决电器外壳漏电及意外触电问题。另有一类故障表现为电器并不漏电，但由于电器内部元器件、部件故障，或由于电网电压升高而引起电器电流增大，温度升高，超过一定限度，结果会导致电器损坏甚至引起电气火灾等严重事故。对这一类故障，目前有下述自动保护元件和装置。

1. 过压保护装置

过压保护装置有集成过压保护器和瞬变电压抑制器。

（1）集成过压保护器，是一种安全限压自控部件，其工作原理如图1-4-7所示，使用时并联于电源电路中。当电源正常工作时功率开关断开。一旦设备电源失常或失效而超过保护阈值，采样放大电路将使功率开关闭合、电源短路，使熔断器断开，保护设备免受损失。

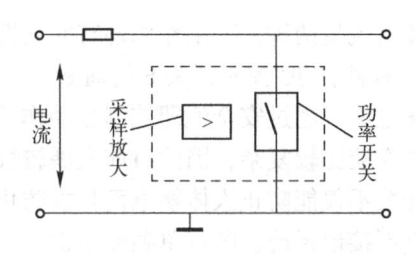

图1-4-7 集成过压保护器工作原理

（2）瞬变电压抑制器（TVP），是一种类似稳压管特性的二端器件，但比稳压管响应快，功率大，能"吸收"高达数千瓦的浪涌功率。TVP 的特性曲线如图 1-4-8（a）所示，正向特性类似二极管，反向特性在 U_B 处发生"雪崩"效应，其响应时间可达 10^{-12} s。将两只 TVP 管反向串接即具有"双极"特性，可用于交流电路，如图 1-4-8（b）所示。选择合适的 TVP 可保护设备不受电网或意外事故产生的高压危害。

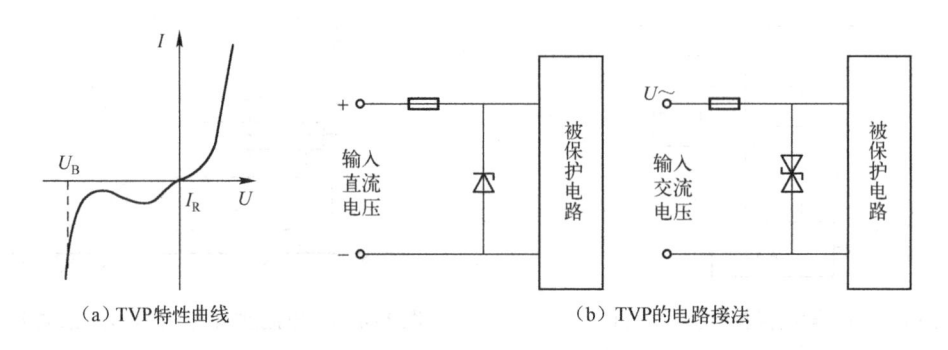

（a）TVP特性曲线　　　　　　（b）TVP的电路接法

图 1-4-8　TVP 的特性曲线及电路接法

2. 温度保护装置

电器温度超过设计标准是造成绝缘失效，引起漏电、火灾的关键。温度保护装置除传统的温度继电器外，还有一种新型、有效而且经济实用的元件——热熔断器。其外形如同一只电阻器，可以串接在电路，置于任何需要控制温度的部位，正常工作时间内相当于一只阻值很小的电阻，一旦电器温升超过阈值，立即熔断从而切断电源回路。

3. 过流保护装置

用于过电流保护的装置和元件主要有熔断器、电子继电器及聚合开关，它们串接在电源回路中以防止意外电流超限。

熔断器用途最普遍，主要特点是简单、价廉。不足之处是反应速度慢而且不能自动恢复。

电子继电器过流开关，也称电子熔断器，反应速度快，可自行恢复，但较复杂，成本高，在普通电器中难以推广。

聚合开关实际上是一种阻值可以突变的正温度系数电阻器。当电流在正常范围时呈低阻（一般为 0.05～0.5Ω），当电流超过阈值后阻值很快增加几个数量级，使电路电流降低至数毫安。一旦温度恢复正常，电阻又降至低阻，故其有自锁及自恢复特性。由于其体积小、结构简单、工作可靠且价格低,故可广泛用于各种电气设备及家用电器中。

1.4.4 智能保护

随着现代化的进程,配电、输电及用电系统越来越庞大,越来越复杂,即使采取上述多种保护方法,也总有其局限性。当代信息技术的飞速发展,传感器技术、计算机技术及自动化技术的日趋完善,使得用综合性智能保护成为可能。

图1-4-9所示是计算机智能保护系统示意图。各种监测装置和传感器(声、光、烟雾、位置、红外线等)将采集到的信息经过接口电路输入到计算机,进行智能处理,一旦发生事故或有事故预兆时,通过计算机判断及时发出处理指令,例如,切断事故发生地点的电源或者总电源,启动自动消防灭火系统,发出事故警报等,并根据事故情况自动通知消防或急救部门。保护系统可将事故消灭在萌芽状态或使损失减至最小,同时记录事故详细资料。

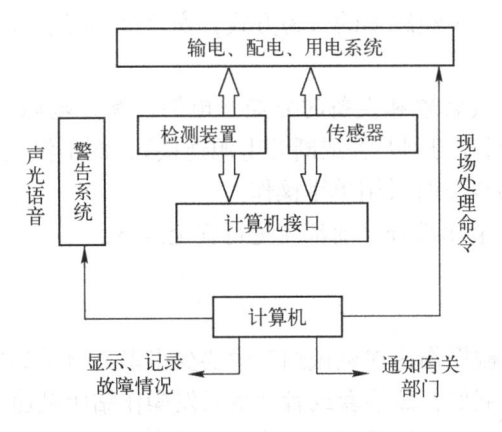

图1-4-9 计算机智能保护系统

1.5 电子装接操作安全

这里所说的电子装接泛指工厂规模化生产以外的各种电子电器操作,如电器维修、电子实验、电子产品研制、电子工艺实习及各种电子制作等。其特点是大部分情况下为少数甚至个人操作,操作环境和条件千差万别,安全隐患复杂而没有明显的规律。

1.5.1 用电安全

尽管电子装接工作通常称为"弱电"工作,但实际工作中免不了接触"强电"。一般常用的电动工具(如电烙铁、电钻、电热风机等)、仪器设备和制作装置大部分需要接市电才能工作,因此用电安全是电子装接工作的首要关注点。实践证明以下三点是安全用电的基本保证。

1. 安全用电观念

增强安全用电的观念是安全的根本保证。任何制度、任何措施,都是由人来贯彻执行的,忽视安全是最危险的隐患。

2. 基本安全措施

工作场所的基本安全措施是保证安全的物质基础。基本安全措施包括以下几条。

(1) 工作室电源符合电气安全标准。
(2) 工作室总电源上装有漏电保护开关。
(3) 使用符合安全要求的低压电器（包括电线、电源插座、开关、电动工具、仪器仪表等）。
(4) 工作室或工作台上有便于操作的电源开关。
(5) 从事电力电子技术工作时，工作台上应设置隔离变压器。
(6) 调试、检测较大功率电子装置时工作人员不少于两人。

3. 养成安全操作习惯

习惯是一种下意识的、不经思索的行为方式，安全操作习惯可以经过培养逐步形成，并使操作者终身受益。

(1) 人体触及任何电气装置和设备时先断开电源。断开电源一般指真正脱离电源系统（例如，拔下电源插头，断开刀闸开关或断开电源连接），而不仅是断开设备电源开关。
(2) 测试、装接电力线路时采用单手操作。
(3) 触及电路的任何金属部分之前都应进行安全测试。

1.5.2 机械损伤

电子装接工作中的机械损伤比在机械加工中要少得多，但是如果放松警惕、违反安全规程则仍然存在一定危险。例如，戴手套或者披散长发操作钻床是违反安全规程的，实践中曾发生过手臂和头发被高速旋转的钻具卷入、造成严重伤害的事故。再如，使用螺丝刀紧固螺钉可能打滑而伤及自己的手；剪断印制板上元件引线时，线段飞射打伤眼睛等事故都曾发生过。而这些事故只要严格遵守安全制度和操作规程，树立牢固的安全保护意识，是完全可以避免的。

1.5.3 防止烫伤

烫伤在电子装接工作中是频繁发生的一种安全事故，烫伤一般不会造成严重后果，但也会给操作者造成伤害。只要注意操作安全，烫伤完全可以避免。造成烫伤的原因及防止措施如下。

1. 过热固体烫伤

常见有下列两类造成烫伤的固体。

(1) 电烙铁和电热风枪。特别是电烙铁，为电子装接必备工具，通常烙铁头表面温度可达 400~500℃，而人体所能耐受的温度一般不超过 50℃，直接触及电烙铁头肯定会造成烫伤。

工作中电烙铁应放置在烙铁架并置于工作台右前方。观测电烙铁温度时可用烙铁头熔化松香，不要直接用手触摸烙铁头。

(2) 电路中发热电子元器件，如变压器、功率器件、电阻、散热片等。特别是电路发生故障时有些发热器件可达几百摄氏度高温，如果在通电状态下触及这些元器件则不仅可能造成烫伤，还可能有触电危险。

2. 过热液体烫伤

电子装接工作中接触到的过热液体主要有熔化状态的焊锡及加热的溶液（如腐蚀印制板时加热腐蚀液）。

3. 电弧烫伤

准确地讲应称为"烧伤"，因为电弧温度可达数千摄氏度，电弧烧伤对人体损伤极为严重。电弧烧伤常发生在操作电气设备过程中，例如，图 1-5-1 所示大功率用电器不通过启动装置而直接接到刀闸开关上，当操作者用手去断开刀闸时，由于电路感应电动势（特别是电感性负载，如电动机、变压器等）在刀闸开关之间可产生数千甚至上万伏的高压，因此击穿空气而产生的强烈电弧，容易烧伤操作者。

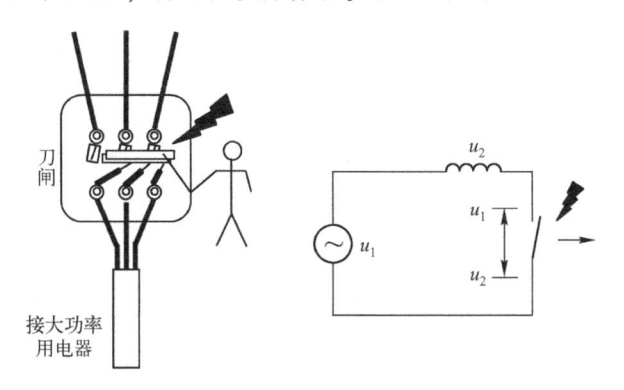

图 1-5-1　电弧烧伤

1.6　触电急救与电气消防

1.6.1　触电急救

发生触电事故时，千万不要惊慌失措，必须用最快的速度使触电者脱离电源。记住：当触电者未脱离电源前本身就是带电体，同样会使抢救者触电。

脱离电源最有效的措施是拉闸或拔出电源插头，如果一时找不到或来不及找的情况下可用绝缘物（如带绝缘柄的工具、木棒、塑料管等）移开或切断电源线。关键是：一要快，二要不使自己触电。一两秒的迟缓都可能造成无可挽救的后果。

脱离电源后如果病人呼吸、心跳尚存，应尽快送医院抢救。若心跳停止则应采用人工心脏挤压法维持血液循环；若呼吸停止则应立即做口对口的人工呼吸。若心跳、呼吸全停，则应同时采用上述两个方法，并向医院告急求救。

1.6.2　电气消防

① 发现电子装置、电气设备、电缆等冒烟起火，要尽快切断电源（拉开总开关或失火电路开关）。

② 使用砂土、二氧化碳或四氯化碳等不导电灭火介质，忌用泡沫或水进行灭火。
③ 灭火时不可将身体或灭火工具触及导线和电气设备。

思 考 题

1. 什么叫安全电压？我国规定的安全电压是多少？
2. 触电对人体危害主要有哪几种形式？影响触电危害程度的因素有哪些？
3. 什么叫单相触电？什么叫两相触电？各有何特点？
4. 常见的触电原因有哪些？怎样预防触电？
5. 电气火灾的原因有哪些？如何预防？
6. 什么叫接地保护？什么叫接零保护？各适用于什么场合？
7. 如何做到电子装接操作安全？
8. 发现有人触电，怎样使触电者尽快脱离电源？

第 2 章 常用的电工工具、仪表及低压电器

电工工具与电工仪表是电气安装与维修工作的"武器",正确使用它们是提高工作效率、保证施工质量的重要条件,而低压电器是电力拖动自动控制系统的基本组成元件。因此,电气技术人员了解电工工具、仪表的结构及其使用方法,以及熟悉常用低压电器的原理、结构、型号和用途是十分重要的。限于篇幅,本章仅对常用的电工工具、电工仪表及低压电器进行讨论。

2.1 常用电工工具

常用的电工工具主要有螺丝刀、电工刀、剥线钳、钢丝钳、尖嘴钳、斜口钳、验电笔、活络扳手、冲击钻、管子钳等。下面介绍其使用方法及注意事项。

2.1.1 螺丝刀

螺丝刀又称"起子"、螺钉旋具等,其头部形状有"一"字形和"十"字形两种,如图 2-1-1 所示。"一"字形螺丝刀用来紧固或拆卸带一字槽的螺钉;"十"字形螺丝刀专用于紧固或拆卸带十字槽的螺钉。电工常用的"十"字形螺丝刀有四种规格:Ⅰ号适用的螺钉直径为 2~2.5mm;Ⅱ号为 3~5 mm;Ⅲ号为 6~8 mm;Ⅳ号为 10~12 mm。

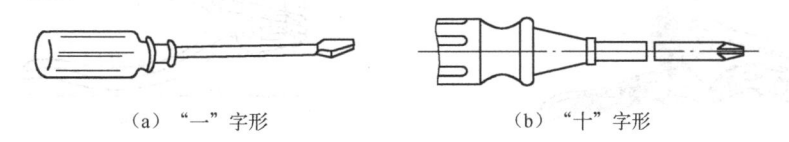

(a)"一"字形　　　　(b)"十"字形

图 2-1-1 螺丝刀

使用螺丝刀时应注意下面几点。
(1) 不得使用金属杆直通柄顶的螺丝刀进行电工操作,否则易造成触电事故。
(2) 为避免螺丝刀的金属杆触及皮肤或邻近带电体,应在金属杆上套绝缘管。
(3) 螺丝刀头部厚度应与螺钉尾部槽形相配合,斜度不宜太大,头部不应该有倒角,否则容易打滑。
(4) 使用时应将头部顶牢螺钉槽口,防止打滑而损坏槽口。
(5) 不用小号螺丝刀拧旋大螺钉,否则不易旋紧,或将螺钉尾槽拧豁,或损坏螺丝刀头部。反之,也不能用大号螺丝刀拧旋小螺钉,防止因力矩过大而导致小螺钉滑丝。

2.1.2 电工刀

电工刀适用于装配维修工作中割削导线绝缘外皮,以及割削木桩和割断绳索等操作,其外形如图 2-1-2 所示。电工刀有普通型和多用型两种,按刀片尺寸可分为大号(112mm)

和小号（88mm）两种。多用型电工刀除了刀片外，还有可收式的锯片、锥针和螺丝刀等。

图 2-1-2　电工刀

使用电工刀时应注意下面几点。
（1）使用时切勿用力过大，以免不慎划伤手指和其他器具。
（2）使用时，刀口应朝外操作。
（3）电工刀的手柄一般不绝缘，严禁用电工刀进行带电操作。

2.1.3　剥线钳

剥线钳适用于剥削截面积 6mm² 以下塑料或橡胶绝缘导线的绝缘层，由钳口和手柄两部分组成，其外形如图 2-1-3 所示。上面有尺寸为 0.5～3mm 的多个直径切口，用于不同规格线芯的剥削。使用时，切口大小必须与导线芯线直径相匹配，过大则难以剥离绝缘层，过小则会损伤或切断芯线。

2.1.4　钢丝钳

钢丝钳又称克丝钳，一般有 150mm、175mm、200mm 三种规格，其外形如图 2-1-4 所示。其用途是夹持或折断金属薄板以及切断金属丝（导线）。电工用钢丝钳的手柄必须绝缘，一般钢丝钳的绝缘护套耐压为 500V，只适用于在低压带电设备上使用。

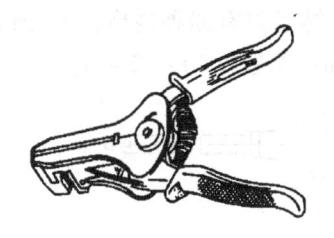

图 2-1-3　剥线钳

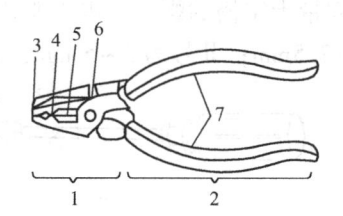

图 2-1-4　钢丝钳
1—钳头；2—钳柄；3—钳口；4—齿口；
5—刀口；6—侧口；7—绝缘套

使用钢丝钳时应注意下面几点。
（1）使用钢丝钳时，切勿将绝缘手柄碰伤、损伤或烧伤，并注意防潮。
（2）钳轴要经常加油，防止生锈，保持操作灵活。
（3）带电操作时，手与钢丝钳的金属部分要保持 2cm 以上间距。
（4）根据不同用途，选用不同规格的钢丝钳。

2.1.5　尖嘴钳

尖嘴钳的头部尖细，使用灵活方便。适用于狭小的工作空间或带电操作低压电气设备，也可用于电气仪表制作或维修、剪断细小的金属丝等，其外形如图 2-1-5 所示。电工维修时，应选用带有耐酸塑料套管绝缘手柄、耐压在 500V 以上的尖嘴钳，常用规格有 130mm、160mm、180mm、200mm 四种。

使用尖嘴钳时应注意下面几点。

（1）不可使用绝缘手柄已损坏的尖嘴钳切断带电导线。

（2）操作时，手离金属部分的距离应不小于2cm，以保证人身安全。

（3）因钳头尖细，又经过热处理，故钳夹物不可太大，用力切勿过猛，以防损坏钳头。

（4）钳子使用后应清洁干净。钳轴要经常加油，以防生锈。

2.1.6 斜口钳

斜口钳又称断线钳，其头部扁斜，电工用斜口钳的钳柄采用绝缘柄，外形如图2-1-6所示，其耐压等级为1000V。

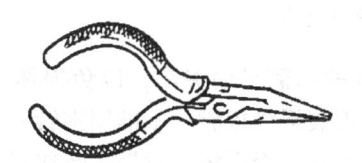

图2-1-5 尖嘴钳 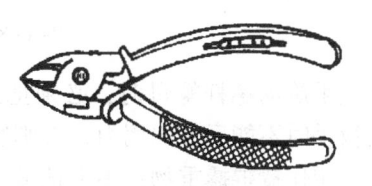　　　　图2-1-6 斜口钳

斜口钳专供剪断较粗的金属丝、线材及电线电缆等。

2.1.7 验电笔

验电笔又称试电笔，有低压和高压之分。常用的低压验电笔是检验导线、电器和电气设备是否带电的常用工具，检测范围为60～500V，有钢笔式、螺丝刀式和组合式等多种。

低压验电笔由工作触头（笔尖）、降压电阻、氖泡、弹簧等部件组成，如图2-1-7所示。

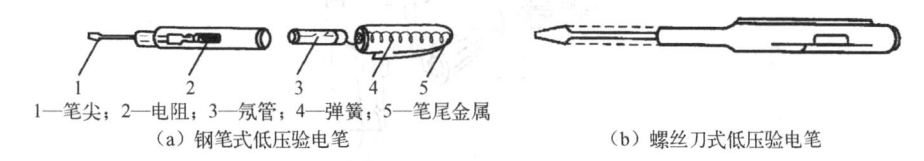

1—笔尖；2—电阻；3—氖管；4—弹簧；5—笔尾金属
（a）钢笔式低压验电笔　　　　（b）螺丝刀式低压验电笔

图2-1-7 低压验电笔

使用低压验电笔时应注意下面几点。

（1）使用时，先检查里面有无安全电阻，再直观检查验电笔是否损坏。检查合格才可使用。

（2）使用验电笔测量电气设备是否带电之前，先在电源部位检查一下氖泡是否能正常发光，如果正常发光，则可开始使用。

（3）多数验电笔前面的金属探头制成一物两用的小螺丝刀形状，使用时，如把验电笔当作螺丝刀使用，用力要轻，扭矩不可过大，以防损坏。

（4）使用完毕后，要保持验电笔清洁，放置在干燥、防潮、防摔碰的地方。

2.1.8 活络扳手

活络扳手的扳口可在规格范围内任意调整大小，用于旋动螺杆螺母，其结构如图2-1-8（a）所示。

活络扳手规格较多，电工常用的有 150mm×19mm、200mm×24mm、250mm×30mm 等几种，前一个数表示体长，后一个数表示扳口宽度。扳动较大螺杆螺母时，所用力矩较大，手应握在手柄尾部，如图 2-1-8（b）所示。扳动较小螺杆螺母时，为防止扳口处打滑，手可握在接近头部的位置，且用拇指调节和稳定螺杆，如图 2-1-8（c）所示。

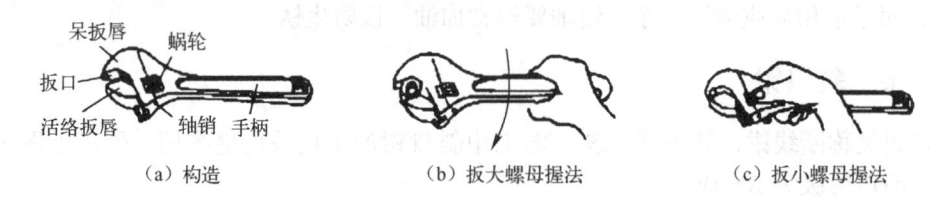

（a）构造　　　　（b）扳大螺母握法　　　　（c）扳小螺母握法

图 2-1-8　活络扳手

使用活络扳手旋动螺杆螺母时，必须把工件的两侧平面夹牢，以免损坏螺杆螺母的棱角。使用活络扳手时不能反方向用力，否则容易扳裂活络扳唇；不准用钢管套在手柄上作加力杆使用，不准用作撬棍撬重物；不准把扳手当手锤，否则将会对扳手造成损坏。

2.1.9　冲击钻

冲击钻是一种头部有钻头、内部装有单相整流子电动机、靠旋转来钻孔的手持电动工具。它一般带有调节开关，当开关在旋转无冲击，即"钻"的位置时，其功能如同普通电钻，装上普通麻花钻头就能在金属上钻孔；当开关在旋转带冲击，即"锤"的位置时，装上镶有硬质合金的钻头，便能在混凝土或砖墙等建筑构件上钻孔。通常可冲打直径为 6~16mm 的圆孔。冲击钻的外形如图 2-1-9 所示。

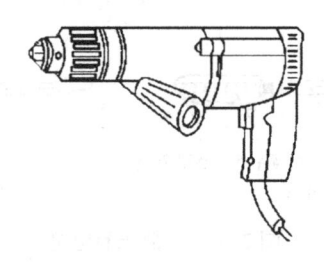

图 2-1-9　冲击钻的外形

使用冲击钻时应注意下面几点。

（1）长期搁置不用的冲击钻，使用前必须用 500V 兆欧表测定对地绝缘电阻，其值应不小于 0.5MΩ。

（2）使用金属外壳冲击钻时，必须戴绝缘手套、穿绝缘鞋或站在绝缘板上，以确保操作人员的人身安全。

（3）钻孔时若遇到坚实物则不能加过大压力，以防钻头退火或冲击钻因过载而损坏。冲击钻因故突然堵转时，应立即切断电源。

（4）在钻孔过程中，应经常把钻头从钻孔中抽出，以便排除钻屑。

2.1.10　管子钳

管子钳用来拧紧或松散电线管上的束节或管螺母，常用规格有 250mm、300mm 和 350mm 等多种。

管子钳的外形如图 2-1-10 所示。

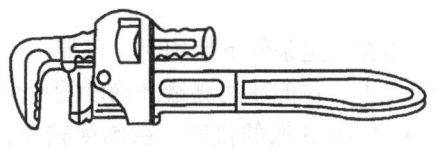

图 2-1-10　管子钳的外形

2.2　常用电工仪表

电工仪表在电气线路，以及用电设备的安装、使用与维修中起着重要的作用，常用的电工仪表有电流表、电压表、万用表、钳形电流表、兆欧表、功率表、电度表等多种。本节对它们（除万用表）的测量原理及使用方法进行分析和介绍。

2.2.1　电工仪表概述

1. 电工仪表的基本组成和工作原理

用来测量电流、电压、功率等电量的指示仪表，称为电工测量仪表。电工测量仪表通常由测量线路和测量机构两大部分组成，如图 2-2-1 所示。一般来说，被测量不能直接加到测量机构上。通常是将被测量转换成测量机构可以测量的过渡量，这个将被测量转换为过渡量的组成部分就是"测量线路"。将过渡量按某一关系转换成偏转角的机构叫"测量机构"。测量机构由活动部分和固定部分组成，是仪表的核心，其主要作用是产生使仪表的指示器偏转的转动力矩，以及使指示器保持平衡和迅速稳定的反作用力矩和阻尼力矩。

被测量 → 测量线路 → 过渡量 → 测量机构 → 指针偏转角

图 2-2-1　电工指示仪表基本组成框图

电工测量仪表的工作原理是：测量线路将被测电量或非电量转换成测量机构能直接测量的电量时，测量机构活动部分在偏转力矩的作用下偏转；同时，测量机构产生反作用力矩的部件所产生的反作用力矩也作用在活动部分上，当转动力矩与反作用力矩相等时，活动部分便停止下来。由于活动部分具有惯性，以至于它在达到平衡时不能迅速停止，仍在平衡位置附近来回摆动。因此，在测量机构中设置阻尼装置，依靠其产生的阻尼力矩使指针迅速停止在平衡位置上，指出被测量的大小。

2. 常用电工仪表的分类

电工仪表种类繁多，按工作原理不同，可分为磁电式、电磁式、电动式、感应式等；按测量对象不同，可分为电流表（安培表）、电压表（伏特表）、功率表（瓦特表）、电度表（千瓦时表）、欧姆表及多用途的万用表等；按测量电流种类的不同，可分为单相交流表、直流表、交直流两用表、三相交流表等；按使用性质和装置方法的不同，可分为固定式（开关板式）、携带式；按测量准确度不同，可分为 0.1、0.2、0.5、1.0、1.5、2.5、5.0 共七个等级。

3. 电工仪表的精确度

电工仪表的精确度等级是指在规定条件下使用时，可能产生的基本误差占满刻度的百分数。它表示该仪表基本误差的大小。在前述的测量准确度的七个等级中，数字越小者，仪表精确度越高，基本误差越小。0.1~0.5级的仪表，精确度较高，常用于实验室作校检仪表；1.5级以上的仪表，精确度较低，通常用于工程上进行检测与计量。

2.2.2 电流表

电流表串联在被测量的电路中，测量其电流值。按所测电流性质可分为直流电流表、交流电流表和交直两用电流表。按其测量范围又有微安表、毫安表和安培表之分。按动作原理分为磁电式、电磁式和电动式等。

1. 电流表的选择

测量直流电流时，较为普遍的是选用磁电式仪表，也可使用电磁式或电动式仪表。测量交流电流时，较多使用的是电磁式仪表，也可使用电动式仪表。对测量准确度要求高、灵敏度高的场合应采用磁电式仪表；对测量精度要求不严格、被测量较大的场合常选用价格低、过载能力强的电磁式仪表。

电流表的量程选择应根据被测电流大小来决定，应使被测电流值处于电流表的量程之内。在不明确被测电流大小的情况时，应先使用较大量程的电流表试测，以免因过载而损坏仪表。

2. 使用方法及注意事项

（1）一定要将电流表串接在被测电路中。

（2）测量直流电流时，电流表接线端的"＋"、"－"极性不可接错，否则可能损坏仪表。磁电式电流表一般只用于测量直流电流。

（3）应根据被测电流大小选择合适的量程。对于有两个量程的电流表，它具有三个接线端，使用时要看清接线端量程标记，将公共接线端和一个量程接线端串联在被测电路中。

（4）选择合适的准确度以满足被测量的需要。电流表具有内阻，内阻越小，测量的结果越接近实际值。为了提高测量的准确度，应尽量采用内阻较小的电流表。

（5）在测量数值较大的交流电流时，常借助于电流互感器来扩大交流电流表的量程。电流互感器次级线圈的额定电流一般设计为5A，与其配套使用的交流电流表量程也应为5A。电流表指示值乘以电流互感器的变流比，为所测实际电流的数值。使用电流互感器时应让互感器的次级线圈和铁芯可靠接地，次级线圈一端不得加装熔断器，严禁使用时开路。

2.2.3 电压表

电压表并联在被测电路中，用来测量被测电路的电压值。按所测电压的性质分为直流电压表、交流电压表和交直两用电压表。按其测量范围又有毫伏表、伏特表之分。按动作原理分为磁电式、电磁式和电动式等。

1. 电压表的选择

电压表的选择原则和方法与电流表基本相同，主要从测量对象、测量范围、要求精度和仪表价格等几方面考虑。工厂内的低压配电线路，其电压多为 380V 和 220V，对测量精度要求不太高，所以一般用电磁式电压表，选择量程为 450V 和 300V。测量和检查电子线路的电压时，因对测量精度和灵敏度要求高，故常采用磁电式多量程电压表，其中普遍使用的万用表的电压挡，其交流测量是通过整流后实现的。

2. 使用方法及注意事项

(1) 一定要使电压表与被测电路的两端相并联。
(2) 电压表量程要大于被测电路的电压，以免损坏电压表。
(3) 使用磁电式电压表测量直流电压时，要注意电压表接线端上的"＋"、"－"极性标记。
(4) 电压表具有内阻，内阻越大，测量的结果越接近实际值。为了提高测量的准确度，应尽量采用内阻较大的电压表。
(5) 测量高电压时使用电压互感器。电压互感器的初级线圈并接在被测电路上，次级线圈额定电压为 100V，与量程为 100V 的电压表相接。电压表指示值乘以电压互感器的变压比，为所测实际电压的数值。电压互感器在运行中要严防次级线圈发生短路，通常在次级线圈中设置熔断器作为保护。

2.2.4 钳形电流表

用普通电流表测量电流，必须将被测电路断开，把电流表串入被测电路，操作很不方便。采用钳形电流表，不需断开电路，就可直接测量交流电路的电流，使用非常方便。

1. 结构及工作原理

钳形电流表简称钳形表，其外形及结构如图 2-2-2 所示。测量部分主要由一只电磁式电流表和穿心式电流互感器组成。穿心式电流互感器的铁芯做成活动开口，且成钳形，故名钳形电流表。穿心式电流互感器的原边绕组为穿过互感器中心的被测导线，副边绕组则缠绕在铁芯上与电流表相连。旋钮实际上是一个量程选择开关，扳手用于控制穿心式电流互感器铁芯的开合，以便使其钳入被测导线。

测量时，按动扳手，钳口打开，将被测载流导线置于穿心式电流互感器的中间，当被测载流导线中有交变电流通过时，交流电流的磁通在互感器副边绕组中感应出电流，使电磁式电流表的指针发生偏转，在表盘上可读出被测电流值。

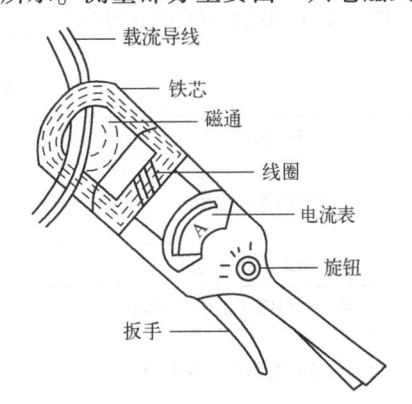

图 2-2-2 钳形电流表的外形及结构

2. 使用方法

为保证仪表安全和测量准确，必须掌握钳形电流表的使用方法。

(1) 测量前,应检查电流表指针是否在零位,否则进行机械调零。还应检查钳口的开合情况,要求活动部分开合自如,钳口结合面接触紧密。钳口上如有油污、杂物、锈斑,均会降低测量精度。

(2) 测量时,量程选择旋钮应置于适当位置,以便测量时指针处于刻度盘中间区域,这样可减少测量误差。如果不能估计出被测电路电流的大小,可先将量程选择旋钮置于高挡位,再根据指针偏转情况将量程调到合适位置。

(3) 如果被测电路电流太小,即使放到最低量程挡,指针的偏转都不大,则可将被测载流导线在钳口部分的铁芯上缠绕几圈再进行测量,然后将读数除以穿入钳口内导线的根数即为实际电流值。

(4) 测量时,应将被测导线置于钳口内中心位置,这样可以减小测量误差。钳形表用完后,应将量程选择旋钮放至最高挡,防止下次使用时操作不慎而损坏仪表。

2.2.5 兆欧表

兆欧表又称摇表、高阻计、绝缘电阻测定仪等,主要用于电气设备及电路绝缘电阻的测量。它的计量单位是兆欧(MΩ),故称兆欧表。兆欧表的种类有很多,但其作用大致相同,常用 ZC11 型兆欧表的外形如图 2-2-3 所示。

1. 兆欧表的选用

常用兆欧表的规格有 250V、500V、1000V、2500V、5000V 等。选用兆欧表时,主要考虑它的输出电压及测量范围。一般高压电气设备和电路的检测使用电压高的兆欧表,低压电气设备和电路的检测使用电压较低的兆欧表。测量 500V 以下的电气设备和线路时,选用 500V 或 1000V 兆欧表;测量瓷瓶、母线、刀闸等时,应选用 2500V 以上的兆欧表。

选择兆欧表的测量范围时,要使测量范围适合被测绝缘电阻的数值,否则将发生较大的测量误差。表 2-2-1 所示是通常测量情况下兆欧表选择的例子。

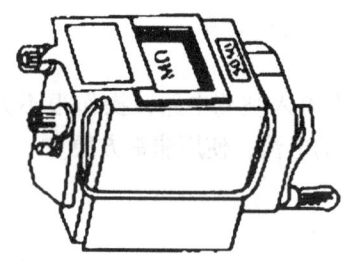

图 2-2-3 ZC11 型兆欧表的外形

表 2-2-1 兆欧表选择示例

被测对象	被测设备或线路的额定电压/V	选用的兆欧表/V
线圈的绝缘电阻	500 以下	500
	500 以上	1000
电机绕组的绝缘电阻	380 以下	1000
变压器、电机绕组的绝缘电阻	500 以上	1000~2500
电气设备和电路的绝缘电阻	500 以下	500~1000
	500 以上	2500~5000

2. 测量前的检查

(1) 使用前应作开路和短路试验,检查兆欧表是否正常。将兆欧表水平放置,使 L、E 两接线柱处在断开状态,摇动兆欧表,正常时,指针应指到"∞"处;再慢慢摇动手柄,将 L 和 E 两接线柱瞬时短接,指针应迅速指零。必须注意,L 和 E 短接时间不能过长,否则会损坏兆欧表。这两项都满足要求,说明兆欧表是好的。

(2) 检查被测电气设备和电路,看是否已切断电源。绝对不允许带电测量。

(3) 由于被测设备或线路中可能存在的电容放电危及人身安全和兆欧表,所以测量前应对设备和线路进行放电,这样也可减少测量误差。

3. 绝缘电阻的测量方法

兆欧表有三个接线柱,上端两个较大的接线柱上分别标有"接地"(E)和"线路"(L),在下方较小的一个接线柱上标有"保护环"(或"屏蔽")(G)。

(1) 线路对地的绝缘电阻

将兆欧表的"接地"接线柱(即 E 接线柱)可靠接地(一般接到某一接地体上),将"线路"接线柱(即 L 接线柱)接到被测线路上,如图 2-2-4(a)所示。连接好后,顺时针摇动兆欧表,转速逐渐加快,保持在约 120 转/分钟后匀速摇动,当转速稳定、表的指针也稳定后,指针所指示的数值即为被测物的绝缘电阻值。

实际使用中,E、L 两个接线柱也可以任意连接,即 E 可以与被测物相连接,L 可以与接地体连接(即接地),但 G 接线柱决不能接错。

(2) 测量电动机的绝缘电阻

将兆欧表 E 接线柱接电动机的机壳(即接地),L 接线柱接电动机某一相的绕组上,如图 2-2-4(b)所示。连接好后,顺时针摇动兆欧表,转速逐渐加快,保持在约 120 转/分钟后匀速摇动,当转速稳定、表的指针也稳定后,指针所指示的数值即为电动机某一相绕组对机壳的绝缘电阻值。

(3) 测量电缆的绝缘电阻

测量电缆的导电线芯与电缆外壳的绝缘电阻时,将接线柱 E 与电缆外壳相连接,接线柱 L 与线芯连接,同时将接线柱 G 与电缆壳、芯之间的绝缘层相连接,如图 2-2-4(c)所示。匀速摇动兆欧表,测出电缆的绝缘电阻。

(a) 测量线路的绝缘电阻

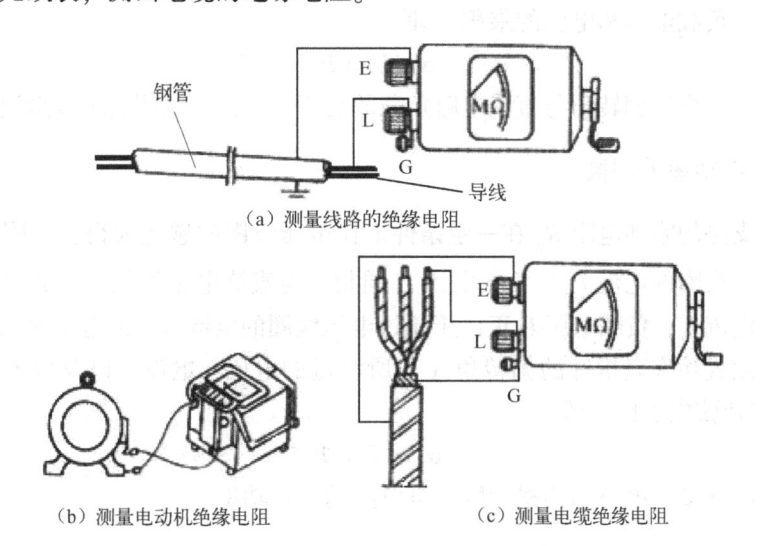

(b) 测量电动机绝缘电阻   (c) 测量电缆绝缘电阻

图 2-2-4 兆欧表的接线方法

4. 使用注意事项

（1）测量连接线必须用单根线，且绝缘良好，不得绞合，表面不得与被测物体接触。

（2）兆欧表测量时应放在水平位置，并用力按住兆欧表，防止在摇动中晃动，摇动的转速为120转/分钟。如被测电路中有电容，摇动时间要长一些，待电容充电完成、指针稳定下来再读数。测量中，若发现指针归零，则应立即停止摇动手柄。

（3）测量完后应立即对被测物放电，在摇表的摇把未停止转动和被测物未放电前，不可用手触及被测物的测量部分或拆除导线，以防触电。

（4）禁止在雷电时或附近有高压导体的设备上测量绝缘电阻。

（5）兆欧表应定期校验，检查其测量误差是否在允许范围以内。

2.2.6 功率表

功率表又叫瓦特表、电力表，用于测量直流电路和交流电路的功率。在交流电路中，根据测量电流的相数不同，又有单相功率表和三相功率表之分。

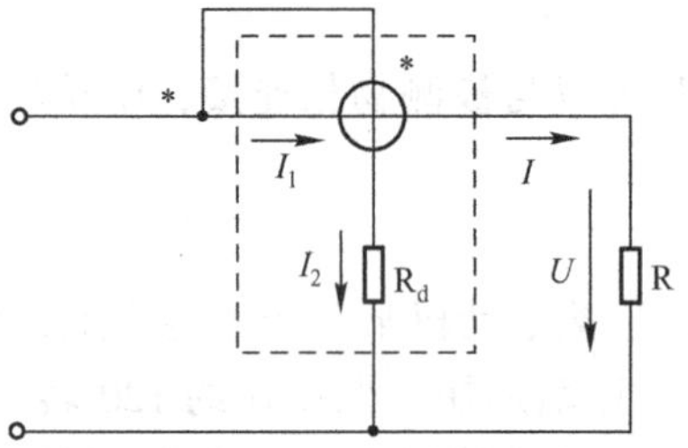

因为功率测量与所测量段的电流、电压有关，因此，功率表主要由固定的电流线圈和可动的电压线圈组成，电流线圈与负载串联，电压线圈与负载并联。在它的指示机构中，除表盘外，还有阻尼器、螺旋弹簧、转轴和指针等。功率表常采用电动式仪表的测量机构，其测量原理如图2-2-5所示。

图2-2-5 功率表测量原理图

1. 直流电路功率的测量

用功率表测量直流电路的功率时，负载电流 I 等于电流线圈中流过的电流 I_1，负载电压 U 正比于流过电压线圈的电流 I_2。由电工学知识可知，电动式仪表用于直流电路测量时，指针偏转角正比于负载电压和电流的乘积。即

$$\alpha \propto UI = P$$

可见，功率表指针偏转角与直流电路负载的功率成正比，说明它可以量度直流功率。

2. 交流电路功率的测量

由于电压支路的附加电阻 R_d 在一定条件下比电压线圈的感抗大得多，因此，可以近似地认为流过电压线圈的电流 I_2 与负载电压 U 同相。与直流电路类似，负载电流 I 等于电流线圈中流过的电流 I_1，负载电压 U 正比于流过电压线圈的电流 I_2。由电工学知识可知，在交流电路中，电动式功率表指针的偏转角 α 与所测量的电压、电流，以及该电压、电流之间的相位差 Φ 的余弦成正比，即

$$\alpha \propto UI\cos\Phi$$

可见，所测量交流电路的功率为所测量电路的有功功率。

3. 单相交流电路功率的测量

功率表的电流线圈、电压线圈各有一个端子标有"＊"号，称为同名端。测量时，电

流线圈标有"*"号的端子应接电源,另一端接负载;电压线圈标有"*"号的端子一定要接在电流线圈所接的那条电线上,但有前接和后接之分,如图 2-2-6 所示。如果不慎将两个线圈中的任何一个反接,指针就会反转。

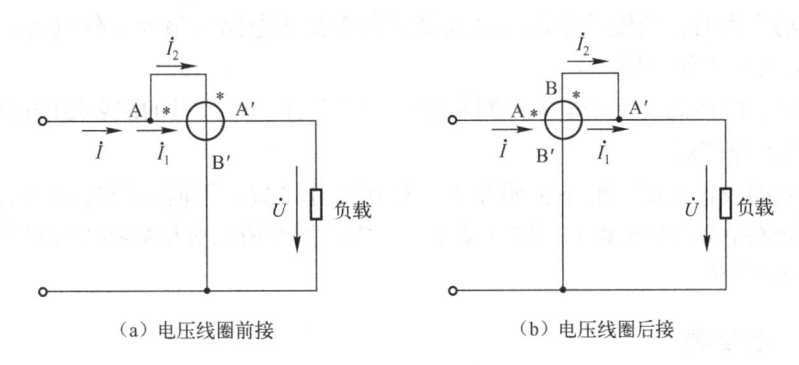

(a) 电压线圈前接　　　　(b) 电压线圈后接

图 2-2-6　测量单相交流功率的接线

功率表一般是多量程的,电动式功率表的多量程通过电流和电压的多量程来实现。功率表一般具有两个电流量程、两个或三个电压量程。

4. 三相电路功率的测量

(1) 用两只单相功率表测量三相三线制电路的功率

用两只单相功率表测量三相三线制电路功率的接线如图 2-2-7 所示。电路总功率为两只单相功率表读数之和,即

$$P = P_1 + P_2$$

测量时,如果有一只功率表指针反偏(读数为负),则将显示负数的功率表的电流线圈接头反接即可,但万万不可将电压线圈反接。

(2) 用三只单相功率表测量三相四线制电路的功率

用三只单相功率表测量三相四线制电路功率的接线如图 2-2-8 所示。电路总功率为三只单相功率表读数之和,即

$$P = P_1 + P_2 + P_3$$

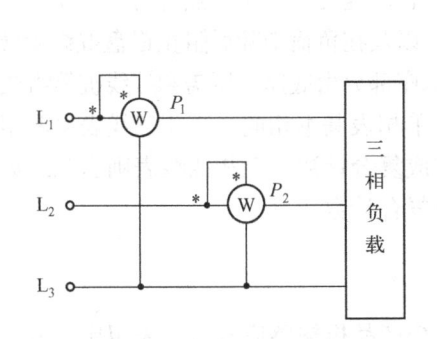

图 2-2-7　二功率表法有功功率的测量 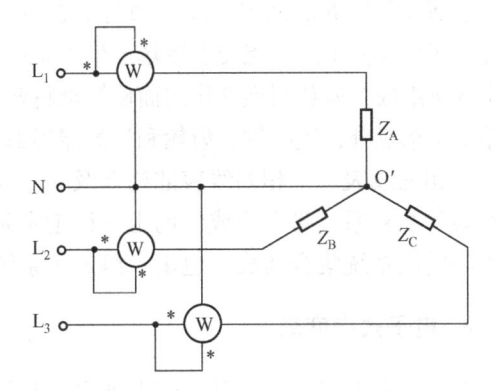　　图 2-2-8　三功率表法有功功率的测量

(3) 用三相功率表测量三相电路的功率

这种三相功率表相当于两只单相功率表的组合,它有两只电流线圈和电压线圈,其内部

接线与两只单相功率表测量三相三线制电路的功率相同,可直接用于测量三相三线制和对称三相四线制电路。

(4) 使用注意事项

① 选用功率表时,应使功率表的电流量程大于被测电路的最大工作电流,电压量程大于被测电路的最高工作电压。

② 接线时,应注意功率表电流线圈和电压线圈标有"*"号的同名端的连接是否正确,测量前要仔细检查核对。

③ 功率表的表盘刻度一般不标明瓦数,只标明分格数。不同电压量程和电流量程的功率表,每个分格所代表的瓦数不一样。读数时,应将指针所示分格数乘以分格常数,才是被测电路的实际功率值。

2.2.7 电度表

电度表又称电能表、火表、千瓦小时计,是用于计量电能的仪表,即用它能测量某一段时间内所消耗的电能。电度表种类很多,常用的有机械式电度表、电子式电度表等;按结构分,有单相表、三相三线表和三相四线表三种;按用途可分为有功电度表和无功电度表两种。

用电量较大而又需要进行功率因数补偿的用户,必须安装无功电度表测量无功功率的应用情况。一般用户只安装有功电度表,其外形如图 2-2-9 所示。电度表常用的规格有 3A、5A、10A、25A、50A、75A 和 100A 等多种。

图 2-2-9 有功电度表外形

1. 机械式电度表

在机械表中,以交流感应式较多,它主要由励磁、阻尼、走字和基座等部分组成。其中励磁部分又分为电流和电压两部分,其构造和基本工作原理如图 2-2-10(a) 所示。电压线圈是常通电流的,产生磁热 Φ_U,Φ_U 的大小与电压成正比;电流线圈在有负载时才通过电流产生磁势 Φ,Φ 与通过的电流大小成正比。在构造上,置 Φ 于左右两点,而方向相反;同时,置 Φ_U 于 Φ 的两点中间,如图 2-2-10(b) 所示;又置走字系统的铝盘于上述磁场中,因此,铝盘切割上述三点交变磁场产生生力矩而转动,转动速度取决于三点合力的大小。阻尼部分由永磁组成,避免因惯性作用而使铝盘越转越快,以及在负荷消除后阻止铝盘继续旋转。走字系统除铝盘外,还有轴、齿轮和计数器等部分。基座部分由底座、罩盖和接线桩等组成。

三相三线表、三相四线表的构造及工作原理与单相表基本相同。三相三线表由两组如同单相表的励磁系统集合而成,而由一组走字系统构成复合计数;三相四线表则由三组如同单相表的励磁系统集合而成,也由一组走字系统构成复合计数。

2. 电子式电度表

电子式电度表,又叫静止式电度表。与目前传统产品机械感应式电度表相比,电子式电度表具有准确度高、负载范围宽、功能扩展性强、能自动抄表、易于实现网络通信、防窃电等特点,便于大批量生产,在价格上也有较强的竞争优势,已逐步成为发展主流。各种新型电子式电度表在工业、农业、住宅建筑等领域获得了广泛应用。

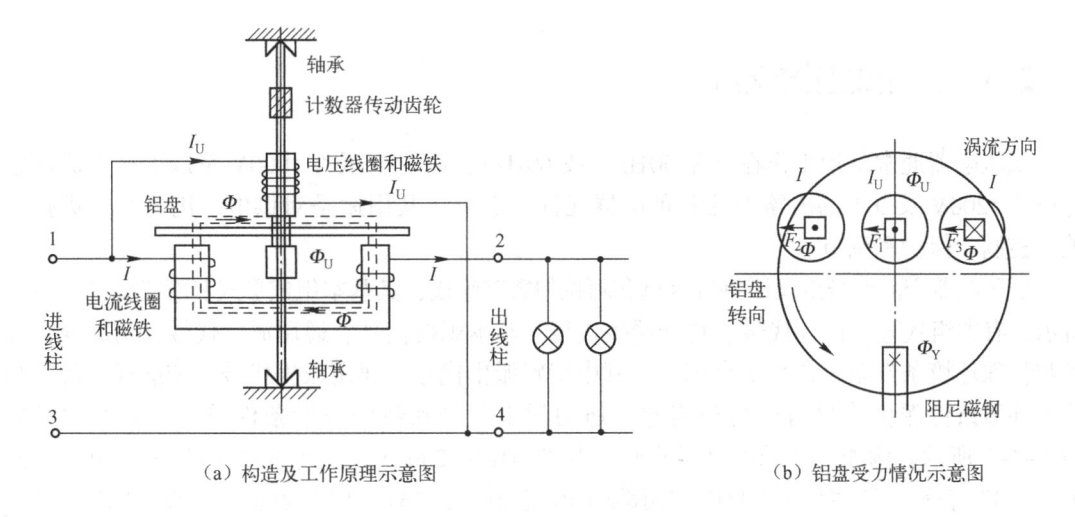

(a) 构造及工作原理示意图　　　　　　　(b) 铝盘受力情况示意图

图 2-2-10　交流感应式电度表结构及原理示意图

3. 机械式单相电度表的接线

在低压小电流线路中，电度表可直接接在线路上，如图 2-2-11 所示。电度表的接线端子盒盖上一般都给出了接线图。

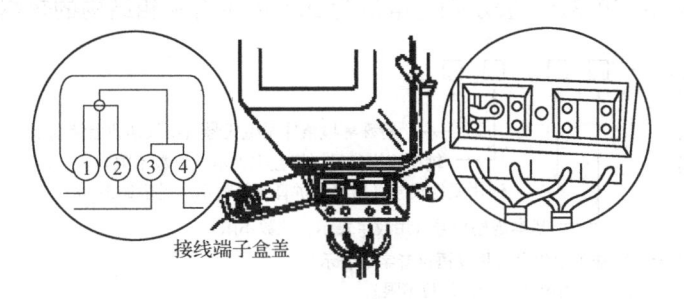

图 2-2-11　机械式单相电度表接线图

4. 机械式三相电度表的接线

在低压三相四线制线路中，通常采用三元件的三相电度表进行电能测量。若线路上的负载电流未超过电度表的量程，则可直接接在线路上，其接线如图 2-2-12 所示。

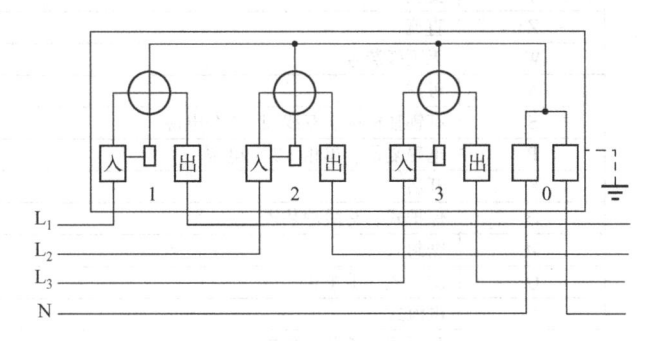

图 2-2-12　机械式三相电度表接线图

2.3 常用低压电器

低压电器通常是指工作在交流 50Hz（或 60Hz）、额定电压为 1000V 及以下，直流额定电压为 1200V 及以下的电路中的各种电器元件的总称。其用途是对供电、用电系统进行开关、控制、保护和调节。

低压电器产品型号由汉语拼音字母和阿拉伯数字组成，其基本组成形式和意义如图 2-3-1 所示，有类组代号、设计代号、特殊派生代号、基本规格代号、通用派生代号、辅助规格代号和特殊环境条件派生代号 7 个部分，其中特殊派生代号、通用派生代号、辅助规格代号和特殊环境条件派生代号有时可以省略。通用派生代号和特殊环境条件派生代号的意义如表 2-3-1 所示。例如，某低压电器的型号为"HD13—200/31"，其中"HD"表示单投刀开关，"13"表示设计序号，"200"表示额定电流 200A，"31"中 3 表示为三极，1 表示带灭弧罩，全型号"HD13—200/31"表示 200A 带灭弧罩三极单投刀开关。又如"RL1—15/2"，其中"RL"为类组代号，表示螺旋式熔断器，"1"表示设计代号，"15"表示熔断器的额定电流为 15A，"2"表示熔体的额定电流 2A，整个型号"RL1—15/2"表示 15A 螺旋式熔断器，熔体的额定电流 2A。其他低压电器的型号可类比，"HZ10—10/3"表示额定电流为 10A 的三极组合开关；"LA10—22H"表示按钮数为 2 的保护式按钮；"CJ10—20"表示 20A 交流接触器；"JR16—20/3D"表示额定电流为 20A 的带有断相结构的热继电器。

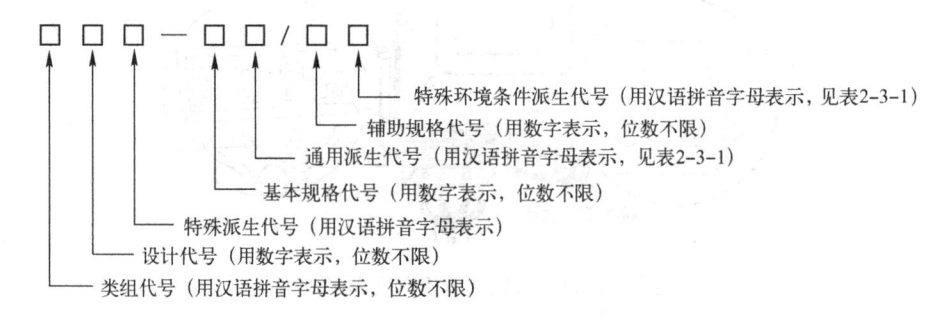

图 2-3-1 低压电器产品型号的基本组成形式

表 2-3-1 通用派生代号和特殊环境条件派生代号及其意义

	派生字母	代号含义
通用派生代号	J	交流
	Z	直流
	W	无灭弧装置
	N	可逆
	S	有锁住机构、双线圈、3 个电源
	P	电磁复位、单相、2 个电源
	K	开启式
	H	保护式、有缓冲装置
	M	密封式
	Q	防尘式、手车式
	L	电流式
	F	高返回、带分励脱扣
	其他字母	结构设计稍有改进或变化的

续表

	派生字母	代号含义
特殊环境条件派生代号	T	表示环境条件为湿热带（临时）
	TH	表示环境条件为湿热带
	TA	表示环境条件为干热带
	G	表示环境条件为高原
	H	表示为船用
	Y	表示在化工防腐环境中用

2.3.1 常用低压电器的分类

常用低压电器种类繁多，功能各样，构造各异，用途广泛，工作原理各不相同，其分类方法也很多。

1. 按用途或控制对象分类

（1）配电电器：主要用于低压配电系统及动力设备中，要求系统发生故障时准确动作、可靠工作，在规定条件下具有相应的动稳定性与热稳定性，使电器不会被损坏。常用的低压配电电器有刀开关、转换开关、熔断器、断路器等。

（2）控制电器：主要用于电气传动系统和自动控制设备中，要求寿命长、体积小、重量轻且动作迅速、准确、可靠。常用的低压控制电器有接触器、继电器、主令电器、电磁铁等。

2. 按动作方式分类

（1）自动电器：依靠自身参数的变化或外来信号的作用，自动完成接通或分断等动作，如接触器、继电器等。

（2）手动电器：用手动操作来进行切换的电器，如刀开关、转换开关、按钮等。

3. 按触点类型分类

（1）有触点电器：利用触点的接通和分断来切换电路，如接触器、刀开关、按钮等。

（2）无触点电器：无可分离的触点，主要利用电子元件的开关效应，即导通和截止来实现电路的通、断控制，如接近开关、电子式时间继电器、固态继电器等。

4. 按工作原理分类

（1）电磁式电器：根据电磁感应原理动作的电器，如接触器、继电器、电磁铁等。

（2）非电量控制电器：依靠外力或非电量信号（如速度、压力、温度等）的变化而动作的电器，如转换开关、行程开关、速度继电器、温度继电器等。

2.3.2 刀开关

刀开关是一种手动电器，主要用于电路的隔离、转换及接通和分断，常用的主要有胶盖闸刀开关、铁壳开关和组合开关。

1. 胶盖闸刀开关

胶盖闸刀开关又称开启式负荷开关，结构简单、价格便宜、使用维修方便，故得到广泛应用。该开关主要用于不频繁操作的低压电路，用作接通和切断电源，或用来将电路与电源隔离，有时也用来控制小容量电动机（380V、5.5kW 及以下）的启动与停转。

胶盖闸刀开关由闸刀（动触头）、静插座（静触头）、手柄和陶瓷绝缘底座组成，其外形及结构、图形符号如图 2-3-2 所示。胶盖闸刀开关装有熔丝，可起短路保护作用。

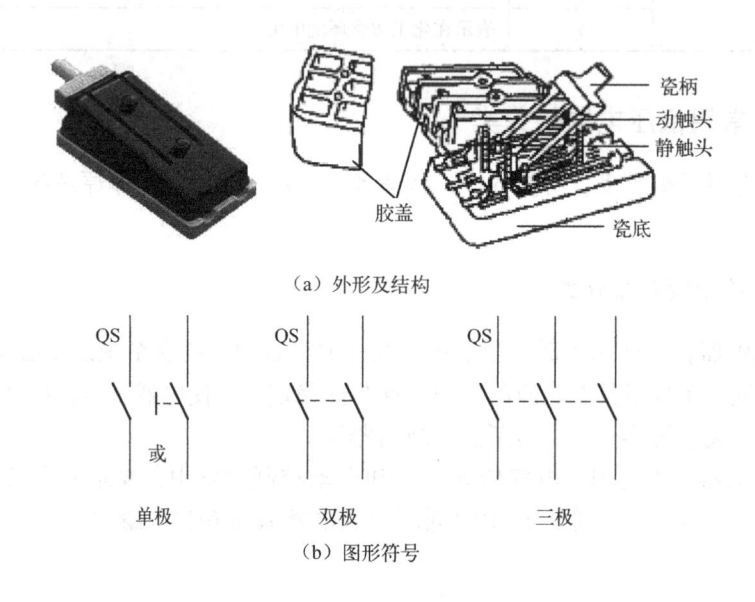

（a）外形及结构

（b）图形符号

图 2-3-2 胶盖闸刀开关

常用胶盖闸刀开关有 HK 系列，其型号含义如下：

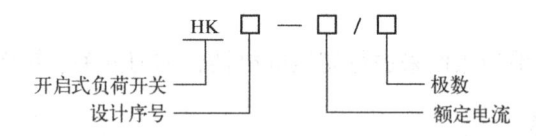

```
HK□—□/□
 │  │ │ │
 │  │ │ └─ 极数
 │  │ └─── 额定电流
 │  └───── 设计序号
 └──────── 开启式负荷开关
```

安装胶盖闸刀开关时，电源线应接在静触头上，负载线接在与闸刀相连的端子上。对有熔丝的闸刀开关，负载线应接在闸刀下侧熔丝的另一端，以确保闸刀开关切断电源后闸刀和熔丝不带电。在垂直安装时，手柄向上合为接通电源，向下拉为断开电源，不能反装，否则会因闸刀松动自然落下而误将电源接通。

选用胶盖闸刀开关时主要考虑电路额定电压和极数、额定电流、负载性质等因素。一般额定电压应等于或大于电路额定电压；额定电流应等于或大于其所控制的最大负载电流。用于直接启动 5.5kW 及以下的三相异步电动机时，闸刀开关的额定电流必须大于电动机额定电流的 3 倍。用于单相电路时选择两极开关，三相电路时选择三极开关。

由于闸刀开关没有专门的灭弧装置，因此不宜用于频繁操作的电路。

2. 铁壳开关

铁壳开关也称封闭式负荷开关，其外形与结构如图 2-3-3 所示。它由安装在铸铁或钢板制成的外壳内的刀式触头和灭弧系统、熔断器、快速分断弹簧以及操作机构等组成。该开关可不频繁接通和断开负载的电路，也可用来控制 15kW 以下的交流电动机不频繁启动与停转。

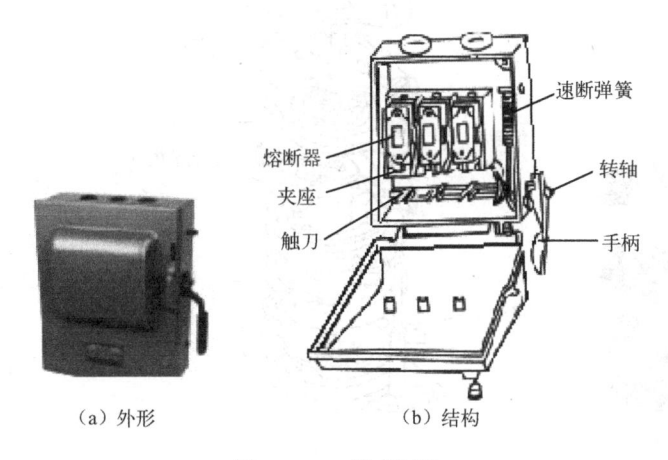

（a）外形　　（b）结构

图 2-3-3　铁壳开关

与闸刀开关相比它有以下特点：
（1）触头设有灭弧室（罩）、电弧不会喷出，可不必顾虑会发生相间短路事故。
（2）熔断丝的分断能力高，一般为 5kA，高者可达 50kA 以上。
（3）操作机构为储能合闸式的，且有机械联锁装置。前者可使开关的合闸和分闸速度与操作速度无关，从而改善开关的动作性能和灭弧性能；后者则保证了在合闸状态下打不开箱盖及箱盖未关妥前合不上闸，提高了安全性。
（4）有坚固的封闭外壳，可保护操作人员免受电弧灼伤。

铁壳开关的图形符号与闸刀开关相同。常用的闸刀开关有 HH 系列，其型号含义如下：

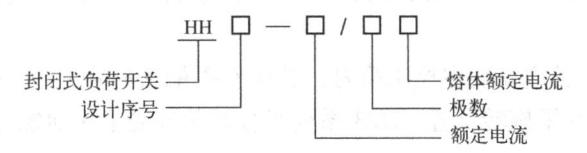

```
          HH □ - □ / □ □
             │   │   │ │
封闭式负荷开关─┘   │   │ └─ 熔体额定电流
   设计序号──────┘   └─── 极数
                └────── 额定电流
```

选用铁壳开关可参照闸刀开关的选用原则进行。操作时不得面对它拉闸或合闸，一般用左手掌握手柄。外壳应可靠接地，若要更换熔丝必须在分闸状态时进行。

3. 组合开关

组合开关又称转换开关，其外形、结构、图形符号如图 2-3-4 所示。组合开关实质上是一种转动式刀开关。只不过一般刀开关的操作手柄是在垂直安装面的平面内向上或向下转动，而组合开关的操作手柄则是平行于安装面的平面内向左或向右转动而已。多用在机床电气控制线路中，作为电源的引入开关，也可以用作不频繁地接通和断开电路、换接电源和负载以及控制 5kW 以下的小容量电动机的正反转和星三角起动等。

组合开关的内部由三对静触头，分别用三层绝缘垫板相隔，各自附有连线的接线柱。三个动触头相互绝缘，与各自静触头相对应，套在共同绝缘杆上，绝缘杆的一端装有操作手柄，转动手柄，动触头随转轴旋转而变更通、断位置，即完成三组触头之间的开合或切换。开关内装有速断弹簧，以提高触头的分断速度。

(a) 外形　　　　(b) 结构　　　　(c) 图形符号

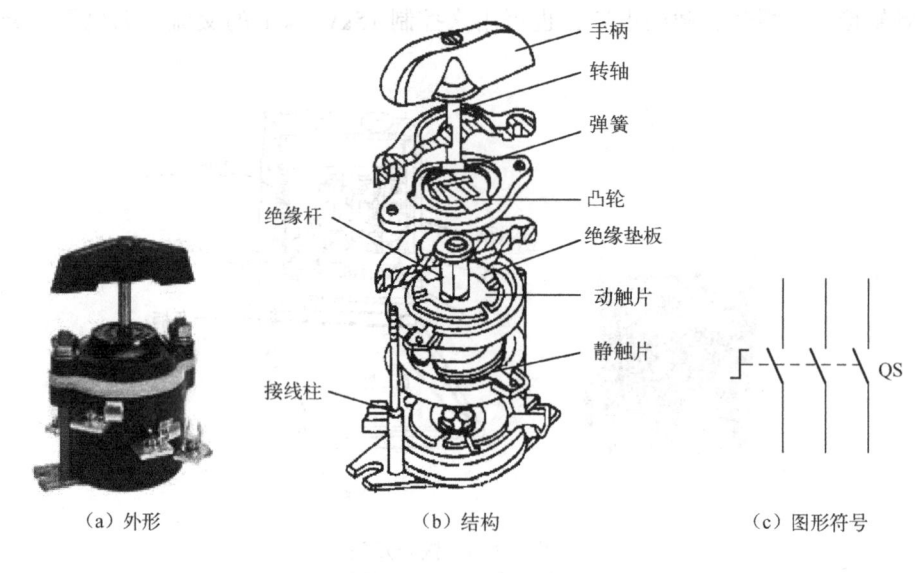

图 2-3-4　组合开关

常用组合开关有 HZ 系列，其额定电压为交流 380V，额定电流有 6A、10A、15A、25A、60A、100A 等多种，其型号含义如下：

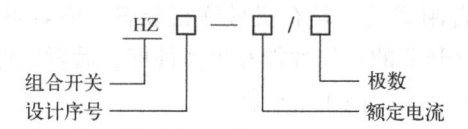

```
        HZ□ — □/□
组合开关 ┘    │   └ 极数
 设计序号 ────┘    └── 额定电流
```

选用组合开关应根据电源种类、电压等级、所需触头数、接线方式和负载容量来选择。用于直接控制异步电动机的正、反转时，开关的额定电流一般取电动机额定电流的 1.5~2.5 倍。

HZ10 系列组合开关应安装在控制箱内，其操作手柄最好在控制箱的前面或侧面。开关为断开时应使手柄在水平旋转位置。HZ3 系列组合开关外壳上接地螺钉应可靠接地。

2.3.3　主令电器

主令电器是用于自动控制系统中发出指令的操作电器，可用来控制接触器、继电器或其他电器，使电路接通和分断来实现对生产机械的自动控制。常用的主令电器有按钮、行程开关、万能转换开关等几种。

1. 按钮

按钮是一种短时接通或分断小电流电路的手动控制电器，主要用于发出指令而操作继电器、接触器控制电路的接通或断开，从而控制电动机或其他电气设备的运行。其外形、结构及图形符号如图 2-3-5 所示，主要由按钮帽、复位弹簧、常开触头、常闭触头、接线柱和外壳等组成。

按钮的触头分常闭触头（动断触头）和常开触头（动合触头）两种，常闭触头是按钮未按下时闭合、按下后断开的触头。常开触头是按钮未按下时断开、按下后闭合的触头。按钮按下时，常闭触头先断开，然后常开触头闭合；松开后，依靠复位弹簧使触头恢复到原来的位置。按钮的触头对数及类型可根据需要组合，最少具有一对常闭触头和常开触头。

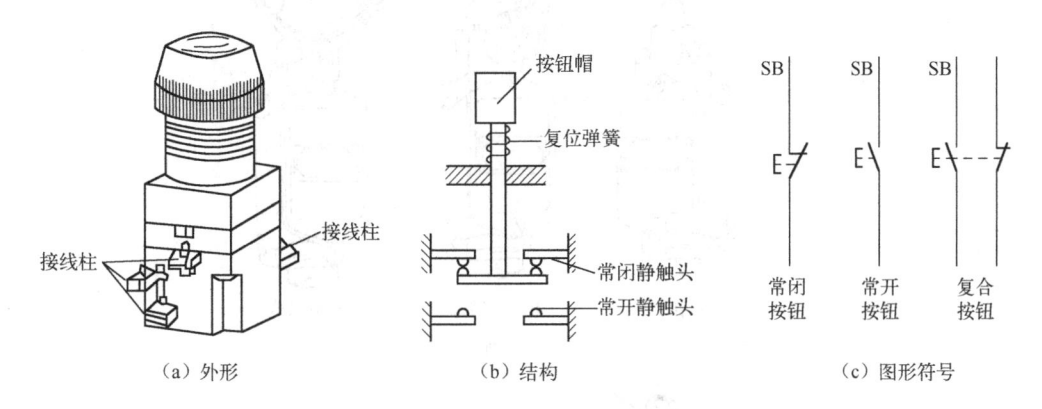

(a) 外形　　(b) 结构　　(c) 图形符号

图 2-3-5　按钮的外形、结构及图形符号

按钮型号含义如下：

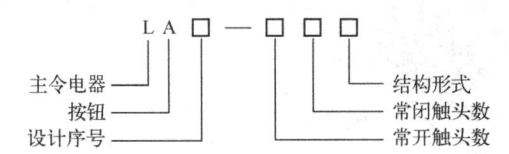

```
        L A □ — □ □ □
            │   │ │ │
         主令电器  │ │ └── 结构形式
           按钮   │ └──── 常闭触头数
          设计序号 └────── 常开触头数
```

不同结构形式的按钮，分别用不同的字母表示：K—开启式；S—防水式；H—保护式；F—防腐式；J—紧急式；X—旋转式；Y—钥匙式；D—带指示灯式；DJ—紧急（带指示灯）式。不论何种按钮，其触头允许通过的电流一般为 5A，不能直接控制主电路的通断。

按钮的选用应根据使用场合、被控制电路所需要触头数目及按钮帽的颜色等方面综合考虑。使用前，应检查按钮动作是否自如，弹性是否正常，触头接触是否良好可靠。由于按钮触头之间距离较小，所以应注意保持触头及导电部分的清洁，防止触头间短路或漏电。

2. 行程开关

行程开关又称限位开关或位置开关，其作用与按钮相同，只是其触头的动作不是靠手动操作，而是利用机械某些运动部件的碰撞使触头动作来接通或分断电路，从而限制机械运动的行程位置或改变其运动状态，实现自动停车、反转或变速，达到自动控制目的的。

行程开关主要用于将机械位移变为电信号，以实现对机械运动的电气控制。当机械运动部件撞击触杆时，触杆下移使常闭触头断开、常开触头闭合；当运动部件离开后，在复位弹簧的作用下，触杆回到原位，各触头恢复常态。

为了适应生产机械对行程开关的碰撞，行程开关有多种构造形式，常用的有按钮式（直动式）和滚轮式（旋转式）。其中滚轮式又有单滚轮式和双滚轮式两种。它们的外形、结构及图形符号如图 2-3-6 所示。

各种系列的行程开关基本结构相同，区别仅在于使行程开关动作的传动装置和动作速度不同。

按钮式　　单轮旋转式　　双轮旋转式

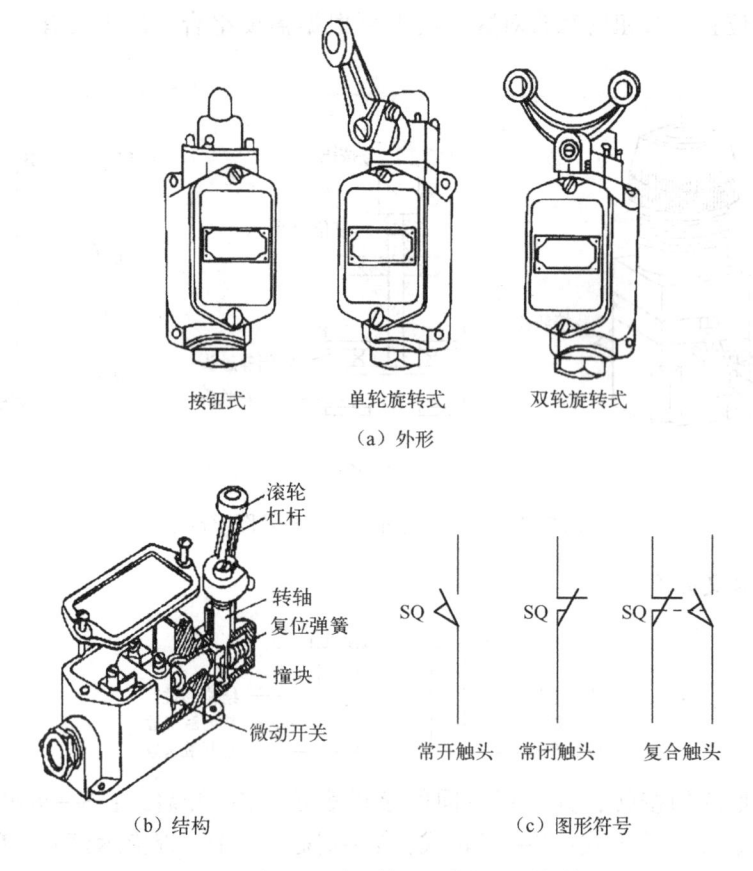

（a）外形

（b）结构　　　　　　（c）图形符号

图 2-3-6　行程开关的外形、结构及图形符号

常用行程开关有 LX19 系列和 JLXK1 系列。LX 系列行程开关的型号含义如下：

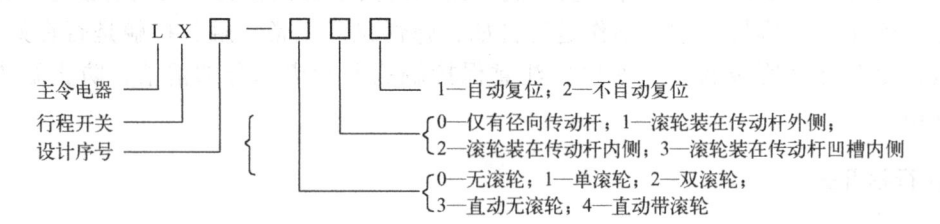

```
L X □ — □ □ □
```

主令电器
行程开关
设计序号

1—自动复位；2—不自动复位
0—仅有径向传动杆；1—滚轮装在传动杆外侧；
2—滚轮装在传动杆内侧；3—滚轮装在传动杆凹槽内侧
0—无滚轮；1—单滚轮；2—双滚轮
3—直动无滚轮；4—直动带滚轮

行程开关触头允许通过的电流较小，一般不超过 5A。选用时主要根据被控制电路的特点、要求及生产现场条件和所需的触头数量、种类等因素进行综合考虑。

3. 万能转换开关

万能转换开关是一种用于多路控制的主令电器，由多组相同结构的触头叠装而成。它可用做电压表、电流表的换相测量开关，或作为小容量电动机的启动、制动、正反转换相及双速电动机的调速控制开关。由于其触头挡数多，接线线路多，且用途广泛，故称其为万能转换开关。

LW5 系列万能转换开关的外形及凸轮触头通断示意图如图 2-3-7 所示。它是由很多层触头底座叠装而成的，每层触头底座内装有一对（或三对）触头和一个装在转轴上的凸轮。操作时，手柄带动转轴和凸轮一起旋转，控制触头的通断。由于凸轮形状不同，所以当手柄处于不同操作位置时，触头的分合情况也不同。

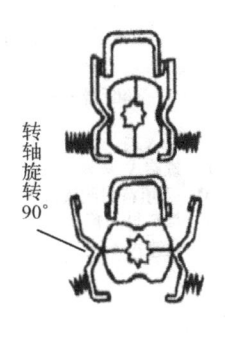

图 2-3-7 LW5 系统万能转换开关的外形及凸轮触头通断示意图

万能转换开关在电气原理图中的图形符号及各位置的触头通断情况如图 2-3-8 所示。图中每根竖的虚线表示手柄位置，虚线上的黑点"●"表示手柄在该位置时，上面这一路触头接通。

触点号	1	0	2
1	×	×	
2		×	×
3	×		×
4		×	×
5		×	×
6		×	×

（a）符号　　　　　　（b）触头通断情况

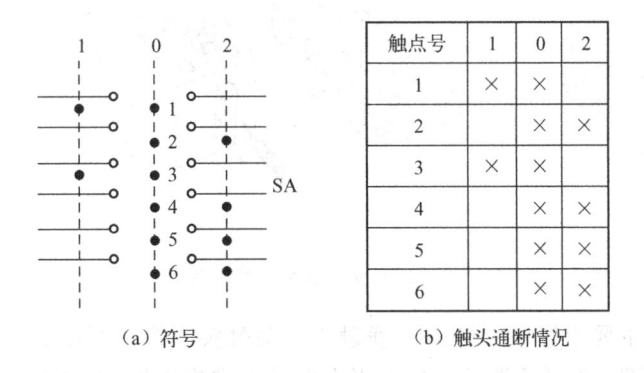

图 2-3-8 万能转换开关符号及触头通断表

常用万能转换开关有 LW4、LW5 和 LW6 系列。LW5 系列万能转换开关的额定电压为 380V 时，额定电流为 12A；额定电压为 500V 时，额定电流为 9A。额定操作频率为每小时 120 次，机械寿命为 100 万次。

万能转换开关的型号含义如下：

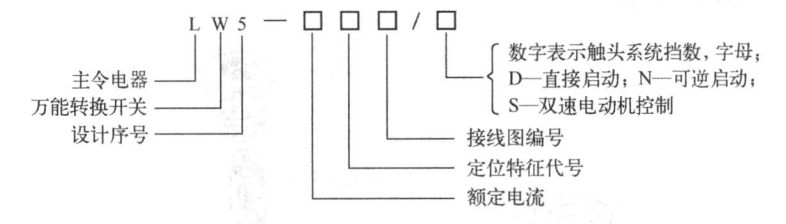

```
LW5—□□□/□
         │ │ │ │
         │ │ │ └─数字表示触头系统挡数，字母；
         │ │ │    D—直接启动；N—可逆启动；
         │ │ │    S—双速电动机控制
         │ │ └───接线图编号
         │ └─────定位特征代号
         └───────额定电流
主令电器
万能转换开关
设计序号
```

选用万能转换开关时，主要根据用途、所需触头挡数和额定电流来选择。

2.3.4 熔断器

熔断器主要作短路或过载保护用，串联在被保护的线路中。线路正常工作时熔断器如同一根导线，起通路作用；当线路短路或过载时熔断器熔断，起到保护线路上其他电器设备的作用。

常用的低压熔断器有插入式、螺旋式、无填料封闭管式、填料封闭管式等几种，有 RC1、RL1、RT0 系列等，其型号含义如下：

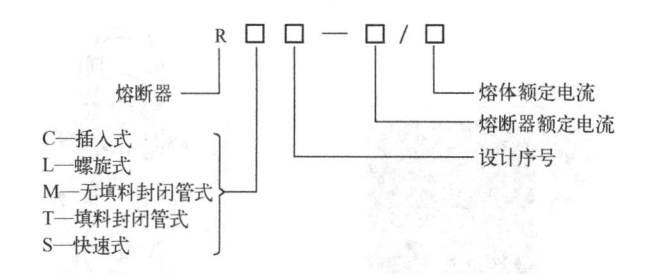

```
            R□□—□/□
                 │ │ │
   熔断器─────┘ │ │ └─熔体额定电流
                 │ └───熔断器额定电流
   C—插入式   │ └─────设计序号
   L—螺旋式  ─┤
   M—无填料封闭管式
   T—填料封闭管式
   S—快速式
```

1. 插入式熔断器

插入式熔断器主要用于 380V 三相电路和 220V 单相电路作短路保护，其外形、结构及图形符号如图 2-3-9 所示。

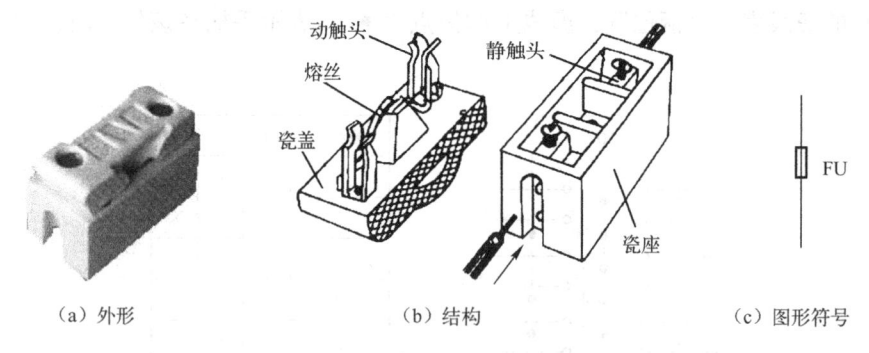

（a）外形　　　　（b）结构　　　　（c）图形符号

图 2-3-9　插入式熔断器

插入式熔断器主要由瓷座、瓷盖、静触头、动触头、熔丝等组成，瓷座中部分有一空腔，与瓷盖的凸出部分组成灭弧室。60A 以上的插入式熔断器在空腔中垫有编织石棉层，加强灭弧功能。当电路短路时，大电流将熔丝熔化，分断电路起保护作用。插入式熔断器结构简单、价格低廉、熔断丝更换方便等，应用非常广泛。

2. 螺旋式熔断器

螺旋式熔断器用于交流电压 380V、电流 200A 以内的线路和用电设备作短路保护，其外形和结构如图 2-3-10 所示。

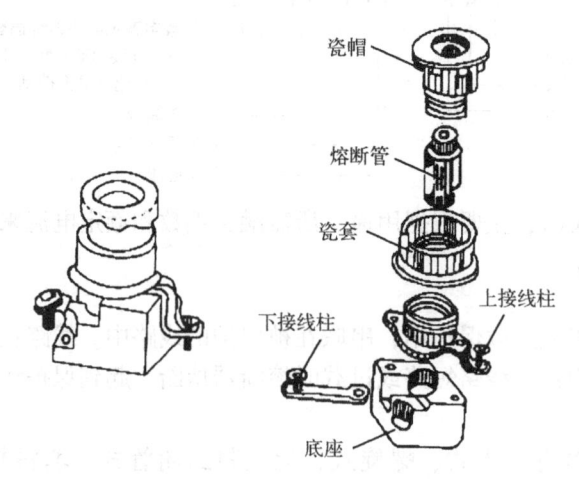

图 2-3-10　螺旋式熔断器外形和结构

螺旋式熔断器主要由瓷帽、熔断管（熔芯）、瓷套、上下接线柱及底座等组成。熔芯内除装有熔丝外，还填有灭弧的石英砂。熔芯上盖中心装有标示红色的熔断指示器，当熔丝熔断时，指示器脱出。因此，从瓷盖上的玻璃窗口可检查熔芯是否完好。

螺旋式熔断器具有体积小、结构紧凑、熔断快、分断能力强、熔丝更换方便、使用安全可靠、熔丝熔断后能自动指示等优点，在机床电路中广泛使用。

3. 无填料封闭管式熔断器

无填料封闭管式熔断器用于交流电压380V、额定电流1000A以内的低压线路及成套配电设备的短路保护，其外形和结构如图2-3-11所示。

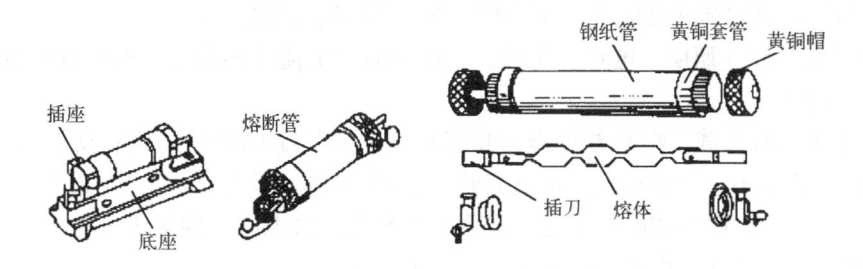

图 2-3-11 无填料封闭管式熔断器

无填料封闭管式熔断器主要由熔断管、插座等组成。熔断管内装有熔体，当大电流通过时，熔体在狭窄处被熔断，钢纸管在熔体熔断所产生的电弧的高温作用下，分解出大量气体增加管内压力，起到灭弧作用。

无填料封闭管式熔断器具有分断能力强、保护特性好、熔体更换方便等优点，但结构复杂、材料消耗大、价格较高。一般在熔体被熔断和拆换三次以后，就要更换新熔管。

4. 填料封闭管式熔断器

填料封闭管式熔断器主要由熔管、插刀、底座等部分组成，如图2-3-12所示。熔管内填满直径为0.5~1.0mm的石英砂，用以加强灭弧功能。

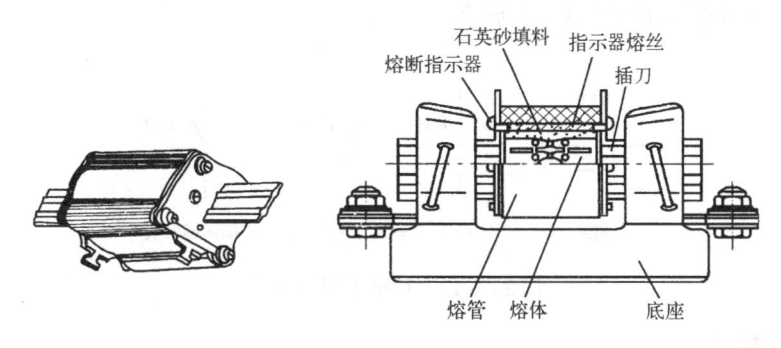

图 2-3-12 填料封闭管式熔断器

填料封闭管式熔断器主要用于交流电压380V、额定电流1000A以内的高短路电流的电力网络和配电装置中作为电路、电动机、变压器及其他设备的短路保护器。填料封闭管式熔断器具有分断能力强、保护特性好、使用安全、有熔断指示等优点，但价格较高、熔体不能单独更换。

5. 熔断器的选用

选择熔断器时主要应考虑熔断器的种类、额定电压、熔断器额定电流和熔体的额定电流等因素。

（1）根据线路要求和安装条件，选择熔断器的型号，并保证熔断器完整无损。

（2）根据线路的工作电压，选择熔断器的额定电压。一般地，熔断器的额定电压不小于线路的工作电压。

（3）根据线路的工作电流，选择熔断器的额定电流。一般地，熔断器的额定电流不小于所装熔体的额定电流。

（4）熔体电流的选择是熔断器选择的核心，其选用原则如下。

① 对于电阻性（照明、电热）负载，熔体的额定电流应不小于所有负载的额定电流之和，即 $I_{FUN} \geq \sum I_N$。

② 对于电动机负载，熔断器仅作为短路保护。若用于单台不频繁启动电动机的保护，则熔体额定电流应不小于电动机额定电流的 1.5～2.5 倍，即 $I_{FUN} = (1.5 \sim 2.5) I_N$。若用于多台电动机的保护，则熔体的额定电流应不小于最大一台电动机额定电流 1.5～2.5 倍与其余电动机额定电流之和，即 $I_{FUN} = (1.5 \sim 2.5) I_{Nmax} + \sum I_N$。

6. 熔断器的安装与使用

熔断器安装时应保证紧密可靠，无松动；瓷插式熔断器应垂直安装；螺旋式熔断器的熔座接线应使电源线在底座中心端的接线柱上。更换熔体或熔管时必须切断电源。下一级熔体规格要比上一级规格小。

2.3.5 接触器

接触器是一种通过电磁机构动作，频繁地接通和分断有负载主电路的远距离操作、自动切换电器。其控制容量大，具有欠压保护的功能，在电力拖动系统中应用广泛。按主触头通过的电流种类的不同，接触器分为交流接触器和直流接触器两类。

接触器的图形符号如图 2-3-13 所示。

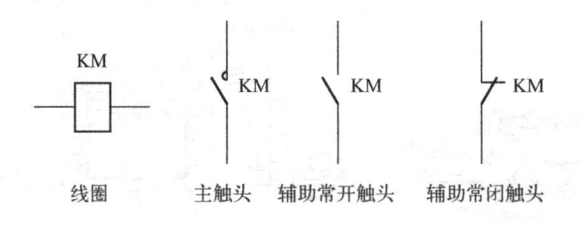

图 2-3-13 接触器图形符号

1. 交流接触器

常用的交流接触器有 CJ0、CJ10、CJ20、CJX2 等系列，其型号含义如下：

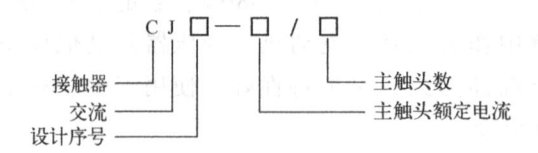

交流接触器主要由电磁系统、触头系统、灭弧装置等部分组成，其外形及结构如图 2-3-14 所示。

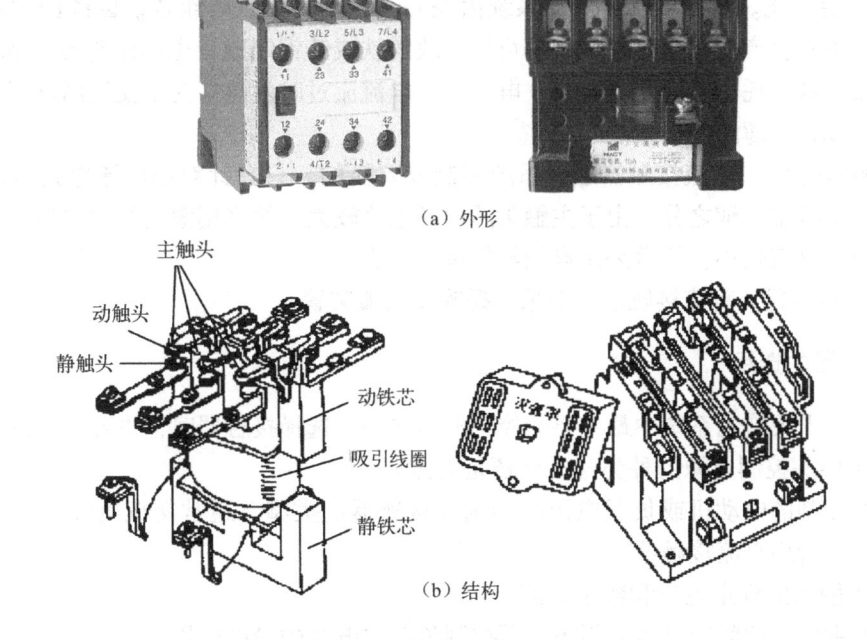

图 2-3-14 交流接触器的外形及结构

（1）电磁系统

交流接触器的电磁系统由线圈、静铁芯、动铁芯（衔铁）及辅助部件组成，其作用是操纵触头的闭合与分断，实现接通或断开电路的目的。线圈由绝缘铜导线绕制成圆筒形，铁芯及衔铁形状均为 E 形，一般由硅钢片叠压后铆成，以减小交变磁场在铁芯中产生的涡流和磁滞损耗，防止铁芯过热。为了消除铁芯的震动和噪声，在铁芯端面的一部分套有短路环。

（2）触头系统

触头用来接通或断开电路。根据用途不同，交流接触器的触头分主触头和辅助触头两种。主触头一般由三对常开触头组成，体积较大，接触电阻较小，用于接通或分断较大的电流，常接在主电路中；辅助触头由常开和常闭触头成对组成，体积较小，用于接通或分断较小的电流，常接在控制电路（或称辅助电路）中。接触器未工作时处于断开状态的触头称为常开（或动合）触头，处于接通状态的触头称为常闭（或动断）触头。

（3）灭弧装置

为了接通和分断较大的电流，在主触头上装有灭弧装置，以熄灭由于主触头断开而产生的电弧，防止烧坏触头。

交流接触器的工作原理如下：

当交流接触器的线圈通电时产生电磁吸引力将衔铁吸下，使常开触头闭合、常闭触头断开，主触头将主电路接通，辅助触头则接通或分断与之相连的控制电路；

当交流接触器的线圈断电后电磁吸引力消失，衔铁依靠弹簧的反作用而释放，使触头恢复到原来的状态，将主电路和控制电路分断。

2. 直流接触器

直流接触器主要用于远距离接通和分断额定电压 440V、额定电流 600A 以下的直流电路或频繁地操作和控制直流电动机。其结构及工作原理与交流接触器基本相同，但也有区别。

（1）电磁系统。直流接触器电磁系统由铁芯、线圈和衔铁等组成。因线圈中通的是直流电，铁芯中不会产生涡流，所以铁芯可用整块铸铁或铸钢制成，也不需要装短路环。铁芯不发热，没有铁损耗。线圈匝数较多，电阻大，电流流过时发热，为了使线圈良好散热，通常将线圈制成长而薄的圆筒状。

（2）触头系统。直流接触器触头系统多制成单极的，只有针对小电流电路时才制成双极的，触头也有主、辅之分。由于主触头的通断电流较大，故采用滚动接触的指形触头。辅助触头的通断电流较小，故常采用点接触的桥式触头。

（3）灭弧装置。直流接触器一般采用磁吹式灭弧装置。

3. 接触器的选用

接触器是电力拖动系统中最主要的控制电器之一，选择接触器时，主要考虑以下因素。

（1）主触头控制电源的种类（交流还是直流）

根据所控制的电动机或负载电流类型选择接触器的类型。通常交流负载选用交流接触器，直流负载选用直流接触器。

（2）主触头的额定电压和额定电流

接触器主触头的额定电压应不小于所控制负载主电路的最高电压。

由于在设计接触器的触头时已考虑到接通负荷时的启动电流问题，因此，选用接触器主触头的额定电流时主要应根据负载的额定电流来确定。如果是电阻性负载，则主触头的额定电流应等于负载的额定电流；如果是电动机负载，则主触头的额定电流应大于或稍大于电动机的额定电流。例如，一台 Y112M-4 三相异步电动机，额定功率 4kW，额定电流 8.8A，选用主触头额定电流为 10A 的交流接触器即可；用于控制可逆运转或启动频繁的电动机时，接触器要增大一至二级使用，确保其工作安全可靠。

（3）辅助触头的种类、数量及触头额定电流

接触器辅助触头的种类、数量及额定电流应满足控制线路的要求。

（4）线圈的电源种类、频率和额定电压

线圈的电源种类、频率和额定电压应与被控制辅助电路中其他电器一致。

2.3.6 继电器

继电器是一种根据特定输入信号（如电流、电压、时间、温度和速度等）而动作的自动控制电器，它一般不直接控制主电路，而是通过接触器或其他电器对主电路进行控制。常用的有中间继电器、热继电器、时间继电器和速度继电器等。

1. 中间继电器

中间继电器通常用来传递信号和同时控制多个电路，也可用来直接控制小容量电动机或其他电气执行元件。中间继电器的结构和工作原理与交流接触器基本相同，因此又称为接触器式继电器，其与交流接触器的主要区别是触头数目多些，无主辅之分且触头容量小，只允

许通过小电流（5~10A）。在选用中间继电器时，主要是考虑电压等级和触头数目。

中间继电器的结构及图形符号如图 2-3-15 所示。

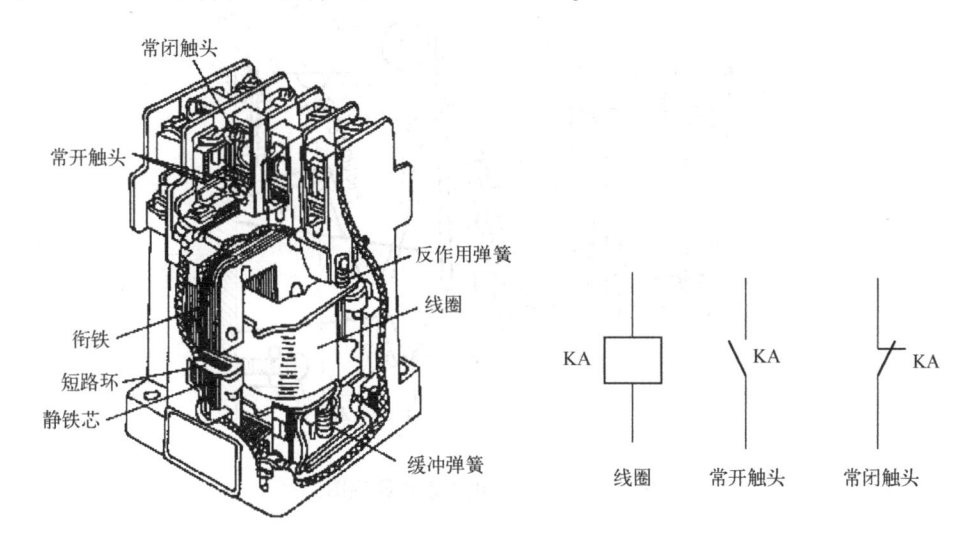

图 2-3-15　中间断电器的结构及图形符号

2. 热继电器

热继电器主要用于电动机的过载保护、断相保护、电流不平衡运行的保护及其他电气设备发热状态的控制。常用的热继电器有 JR0、JR1、JR16 等系列，其型号含义如下：

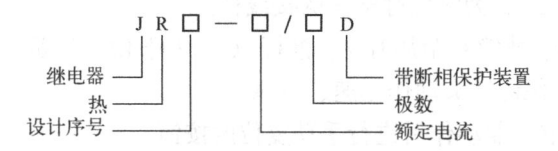

$$\underset{\substack{\text{继电器}\\\text{热}\\\text{设计序号}}}{\text{J R} \square} - \underset{\substack{\text{极数}\\\text{额定电流}}}{\square / \square} \underset{\text{带断相保护装置}}{\text{D}}$$

热继电器的外形、结构及图形符号如图 2-3-16 所示，动作原理图如图 2-3-17 所示。热继电器主要由热元件、触头、动作机构、复位按钮、整定电流装置及温度补偿元件等组成。

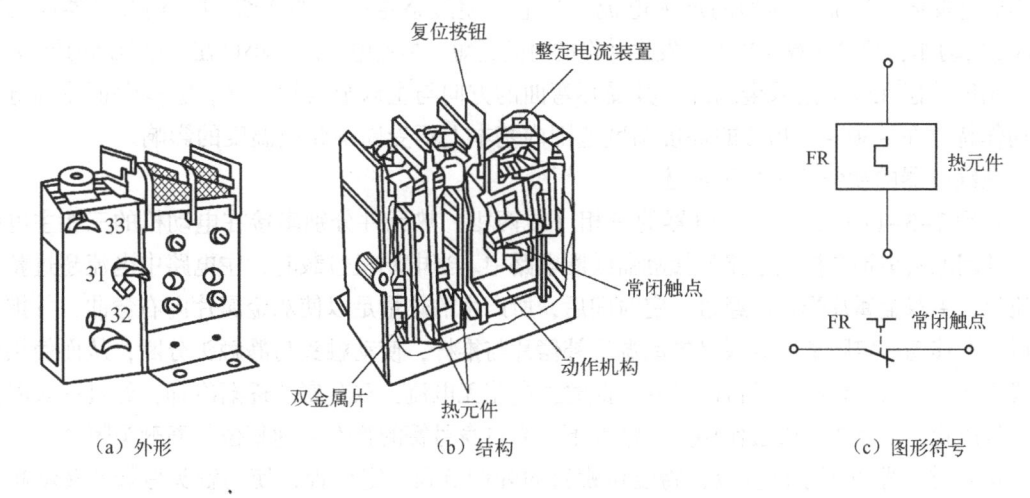

图 2-3-16　热继电器的外形、结构及图形符号

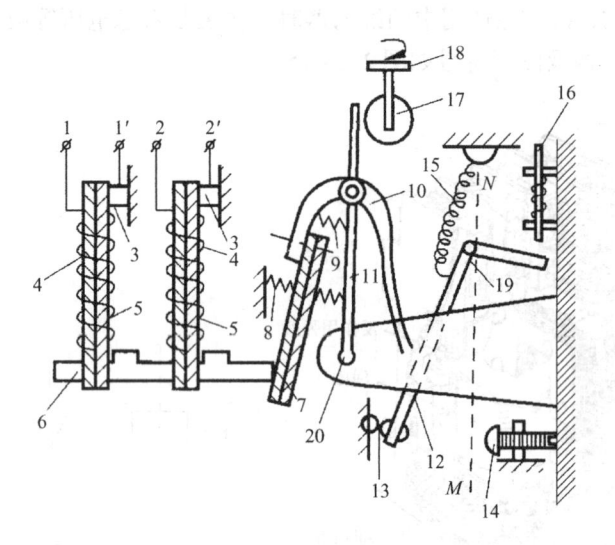

图 2-3-17 热继电器动作原理图

热继电器的热元件有两相结构和三相结构两种，由主双金属片（4，5）及绕在外面的电阻丝（1-1′，2-2′）组成，主双金属片由两种线膨胀系数不同的金属片复合而成。作为测量元件，会因两层金属片受热伸长率不同而弯曲。使用时，将电阻丝直接串联在异步电动机的电路上。

热继电器的触头是由一个公共动触头、一个常开静触头 14 和一个常闭静触头 13 组成两副触头，触头为单断点弓簧跳跃式动作。在图 2-3-16 中，31 为公共动触头的接线柱，33 为常开静触头的接线柱，32 为常闭静触头的接线柱。

动作机构由导板 6、补偿双金属片 7、推杆 10、杠杆 12、拉簧 15 等组成，利用杠杆传递及弓簧式瞬跳机构来保证触头动作迅速、可靠。

复位按钮 16 是热继电器动作后进行手动复位的按钮。

整定电流装置由旋钮 18 和偏心轮 17 组成，通过它们来调节整定电流（热继电器长期不动作的最大电流）的大小。在整定电流调节旋钮上刻有整定电流的标尺，旋动调节旋钮，使整定电流的值等于电动机额定电流即可。热继电器的主要技术数据是整定电流。所谓整定电流是指长期通过发热元件而不动作的最大电流。当电流超过整定电流的 20% 时，热继电器应当在 20min 内动作，超过的数值越大，发生动作的时间越短，整定电流的大小可在一定范围内调节。

温度补偿元件 7 是双金属片，其受热弯曲的方向与主双金属片一样。它能保证热继电器的动作特性在 -30 ~ +40℃ 的环境温度范围内基本上不受周围介质温度的影响。

热继电器的动作原理如下所述。

在图 2-3-17 中，将热继电器的三相（或两相）热元件分别串接在电动机的三相主电路中，常闭触头串接在控制电路的接触器线圈电路中。当电动机过载时，主电路中电流超过整定电流值，主双金属片受热。经过一定时间后，所产生的热量足以使双金属片向右弯曲，并推动导板向右移动一定距离，导板又推动温度补偿片与推杆，使动触头与静触头分断，从而使接触器线圈断电释放，切断电动机的电源。此时主电路无电流，双金属片逐渐冷却，经过一段时间后恢复原状，动触头在失去作用力的情况下，靠自身弓簧的弹性自动复位与静触头闭合。

该热继电器也可手动复位，将复位螺钉向外调节到一定位置，使动触头弓簧的转动超过一定角度而失去反弹性。在此情况下，即使主双金属片冷却复原，动触头也不能自动复位，必须按下复位按钮使动触头弓簧恢复到具有弹性的角度，使之与静触头恢复闭合。这在某些故障未被消除而防止带故障再投入运行的场合是必要的。

选择热继电器，主要是根据电动机的额定电流来确定其型号和热元件的电流等级。

选用热继电器时应注意以下几点。

（1）根据负载性质选择热继电器的类型。对于普通负载（或三相电压平衡）电路，一般选用两相结构的热继电器，如 JR0、JR10、JR16、JR20 等；对于工作环境恶劣、三相电源严重不平衡的控制系统，可选用三相结构的热继电器；对于控制要求比较高的系统，可选择带断相保护装置的热继电器。

（2）根据电动机或负载的额定电流选择热继电器和热元件的额定电流。一般热元件的额定电流应等于或稍大于电动机的额定电流。

（3）根据负载的额定电流选择热继电器的整定电流。一般地，热继电器和热元件的整定电流应与负载的额定电流相等，但当负载电路存在较大的冲击电流或负载不允许停电时，热继电器和热元件的整定电流应为负载额定电流的 1.1~1.15 倍；对于三角形（△）接法的电动机，可选用带断相保护装置的热继电器；对于短时工作制的电动机（如机床工作台快速进给电动机）及过载能力很小的电动机（如排风扇电动机），根据实际情况可不用热继电器作过载保护装置。

热继电器在使用前应进行 2~3 次试验。先将热继电器通入整定电流，它应长期不动作；接入最低倍数的动作电流，它应在规定时间内动作。

热继电器的安装方向必须与产品说明书的规定方向相同，误差不应超过 5°。

3. 时间继电器

时间继电器是一种利用电磁原理或机械动作原理来延迟触头闭合或分断的自动控制电器。它的种类很多，按其工作原理可分为电磁式、空气阻尼式、晶体管式、电动式等。这里对常用的空气阻尼式时间继电器和晶体管式时间继电器进行介绍。

（1）空气阻尼式时间继电器

空气阻尼式时间继电器在机床中应用最多，其型号有 JS7—□A 系列。根据触头的延时特点，可分为通电延时（如 JS7—1A 和 JS7—2A）与断电延时（如 JS7—3AT 和 JS7—4A）两种。其型号含义如下：

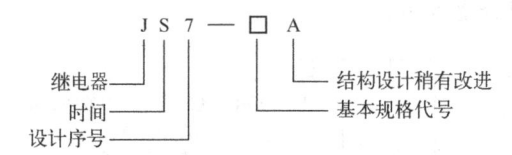

```
J S 7 — □ A
│ │ │   │ │
继电器│ │   │ └─ 结构设计稍有改进
  时间─┘ │   └─── 基本规格代号
  设计序号┘
```

JS7—□A 系列时间继电器（断电延时型时间继电器）的外形及结构如图 2-3-18 所示，它主要由电磁系统、工作触头、空气室、传动机构四个部分组成。电磁系统主要由线圈、铁芯、衔铁组成，还有反力弹簧和弹簧片；工作触头由两副瞬时触头（一副瞬时触头闭合，一副瞬时触头断开）、两副延时触头组成；空气室主要由橡皮膜、活塞和壳体组成，橡皮膜和活塞随空气量的增减而移动，气室上面的调节螺钉可以调节延时的长短；传动机构由杠杆、推板、推杆、宝塔弹簧等组成。

JS7—□A 系列时间继电器的工作原理如下所述。

当线圈通电时，产生磁场，使衔铁克服反力弹簧阻力与铁芯吸合，与衔铁相连的推板向右运动，推杆在推板的作用下，压缩宝塔弹簧，带动气室内的橡皮薄膜和活塞迅速向右移

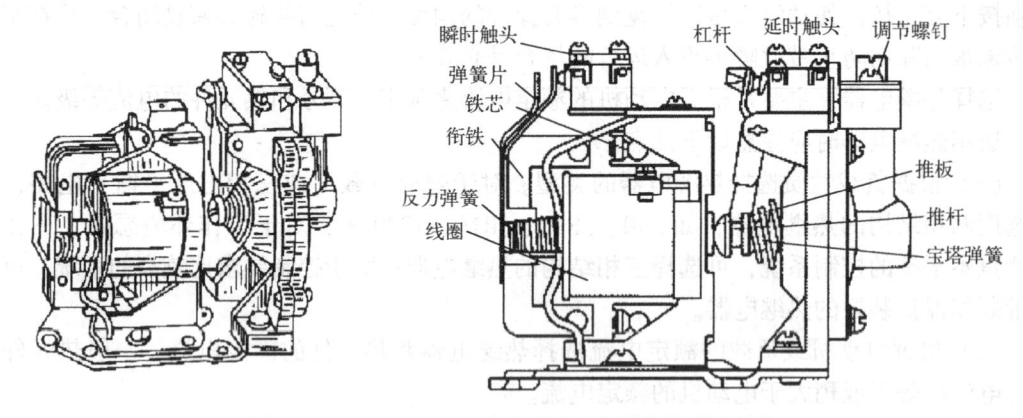

图 2-3-18 JS7—□A 系列时间继电器的外形及结构

动,通过弹簧片使瞬时触头动作,同时,通过杠杆使延时触头瞬时动作。当线圈断电后,衔铁在反力弹簧的作用下迅速释放,瞬时触头瞬时复位,而推杆在宝塔弹簧的作用下,带动橡皮薄膜和活塞向左移动,移动速度视气室内进气口的节流程度而定,可通过调节螺钉调节。经过一定延时后,推杆和活塞回到最左端,通过杠杆带动延时触头动作。

将图 2-3-18 所示断电延时型时间继电器的电磁铁翻转 180°安装后,即变成通电延时型时间继电器。其动作原理与断电延时型时间继电器基本相似。

空气阻尼式时间继电器因具有结构简单、价格低廉、延时范围较大（0.45~180s）、既可用于直流电路又可用于交流电路等优点而在机床控制线路中得到广泛应用。

(2) 晶体管式时间继电器

晶体管式时间继电器也称为半导体时间继电器或电子式时间继电器,适用于交流 50Hz、电压 380V 及以下的控制电路中。它具有体积小、质量轻、精度高、寿命长、耐震耐击和耗电少等优点,所以发展迅速,应用也越来越广泛。

晶体管式时间继电器按结构分为阻容式和数字式两类;按延时方式分为通电延时型、断电延时型及带瞬时触头的通电延时型。它的输出形式有两种:触点式和无触点式,前者采用晶体管驱动小型磁式继电器,后者采用晶体管或晶闸管输出。

常见的晶体管式时间继电器型号有 JS14、JS20、JSJ 等系列,下面以 JS20 系列晶体管式时间继电器为例,其型号含义如下:

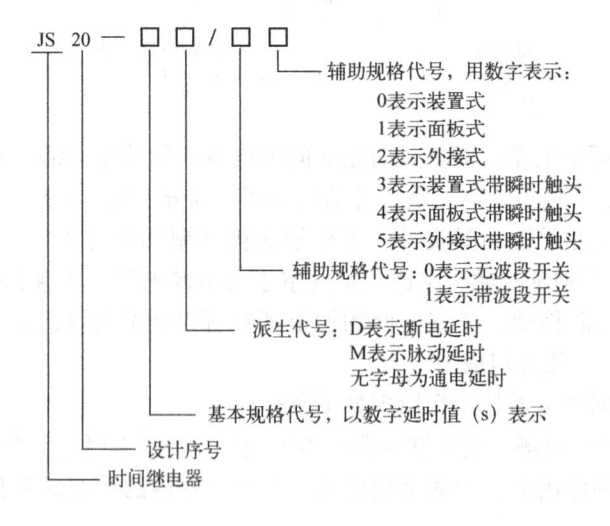

```
JS 20 — □□/□□
         │  │  │   └─ 辅助规格代号,用数字表示:
         │  │  │      0 表示装置式
         │  │  │      1 表示面板式
         │  │  │      2 表示外接式
         │  │  │      3 表示装置式带瞬时触头
         │  │  │      4 表示面板式带瞬时触头
         │  │  │      5 表示外接式带瞬时触头
         │  │  └───── 辅助规格代号:0 表示无波段开关
         │  │                       1 表示带波段开关
         │  └──────── 派生代号:D 表示断电延时
         │                      M 表示脉动延时
         │                      无字母为通电延时
         └─────────── 基本规格代号,以数字延时值(s)表示
    └──────────────── 设计序号
└──────────────────── 时间继电器
```

(3) 时间继电器的选用

选择时间继电器，主要考虑控制电路所需要的延时触头的延时方式（通电延时还是断电延时）、瞬时触头的数量、线圈电压和使用条件等。

使用时间继电器时应注意下面几点。

① 根据控制线路要求的延时范围和精度选择时间继电器的类型和系列。在延时精度要求不高的场合，一般可选用价格较低的JS7—□A系列空气阻尼式时间继电器；反之，对精度要求较高的场合，可选用晶体管式时间继电器。

② 根据控制线路的要求选择时间继电器的延时方式（通电延时或断电延时）。同时，还必须考虑线路对瞬时触头的要求。

③ 根据控制电路的工作电压来选择时间继电器吸引线圈的电压。

④ 时间继电器应按说明书规定的方向安装。无论通电延时型还是断电延时型，都必须使继电器在断电后，释放时衔铁的运动方向垂直向下，其倾斜度不得超过5°。

⑤ 时间继电器的整定值，应预先在不通电时整定好，并在试验时校正。

⑥ 时间继电器金属底板上的接地螺钉必须与接地线可靠连接。

⑦ 使用中，应经常清除灰尘及油污，否则延时误差将增大。应定期检查继电器的各个部件，要求可动部分无卡死，坚固件无松脱。如有损坏，应及时更换。

⑧ 时间继电器使用一段时间后应定期进行整定。延时在3s以上的时间继电器，可用秒表计取时间；其他时间继电器一般用电气秒表接入试验电路计取时间。

4. 速度继电器

速度继电器又称反接制动继电器，是利用转轴的一定转速来切换电路的自动电器。其作用是与接触器配合，实现对电动机的反接制动，当反接制动的转速下降到接近零时，它能自动地及时切断电源。机床控制线路中常用的速度继电器有JY1、JFZ0系列。

JY1系列速度继电器的外形及结构如图2-3-19所示，它主要由永久磁铁制成的转子、

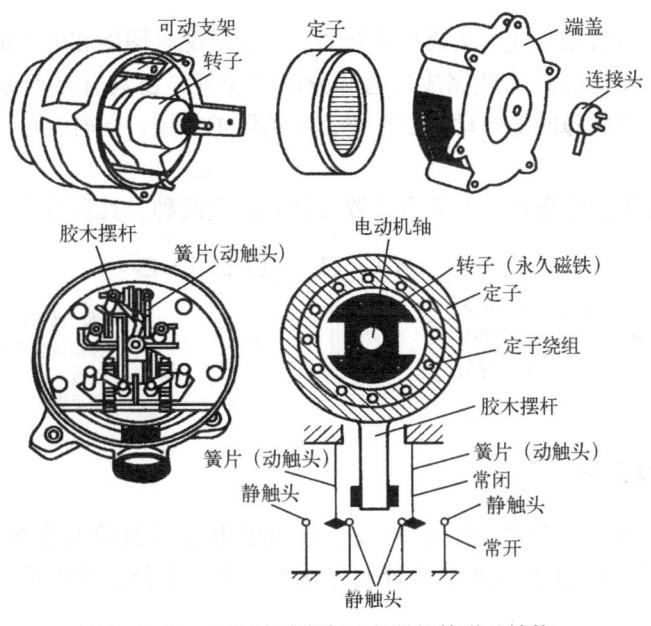

图2-3-19 JY1系列速度继电器的外形及结构

用硅钢片叠成的铸有笼型绕阻的定子、支架、胶木摆杆和触头系统等组成，其中转子与被控电动机的转轴相连接。

JY1 系列速度继电器的工作原理如下所述。

速度继电器与被控电动机同轴连接，当电动机制动时，由于惯性，还会继续旋转，从而带动速度继电器的转子一起转动。该转子的旋转磁场在速度继电器定子绕组中感应出电动势和电流，由左手定则可以确定。此时，定子受到与转子转向相同的电磁转矩的作用，使定子和转子沿着同一方向转动。定子上固定的胶木摆杆也随着转动，推动簧片（端部有动触头）与静触头闭合（按轴的转动方向而定）。静触头又起挡块作用，限制胶木摆杆继续转动。因此，转子转动时，定子只能转过一个不大的角度。当转子转速接近于零（低于 100r/min）时，胶木摆杆恢复原来状态，触头断开，切断电动机的反接制动电路。

速度继电器的动作转速一般不低于 300r/min，复位转速约在 100r/min 以下。使用时，应将速度继电器的转子与被控制电动机同轴连接，而将其触头（一般用常开触头）串联在控制电路中，通过控制接触器来实现反接制动。

选择速度继电器时主要根据所需控制的转速大小、触头数目和电压、电流来考虑。速度继电器的图形符号如图 2-3-20 所示。

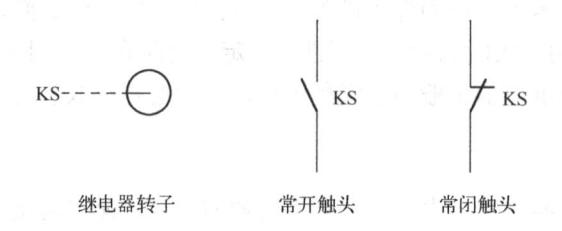

图 2-3-20 速度继电器的图形符号

2.3.7 低压断路器

低压断路器又叫自动空气开关或自动开关，是低压配电网络和电力拖动系统中非常重要的一种电器。其主要特点是除能完成接通和分断电路外，还具有自动保护功能，当发生短路、过载、欠电压等故障时能自动切断电路，起到保护作用；同时也可用于不频繁地启停电动机。

按结构不同分类，常用自动开关有装置式和万能式两种。其型号含义如下：

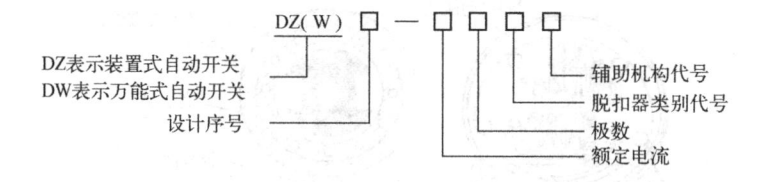

DZ表示装置式自动开关
DW表示万能式自动开关
设计序号
辅助机构代号
脱扣器类别代号
极数
额定电流

1. 装置式自动开关

装置式自动开关又叫塑壳式自动开关，常用做电动机及照明系统的控制开关、供电线路的保护开关等。以 DZ5—20 型装置式自动空气开关为例，其外形及结构如图 2-3-21 所示。

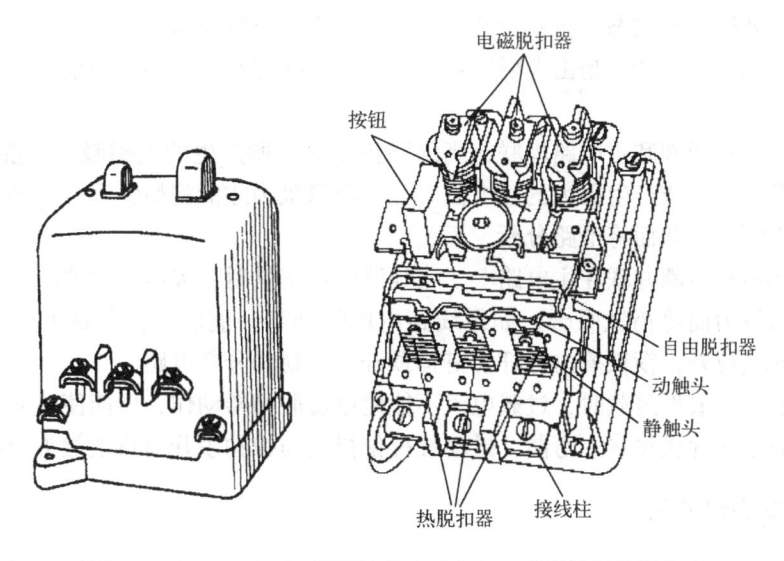

图 2-3-21 DZ5—20 型装置式自动空气开关的外形及结构

DZ5—20 型装置式自动空气开关采用立体布置，操作机构在中间，外壳顶部突出红色分闸按钮和绿色合闸按钮，通过储能弹簧连同杠杆机构实现开关的接通和分断。壳内底座上部为热脱扣器，由热元件和金属片构成，用做过载保护；还有一个电流调节盘，用以调节整定电流；下部为电磁脱扣器，由电流线圈和铁芯组成，做短路保护用。主触头系统在操作机构的下面，由动触头和静触头组成，用以接通和分断主电路的大电流并采用栅片灭弧。另外，还有常开和常闭辅助触头各一对，可作为信号指示或控制电路用；主、辅触头接线柱伸出壳外，便于接线。

自动开关的工作原理可用图 2-3-22 来说明。

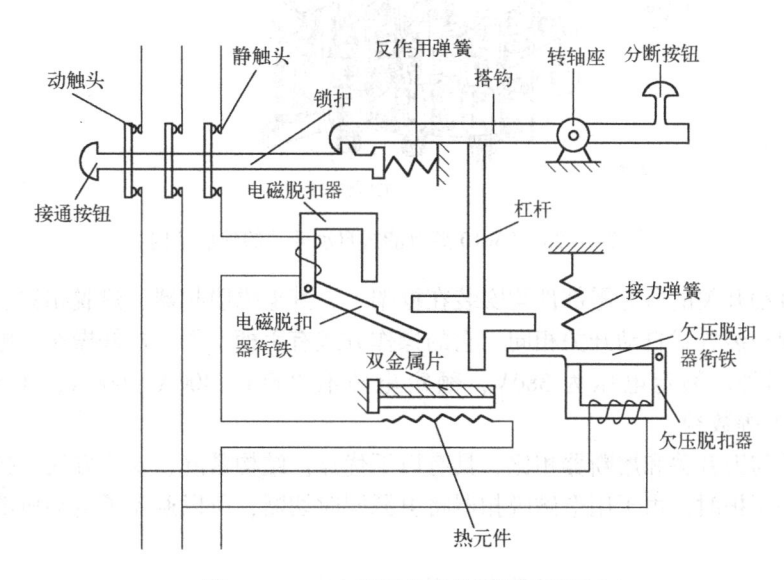

图 2-3-22 自动开关工作原理示意图

图 2-3-22 中自动开关的三副主触头串联在被控制的三相电路中，当按下接通按钮时，外力使锁扣克服反力弹簧的斥力，将固定在锁扣上面的动触头与静触头闭合，并由锁扣锁住

搭钩，使开关处于接通状态。正常分断电路时，按下停止按钮即可。

自动开关的自动分断，是由电磁脱扣器、欠压脱扣器和热脱扣器使搭钩被杠杆顶开而完成的。

电磁脱扣器的线圈和主电路串联，当线路正常时，所产生的电磁吸力不能将衔铁吸合。只有在电路发生短路或产生很大的过电流时，其电磁吸力才能将衔铁吸合，撞击杠杆，顶开搭钩，使触头断开，从而将电路分断。

欠压脱扣器和线圈并联在主电路上，当线路电压正常时，欠压脱扣器产生的电磁吸力能够克服弹簧的拉力而将衔铁吸合。如果线路电压降到某一值以下，电磁吸力小于弹簧的拉力，衔铁被弹簧拉开，衔铁撞击杠杆使搭钩顶开，则触头分断电路。

当线路发生一般性过载时，过载电流不能使电磁脱扣器动作，但能使热元件产生一定的热量，促使双金属片受热向上弯曲，推动杠杆使搭钩与锁扣脱开而将主触头分断。

2. 万能式自动开关

万能式自动开关又称为框架式自动开关，主要用于低压电路上不频繁接通和分断容量较大的电路，也可用于 40～100kW 电动机不频繁全压启动，并对电路起过载、短路和失压的保护作用。DW10 型万能式自动开关的外形结构如图 2-3-23 所示。

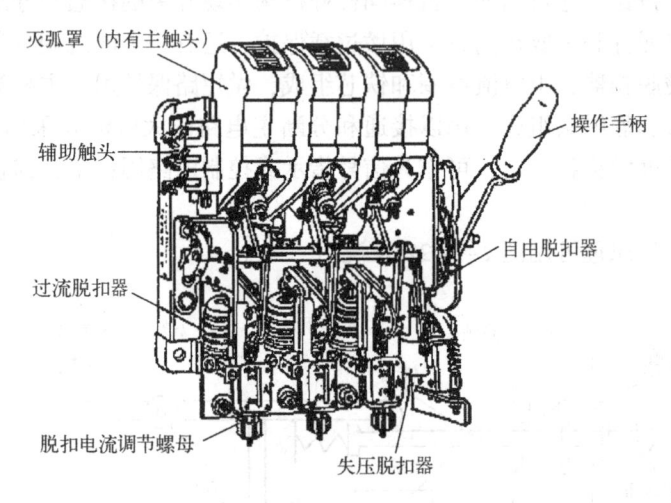

图 2-3-23　DW10 型万能式自动开关的外形结构

万能式自动开关的所有零部件均安装在框架上，其电磁脱扣器、热脱扣器、失压脱扣器等的保护原理与装置式自动开关相同。它的操作方式有手柄操作、杠杆操作、电磁铁操作和电动机操作四种。额定电压为 380V，额定电流有 200A、400A、600A、1000A、1500A、2500A、4000A 等数种。

自动开关与刀开关和熔断器相比，具有以下优点：结构紧凑、安装方便、操作安全，而且在进行短路保护时，由于用电磁脱扣器将电源同时切断，所以避免了电动机缺相运行的可能性。

另外，自动开关的脱扣器可以重复使用，不必更换。

选用自动开关，主要应考虑其额定电压、额定电流、允许切断的极限电流、所控制的负载性质等。特别要注意热脱扣器整定电流和电磁脱扣器瞬时脱扣整定电流的设置，对于不同的负载，其整定电流与负载电流的倍率是不同的。

2.3.8 低压电器常见故障及维修

各种电器元件经长期使用或自然磨损，或动作过于频繁，或日常维护不当，在运行中都可能发生故障而影响正常工作，必须及时进行维修。

由于电气线路中使用的电器很多，结构繁简程度不一，且产生故障的原因是多方面的，所以维修起来较麻烦。这里先介绍一般电器所共有的元件、触头及电磁系统的常见故障与维修方法，然后再介绍几种常用电器的故障与维修方法。

1. 电器零部件的常见故障及维修

一般电器通常由触头系统、电磁系统和灭弧系统三部分组成，其中任何一个部分发生故障都会影响电器的正常工作。下面分别介绍它们的故障原因及维修方法。

（1）触头的故障及维修

触头系统是接触器、继电器、主令电器等电器的主要部件，是电器中比较容易损坏的部件。其常见故障一般有触头过热、触头磨损、触头熔焊等情况。

① 触头过热。触头通过电流会发热，其发热的程度与触头的接触电阻有直接关系。动、静触头间的接触电阻越大，触头发热越厉害，以致使触头的温度上升而超过允许值，甚至将动、静触头熔焊在一起。造成触头过热的原因有以下几个方面。

- 触头接触压力不足。接触器使用日久，或受到机械损伤和高温电弧的影响，使弹簧变形、变软而失去弹性，造成触头压力不足；或触头磨损变薄，使动、静触头的终压力减小。这两种情况都会使接触电阻增大，引起触头发热。此时应重新调整弹簧或更换新弹簧。在调整触头压力时，可用纸条凭经验来测定触头的压力。将一条比触头稍宽（厚约 0.1mm）的纸条夹在动触头与支架之间可测出初压力，夹在动、静触头之间可测出终压力。一般，小容量的电器稍微用些劲，纸条就可拉出，对于较大容量的电器，纸条被拉出后有撕裂现象，对这种现象一般认为触头压力比较合适。若纸条很容易拉出，就说明触头压力不够。若纸条被拉断，就说明触头压力太大。用弹簧秤可准确地测量出触头的压力值。如果测量的压力值超出产品目录上所规定的范围，并且经调整弹簧仍不能恢复，则必须更换弹簧或触头。
- 触头表面接触不良。触头表面氧化或积垢均会使接触电阻增大，促使触头过热。对于银触头，由于其氧化膜导电率和纯银不相上下，故可不进行处理；对于铜触头，由于其氧化膜使接触电阻大大增加，所以需用小刀轻轻地将触头表面的氧化层刮去，但要注意不能损伤触头表面的平整度。如果有油污滴在触头上，再沾上灰尘，也会使触头的接触电阻增大，解决的办法是用汽油或四氯化碳将其清洗干净。
- 触头表面烧毛。触头接触表面被电弧灼伤烧毛，也会使接触电阻增大，出现过热。修理时，要用小刀或什锦锉整修毛面。整修时，不必将触头表面整修得过分光滑。因为过分光滑会使触头接触面减小，接触电阻增大。不允许用砂布或砂纸来整修触头的毛面。

② 触头磨损。触头的磨损分为电磨损和机械磨损。电磨损是触头间电弧或电火花的高温使触头金属汽化和蒸发造成的；机械磨损是触头闭合时撞击，以及触头接触面的相对滑动、摩擦等造成的。如果触头磨损很厉害，超行程不符合规定，则应更换触头。一般磨损到只剩下原厚度的 2/3～1/2 时，就需要更换触头。若触头磨损过快，应查明原因，排除故障。

③ 触头熔焊。动、静触头表面被熔化后焊在一起而分断不开的现象，称为触头的熔焊。一般来说，触头间的电弧温度可高达 3000～6000℃，使触头表面灼伤甚至烧熔，将动、静触头焊在一起。故障的原因大都是触头弹簧损坏，触头初压力太小，这就需要调整触头压力或更换弹簧；如果是触头容量太小而产生的熔焊，更换时应选容量大一些的电器；线路发生过载、触头闭合时通过电流太大，超过触头额定电流 10 倍以上时，也会使触头熔焊。触头熔焊后，只能更换触头。

(2) 电磁系统的故障及维修

电磁系统一般由铁芯和线圈组成。其常见的故障有动、静铁芯端面接触不良或铁芯歪斜、短路环损坏、电压太低等，使衔铁噪声增大，甚至造成线圈过热或烧毁。

① 衔铁噪声大。电磁系统正常工作时发出一种轻微的"嗡嗡"声。若大于正常响声，就说明电磁系统有故障。衔铁噪声大的原因是下面几个方面。

- 动、静铁芯的接触面接触不良或衔铁歪斜。动、静铁芯经多次碰撞后，接触面就会变形和磨损，接触面上积有锈蚀、油污、尘垢等，都将造成相互间接触不良而产生震动，发出噪声。修理时，应拆下线圈，检查动、静铁芯之间的接触是否平整，有无油污。若不平整，应锉平或磨平；若有油污，要进行清洗；若动铁芯歪斜或松动，应加以校正或紧固。
- 短路环损坏。铁芯经多次碰撞后，安装在铁芯内的短路环可能出现断裂或跳出。短路环断裂常发生在槽外的转角和槽口部分，修理时，可将断处焊牢，两端用环氧树脂固定；或按原尺寸用铜块制好换上；或调换铁芯。如果短路环跳出，则可先用钢锯条将槽壁刮毛，然后用扁凿将短路环压入槽内。
- 机械方面的原因。触头弹簧压力过大，或因活动部分运动受到卡阻而使衔铁不能完全吸合，也会产生较强的震动和较大的噪声。

② 线圈故障及检修。线圈的主要故障是由于所通过的电流过大以致过热而烧毁。线圈绝缘损坏，或机械损伤形成匝间短路或碰地，或电源电压过低，动、静铁芯接触不紧密，都会使线圈电流过大，线圈过热以致烧毁。

若线圈因短路烧毁，则应重新绕制。重绕时，可从烧坏的线圈中测得线径和匝数。也可从铭牌或手册上查出线圈的线径和匝数。按铁芯中心柱截面制作线模，线圈绕好后先放在 105～110℃ 的烘箱中烘 3h，冷却至 60～70℃ 浸 1010 沥青漆，也可用其他绝缘漆。滴尽余漆后再在温度为 110～120℃ 的烘箱中烘干，冷却至常温即可。

如果线圈短路匝数不多，短路点又在接近线圈的端头处，其余部分均完好，则可将损坏的几圈拆掉，线圈仍继续使用。

线圈接通电源后，如果衔铁不能被铁芯吸合，也会烧坏线圈。应检查活动部分是否被卡住，动、静铁芯之间是否有异物，电源电压是否过低等。应区别情况，及时处理。

(3) 灭弧系统的故障及维修

当灭弧罩受潮、磁吹线圈匝间短路、灭弧罩炭化或破碎、弧角和栅片脱落时，都能引起不能灭弧或灭弧时间延长等故障。在开关分断时倾听灭弧的声音，如果出现微弱的"噗噗"声，就是灭弧时间延长的表现，需拆开检查。如是受潮，烘干后即可使用；如是磁吹线圈短路，可用旋凿拨开短路处；如是灭弧罩炭化，可以刮除积垢；如是弧角脱落，则应重新装上；如是栅片脱落或烧毁，可用铁片按原尺寸重做。

2. 常用电器的故障及维修

机床电气控制中使用的电器很多，它们除了可能产生触头系统、电磁系统、灭弧系统的故障外，本身还有其特有的故障。下面着重分析接触器、热继电器、时间继电器、速度继电器、中间继电器、自动开关等常用电器的故障及维修。

(1) 接触器的故障及维修

交流接触器的触头、电磁系统、灭弧装置的故障维修与上述基本相同，除此之外，还有一些常见故障。

① 触头断相。某相触头接触不好或连接螺钉松脱，使电动机缺相运行。此时，电动机虽能转动，但发出"嗡嗡"声，发现这种情况时应立即停车检修。

② 触头熔焊。按"停止"按钮，电动机不能停转，有的还发出"嗡嗡"声。此类故障是由于接触器操作频率过高、过载使用、带负载侧短路等，使得两相或三相触头由于过载电流大而引起熔焊现象。此时，应立即切断前一级开关，停车检修。

③ 相间短路。接触器的正、反转互锁失灵，或因误动作使两个接触器同时投入运行而造成相间短路；或因接触器动作过快，转换时间短，在转换过程中发生电弧短路。出现这类故障时，可在控制线路上和中间环节改用按钮、接触器双重互锁控制电动机的正、反转，或更换动作时间长的接触器，延长正、反转转换时间。

④ 接触器的维护。要定期检查接触器各部件工作情况，零部件如有损坏要及时更换或修理。接触器的可动部分不能卡住，活动要灵活，紧固件无松脱；触头表面部分要保持清洁，如有油垢，要及时清洗；触头接触面烧毛时，要及时修整；触头严重磨损时，应及时更换。

(2) 热继电器的故障及维修

热继电器的故障一般有热元件烧断、热继电器误动作和不动作等。

① 热元件烧断。若电动机不能启动或启动时有"嗡嗡"声，则可能是热继电器的热元件中的电阻丝烧断。发生此类故障的原因可能是热继电器动作频率太高、负载侧发生短路等，应切断电源，检查电路。待排除故障后，更换合适的热继电器。热继电器更换后要重新调整整定值。

② 热继电器误动作。这种故障原因一般有几种情况：一是整定值偏小，以致未过载就动作，或电动机启动时间过长，使热继电器在启动过程中动作；二是操作频率太高，使热元件经常受到冲击电流的冲击；三是使用场合有强烈的冲击及震动，使其动作机构松动而脱扣。这些故障的处理方法是调换适合于上述工作的热继电器，并合理调整整定值。

③ 热继电器不动作。这种故障通常是电流整定值偏大，以致过载很久，仍不动作。应根据负载电流调整整定电流。

④ 热继电器的维护。热继电器使用日久，应定期校验其动作可靠性。热继电器动作脱扣后，应待双金属片冷却后再复位。按复位按钮时用力不可过猛，否则会损坏操作机构。

(3) 时间继电器的故障及维修

机床电气控制中常用的时间继电器是空气阻尼式时间继电器，其电磁系统和触头系统的故障维修与前面所述相同，其余的故障主要是延时不准确。

这种故障的原因是空气室密封不严或橡皮薄膜损坏而漏气，使延时动作时间缩短，甚至不延时；如果在拆装过程中或因其他原因有灰尘进入空气通道，使空气通道受阻，则继电器的延时时间就会变得很长。前者要重新装配空气室，如橡皮薄膜损坏、老化则予以更换；后者要拆开空气室，清除空气室内的灰尘，排除故障。

（4）速度继电器的故障及维修

速度继电器的故障一般表现为电动机停车时不能制动停转。这种故障除了触头接触不良之外，还可能是胶木摆杆断裂，使触头不能动作，或调整螺钉调整不当引起的。应针对故障情况检修触头，或调换胶木摆杆，或重新调整螺钉。

（5）中间继电器的故障及维修

中间继电器的故障及维修与接触器相同。

（6）自动开关的故障及检修

自动开关的常见故障主要有不能合闸、不能分闸、自动掉闸、触头不能同步动作等几种。

① 手动操作的自动开关不能合闸。此种故障现象是扳动手柄，接通自动开关送电时，无法使它稳定在主电路接通的位置上。可能的故障原因有：失压脱扣器线圈开路，线圈引线接触不良，储能弹簧变形、损坏或线路无电。检修时，应检查失压脱扣线圈是否正常、脱扣机构是否动作灵活、储能弹簧是否完好无损、线路上有无额定电压。在找到故障点后，再根据具体情况修理。

② 电动操作的自动开关不能合闸。这种自动开关常用于大容量电路控制。导致不能合闸的原因和修理方法是：操作电源不合要求，应调整或更换操作电源；电磁铁损坏或行程不够，应修理电磁铁或调整电磁铁拉杆行程；操作电动机损坏或电动机定位开关失灵，应排除电动机故障或修理电动机定位开关。

③ 失压脱扣器不能使自动开关分闸。此种故障现象是操作失压脱扣按钮时，自动开关不动作，仍停留在接通位置，不能分断主电路。可能的原因是：反作用弹簧弹力太大或储能弹簧弹力太小，应调整、更换有关弹簧；传动机构卡死，不能动作，应检修传动机构，排除卡塞故障。

④ 启动电动机时自动掉闸。此种故障现象是电动机启动时自动掉闸，将主电路分断。可能的原因有：过载脱扣装置瞬时动作，整定电流调得太小，应重新调整。

⑤ 工作一段时间后自动掉闸。此种故障现象是电路工作一段时间后，自动开关自动掉闸，造成电路停电。可能的原因是：过载脱扣装置长延时整定值调得太短，应重调；其次是热元件或延时电路元件损坏，应检查更换。

⑥ 自动开关动作后常开主触头不能同时闭合。该故障的主要原因是某相触头传动机构损坏或失灵，应检查、调整该触头的传动机构。

⑦ 辅助触头不能闭合。该故障可能的原因是动触头桥卡死或脱出，传动机构卡死或损坏，应检修动触头桥或动触头传动机构。

思 考 题

1. 常用电工工具有哪些？它们各有什么用途？如何正确使用？
2. 如何用电流表、电压表测量电路中的电流、电压？使用时应注意什么？

3. 钳形电流表测电流与一般电流表测电流有何异同？
4. 兆欧表主要用来测量什么？使用时应注意哪些事项？
5. 功率表与电度表有何区别？如何使用它们？
6. 什么是低压电器？常用的低压电器有哪些？
7. 常用的刀开关有哪些？安装和使用闸刀开关时要注意什么？
8. 熔断器有哪些用途？如何选用？随意用导线取代熔断器有何危害？
9. 接触器的主触头、辅助触头和线圈各接在什么电路中？如何连接？
10. 接触器与继电器有什么异同点？

第 3 章　常用电子仪器的基本原理与使用

示波器、函数发生器、电子电压表、直流稳压电源和万用表是电子技术人员最常使用的电子仪器仪表。本章主要介绍它们的基本组成、工作原理及使用方法。尽管本章仅介绍了部分产品型号，但其他型号产品大同小异，读者不难掌握它们的使用方法。

3.1　示波器

示波器是利用示波管内电子射线的偏转，在荧光屏上显示电信号波形的仪器。它是一种综合性的电信号测试仪器，其主要特点有：① 不仅能显示电信号的波形，而且还可以测量电信号的幅度、周期、频率和相位等；② 测量灵敏度高、过载能力强；③ 输入阻抗高。因此示波器是一种应用非常广泛的测量仪器。

示波器按照用途和特点可以分为如下几种。

（1）通用示波器。它是根据波形显示基本原理而构成的示波器。

（2）取样示波器。它是先将高频信号取样，变为波形与原信号相似的低频信号，再应用基本原理显示波形的示波器。与通用示波器相比，取样示波器具有频带极宽的优点。

（3）记忆与存储示波器。这两种示波器均具有存储信息的功能，前者采用记忆示波管，后者采用数字存储器来存储信息。

（4）专用示波器。为满足特殊需要而设计的示波器，如电视示波器、高压示波器等。

（5）智能示波器。这种示波器内采用了微处理器，具有自动操作、数字化处理、存储及显示等功能。它是当前发展起来的新型示波器，也是示波器发展的方向。

本节仅对目前最普遍、最常使用的通用示波器加以介绍。

3.1.1　示波器的组成及工作原理

1. 示波器的组成

示波器主要由 Y 轴（垂直）放大器、X 轴放大器、触发器、扫描发生器（锯齿波发生器）、示波管及电源六部分组成，其组成方框图如图 3-1-1 所示。

示波管是示波器的核心，其作用是把所观察的信号电压变成发光图形。示波管的构造如图 3-1-2 所示，主要由电子枪、偏转系统和荧光屏三部分组成，全都密封在玻璃外壳内，里面抽成高真空。电子枪由灯丝、阴极、控制栅极、第一阳极和第二阳极组成。灯丝通电时加热阴极。阴极是一个表面涂有氧化物的金属筒，被加热后发射电子。控制栅极是一个顶端有小孔的圆筒，套在阴极外面。它的电位比阴极低，对阴极发射出来的电子起控制作用，只有初速度较大的电子才能穿过栅极顶端的小孔，然后在阳极加速下奔向荧光屏。第一阳极和第二阳极分别加有相对于阴极为数百和数千伏的正电位，使得阴极发射的电子被它们之间的电场加速形成射线。当控制栅极、第一阳极、第二阳极之间的电位调节合适时，电子枪内的

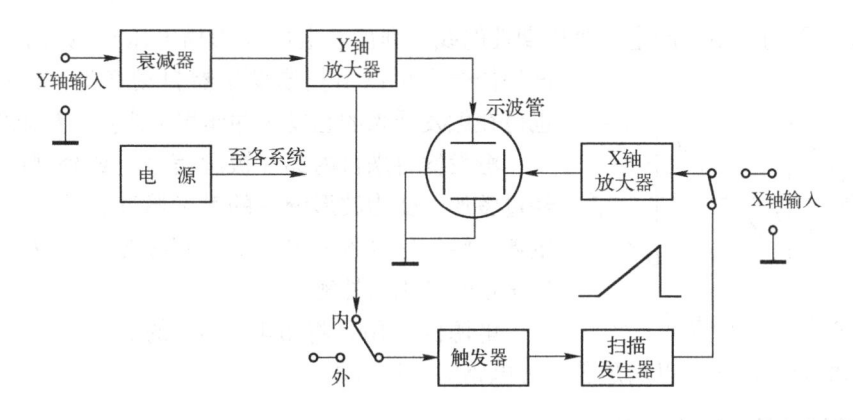

图 3-1-1 示波器的组成方框图

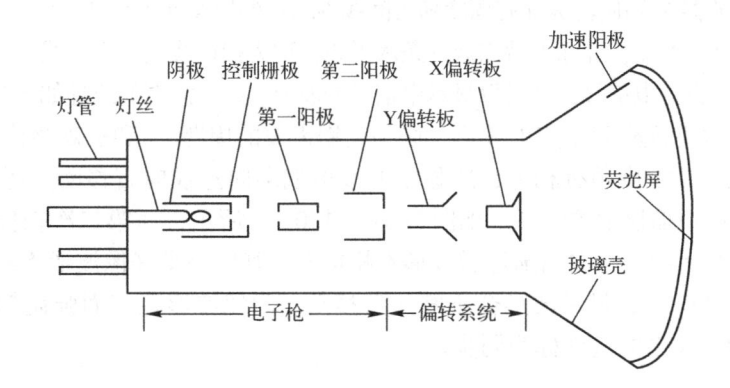

图 3-1-2 示波管的构造

电场对电子射线有聚焦作用,所以第一阳极也称聚焦阳极。第二阳极电位更高,又称加速阳极。面板上的"聚焦"调节,就是调第一阳极电位,使荧光屏上的光斑成为明亮、清晰的小圆点。有的示波器还有"辅助聚焦",实际是调节第二阳极电位。示波器面板上的"亮度"调整就是通过调节控制栅极的电位,改变射向荧光屏的电子流密度,从而调节荧光屏上光点的亮度。偏转系统由两对相互垂直的偏转板组成,一对垂直偏转板 Y,一对水平偏转板 X。在偏转板上加以适当电压,电子束通过时,其运动方向发生偏转,从而使电子束在荧光屏上的光点位置也发生改变,使得荧光屏上能绘出一定的波形。荧光屏是在示波管顶端内壁上涂有一层荧光物质制成的,荧光物质受高能电子束的轰击会产生辉光,而且还有余辉现象,即电子束轰击后产生的辉光不会立即消失,而将延续一段时间。之所以能在荧光屏幕上观察到一个连续的波形,除了人眼的残留特性外,正是利用了荧光屏的余辉现象的缘故。

示波管本身相当于一个多量程电压表,这一作用是靠信号放大器和衰减器实现的。由于示波管本身的 X 轴及 Y 轴偏转板的灵敏度比较低(约 $0.1 \sim 1$ mm/V),所以如果偏转板上的电压不够大,就不能明显地观察到光点的移动。当加在偏转板的信号过小时,要预先将小的信号电压加以放大后再加到偏转板上。为此设置 X 轴及 Y 轴电压放大器。衰减器的作用是使过大的输入信号电压变小以适应放大器的要求,否则放大器不能正常工作而使输入信号发生畸变,甚至使仪器受损。对一般示波器来说,X 轴和 Y 轴都设置有衰减器,以满足各种测量的需要。

扫描发生器的作用是产生一个周期性的线性锯齿波电压（扫描电压），如图3-1-3示。该扫描电压可以由扫描发生器自动产生，称自动扫描，也可在触发器来的触发脉冲作用下产生，称触发扫描。

触发器将来自内部（被测信号）或外部的触发信号经过整形，变为波形统一的触发脉冲，用以触发扫描发生器。触发信号若来自内部，则称为内触发；若来自于外来信号则称为外触发。

图3-1-3 扫描电压

电源的作用是将市电220V的交流电压，转变为各个数值不同的直流电压，以满足各部分电路的工作需要。

2. 示波器的基本工作原理

如果仅在示波器X轴偏转板加有幅度随时间线性增长的周期性锯齿波电压，示波管屏面上光点反复自左端移动至右端，屏面上就出现一条水平线，称为扫描线或时间基线。如果同时在Y轴偏转板上加有被观察的电信号，就可以显示电信号的波形。显示波形的原理如图3-1-4所示。

为了在荧光屏上观察到稳定的波形，必须使锯齿波的周期T_X和被观察信号的周期T_Y相等或成整数倍关系。否则稍有相差，所显示的波形就会向左或向右移动。例如，当$T_Y<T_X<2T_Y$时，第一次扫描显示的波形，如图3-1-5中0~4所示，而第二次扫描显示的波形如图3-1-5中4'~8所示。两次扫描显示波形不相重合，其结果是好像波形不断向左移动。同理，当$T_X<T_Y<2T_X$时，显示波形会不断向右移动。为使波形稳定而强制扫描电压周期与信号周期成整数倍关系的过程称为同步。

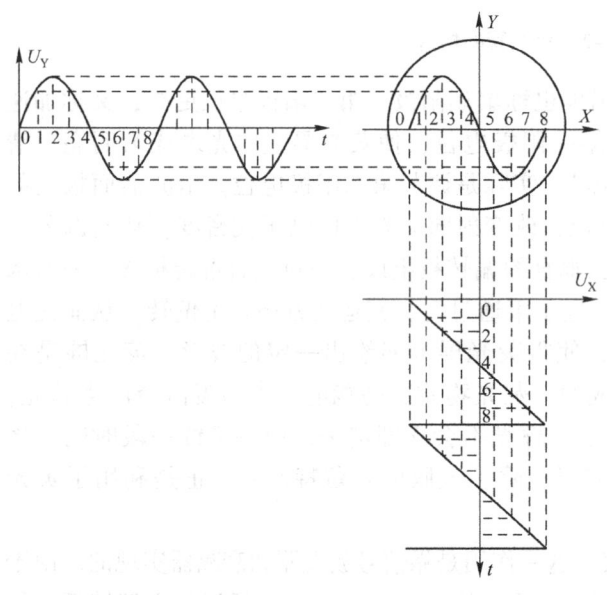

图3-1-4 显示波形的原理

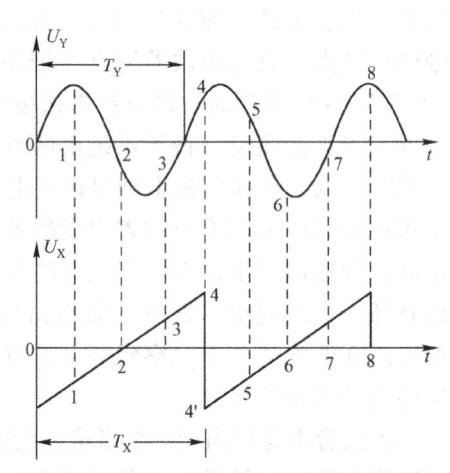

图3-1-5 $T_Y<T_X<2T_Y$时波形向左移动

3.1.2 DF4320型双踪示波器

1. 面板操作键及功能说明

DF4320型双踪示波器的面板如图3-1-6所示。面板上各开关和旋钮的名称、作用说明如下。

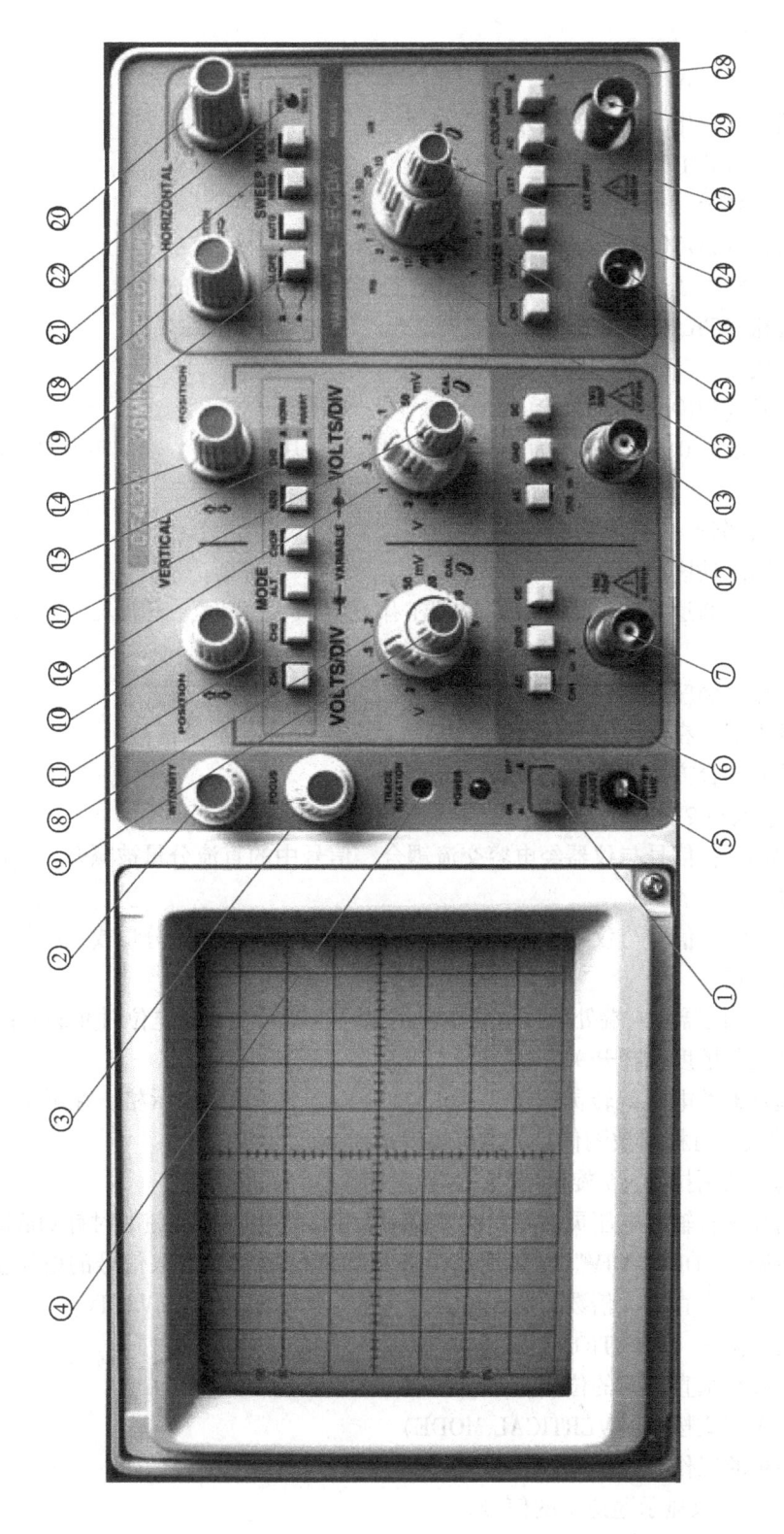

图3-1-6 DF4320型示波器面板图

(1) 示波管显示部分

①——电源开关（POWER）

按下此开关，仪器电源接通，指示灯亮。

②——亮度旋钮（INTENSITY）

用以光迹亮度调节，顺时针方向旋转旋钮，光迹增亮。

③——聚焦旋钮（FOCUS）

用以调节示波管电子束的聚焦，使显示的光点成为细小而清晰的圆点。

④——光迹旋钮（TRACE ROTATION）

调节该旋钮使光迹与水平刻度线平行。

⑤——标准信号（PROBE ADJUST）

此端口输出幅度为 0.5V、频率为 1kHz 的方波信号，用以校准 Y 轴偏转因数和扫描时基因数。

(2) 垂直方向部分

⑦——通道 1 输入插座（CH1 OR X）

此插座作为垂直通道 1 的输入端，当仪器工作在 X-Y 方式时，该输入端的信号成为 X 轴信号。

⑬——通道 2 输入插座（CH2 OR Y）

通道 2 的输入端，在 X-Y 工作方式时，该输入端的信号为 Y 轴信号。

⑥、⑫——输入耦合方式选择开关（AC-GND-DC）

选择通道 1、通道 2 的输入耦合方式。

AC（交流耦合）：信号与仪器经电容交流耦合，信号中的直流分量被隔开，用以观察信号中的交流成分。

DC（直接耦合）：信号与仪器直接耦合，当需要观察信号的直流分量或被测信号频率较低时，应选用此方式。

GND（接地）：仪器输入端处于接地状态，用以确定输入端为零电位时光迹所在位置。

⑧、⑯——电压灵敏度选择开关（VOLTS/DIV）

用以选择垂直轴的电压偏转灵敏度，从 5~10mV/DIV（DIV 表示格，在屏幕上长度为 1cm）分 11 个挡级，可根据被测信号的电压幅度选择合适的挡级。

⑨、⑰——垂直微调拉出 ×5 旋钮（VARIABLE PULL ×5）

用以连续调节垂直轴的电压灵敏度，调节范围大于 2.5 倍，该旋钮顺时针到底时为校准位置，此时可根据"VOLTS/DIV"开关度盘位置和屏幕显示幅度读取信号的电压值。当该旋钮在拉出位置时，垂直放大倍数扩展 5 倍，最高电压灵敏度变为 1mV/DIV。

⑩、⑭——垂直位移（POSITION）

用以调节光迹在垂直方向的位置。

⑪——垂直工作方式按钮（VERTICAL MODE）

选择垂直系统的工作方式。

CH1（通道 1）：只显示通道 1 的信号。

CH2（通道 2）：只显示通道 2 的信号。

ALT（交替）：用于同时观察两路信号，此时两路信号交替显示，该方式适合于在扫描速率快时使用。

CHOP（断续）：两路信号断续方式显示，适合于在扫描速率较慢时同时观察两路信号。

ADD（相加）：用于显示两路信号相加的结果。当 CH2 极性开关被按下时，为两信号相减。

⑮—CH2 极性开关

此按键未按下时，通道 2 的信号为常态显示；按下此键时，通道 2 的信号被反相。

(3) 水平方向部分

⑱—水平移位（POSITION）

用于调节光迹在水平方向的位置。

⑲—触发极性按键（SLOPE）

用以选择在被测信号的上升沿或下降沿触发扫描。

⑳—触发电平旋钮（LEVEL）

用以调节在被测信号变化至某一电平时触发扫描。

㉑—扫描方式选择按钮（SWEEP MODE）

选择产生扫描的方式。

AUTO（自动）：自动扫描方式。当无触发信号输入时，屏幕上显示扫描基线；一旦有触发信号输入，电路自动转换为触发扫描状态。调节触发电平可使波形稳定。此方式适宜观察频率在 50Hz 以上的信号。

NORM（常态）：触发扫描方式。无信号输入时，屏幕上无光迹显示；有信号输入，且触发电平旋钮在合适的位置时，电路被触发扫描。当被测信号频率低于 50Hz 时，必须选择该方式。

SINGLE（单次）：单次扫描方式。按动此键，扫描电路处于等待状态，当触发信号输入时，扫描只产生一次，下次扫描需再次按动此键。

㉒—触发（准备）指示（TRIG READY）

单次扫描方式时，该灯亮表示扫描电路处在准备状态，此时若有信号输入则将产生一次扫描，指示灯随之熄灭。

㉓—扫瞄时基因数选择开关（SEC/DIV）

由 0.1μs/DIV～0.2s/DIV 共分 20 个挡级。当扫描微调旋钮置于校准位置时，可根据该度盘为波形在水平轴的距离读出被测信号的时间参数。

㉔—"扫描微调拉×5"旋钮（VARIABLE×5）

用于连续调节扫描时基因数，调节范围大于 2.5 倍，顺时针旋转到底为校准位置。拉出此旋钮，水平放大倍数被扩展 5 倍，因此扫描时基因数旋钮的指示值应为原来的 1/5。

㉕—触发源选择开关（TRIGGER SOURCE）

用以选择不同的触发源。

CH1（通道1）：在双踪显示时，触发信号来自通道1；单踪显示时，触发信号来自被显示的信号。

CH2（通道2）：在双踪显示时，触发信号来自通道2；单踪显示时，触发信号来自被显示的信号。

ALT（交替）：在双踪交替显示时，触发信号交替来自两个 Y 通道，此方式用于同时观察两路不相关的信号。

LINE（电源）：触发信号来自市电。

EXT（外接）：触发信号来自外触发输入端。

㉖—接地端（⏚）

机壳接地端。

㉗—外触发信号耦合方式开关（AC/DC）

当选择外触发源，且信号频率很低时，应将此开关置于 DC 位置。

㉘—常态/电视选择开关（NORM/TV）

一般测量时，此开关置常态位置。当需观察电视信号时，应将此开关置电视位置。

㉙—外触发输入端（EXT INPUT）

当选择外触发方式时，触发信号由此端口输入。

2. 使用方法

（1）基本操作要点

① 显示水平扫描基线：将示波器输入耦合开关置于接地（GND），垂直工作方式开关置于交替（ALT），扫描方式置于自动（AUT），扫描时基因数开关置于 0.5ms/DIV，此时在屏幕上应出现两条水平扫描基线。如果没有，可能原因是辉度太暗，或是垂直、水平位置不当，应加以适当调节。

② 用本机校准信号检查：将通道 1 输入端由探头接至校准信号输出端，按表 3-1-1 所示调节面板上的开关、旋钮，此时在屏幕上应出现一个周期性的方波，如图 3-1-7 所示。如果波形不稳定，可调节触发电平（LEVEL）旋钮。若探头采用 1∶1，则波形在垂直方向应占 5 格，波形的一个周期在水平方向应占 2 格，此时说明示波器的工作基本正常。

表 3-1-1　用校准信号检查时开关、旋钮的位置

控制件名称	作用位置	控制件名称	作用位置
亮度 INTENSITY	中间	输入耦合方式 AC-GND-DC	AC
聚焦 FOCUS	中间	扫描方式 SWEEP MODE	自动
位移（三只）POSITION	中间	触发极性 SLOPE	⎍
垂直工作方式 VERTICAL MODE	CH1	扫描时基因数 SEC/DIV	0.5ms
电压灵敏度 VOLTS/DIV	0.1V	触发源 TRIGGER SOURCE	CH1
微调拉×5（三只）VARIABLE PULL×5	顺时针到底		

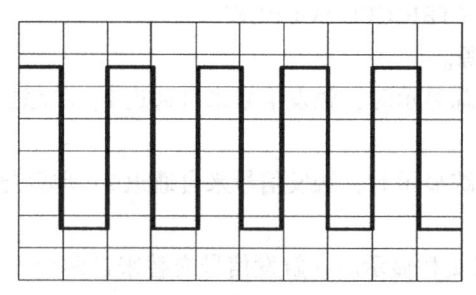

图 3-1-7　用校准信号检查

③ 观察被测信号：将被测信号接至通道 1 输入端（若需同时观察两个被测信号，则分别接至通道 1、通道 2 输入端），面板上开关、旋钮位置参照表 3-1-1，且适当调节 VOLITS/

DIV、SEC/DIV、LEVEL 等旋钮，使在屏幕上显示稳定的被测信号波形。

（2）测量

① 电压测量。在测量时应把垂直微调旋钮顺时针旋至校准位置，这样可以按 VOLTS／DIV 的指示值计算被测信号的电压大小。

由于被测信号一般含有交流和直流两种分量，因此在测试时根据下述方法操作。

- 交流电压的测量。当只测量被测信号的交流分量时，应将 Y 轴输入耦合开关置 AC 位置，调节 VOLTS／DIV 开关，使屏幕上显示的波形幅度适中，调节 Y 轴位移旋钮，使波形显示值便于读取，如图 3-1-8 所示。根据 VOLTS／DIV 的指示值和波形在垂直方向的高度 H（DIV），被测交流电压的峰峰值可由下式计算出：$U_{PP} = V/DIV \times H$。如果使用的探头置 10∶1 位置，则应将该值乘以 10。

- 直流电压的测量。当需要测量直流电压或含直流分量的电压时，应先将 Y 轴输入耦合方式开关置于 GND 位置，扫描方式开关置于 AUTO 位置，调节 Y 轴位移旋钮使扫描基线在某一合适的位置上，此时扫描基线即为零电平基准线，再将 Y 轴输入耦合方式开关转到 DC 位置。

参看图 3-1-9，根据波形偏离零电平基准线的垂直距离 H（DIV）及 VOLTS／DIV 的指示值，可以算出直流电压的数值：$U = V/DIV \times H$。

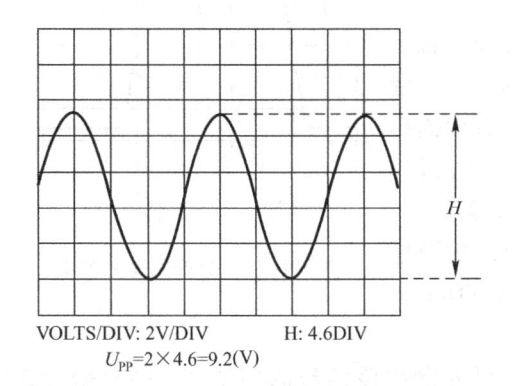

VOLTS/DIV: 2V/DIV　　H: 4.6DIV
$U_{PP}=2 \times 4.6=9.2(V)$

图 3-1-8　交流电压的测量

VOLTS/DIV: 0.5V/DIV　　H: 3.8DIV
$U=0.5 \times 3.8=1.9(V)$

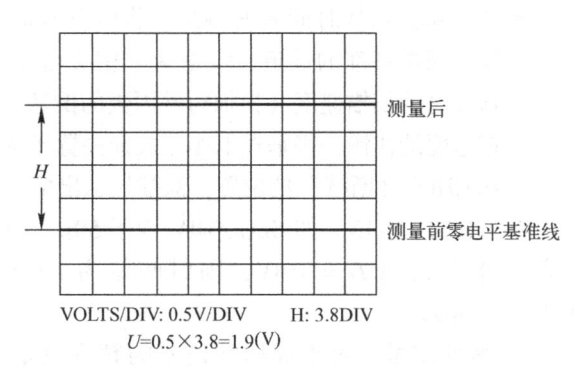

图 3-1-9　直流电压的测量

② 时间测量。对信号的周期或信号任意两点间的时间参数进行测量时，首先水平微调旋钮必须顺时针旋至校准位置。然后，调节有关旋钮，显示出稳定的波形，再根据信号的周期或需测量的两点间的水平距离 D（DIV），以及 SEC／DIV 开关的指示值，由下式计算出时间：

$$t = SEC/DIV \times D$$

当需要观察信号的某一细节（如快跳变信号的上升或下降时间）时，可将水平微调旋钮拉出，使显示的距离在水平方向得到 5 倍的扩展，此时测量的时间应按下式计算：

$$t = \frac{SEC/DIV \times D}{5}$$

- 周期的测量。参见图 3-1-10，如波形完成一个周期，A、B 两点间的水平距离 D 为 8（DIV），SEC/DIV 设置在 2ms/DIV，则周期为 $T = 2ms/DIV \times 8DIV = 16ms$。
- 脉冲上升时间的测量。参看图 3-1-11，如波形上升沿的 10% 处（A 点）至 90% 处（B 点）的水平距离 D 为 1.6DIV，SEC/DIV 置于 1μs/DIV，"水平微调拉×5" 旋钮被拉出，那么可计算出脉冲上升时间为

$$t_r = \frac{1\mu s/DIV \times 1.6DIV}{5} = 0.32\mu s$$

若测得结果 t_r 与示波器上升时间 t_s（本机为17.5ns）相接近，则信号的实际上升时间 t_r' 应按下式求得：$t_r' = \sqrt{t_r^2 - t_s^2}$。

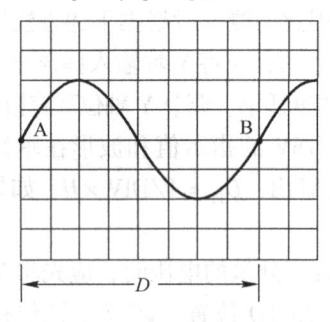

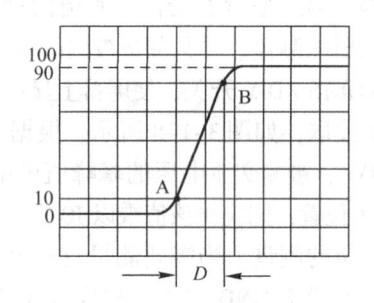

图 3-1-10 周期的测量　　　图3-1-11 脉冲上升时间的测量

- 脉冲宽度的测量。参看图 3-1-12，如波形上升沿 50% 处（A 点）至下降沿 50% 处（B 点）间的水平距离 D 为 5DIV，SEC/DIV 开关置于 0.1ms/DIV，则脉冲宽度为 $t_p = 0.1$ms/DIV × 5DIV = 0.5ms。
- 两个相关信号时间差的测量。将触发源选择开关置于作为测量基准的通道，根据两个相关信号的频率，选择合适的扫描速度（扫描时基因数的倒数），且根据扫描速度的快慢，将垂直工作方式开关置于 ALT（交替）或 CHOP（断续）的位置，双踪显示出信号波形。

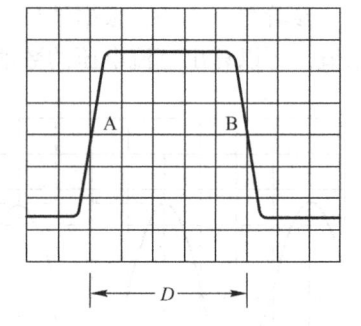

图 3-1-12 脉冲宽度的测量

参看图 3-1-13，如 SEC/DIV 置于 50μs/DIV，两测量点间的水平距离 $D = 3$DIV，则时间差为 $t = 50\mu s/DIV \times 3DIV = 150\mu s$。

③ 频率测量。对于周期性信号的频率测量，可先测出该信号的周期 T，再根据公式 $f = \frac{1}{T}$ 计算出频率的数值。其中，f 为频率（Hz），T 为周期（s）。

例如，测出信号的周期为 16ms，那么频率为 62.5Hz。

④ 测量两个同频信号的相位差。将触发源选择开关置于作为测量基准的通道，采用双踪显示，在屏幕上显示出两个信号的波形。由于一个周期是 360°，因此，根据信号一个周期在水平方向上的长度 L（DIV），以及两个信号波形上对应点（A、B）间的水平距离 D（DIV），参看图 3-1-14，由下式可计算出两信号间的相位差：$\varphi = \frac{360°}{L} \times D$。

通常为读数方便起见，可调节水平微调旋钮，使信号的一个周期占 9 格（DIV），那么每格表示的相角为 40°，相位差为 $\varphi = 40°/DIV \times D$。

例如，图 3-1-14 中，信号一个周期占 9DIV，两个信号对应点 A、B 间水平距离为 1DIV，则相位差 $\varphi = 40°/DIV \times 1DIV = 40°$。

(3) 使用注意事项

为了安全、正确地使用示波器，必须注意以下几点。

① 使用前，应检查电网电压是否与仪器要求的电源电压一致。

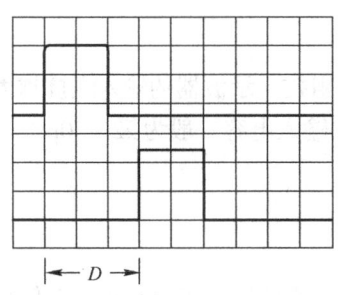

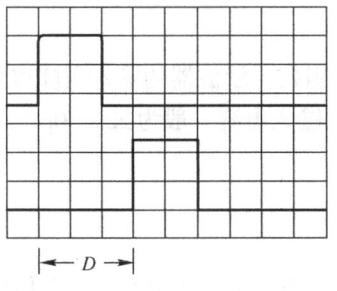

图 3-1-13　两信号时间差的测量 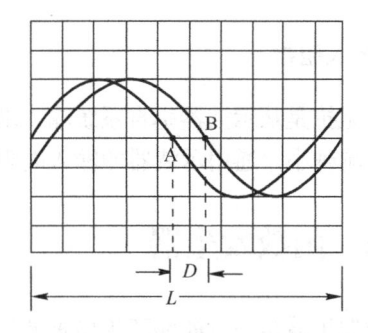　　　　图 3-1-14　两同频率信号相位差的测量

② 显示波形时，亮度不宜过亮，以延长示波管的寿命。若中途暂时不观测波形，则应将亮度调低。

③ 定量观测波形时，应尽量在屏幕的中心区域进行，以减少测量误差。

④ 被测信号电压（直流加交流的峰值）的数值不应超过示波器允许的最大输入电压。

⑤ 调节各种开关、旋钮时，不要过分用力，以免损坏。

⑥ 探头和示波器应配套使用，不能互换，否则可能导致误差或波形失真。

3.1.3　示波器的主要技术特性

示波器的技术特性是正确选用示波器的依据，它有许多项，下面仅介绍主要的几项。

1. Y 通道的频带宽度和上升时间

频带宽度（$B = f_H - f_L$），表征示波器所能观测的正弦信号的频率范围。由于下限频率 f_L 远小于上限频率 f_H，所以频带宽度约等于上限频率，即 $B \approx f_H$。频带宽度越大，表明示波器的频率特性越好。

上升时间（t_r）决定了示波器可以观察到的脉冲信号的最小边沿。

f_H 和 t_r 二者之间的关系是 $f_H \cdot t_r = 0.35$。其中，f_H 单位为 MHz，t_r 单位为 μs。例如，DF4320 型示波器的频带宽度为 20MHz，上升时间为 17.5ns。

为了减少测量误差，一般要求示波器的上限频率应大于被测信号的最高频率的三倍以上，上升时间应小于被测脉冲上升时间的三倍以上。

2. Y 通道偏转灵敏度

偏转灵敏度表征示波器观察信号的幅度范围，其下限表征示波器观察微弱信号的能力，上限决定了示波器所能观察到的信号的最大峰值。例如，DF4320 型示波器的偏转灵敏度为 5mV/DIV~10V/DIV，在 5mV/DIV 位置时，5mV 的信号在屏幕上垂直方向占一格；在 10V/DIV 位置时，由于其屏幕高度为 8DIV，因此，输入电压的峰峰值不应超过 80V。

3. 扫描时基因数，扫描速度

扫描时基因数是光点在水平方向移动单位长度（1DIV 或 1cm）所需的时间，单位为 SEC/DIV。扫描速度是扫描时基因数的倒数，即单位时间内，光点在水平方向移动的距离，单位为 DIV/s。扫描时基因数越小，则扫描速度越高，表明示波器展宽高频信号波形或窄脉冲的能力越强。

4. 输入阻抗

输入阻抗是从示波器垂直系统输入端看进去的等效阻抗。示波器的输入阻抗越大，对被测电路的影响越小。通用示波器的输入电阻规定为1MΩ，输入电容一般为22~50pF。

3.2 函数发生器

函数发生器是一种能够产生多种波形的信号发生器。它的输出可以是正弦波信号、方波信号或三角波信号，输出信号的电压大小和频率都可以方便地调节，所以函数发生器是一种用途广泛的通用仪器。

3.2.1 函数发生器的组成及工作原理

函数发生器常用电路的组成框图如图3-2-1所示，主要由正、负电流源，电流开关，时基电容，方波形成电路，正弦波形成电路，放大电路等部分组成。其工作原理简要说明如下。

正电流源、负电流源由电流开关控制，对时基电容C进行恒流充电和恒流放电。当电容恒流充电时，电容上电压随时间线性增长（$u_C = \dfrac{Q}{C} = \int_0^t i\mathrm{d}t/C = \dfrac{It}{C}$）；当电容恒流放电时，其电压随时间线性下降，因此在电容两端得到三角波电压。三角波电压经方波形成电路得到方波。三角波经正弦波形成电路转变为正弦波，最后经放大电路放大后输出。

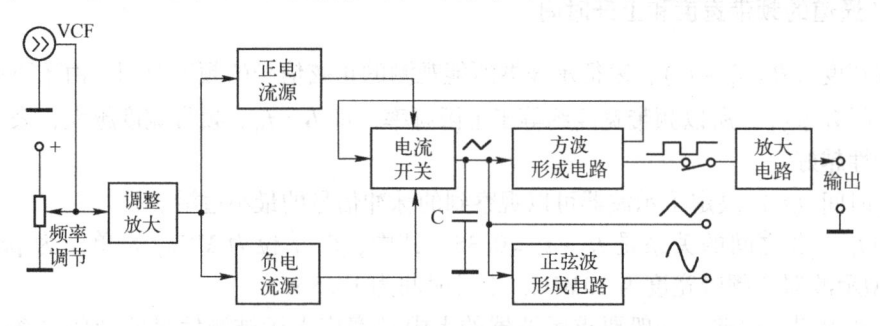

图3-2-1 函数发生器常用电路的组成框图

3.2.2 YB1638型函数发生器

1. 面板操作键及功能说明

YB1638型函数发生器面板如图3-2-2所示。

①—电源开关（POWER）

此开关按下，仪器电源接通。

②—频率调节旋钮（FREQUENCY）

调节此旋钮可以改变输出信号的频率。

③—LED显示屏

显示屏上的数字显示输出信号频率或外测信号频率，以kHz为单位。

④—占空比控制开关（DUTY）

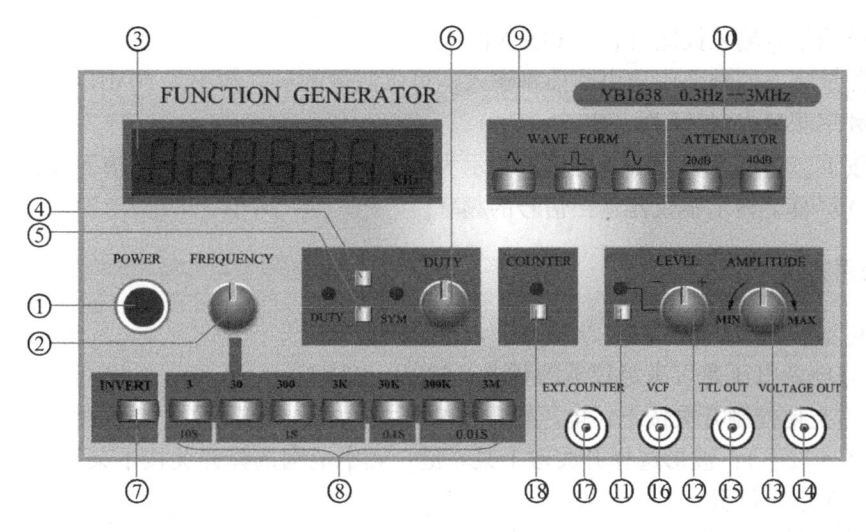

图 3-2-2　YB1638 型函数发生器面板图

此键按下后，占空比/对称度选择开关起作用。

⑤—占空比/对称度选择开关

占空比控制开关按下后，此键未按下，DUTY 指示灯亮，为占空比调节状态；此键按下，SYM 指示灯亮，为对称度调节状态。

⑥—占空比/对称度调节旋钮

用以调节占空比或对称度。

⑦—波形反相开关（INVERT）

按下此键，输出信号波形反相。

⑧—频率范围选择开关

根据需要产生的输出信号频率或外测信号频率，按下其中某一键。

⑨—波形方式选择开关（WAVE FORM）

根据需要的信号波形按下相应的键。若三只键都未按下，则无信号输出。

⑩—电压输出衰减开关（ATTENUATOR）

单独按下 20dB 或 40dB 键，输出信号较前衰减 20dB 或 40dB；两键同时按下，输出信号衰减 60dB。

⑪—电平控制开关（LEVEL）

此键按下，指示灯亮，电平调节旋钮起作用。

⑫—电平调节旋钮

电平控制开关按下，指示灯亮了以后，调节此旋钮可改变输出信号的直流电平。

⑬—输出幅度调节旋钮（AMPLITUDE）

调节此旋钮，可改变输出电压的大小。

⑭—电压输出插座（VOLTAGE OUT）

仪器产生的信号电压由此插座输出。

⑮—TTL 方波输出插座（TTL OUT）

专门为 TTL 电路提供的具有逻辑高（3V）、低（0V）电平的方波输出插座。

⑯—外接调频电压输入插座（VCF）

调频电压的幅度范围为 0～10V。

⑰—外测信号输入插座（EXT COUNTER）

需要测量频率的外部信号由此插座输入，可以测量的最高频率为10MHz。

⑱—频率测量内/外开关（COUNTER）

此键按下，指示灯亮，LED屏幕上指示为外测信号的频率。此键未按下（常态），指示灯暗，LED屏幕上显示本仪器输出信号的频率。

2. 使用方法

（1）初步检查

① 检查电源电压是否满足仪器的要求（220V±22V）。

② 将占空比控制开关按下，电压输出率减开关、电平控制开关、频率测量内/外开关均置于常态（未按下）；波形选择开关按下某一键；频率范围选择开关按下某一键；输出幅度调节旋钮置于适中位置。

③ 将电压输出插座与示波器Y轴输入端相连。

④ 开启电源开关，LED屏幕上有数字显示，示波器上可观察到信号的波形，此时说明函数发生器工作基本正常。

（2）三角波信号、方波信号、正弦波信号的产生

① 电源开关按下。

② 占空比控制开关、电压输出衰减开关、电平控制开关、频率测量内/外开关均置于常态。

③ 按照所需要产生的信号波形，按下波形方式选择开关的三角波、方波或正弦波按键。

④ 按照所需产生的信号频率，按下频率范围选择开关适当的按键。然后调节频率调节旋钮，使频率符合要求。例如，需要产生2kHz频率的信号，应按下频率范围选择开关的3kHz键，再调节频率调节旋钮，使LED屏上显示出2kHz时为止。

⑤ 调节输出幅度调节旋钮，可改变输出电压的大小，本仪器空载时最大输出电压峰峰值为20V。若需输出电压较小，则应按下电压输出衰减开关。

⑥ 若需输出信号具有某一大小的直流分量，则将电平控制开关按下，调节电平调节旋钮即可。

（3）脉冲波信号或斜波信号的产生

① 先产生方波信号或三角波信号，方法同（2）。

② 按下占空比控制开关，置占空比/对称度选择开关于常态（未按下），此时占空比（DUTY）指示灯亮，调节占空比/对称度调节旋钮，就可使方波信号变为占空比可以变化的脉冲波信号，或者使三角波信号变为斜波信号。

（4）TTL输出

TTL输出端可以有方波信号或脉冲波信号输出，产生方法同（2）或（3），输出信号的频率可以改变，而信号的高电平、低电平固定，分别是3V和0V。

（5）外测频率

将需测量频率的外部信号接至外测信号输入插座，按下频率测量内/外开关，指示灯亮，此时LED屏幕上显示的数值即为被测信号的频率。

3. 主要技术特性

（1）频率范围

0.3Hz~3MHz，共分六个频段。

(2) 输出波形

正弦波、三角波、方波、脉冲波、斜波和 TTL 波。

(3) 波形特性

正弦波：0.3Hz ~ 200kHz 时，失真度 <2%。
　　　　200kHz ~ 3MHz 时，失真度 <5%。

三角波：0.3Hz ~ 100kHz 时，非线性 <1%。
　　　　100kHz ~ 3MHz 时，非线性 <5%。

方波：上升时间 <80ns。

(4) 输出电压

负载开路时，最大输出电压峰峰值为 20V；接有 50Ω 负载时，最大输出电压峰峰值为 10V。

3.3　电子电压表

电子电压表一般是指模拟式电压表。它是一种在电子电路中常用的测量仪表，采用磁电式表头作为指示器，属于指针式仪表。电子电压表与普通万用表相比较，具有以下优点。

(1) 输入阻抗高：一般输入电阻至少为 500kΩ，仪表接入被测电路后，对电路的影响小。

(2) 频率范围宽：适用频率范围约为几赫兹到几千兆赫兹。

(3) 灵敏度高：最低电压可测到微伏级。

(4) 电压测量范围广：仪表的量程分挡可以从几百伏一直到 1mV。

3.3.1　电子电压表的组成及工作原理

电子电压表根据电路组成结构的不同，可分为放大—检波式、检波—放大式和外差式。DA-16 型、SX2172 型等交流毫伏表，属于放大—检波式电子电压表。它们主要由衰减器、交流电压放大器、检波器和整流电源四部分组成，其方框图如图 3-3-1 所示。

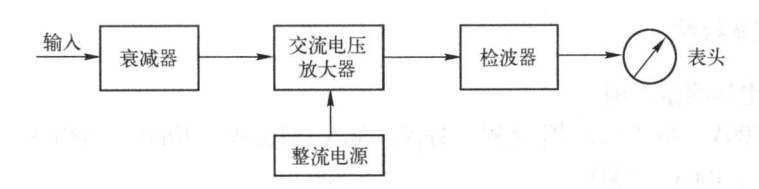

图 3-3-1　放大—检波式电子电压表

被测电压先经衰减器衰减到适宜交流放大器输入的数值，再经交流电压放大器放大，最后经检波器检波，得到直流电压，由表头指示数值的大小。

电子电压表表头指针的偏转角度正比于被测电压的平均值，而面板却是按正弦交流电压有效值进行刻度的，因此电子电压表只能用以测量正弦交流电压的有效值。当测量非正弦交流电压时，电子电压表的读数没有直接的意义，只有把该读数除以 1.11（正弦交流电压的波形系数），才能得到被测电压的平均值。

3.3.2 SX2172 型交流毫伏表

1. 面板操作键及功能说明

SX2172 型交流毫伏表面板如图 3-3-2 所示。各部分说明如下。
①—表面。
②—机械零调节螺钉：用于机械调零。
③—指示灯：当电源开关拨到"开"时，该指示灯亮。
④—输入插座：被测信号电压输入端。
⑤—量程选择旋钮：该旋钮用以选择仪表的满刻度值。
⑥—接地端。
⑦—输出端：SX2172 型交流毫伏表不仅可以测量交流电压，而且还可以作为一个宽频带、低噪声、高增益的放大器。此时，信号由输入插座输入，由输出端和接地端间输出。
⑧—电源开关。

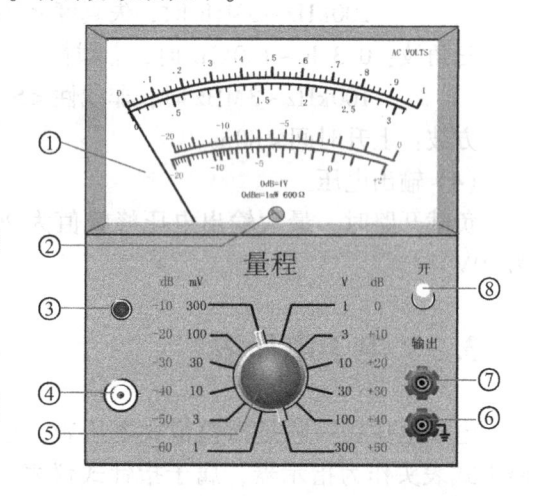

图 3-3-2 SX2172 型交流毫伏表面板

2. 使用方法及注意事项

（1）机械调零：仪表接通电源前，应先检查指针是否在零点，如果不在零点，应调节机械零调节螺钉，使指针位于零点。

（2）正确选择量程：应按被测电压的大小合适地选择量程，使仪表指针偏转至满刻度的 1/3 以上区域。如果事先不知道被测电压的大致数值，应先将量程开关置在大量程，然后再逐步减小量程。

（3）正确读数：根据量程开关的位置，按对应的刻度线读数。

（4）当仪表输入端连线开路时，由于外界感应信号可能使指针偏转超量限而损坏表头。因此，测量完毕，应将量程开关置在大量程。

3. 主要技术特性

（1）交流电压测量范围

$100\mu V \sim 300V$。共分 12 挡量程：1mV、3mV、10mV、30mV、100mV、300mV、1V、3V、10V、30V、100V、300V。

（2）输入电阻

$1 \sim 300mV$ 量程：$8M\Omega \pm 0.8M\Omega$。
$1 \sim 300V$ 量程：$10M\Omega \pm 1M\Omega$。

3.4 直流稳压电源

直流稳压电源是将交流电转变为稳定的、输出功率符合要求的直流电的设备。各种电子电路都需要直流电源供电，所以直流稳压电源是各种电子电路或仪器不可缺少的组成部分。

3.4.1 直流稳压电源的组成及工作原理

直流稳压电源通常由电源变压器、整流电路、滤波器和稳压电路四部分组成，如图 3-4-1 所示。

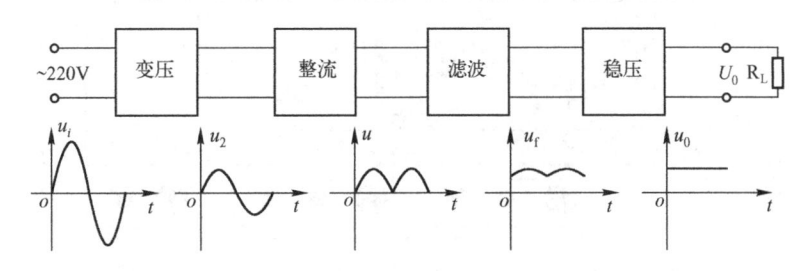

图 3-4-1 直流稳压电源组成框图

各组成部分的作用及工作原理如下。
(1) 电源变压器：将交流市电电压（220V）变换为符合整流需要的数值。
(2) 整流电路：将交流电压变换为单向脉动直流电压。整流是利用二极管的单向导电性来实现的。
(3) 滤波器：将脉动直流电压中的交流分量滤去，形成平滑的直流电压。滤波可利用电容、电感或电阻－电容来实现。

小功率整流滤波电路通常采用桥式整流、电容滤波，其输出直流电压可用 $U_F = 1.2U_2$ 来估算，其中 U_2 为变压器副边交流电压的有效值。

(4) 稳压电路：其作用是当交流电网电压波动或负载变化时，保证输出直流电压的稳定。简单的稳压电路可采用稳压管来实现，在稳压性能要求高的场合，可采用串联反馈式稳压电路（包括基准电压、取样电路、放大电路和调整管等组成部分）。目前，市场上通用的集成稳压电路也相当普遍。

3.4.2 DF1731S 型直流稳压、稳流电源

DF1731S 型直流稳压、稳流电源，是一种有三路输出的高精度直流稳定电源。其中二路为输出可调、稳压与稳流可自动转换的稳定电源，另一路为输出电压固定为 5V 的稳压电源。二路可调电源可以单独，或者进行串联、并联运用。在串联或并联时，只需对主路电源的输出进行调节，从路电源的输出严格跟踪主路，串联时最高输出电压达 60V，并联时最大输出电流为 6A。

1. 面板各元件名称及功能说明

DF1731S 型稳压、稳流电源面板如图 3-4-2 所示。
①—主路电压表：指示主路输出电压值。
②—主路电流表：指示主路输出电流值。
③—从路电压表：指示从路输出电压值。
④—从路电流表：指示从路输出电流值。
⑤—从路稳压输出调节旋钮：调节从路输出电压值（最大为 30V）。

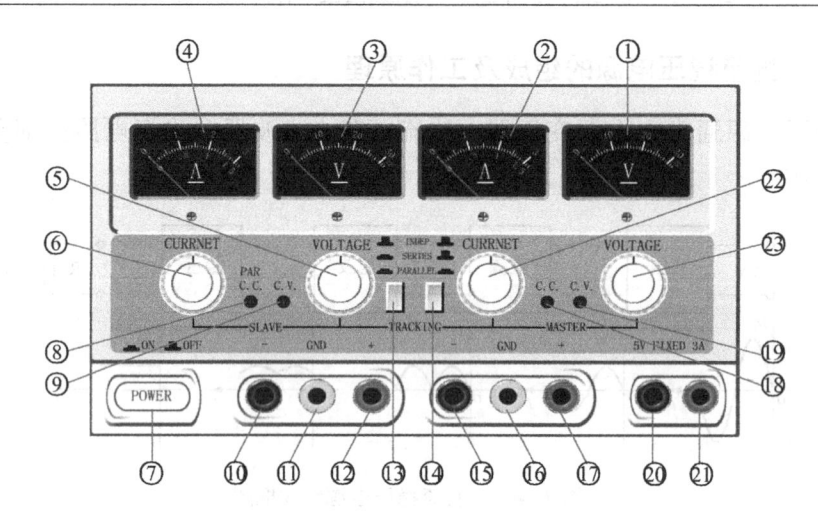

图 3-4-2　DF1731S 型稳压、稳流电源面板

⑥—从路稳流输出调节旋钮：调节从路输出电流值（最大为 3A）。

⑦—电源开关；此开关被按下时，电源接通。

⑧—从路稳流状态或二路电源并联状态指示灯：当从路电源处于稳流工作状态或二路电源处于并联状态时，此指示灯亮。

⑨—从路稳压指示灯：当从路电源处于稳压工作状态时，此指示灯亮。

⑩—从路直流输出负接线柱：从路电源输出电压的负极。

⑪—机壳接地端。

⑫—从路直流输出正接线柱：从路电源输出电压的正极。

⑬—二路电源独立、串联、并联控制开关。

⑭—二路电源独立、串联、并联控制开关。

⑮—主路直流输出负接线柱：主路电源输出电压的负极。

⑯—机壳接地端。

⑰—主路直流输出正接线柱：主路电源输出电压的正极。

⑱—主路稳流状态指示灯：当主路电源处于稳流工作状态时，此指示灯亮。

⑲—主路稳压状态指示灯：当主路电源处于稳压工作状态时，此指示灯亮。

⑳—固定 5V 直流电源输出负接线柱。

㉑—固定 5V 直流电源输出正接线柱。

㉒—主路稳流输出调节旋钮：调节主路输出电流值（最大为 3A）。

㉓—主路稳压输出调节旋钮：调节主路输出电压值（最大为 30V）。

2. 使用方法

（1）二路可调电源独立使用

将二路电源独立、串联、并联控制开关⑬和⑭均置于弹起位置，为二路可调电源独立使用状态。此时，二路可调电源分别可作为稳压源、稳流源使用，也可在作为稳压源使用时，设定限流保护值。

可调电源作为稳压源使用：首先将稳流调节旋钮⑥和㉒顺时针调节到最大，然后打开电源开关⑦，调节稳压输出调节旋钮⑤和㉓，使从路和主路输出直流电压至所需要的数值，此时稳压状态指示灯⑨和⑲亮。

可调电源作为稳流电源使用：打开电源开关⑦后，先将稳压输出调节旋钮⑤和㉓顺时针旋到最大，同时将稳流输出调节旋钮⑥和㉒反时针旋到最小，然后接上负载电阻，再顺时针调节稳流输出调节旋钮⑥和㉒，使输出电流至所需要的数值。此时稳压状态指示灯⑨和⑲暗，稳流状态指示灯⑧和⑱亮。

可调电源作稳压电源使用时，任意限流保护值的设定：打开电源，将稳流输出调节旋钮⑥和㉒反时针旋到最小，然后短接正、负输出端，并顺时针调节稳流输出调节旋钮⑥和㉒，使输出电流等于所要设定的电流值。

(2) 二路可调电源串联——提高输出电压

先检查主路和从路电源的输出负接线端与接地端间是否有联接片相联，如有则应将其断开，否则在二路电源串联时将造成从路电源短路。

将从路稳流输出调节旋钮⑥顺时针旋到最大，将二路电源独立、串联、并联控制开关⑬按下，⑭置于弹起位置，此时二路电源串联。调节主路稳压输出调节旋钮㉓，从路输出电压严格跟踪主路输出电压，在主路输出正端⑰与从路输出负端⑩间最高输出电压可达60V。

(3) 二路可调电源并联——提高输出电流

将二路电源独立、串联、并联控制开关⑬和⑭均按下，此时二路电源并联，调节主路稳压输出调节旋钮㉓，指示灯⑧亮。调节主路稳流输出调节旋钮㉒，两路输出电流相同，总输出电流最大可为6A。

3. 使用注意事项

(1) 仪器背面有一电源电压（220/110V）变换开关，其所置位置应和市电220V一致。

(2) 二路电源串联时，如果输出电流较大，则应用适当粗细的导线将主路电源输出负端与从路电源输出正端相连。在二路电源并联时，如输出电流较大，则应用导线分别将主、从电源的输出正端与正端、负端与负端相联接，以提高电源工作的可靠性。

(3) 该电源设有完善的保护功能（固定5V电源具有可靠的限流和短路保护，二路可调电源具有限流保护），因此当输出发生短路时，完全不会对电源造成任何损坏。但是短路时电源仍有功率损耗，为了减少不必要的能量损耗和机器老化，应尽早发现短路并关掉电源，将故障排除。

3.4.3 直流稳压电源的主要技术特性

直流稳压电源的技术特性是用来衡量直流稳压电源性能的标准，通常有下列几项内容。

(1) 输出电压 U_0

指稳压电源输出符合要求的电压值及其调整范围。

(2) 输出电流 I_0

通常是指稳压电源允许输出的最大电流及输出电流变化范围。

(3) 电压稳定度 K_U

K_U 为当输出电流 I_0 不变（即 $\Delta I_0 = 0$），交流电源电压变化 $\pm 10\%$ 时，输出电压的相对变化量，即

$$K_U = \left| \frac{\Delta U_0}{U_0} \right| \times 100\%$$

式中，U_0 是输出电压；ΔU_0 是输出电压的变化量。K_U 越小，表示稳压电源的稳压性能越好。

（4）内阻 r_0

在交流电源电压不变的情况下，负载电流变化 ΔI_0，将引起输出电压变化 ΔU_0，r_0 为 ΔU_0 与 ΔI_0 之比：

$$r_0 = \left| \frac{\Delta U_0}{\Delta I_0} \right|$$

内阻 r_0 的数值越小，稳压电源的带负载能力就越强，稳压性能也就越好。

（5）温度系数 K_T

交流电源电压和稳压电源输出电流都不变时，环境温度变化 ΔT，会引起稳压电源输出电压变化 ΔU_0，则

$$K_T = \frac{\Delta U_0}{\Delta T} \text{ (V/℃)}$$

由上式可知，K_T 越小，说明稳压电源的输出电压受环境温度的影响越小。

（6）纹波电压 U_{rip}

纹波电压是指直流稳压电源输出电压中的交流分量，其大小可用交流分量的有效值或峰峰值表示。纹波电压越小，稳压电源的性能越好。

3.5 万用表

万用表又称复用表、繁用表或三用表，是一种多量程和测量多种电量的便携式复用电工测量仪表。一般的万用表以测量电阻，交、直流电流，交、直流电压为主。有的万用表还可以用来测量音频电平、电容量、电感量和晶体管的 β 值等。

由于万用表结构简单、便于携带、使用方便、用途多样、量程范围广，因而它是维修仪表和调试电路的重要工具，是一种最常用的测量仪表。

3.5.1 模拟式万用表

万用表的种类很多，按其读数方式可分为模拟式万用表和数字式万用表两类。模拟式万用表是通过指针在表盘上摆动的大小来指示被测量的数值，因此，也称其为机械指针式万用表，如图 3-5-1 所示。由于其价格便宜、使用方便、量程多、功能全等优点而深受使用者的欢迎。

1. 万用表的组成

万用表在结构上主要由表头（指示部分）、

图 3-5-1 机械指针式万用表

测量电路、转换装置三部分组成。万用表的面板上有带有多条标尺的刻度盘、转换开关旋钮、调零旋钮和接线孔等。

(1) 表头

万用表的表头一般都采用灵敏度高、准确度好的磁电式直流微安表。它是万用表的关键部件，万用表性能如何，很大程度上取决于表头的性能。表头的基本参数包括表头内阻、灵敏度和直线性，这是表头的三项重要技术指标。表头内阻是指动圈所绕漆包线的直流电阻，严格讲还应包括上下两盘游丝的直流电阻。内阻高的万用表性能好。多数万用表表头内阻在几千欧姆左右。表头灵敏度是指表头指针达到满刻度偏转时的电流值，这个电流数值越小，说明表头灵敏度越高，这样的表头特性就越好。通电测试前表针必须准确地指向零位。通常表头灵敏度只有几微安到几百微安。表头直线性，是指表针偏转幅度与通过表头电流强度幅度相互一致。

(2) 测量电路

测量电路是万用表的重要部分。正因为有了测量电路才使万用表成了多量程电流表、电压表、欧姆表的组合体。

万用表测量电路主要由电阻、电容、转换开关和表头等部件组成。在测量交流电量的电路中，使用了整流器件，将交流电变换成为脉动直流电，从而实现对交流电量的测量。

(3) 转换装置

转换装置是用来选择测量项目和量限的，主要由转换开关、接线柱、旋钮、插孔等组成。转换开关是由固定触点和活动触点两大部分组成。通常将活动触点称为"刀"，固定触点称为"掷"。万用表的转换开关是多刀多掷的，而且各刀之间是联动的。转换开关的具体结构因万用表的不同型号而有差异。当转换开关转到某一位置时，可动触点就和某个固定触点闭合，从而接通相应的测量电路。

2. 万用表表盘

万用表是可以测量多种电量、具有多个量程的测量仪表，为此万用表表盘上都印有多条刻度线，并附有各种符号加以说明。

电流和电压的刻度线为均匀刻度线，欧姆挡刻度线为非均匀刻度线。

不同电量用符号和文字加以区别。直流量用"—"或"DC"表示，交流量用"～"或"AC"表示，欧姆刻度线用"Ω"表示。

为便于读数，有的刻度线上有多组数字。

多数刻度线没有单位，为了便于在选择不同量程时使用。

万用表表盘上经常出现的图形符号和字母的意义列表于表3-5-1。

表3-5-1 万用表表盘常用符号和字母的意义

符号与数字	表 示 意 义
	整流式磁电系仪表
☆5	外壳与电路的绝缘试验电压为5kV
—2.5	直流电流和直流电压的准确度为2.5级（±2.5%）

续表

符号与数字	表 示 意 义
~5.0	交流电压和输出音频电平的准确度为5.0级（±5.0%）
⚠	电阻量限基准值为标度尺工作部分长度，按产品标准规定标度盘上不标志等级指数
⊓	标度尺位置为水平的
Ω	测量直流电阻的刻度
DCV. A	测量直流电压或电流的刻度
ACV	测量交流电压的刻度
dB	测量输出电平的刻度
h_{FE}	测量晶体管 β 值的刻度
I_{CEO}	测量晶体管穿透电流 I_{CEO} 的刻度
20kΩ/V 0.15~220V DC	直流电压挡级的灵敏度为 20 000Ω/V（直流电压范围为 0.15~220V）
9kΩ/V AC &（500~1500V DC）	交流电压挡级的灵敏度为 9 000Ω/V（被测电压还包括直流 500~1500V 电压）

3. 万用表的工作原理

万用表是由电流表、电压表和欧姆表等各种测量电路通过转换装置组成的综合性仪表。了解各测量电路的原理也就掌握了万用表的工作原理，各测量电路的原理基础就是欧姆定律和电阻串并联规律。下面分别介绍各种测量电路的工作原理。

（1）直流电流的测量电路

万用表直流电流的测量电路实际上是一个多量程的直流电流表。由于表头的满偏电流很小，所以采用分流电阻来扩大量程，一般万用表采用闭路抽头式环形分流电路，如图3-5-2所示。

这种电路的分流回路始终是闭合的。转换开关换接到不同位置，就可改变直流电流的量程，这和电流表并联分流电阻扩大量程的原理是一样的。

（2）直流电压的测量电路

万用表测量直流电压的电路是一个多量程的直流电压表，如图3-5-3所示。它是由转换开关换接电路中与表头串联的不同的附加电阻，来实现不同电压量程的转换。这和电压表串联分压电阻扩大量程的原理是一样的。

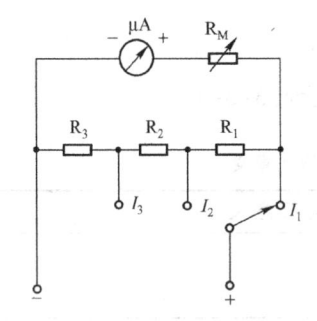

图3-5-2 多量程直流电流表原理图

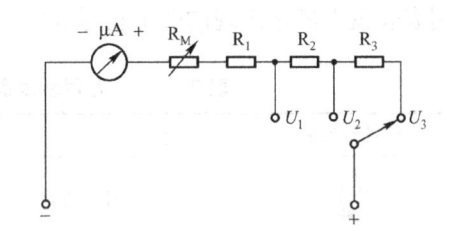

图3-5-3 多量程直流电压表原理图

（3）交流电压的测量电路

磁电式微安表不能直接用来测量交流电，必须配以整流电路，把交流变为直流，才能加以测量。测量交流电压的电路是一种整流系电压表。整流电路有半波整流电路和全波整流电路两种。

整流电流是脉动直流,流经表头形成的转矩大小是随时变化的。由于表头指针的惯性,它来不及随电流及其产生的转矩而变化,故指针的偏转角将正比于转矩或整流电流在一个周期内的平均值。

流过表头的电流平均值 I_0 与被测正弦交流电流有效值 I 的关系为:

半波整流时 $\quad I = 2.22 I_0$

全波整流时 $\quad I = 1.11 I_0$

由以上两式可知,表头指针偏转角与被测交流电流的有效值也是正比关系。整流系仪表的标尺是按正弦量有效值来刻度的,万用表测交流电压时,其读数是正弦交流电压的有效值,它只能用来测量正弦交流电,如测量非正弦交流电,会产生大的误差。如图 3-5-4 和图 3-5-5 所示,为测量交流电压的电路。

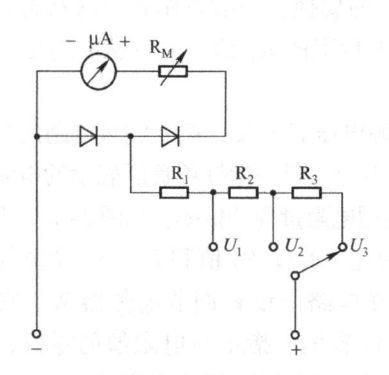

图 3-5-4　半波整流多量程交流电压表原理图 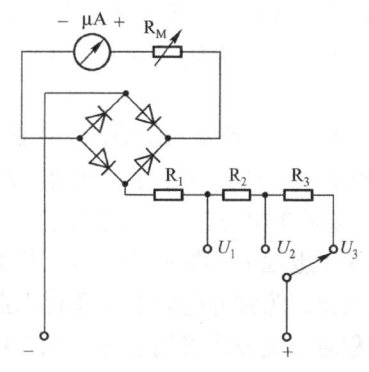　　图 3-5-5　全波整流多量程交流电压表原理图

(4) 直流电阻的测量电路

在电压不变的情况下,若回路电阻增加一倍,则电流减为一半,根据这个原理,就可制作一只欧姆表。万用表的直流电阻测量电路,就是一个多量程的欧姆表。其原理电路如图 3-5-6 所示。

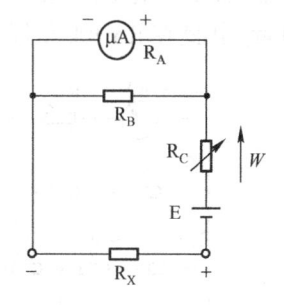

把欧姆表"+"、"−"表笔短路,调节限流电阻 R_C 使表针指到满偏转位置,在对应的电阻刻度线上,该点的读数为 0。此时电流 $I = \dfrac{E}{R_Z}$ 或 $E = I R_Z$。其中,R_Z 为欧姆表的综合内阻。

图 3-5-6　欧姆表测量电阻原理

$$R_Z = R_C + \frac{R_A \cdot R_B}{R_A + R_B} + r_0$$

式中　R_C——限流电阻;

　　　R_A——表头内阻;

　　　R_B——分流电阻;

　　　r_0——干电池内阻。

去掉短路,在"+"、"−"间接上被测电阻 R_X,则电流下降为 I',此时

$$I' = \frac{E}{R_Z + R_X} = \frac{I R_Z}{R_Z + R_X} = \frac{R_Z}{R_Z + R_X} I$$

当 $R_X = 0$ 时，$I' = I$；

当 $R_X = R_Z$ 时，$I' = \frac{1}{2}I$；

当 $R_X = 2R_Z$ 时，$I' = \frac{1}{3}I$；

……

当 $R_X = \infty$ 时，$I' = 0$。

由上可知，I' 的大小即反映了 R_X 的大小，两者的关系是非线性的，欧姆标度为不等分的倒标度。当被测电阻等于欧姆表综合内阻时（即 $R_X = R_Z$），指针指在表盘中心位置。所以 R_Z 的数值又叫做中心阻值，称为欧姆中心值。由于欧姆表的分度是不均匀的，所以在靠近欧姆中心值的一段范围内，分度较细，读数较准确，当 R_X 的值与 R_Z 较接近时，被测电阻值的相对误差较小。对于不同阻值的 R_X 值，应选择不同量程，使 R_X 与 R_Z 值接近。

欧姆测量电路量程的变换，实际上就是 R_Z 和电流 I 的变换。一般万用表中的欧姆量程有 R×1、R×10、R×100、R×1k、R×10k 等，基中 R×1 量程的 R_X 值，可以从欧姆标度上直接读得。

在多量程欧姆测量电路中，当量程改变时，保持电源电压 E 不变，改变测量电路的分流电阻，虽然被测电阻 R_X 变大了，而通过表头的电流仍保持不变，同一指针位置所表示的电阻值相应变大。被测电阻的阻值应等于标度尺上的读数，乘以所用电阻量程的倍率，如图 3-5-7 所示。

电源干电池 E，在使用中其内阻和电压都会发生变化，并使 R_Z 值和 I 改变。I 值与电源电压成正比。为弥补电源电压变化引起的测量误差，在电路中设置调节电位器 W。在使用欧姆量程时，应先将表笔短接，调节电位器 W，使指针满偏，指示在电阻值的零位，即进行"调零"后，再测量电阻值。

在 R×10k 量程上，由于 R_Z 很大，I 很小，所以当 I 小于微安伏的本身额定值时，就无法进行测量。因此在 R×10k 量程，一般采用提高电源电压的方法来扩大其量程，如图 3-5-8 所示。

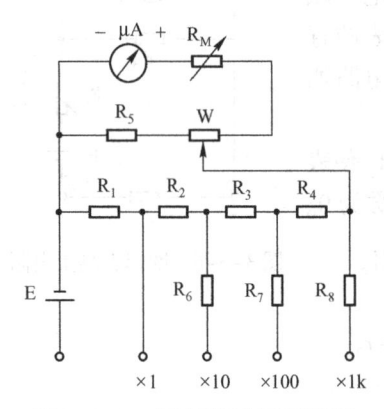

图 3-5-7　多量程欧姆表原理图 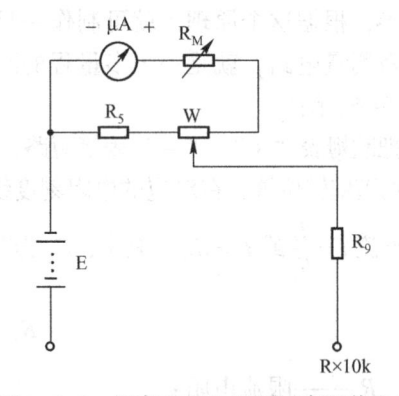　　　　图 3-5-8　提高电源电压测量高阻值电阻

4. 正确使用方法

万用表的类型较多，面板上的旋钮、开关的布局也有所不同。所以在使用万用表之前必须仔细了解和熟悉各部件的作用，认真分清表盘上各条标度所对应的量，详细阅读使用说明书。万用表在使用时应注意以下几点。

（1）万用表在使用之前应检查表针是否在零位，如不在零位，可用小螺丝刀调节表盖上的调零器，进行"机械调零"，使表针指在零位。

（2）万用表面板上的插孔都有极性标记，测直流时，注意正负极性。用欧姆挡判别二极管极性时，注意"＋"插孔是接表内电池的负极，而"－"插孔（也有标为"＊"插孔的）是接表内电池的正极。

（3）量程转换开关必须拨在需测挡位置，不能拨错。如在测量电压时误拨在电流或电阻挡，将会损坏表头。

（4）在测量电流或电压时，如果对被测电流、电压大小心中无数，应先拨到最大量程上试测，以防止表针打坏。然后再拨到合适量程上测量，以减小测量误差。注意不可带电转换量程开关。

（5）在测量直流电压、电流时，正负端应与被测的电压、电流的正负端相接。测电流时，要把电路断开，将表串接在电路中。

（6）测量高压或大电流时，要注意人身安全。测试表笔要插在相应的插孔里，量程开关拨到相应的量程位置上。测量前还要将万用表架在绝缘支架上，被测电路切断电源，电路中有大电容的应将电容短路放电，将表笔固定接好在被测电路上，然后再接通电源测量。注意不能带电拨动转换开关。

（7）测量交流电压、电流时，注意必须是正弦交流电压、电流。其频率，也不能超过说明书上的规定。

（8）测量电阻时，首先要选择适当的倍率挡，然后将表笔短路，调节"调零"旋钮，使表针指零，以确保测量的准确性。如"调零"电位器不能将表针调到零位，说明电池电压不足，需更换新电池，或者内部接触不良需修理。不能带电测电阻，以免损坏万用表。在测大阻值电阻时，不要用双手分别接触电阻两端，防止人体电阻并联上去而造成测量误差。每换一次量程，都要重新调零。不能用欧姆挡直接测量微安表表头、检流计、标准电池等仪器、仪表的内阻。

（9）在表盘上有多条标度尺，要根据不同的被测量去读数。测量直流量时，读"DC"或"－"那条标度尺，测交流量时读"AC"或"～"标度尺，标有"Ω"的标度尺为测量电阻时使用。

（10）每次测量完毕，将转换开关拨到交流电压最高挡，防止他人误用而损坏万用表。也可防止转换开关误拨在欧姆挡时，表笔短接而使表内电池长期耗电。万用表长期不用时，应取出电池，防止电池漏液腐蚀和损坏万用表内零件。

3.5.2 数字式万用表

数字式万用表是采用集成电路模/数转换器和液晶显示器，将被测量的数值直接以数字形式显示出来的一种电子测量仪表。

数字式万用表主要特点如下。
- 数字显示，直观准确，无视觉误差，并具有极性自动显示功能。
- 测量精度和分辨率都很高。
- 输入阻抗高，对被测电路影响小。
- 电路的集成度高，便于组装和维修，使数字式万用表的使用更为可靠和耐久。
- 测试功能齐全。
- 保护功能齐全，有过压、过流保护，过载保护和超输入显示功能。
- 功耗低，抗干扰能力强，在磁场环境下能正常工作。

● 便于携带，使用方便。

1. 组成与工作原理

数字式万用表是在直流数字电压表的基础上扩展而成的。为了能测量交流电压、电流、电阻、电容、二极管正向压降、晶体管放大系数等电量，必须增加相应的转换器，将被测电量转换成直流电压信号，再由 A/D 转换器转换成数字量，并以数字形式显示出来。数字式万用表的基本结构如图 3-5-9 所示，由功能转换器、A/D 转换器、LCD 显示器（液晶显示器）、电源和功能/量程转换开关等构成。

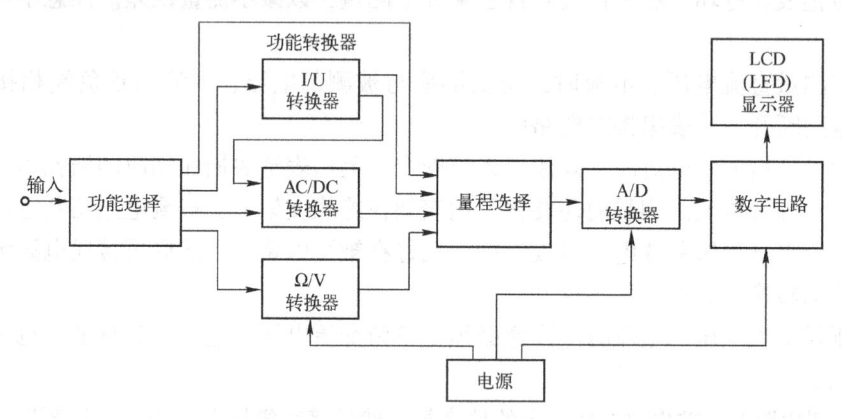

图 3-5-9 数字式万用表的基本结构

常用的数字式万用表显示数字位数有三位半、四位半和五位半之分。对应的数字显示最大值分别为 1 999、19 999 和 199 999，并由此构成不同型号的数字式万用表。

2. 数字式万用表的使用方法

DT9101 型数字式万用表是一种操作方便、读数准确、功能齐全、体积小巧、携带方便、用电池作电源的手持袖珍式大屏幕液晶显示三位半数字式万用表，可用来测量直流电压/电流、交流电压/电流、电阻、二极管正向压降、晶体三极管参数及电路通断等。

DT9101 型数字式万用表面板如图 3-5-10 所示。

（1）直流电压测量

① 将黑表笔插入 COM 插孔，红表笔插入 VΩ 插孔。

② 将功能开关置于 DCV 量程范围，并将表笔并接在被测负载或信号源上。在显示电压读数时，同时会指示出红表笔的极性。

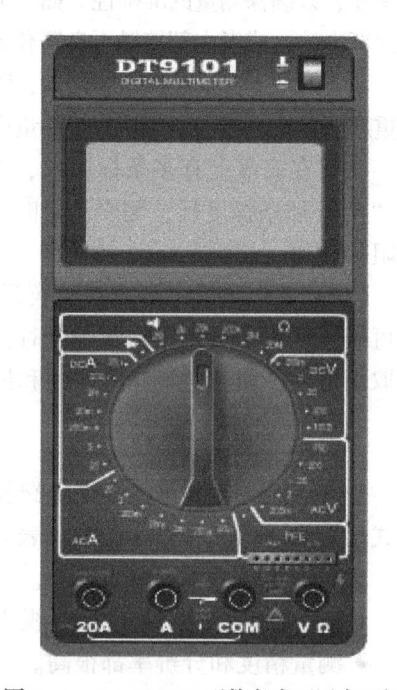

图 3-5-10 DT9101 型数字式万用表面板

注意：

● 在测量之前不知被测电压的范围时应将功能开关置于高量程挡后逐步调低。

● 仅在最高位显示"1"时，说明已超过量程，须调高一挡。

● 不要测量高于 1000V 的电压，虽然有可能读得读数，但可能会损坏内部电路。

- 特别注意在测量高压时,避免人体接触到高压电路。

(2) 交流电压测量

① 将黑表笔插入 COM 插孔,红表笔插入 VΩ 插孔。

② 将功能开关置于 ACV 量程范围,并将测试笔并接在被测量负载或信号源上。

注意:

- 同直流电压测试注意事项。
- 不要测量高于 750V 有效值的电压,虽然有可能读得读数,但可能会损坏万用表内部电路。

(3) 直流电流测量

① 将黑表笔插入 COM 插孔。当被测电流在 2A 以下时红表笔插 A 插孔;如被测电流为 2~20A,则将红表笔移至 20A 插孔。

② 功能开关置于 DCA 量程范围,测试笔串入被测电路中。红表笔的极性将由数字显示的同时指示出来。

注意:

- 如果被测电流范围未知,则应将功能开关置于高挡后逐步调低。
- 仅最高位显示"1"说明已超过量程,须调高量程挡级。
- A 插口输入时,过载会将内装熔断器熔断,更换熔断器规格应为 2A ($\phi5 \times 20$mm)。
- 20A 插口没有用熔断器,测量时间应小于 15s。

(4) 交流电流测量

测试方法和注意事项同直流电流测量。

(5) 电阻测量

① 将黑表笔插入 COM 插孔,红表笔插入 VΩ 插孔(注意:红表笔极性为"+")。

② 将功能开关置于所需 Ω 量程上,将测试笔跨接在被测电阻上。

注意:

- 当输入开路时,会显示过量程状态"1"。
- 如果被测电阻超过所用量程,则会指出量程"1"须换用高挡量程。当被测电阻在 1MΩ 以上时,本表须数秒后方能稳定读数。对于高电阻测量这是正常的。
- 检测在线电阻时,须确认被测电路已关断电源,同时电容已放电完毕。
- 有些器件有可能因进行电阻测量时所加的电流而损坏,表 3-5-2 列出了各挡的电压值和电流值。

表 3-5-2 电阻测量挡各挡电压值、电流值

量 程	A*/V	B/V	C/mA
200Ω	0.65	0.08	0.44
2kΩ	0.65	0.3	0.27
20kΩ	0.65	0.42	0.06
200kΩ	0.65	0.43	0.007
2MΩ	0.65	0.43	0.001
20MΩ	0.65	0.43	0.0001

注:A*是插座上开路电压;B 是跨于相当于满量程电阻上的电压值;C 是通过短路输入插口的电流值(以上所有数字均为典型值)。

(6) 二极管测量

① 将黑表笔插入 COM 插孔,红表笔插入 VΩ 插孔(注意:红表笔极性为"+")。

② 将功能开关置于"⟶▷⊢"挡,并将测试笔跨接在被测二极管上。

注意：
- 当输入端未接入，即开路时，显示过量程"1"。
- 通过被测器件的电流为 1mA 左右。
- 本表显示值为正向压降伏特值，当二极管反接时则显示过量程"1"。

（7）音响通断检查

① 将黑表笔插入 COM 插孔，红表笔插入 VΩ 插孔。

② 将功能开关置于"o)))"量程并将表笔跨接在欲检查电路两端。

③ 若被检查两点之间的电阻小于 30Ω 则蜂鸣器会发出声响。

注意：
- 当输入端接入开路时显示过量"1"。
- 被测电路必须在切断电源的状态下检查通断，因为任何负载信号都会使蜂鸣器发声而导致判断错误。

（8）晶体管 h_{FE} 测量

① 将功能开关置于 h_{FE} 挡上。

② 先认定晶体三极管是 PNP 型还是 NPN 型，然后将被测管 E、B、C 三脚分别插入面板上对应的晶体三极管插孔内。

③ 此表显示的是 h_{FE} 近似值，测试条件为基极电流 10μA，U_{CE} 约 2.8V。

（9）液晶显示屏幕视角选择

一般使用或存放时，显示屏可呈锁紧状态。当使用条件需要改变显示屏视角时，可用手指按压显示屏上方的锁扣钮，并翻出显示屏，使其转到最适合观察的角度。

（10）维护事项

DT9101 型数字式万用表是一部精密电子仪表，不要随便改动内部电路以免损坏。

① 不要接到高于 1000V 直流或有效值 750V 交流以上的电压上。

② 切勿误接量程以免内、外电路受损。

③ 仪表后盖未完全盖好时切勿使用。

④ 更换电池及熔断器须在拔去表笔及关断电源开关后进行。旋出后盖螺钉，轻轻地稍微掀起后盖同时向前推后盖，使后盖上持钩脱离表面壳即可取下后盖。按后盖上注意说明的规格要求更换电池或熔断器。本仪表熔断器规格为 2A 250V，外形尺寸为 $\phi 5mm \times 20mm$。

3.6 实训：常用电子仪器的使用

3.6.1 实训目的

（1）掌握常用电子仪器的使用方法。

（2）掌握几种典型模拟信号的幅值、有效值和周期的测量。

3.6.2 实训内容

1. 熟悉电子仪器

熟悉示波器、函数发生器、交流毫伏表和直流稳压电源等常用电子仪器面板上各控制件的名称及作用。

2. 掌握常用电子仪器的使用方法

(1) 直流稳压电源的使用

① 将二路可调电源独立稳压输出，调节一路输出电压为 10V，另一路为 15V。
② 将直流稳压电源的输出接为如图 3-6-1 所示的正负电源形式。输出直流电压 ±15V。
③ 将两路可调电源串联使用，调节输出稳压值为 48V。

(2) 示波器、函数发生器和交流毫伏表的使用

① 示波器双踪显示，调出两条扫描线。注意当触发方式置于 "常态" 时有无扫描线。
② 信号的测试：用示波器显示校准信号的波形，测量该电压的峰峰值、周期、高电平和低电平。并将测量结果与已知的校准信号峰峰值、周期相比较。

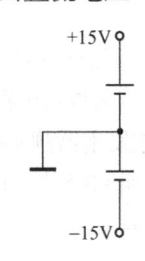

图 3-6-1 正负电源

③ 正弦波信号的测试：用函数发生器产生频率为 1kHz（由 LED 屏幕指示）、有效值为 2V（用交流毫伏表测量）的正弦波信号。再用示波器显示该正弦交流电压波形，测出其周期、频率、峰峰值和有效值，将测量数据填入表 3-6-1。

④ 叠加在直流电压上的正弦波信号的测试：调节函数发生器，产生一叠加在直流电压上的正弦波信号。由示波器显示该信号波形，并测出其直流分量为 1V，交流分量峰峰值为 5V，周期为 1ms，如图 3-6-2 所示。

表 3-6-1 实验数据（一）

使用仪器	正弦波			
	周期	频率	峰峰值	有效值
函数发生器		1kHz		
交流毫伏表				2V
示波器				

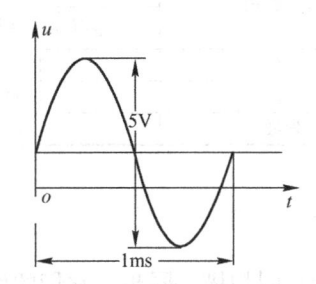

图 3-6-2 叠加在直流电压上的正弦波

再用万用表（直流电压挡）和交流毫伏表分别测出该信号的直流分量电压值和交流电压有效值，用函数发生器测出（显示）该信号的频率，将测量数据填入表 3-6-2。

表 3-6-2 实验数据（二）

使用函数	直流分量	交流分量			
		峰峰值	有效值	周期	频率
示波器	1V	5V		1ms	
万用表					
交流毫伏表					
函数发生器					

⑤ 相位差的测量：按照图 3-6-3 所示接线，函数发生器输出正弦波频率为 2kHz，有效值为 2V（由交流毫伏表测出）。用示波器测量 u 与 u_C 间的相位差 φ。

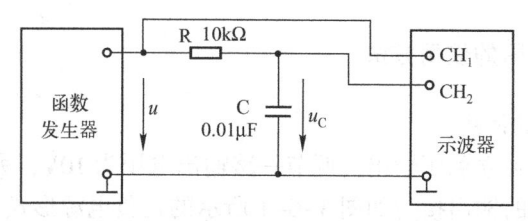

图 3-6-3　RC 串联交流电路

(3) 几种周期性信号的幅值、有效值及频率的测量

调节函数发生器，使其输出信号波形分别为正弦波、方波和三角波，信号的频率为 2kHz（由函数发生器频率指示），信号的大小由交流毫伏表测量为 1V。用示波器显示信号波形，且测量其周期和峰值，计算出频率和有效值，将测得数据填入表 3-6-3 中（有效值的计算可参考表 3-6-4）。

表 3-6-3　实验数据（三）

信号波形	函数发生器频率指示/kHz	交流毫伏表指示/V	示波器测量值		计算值	
			周期	峰值	频率	有效值
正弦波	2	1				
方波	2	1				
三角波	2	1				

表 3-6-4　各种信号波形有效值 $U_有$、平均值 $U_平$、峰值 $U_峰$ 之间的关系

信号波形	全波整流后的		
	$U_有/U_平$（波形系数）	$U_平/U_峰$	$U_有/U_峰$
正弦波	1.11	$2/\pi$	$1/\sqrt{2}$
方波	1.00	1	1
三角波	1.15	1/2	$1/\sqrt{3}$

思　考　题

1. 什么叫扫描、同步，它们的作用是什么？
2. 触发扫描和自动扫描有什么区别？
3. 使用示波器时，如出现以下情况：①无图像；②只有垂直线；③只有水平线；④图像不稳定。试说明可能的原因，应调整哪些旋钮加以解决？
4. 用示波器测量信号的电压大小和周期时，垂直微调旋钮和扫描微调旋钮应置于什么位置？
5. 用示波器测量直流电压的大小与测量交流电压的大小相比，在操作方法上有哪些不同？
6. 设已知一函数发生器输出电压峰峰值 $U_{0(PP)}$ 为 10V，此时分别按下输出衰减 20dB、40dB 键或同时按下 20dB、40dB 键。这三种情况下，函数发生器的输出电压峰峰值变为多少？
7. 交流毫伏表在小量程挡、输入端开路时，指针偏转很大，甚至出现打针现象，这是什么原因？应怎样避免？
8. 函数发生器输出正弦交流信号的频率为 20kHz，能否不用交流毫伏表而用数字式万用表交流电压挡去测量其大小？
9. 在实训中，所有仪器与实验电路必须共地（所有的地接在一起），这是为什么？
10. 对于方波信号或三角波信号，交流毫伏表的指示是否是它们的有效值？如何根据交流毫伏表的指示求得方波或三角波的有效值？

第 4 章　常用电子元器件的识别与测试

在电子产品中电子元器件种类繁多，其性能和应用范围也有很大不同。随着电子工业的飞速发展，电子元器件的新产品层出不穷，其品种规格十分繁杂。本章只对电阻器、电位器、电容器、电感器、半导体器件及集成电路等最常用的电子元器件作简要介绍，希望读者对众多的电子元器件有一个概括性的了解。

4.1　电阻器

当电流通过导体时，导体对电流的阻碍作用称为电阻。在电路中起电阻作用的元件称为电阻器，简称电阻。电阻器是电子产品中最通用的电子元件。它是耗能元件，在电路中的主要作用为分流、限流、分压，用作负载电阻和阻抗匹配等。

4.1.1　电阻器的电路符号与电阻的单位

1. 电阻器的电路符号

电阻器在电路图中用字母 R 表示，其常用的电路符号如图 4-1-1 所示。

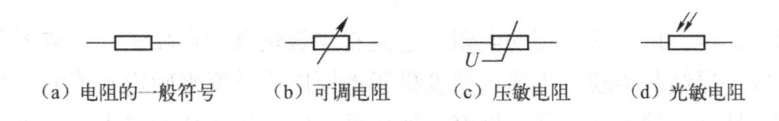

（a）电阻的一般符号　　（b）可调电阻　　（c）压敏电阻　　（d）光敏电阻

图 4-1-1　电阻器的电路符号

2. 电阻的单位

电阻的单位为欧姆（Ω），其他单位还有千欧（kΩ）、兆欧（MΩ）等。换算方法是：1 兆欧 = 1000 千欧 = 1 000 000 欧姆。

4.1.2　电阻器的分类

电阻器种类繁多，形状各异，功率也不同。

1. 按结构形式分类

电阻器按结构形式分类有固定电阻器、可变电阻器两大类。固定电阻器的种类比较多，主要有碳膜电阻器、金属膜电阻器和线绕电阻器等。固定电阻器的电阻值固定不变，阻值的大小就是其标称值。

2. 按制作材料分类

电阻器按制作材料分类有线绕电阻器、碳膜电阻器、金属膜电阻器、水泥电阻器等。

3. 按形状分类

电阻器按形状分类有圆柱形、管形、片状形、钮形、马蹄形、块形等。

4. 按用途分类

电阻器按用途分类有普通型电阻器、精密型电阻器、高频型电阻器、高压型电阻器、高阻型电阻器、敏感型电阻器等。

4.1.3 常用的电阻

常用的电阻有许多，图4-1-2中仅列举几种。

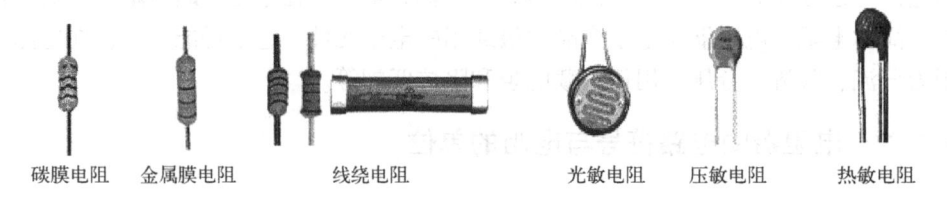

碳膜电阻　金属膜电阻　线绕电阻　光敏电阻　压敏电阻　热敏电阻

图4-1-2　常用的电阻

1. 碳膜电阻

碳膜电阻是最早、最广泛使用的电阻。它是将碳氢化合物在高温、真空下分解，使其在瓷质基体上形成一层结晶碳膜，再通过改变碳膜的厚度或长度来确定阻值的。其主要特点是耐高温，高频特性好，精度高，稳定性好，噪声低，常应用于精密仪表等高档设备。

2. 金属膜电阻

金属膜电阻是在真空条件下，在瓷质基体上沉积一层合金粉制成的，通过改变金属膜的厚度或长度来确定其阻值。金属膜电阻具有噪声低、耐高温、体积小、稳定性和精密度高等特点，也常用在精密仪表等高档设备中。

3. 线绕电阻

线绕电阻是用康铜丝或锰铜丝缠绕在绝缘瓷管上制成的，分固定和可变两种，具有耐高温、精度高、功率大等优点；但是，其高频特性差，适用于大功率场合，额定功率大都在1W以上。

4. 光敏电阻

光敏电阻是一种电导率随吸收的光量子多少而变化的敏感电阻。它是利用半导体的光电效应特性制成的，其电阻随着光照的强弱而变化。光敏电阻主要用于各种自动控制、光电计数、光电跟踪等场合。

5. 热敏电阻

热敏电阻是一种具有温度系数变化的热敏元件。NTC 热敏电阻具有负温度系数，其阻值随温度升高而减少，可用于稳定电路的工作点。PTC 热敏电阻具有正温度系数，在达到某一特定温度前，其阻值随温度升高而缓慢下降，当超过该温度时，其阻值急剧增大。这个特定温度点称为居里点。PTC 热敏电阻在家电产品中被广泛应用，如彩电的消磁电阻、电饭煲的温控器等。

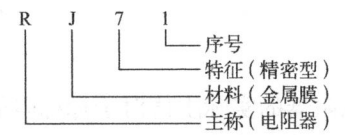

4.1.4 电阻器型号的命名方法

电阻器型号的命名方法根据是 GB2471—81，见表 4-1-1。

例如，RJ71 精密金属膜电阻器：

```
R J 7 1
│ │ │ └── 序号
│ │ └──── 特征（精密型）
│ └────── 材料（金属膜）
└──────── 主称（电阻器）
```

表 4-1-1 电阻器型号的命名方法

第一部分：主称		第二部分：材料		第三部分：特征			第二部分：序号
符号	意义	符号	意义	符号	电阻器	电位器	
R W	电阻器 电位器	T	碳膜	1	普通	普通	对主称、材料相同，仅性能指标尺寸大小有区别，但基本不影响互换使用的产品，给同一序号；若性能指标、尺寸大小明显影响互换，则在序号后面用大写字母作为区别代号
		H	合成膜	2	普通	普通	
		S	有机实芯	3	超高频	—	
		N	无机实芯	4	高阻	—	
		J	金属膜	5	高温	—	
		Y	氧化膜	6	—	—	
		C	沉积膜	7	精密	精密	
		I	玻璃釉膜	8	高压	特殊函数	
		P	硼酸膜	9	特殊	特殊	
		U	硅酸膜	G	高功率	—	
		X	线绕	T	—	可调	
		M	压敏	W	—	微调	
		G	光敏	D	—	多圈	
		R	热敏	B	温度补偿用		
				C	温度测量用		
				P	旁热式		
				W	稳压式		
				Z	正温度系数		

4.1.5 电阻器的主要参数

1. 标称阻值

电阻器表面所标注的阻值叫标称阻值。不同精度等级的电阻器，其阻值系列不同。标称阻值是按国家规定的电阻器标称阻值系列选定的，见表4-1-2，阻值单位为欧（Ω）。

表4-1-2　电阻器的标称阻值系列

标称阻值系列	允许误差	精度等级	电阻器标称值										
E6	±20%	Ⅲ	1.0	1.5	2.2	3.3	4.7	6.8					
E12	±10%	Ⅱ	1.0	1.2	1.5	1.8	2.2	2.7	3.3	3.9	4.7	5.6	6.8	8.2
E24	±5%	Ⅰ	1.0 1.1 1.2 1.3 1.5 1.6 1.8 2.0 2.2 2.4 2.7 3.0 3.3 3.6 3.9 4.3 4.7 5.1 5.6 6.2 6.8 7.5 8.2 9.1										

注：使用时将表列数值乘以 10^n（n 为整数）

2. 允许误差

电阻器的允许误差就是指电阻器的实际阻值对于标称阻值的允许最大误差范围，它标志着电阻器的阻值精度。普通电阻器的允许误差有 ±5%、±10%、±20% 三个等级，允许误差越小，电阻器的精度越高。精密电阻器的允许误差可分为 ±2%、±1%、±0.5%、…、±0.001% 等十几个等级。

3. 额定功率

电阻器通电工作时，本身要发热，如果温度过高就会将电阻器烧毁。在规定的环境温度中允许电阻器承受的最大功率，即在此功率限度以下，电阻器可以长期稳定地工作，不会显著改变其性能、不会损坏的最大功率限度就称为额定功率。

线绕电阻器额定功率系列（W）为 1/20、1/8、1/4、1/2、1、2、4、8、12、16、25、40、50、75、100、150、250、500。

非线绕电阻器额定功率系列（W）为 1/20、1/8、1/4、1/2、1、2、5、10、25、50、100。

4. 额定电压

由阻值和额定功率换算出的电压称为额定电压。

5. 温度系数

温度每变化1℃所引起的电阻值的相对变化即温度系数。温度系数越小，电阻的稳定性越好。阻值随温度升高而增大的为正温度系数，反之为负温度系数。

4.1.6　电阻器的标注方法

由于受电阻器表面积的限制，通常只在电阻器外表面上标注电阻器的类别、标称阻值、精度等级、允许误差和额定功率等主要参数。电阻器常用的标注方法有以下几种。

1. 直接标注法（直标法）

直标法是将电阻器的主要参数直接印刷在电阻器表面上的一种方法，即用数字和单位符号在电阻器表面标出阻值，其允许误差直接用百分数表示，若电阻器上未注允许误差，则均

为 ±20%，如图 4-1-3 所示。

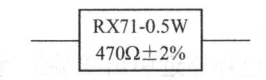

```
RX71-0.5W
470Ω±2%
```

图 4-1-3 电阻器直标法

2. 文字符号法

文字符号法是将电阻器的主要参数用数字和文字符号有规律地组合起来印刷在电阻器表面上的一种方法。电阻器的允许误差也用文字符号表示，见表 4-1-3。

表 4-1-3 文字符号及其对应的允许误差

文字符号	D	F	G	J	K	M
允许误差	±0.5%	±1%	±2%	±5%	±10%	±20%

其组合形式为：整数部分 + 阻值单位符号（Ω、k、M）+ 小数部分 + 允许误差。

示例：Ω47K——0.47Ω±10%（K 是允许误差）；

2k2J——2.2kΩ±5%（J 是允许误差）；

4M7K——4.7MΩ±10%（K 是允许误差）；

7M5M——7.5MΩ±20%（M 是允许误差）。

3. 数码法

数码法是用三位数字表示阻值大小的一种标志方法。从左到右，第一、第二位数为电阻器阻值的有效数字，而第三位则表示前两位有效数字后面应加 "0" 的个数。单位为欧姆，允许误差通常采用文字符号表示。

示例：101M——100Ω±20%（M 是允许误差）；

472J——4.7kΩ±5%（J 是允许误差）。

4. 色环标注法（色标法）

色环标注法是用不同颜色的色环把电阻器的参数（标称阻值和允许偏差）直接标在电阻器表面上的一种方法。国外电阻大部分采用色标法。色环颜色与数字的对应关系见表 4-1-4、表 4-1-5。

示例：

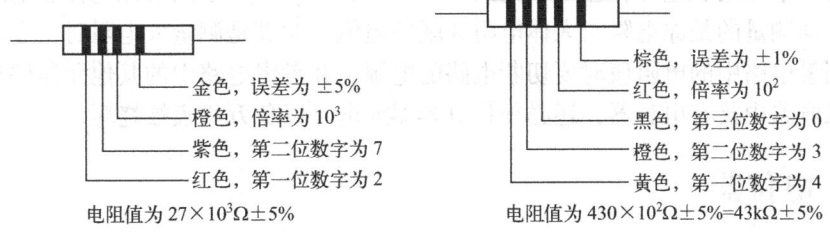

金色，误差为 ±5%
橙色，倍率为 10^3
紫色，第二位数字为 7
红色，第一位数字为 2
电阻值为 $27×10^3Ω±5%$

棕色，误差为 ±1%
红色，倍率为 10^2
黑色，第三位数字为 0
橙色，第二位数字为 3
黄色，第一位数字为 4
电阻值为 $430×10^2Ω±5%=43kΩ±5%$

（1）电阻器的色环标注有两种形式：四环标注与五环标注。

四环标注：适用于通用电阻器，有两位有效数字。

五环标注：适用于精密电阻器，有三位有效数字。

（2）色环电阻器的识别。要准确、熟练地识别每一色环电阻器的阻值大小和允许误差大小，必须掌握以下几点。

① 熟记色环与数字的对应关系。

② 找出色环电阻器的起始环，色环靠近引出线端最近一环为起始环（即第一环）。

③ 若是四环电阻器，则只有 ±5%、±10%、±20% 三种允许误差，所以凡是有金或银色环的便是尾环（即第四环）。

④ 对于五环标注电阻器，按上述②识别。

4.1.7 电阻器的测试

电阻器阻值的测试方法主要有万用表测试法；另外，还有电桥测试法、RLC 智能测试仪等。用万用表测量电阻的方法如下。

（1）将万用表的挡位旋钮置于电阻挡，再将倍率挡置于 $R \times 1$ 挡，然后把两表笔金属棒短接，观察万用表的指针是否到零。如果调节欧姆调零旋钮后，指针仍然不能到零位，则说明万用表内的电池电压不足，应更换电池。

表 4-1-4 四环标注法

颜色	第一位有效数字	第二位有效数字	倍率	允许误差
黑	0	0	10^0	
棕	1	1	10^1	
红	2	2	10^2	
橙	3	3	10^3	
黄	4	4	10^4	
绿	5	5	10^5	
蓝	6	6	10^6	
紫	7	7	10^7	
灰	8	8	10^8	
白	9	9	10^9	
金			10^{-1}	±5%
银			10^{-2}	±10%
无色				±20%

表 4-1-5 五环标注法

颜色	第一位有效数字	第二位有效数字	第三位有效数字	倍率	允许误差
黑	0	0	0	10^0	
棕	1	1	1	10^1	±1%
红	2	2	2	10^2	±2%
橙	3	3	3	10^3	
黄	4	4	4	10^4	
绿	5	5	5	10^5	±0.5%
蓝	6	6	6	10^6	±0.25%
紫	7	7	7	10^7	±0.1%
灰	8	8	8	10^8	
白	9	9	9	10^9	
金				10^{-1}	±5%
银				10^{-2}	±10%
无色					±20%

（2）按万用表使用方法规定，万用表的指针应尽可能指在标尺线（刻度不均匀分布）的中心部位，读数才准确。因此，根据电阻的阻值来选择合适的倍率挡，并要重新欧姆调零后再测量。

（3）右手拿万用表笔棒，左手拿电阻体的中间，切不可用手同时捏笔棒和电阻的两根引脚。因为这样测量的是原电阻与人体电阻并联的阻值，尤其是测量大电阻时，会使测量误差增大。在测量电路中的电阻值时要切断电路的电源，并考虑电路中的其他元器件对电阻值的影响。如果电路中接有电容器，还必须将电容器放电，以免万用表被烧坏。

4.2 电位器

电位器是一种阻值可以连续调节的电子元件。在电子产品设备中，经常用它来进行阻值和电位的调节。例如，在收音机中用它来控制音量等。电位器对外有三个引出端，一个是滑动端，另外两个是固定端。滑动端可以在两个固定端之间的电阻体上滑动，使其与固定端之间的电阻值发生变化。

4.2.1 电位器的电路符号

电位器在电路中用字母 R_P 表示,其常用的电路符号如图 4-2-1 所示。

4.2.2 电位器的分类

电位器的种类很多,用途各不相同,通常可按其制作材料、结构特点、调节机构运动方式等进行分类。常见的电位器如图 4-2-2 所示。

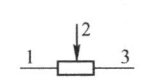

图 4-2-1 电位器的电路符号

图 4-2-2 电位器的外形图

1. 按制作材料分类

根据所用材料不同,电位器可分为线绕电位器和非线绕电位器两大类。

线绕电位器额定功率大、噪声低、温度稳定性好、寿命长,其缺点是制作成本高、阻值范围小（100Ω～100kΩ）、分布电感和分布电容大。线绕电位器在电子仪器中应用较多。

非线绕电位器的种类较多,有碳膜电位器、合成碳膜电位器、金属膜电位器、玻璃釉膜电位器、有机实芯电位器等。它们的共同特点是阻值范围宽、制作容易、分布电感和分布电容小,其缺点是噪声比线绕电位器大,额定功率较小,寿命较短。非线绕电位器广泛应用于收音机、电视机、收录机等家用电器中。

2. 按结构特点分类

根据结构不同,电位器又可分为单圈电位器、多圈电位器,单联、双联和多联电位器,以及带开关电位器、锁紧和非锁紧式电位器。

3. 按调节方式分类

根据调节方式不同,电位器还可分为旋转式电位器和直滑式电位器两种类型。旋转式电位器电阻体呈圆弧形,调节时滑动片在电阻体上作旋转运动。直滑式电位器电阻体呈长条形,调整时滑动片在电阻体上作直线运动。

4.2.3 电位器的主要参数

电位器的技术参数很多,最主要的参数有三项:标称阻值、额定功率和阻值变化规律。

1. 标称阻值

标称阻值是指标在电位器产品上的名义阻值,其系列与电阻器的标称阻值系列相同。其允许误差范围为 ±20%、±10%、±5%、±2%、±1%,精密电位器的允许误差可达到 ±0.1%。

2. 额定功率

电位器的额定功率是指两个固定端之间允许耗散的最大功率,滑动头与固定端之间所承受功率小于额定功率。额定功率系列值见表 4-2-1。

3. 阻值变化规律

电位器的阻值变化规律是指其阻值随滑动片触点旋转角度（或滑动行程）之间的变化关系。这种关系理论上可以是任意函数形式，常用的有直线式、对数式和反转对数式（指数式），分别用 A、B、C 表示，如图 4-2-3 所示。

表 4-2-1　电位器额定功率系列值

额定功率系列（W）	线绕电位器（W）	非线绕电位器（W）
0.025	—	0.025
0.05	—	0.05
0.1	—	0.1
0.25	0.25	0.25
0.5	0.5	0.5
1.0	1.0	1.0
1.6	1.6	—
2	2	2
3	3	3
5	5	—
10	10	—
16	16	—
25	25	—
40	40	—
63	63	—
100	100	—

注：当系列值不能满足时，允许按表内的系列值向两头延伸。

在使用中，直线式电位器适于作分压、偏流的调整；对数式电位器适于作音调控制和黑白电视机对比度调整；指数式电位器适于作音量控制。

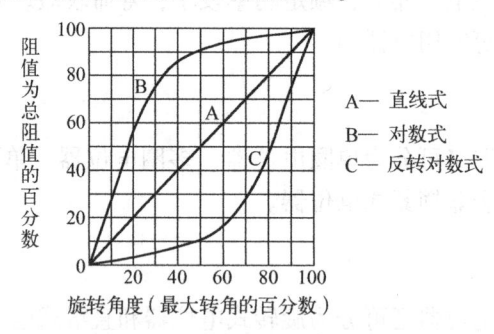

图 4-2-3　电位器的阻值变化规律

4.2.4　电位器的标注方法

电位器一般都采用直标法，其类型、阻值、额定功率、误差都直接标在电位器上。电位器的常用标志符号及意义见表 4-2-2。

表 4-2-2　电位器的常用标志符号及意义

字　母	意　义
WT	碳膜电位器
WH	合成碳膜电位器
WN	无机实芯电位器
WX	线绕电位器
WS	有机实芯电位器
WI	玻璃釉膜电位器
WJ	金属膜电位器
WY	氧化膜电位器

另外，在旋转式电位器中，有时用 ZS-1 表示轴端没有经过特殊加工的圆轴，ZS-3 表示轴端带凹槽，ZS-5 表示轴端铣成平面。

示例：

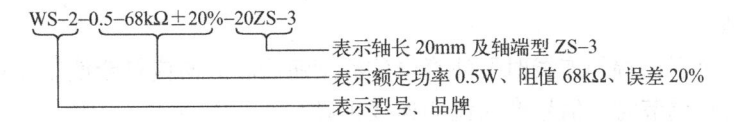

WS-2-0.5-68kΩ±20%-20ZS-3
- 表示轴长 20mm 及轴端型 ZS-3
- 表示额定功率 0.5W、阻值 68kΩ、误差 20%
- 表示型号、品牌

4.2.5 电位器的测试

根据电位器的标称阻值大小适当选择万用表"Ω"挡的挡位，测量电位器两固定端的电阻值是否与标称值相符。如果万用表指针不动，则表明电阻体与其相应的引出端断了；如果万用表指示的阻值比标称阻值大许多，表明电位器已损坏。

测量滑动端与任一固定端之间的阻值变化情况。慢慢移动滑动端，如果万用表指针移动平稳，没有跳动和跌落现象，则表明电位器电阻体良好，滑动端接触可靠。

测量滑动端与固定端之间的阻值变化时，开始时的最小阻值越小越好，即零位电阻要小。对于 WH 型合成碳膜电位器，直线式的标称阻值小于 $10k\Omega$ 的，零位电阻小于 10Ω；标称阻值大于 $10k\Omega$ 的，零位电阻小于 50Ω。对数式和指数式电位器，其零位电阻小于 50Ω。当滑动端移动到极限位置时，电阻值为最大，该值与标称值一致。由此说明电位器的质量较好。

旋转转轴或移动滑动端时，应感觉平滑且没有过紧或过松的感觉。电位器的引出端子和电阻体应接触牢靠，不要有松动现象。

对于有开关的电位器，用万用表 R×1 挡检测开关接通和断开情况，阻值应分别为无穷大和零。

4.2.6 电位器的使用

1. 如何选用电位器

电位器规格种类很多，选用电位器时，不仅要根据电路的要求选择适合的阻值和额定功率，还要考虑到安装调节方便及价格要低。应根据不同电路的不同要求选择合适的电位器。

(1) 普通电子仪器：选用碳膜或合成实芯电位器。
(2) 大功率低频电路、高温：选用线绕或金属玻璃釉电位器。
(3) 高精度：选用线绕、导电塑料或精密合成碳膜电位器。
(4) 高分辨力：选用各类非线绕电位器或多圈式微调电位器。
(5) 高频高稳定性：选用薄膜电位器。
(6) 调定以后不再变动：选用轴端锁紧式电位器。
(7) 多个电路同步调节：选用多联电位器。
(8) 精密、微小量调节：选用有慢轴调节机构的微调电位器。
(9) 电压要求均匀变化：选用直线式电位器。
(10) 音调、音量控制电位器：选用对数、指数式电位器。

2. 如何安装电位器

电位器安装一定要牢靠，因为需经常调节，如果安装不牢使之松动而与电路中其他元件相碰，就会造成电路故障。

焊接时间不能太长，防止引出端周围的电位器外壳受热变形。

轴端装旋钮的或轴端开槽用起子调节的电位器，注意终端位置，不可用力调节过头，防止损坏内部止挡。

电位器的三个引出端子连线时要注意电位器旋钮旋转方向应符合使用要求。例如，音量电位器向右顺时针调节时，信号变大说明连线正确。

4.3 电容器

电容器是电子电路中常用的元件，由两个金属电极、中间夹一层绝缘材料（电介质）构成。电容器是一种储存电能元件，在电路中具有隔断直流、通过交流的特性，通常可完成滤波、旁路、级间耦合，以及与电感线圈组成振荡回路等功能。

电容器储存电荷量的多少，取决于电容器的电容量。电容量在数值上等于一个导电极板上的电荷量与两块极板之间的电位差的比值。

$$C = \frac{Q}{U}$$

式中　C——电容量，单位为 F（法拉第，简称法）；

　　　Q——电极板上的电荷量，单位为 C（库仑，简称库）；

　　　U——两极板之间的电位差，单位为 V（伏特，简称伏）。

4.3.1 电容器的电路符号与电容的单位

1. 电容器的电路符号

电容器在电路图中用字母 C 表示，常用的电容器电路符号如图 4-3-1 所示。

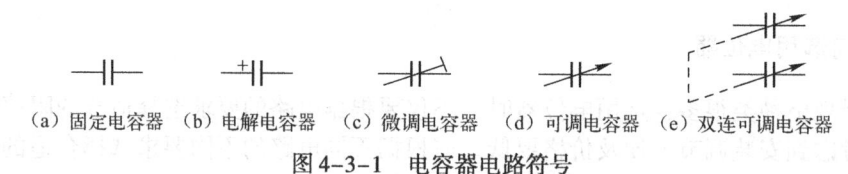

(a) 固定电容器　(b) 电解电容器　(c) 微调电容器　(d) 可调电容器　(e) 双连可调电容器

图 4-3-1　电容器电路符号

2. 电容的单位

电容的基本单位为法拉（F）。但实际上，法拉是一个很不常用的单位，因为电容器的容量往往比 1 法拉小得多，常用毫法（mF）、微法（μF）、纳法（nF）和皮法（pF）。它们之间的换算关系是：1 法拉 = 10^3 毫法 = 10^6 微法 = 10^9 纳法 = 10^{12} 皮法。

4.3.2 电容器的分类

电容器的种类很多，分类方法也各有不同。

1. 按结构不同

分为三大类：固定电容器、可变电容器、半可变（又称微调）电容器。

2. 按介质材料不同

分为有机介质电容器、无机介质电容器、电解电容器和气体介质电容器等。

有机介质电容器：纸介电容器、聚苯乙烯电容器、聚丙烯电容器、涤纶电容器等。
无机介质电容器：云母电容器、玻璃釉电容器、陶瓷电容器等。
电解电容器：铝电解电容器、钽电解电容器等。
气体介质电容器：空气介质电容器、真空电容器。

3. 按用途分

按用途分为高频旁路、低频旁路、滤波、调谐、高频耦合、低频耦合、小型电容器。
高频旁路电容器有：陶瓷电容器、云母电容器、玻璃膜电容器、涤纶电容器、玻璃釉电容器。
低频旁路电容器：纸介电容器、陶瓷电容器、铝电解电容器、涤纶电容器。
滤波电容器：铝电解电容器、纸介电容器、复合纸介电容器、液体钽电容器。
调谐电容器：陶瓷电容器、云母电容器、玻璃膜电容器、聚苯乙烯电容器。
高频耦合电容器：陶瓷电容器、云母电容器、聚苯乙烯电容器。
低频耦合电容器：纸介电容器、陶瓷电容器、铝电解电容器、涤纶电容器、固体钽电容器。
小型电容器：金属化纸介电容器、陶瓷电容器、铝电解电容器、聚苯乙烯电容器、固体钽电容器、玻璃釉电容器、金属化涤纶电容器、聚丙烯电容器、云母电容器。

4.3.3 常用的电容器

常用的电容器有多种，图 4-3-2 中列举几种。

独石电容器　　陶瓷电容器　　电解电容器

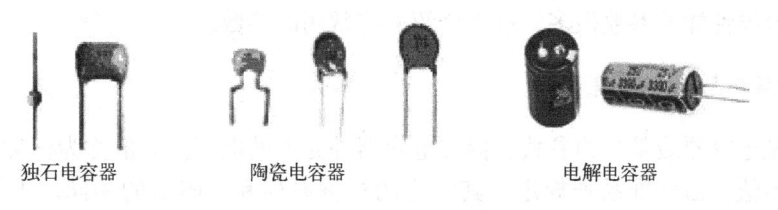

图 4-3-2　电容器

1. 纸介电容器

纸介电容器由极薄的电容器纸、夹着两层金属箔作为电极，卷成圆柱芯子，然后放在模子里浇灌上火漆制成；也有装有铝壳或瓷管内加以密封的。其特点是价格低，损耗大，体积也较大，宜用于低频电路。

2. 云母电容器

云母电容器由金属箔（锡箔），或喷涂银层和云母一层层叠合后，用金属模压铸在胶木粉中制成。其特点是耐高压、高温，性能稳定，体积小，漏电小，但电容量小。云母电容器宜用于高频电路。

3. 陶瓷电容器

陶瓷电容器以陶瓷作介质，在两面喷涂银气层，烧成银质薄膜做导体，引线后外表涂漆制成。其特点是耐高温，体积小，性能稳定，漏电小，但电容量小。该电容器可用在高频电路中。

4. 钽电解电容器

钽电解电容器以金属钽为正极,以稀硫酸等配液为负极,以钽表面生成的氧化膜作为介质而制成。它具有体积小、容量大、性能稳定、寿命长、绝缘电阻大、温度特性好等优点,用在要求较高的电子设备中。

5. 半可变电容器(微调电容器)

半可变电容器由两片或两组小型金属弹片、中间夹云母介质组成,也有的是在两个瓷片上镀一层银制成。其特点是用螺钉调节两组金属片间的距离来改变电容量。该电容器一般用于收音机的振荡或补偿电路中。

6. 可变电容器

该电容器由一组(多片)定片和一组多片动片构成。根据动片与定片之间所用介质不同,通常分为空气可变电容器和聚苯乙烯薄膜可变电容器两种。把两组(动、定)互相插入并不相碰(同轴),定片组一般与支架一起固定,动片组装旋柄可自由旋动,它们的容量随动片组转动角度的不同而改变。空气可变电容器多用于电子管收音机中,聚苯乙烯薄膜密封可变电容器由于体积小,故多用于半导体收音机上。

4.3.4 电容器的主要参数

表示电容器性能的参数很多,这里介绍一些常用的参数。

1. 标称容量与允许误差

电容量是电容器最基本的参数。标在电容器外壳上的电容量数值称为标称电容量,是标准化了的电容值,由标准系列规定。其常用的标称系列和电阻器的相同。不同类别的电容器,其标称容量系列也不一样。当标称容量范围在 $0.1 \sim 1\mu F$ 时,标称系列采用 E6 系列。对于有机薄膜、瓷介、玻璃釉、云母电容器的标称容量采用 E24、E12、E6 系列。对于电解电容器采用 E6 系列。

标称容量与实际电容量有一定的允许误差,允许误差用百分数或误差等级表示。允许误差分为五级:$\pm 1\%$(00级)、$\pm 2\%$(0级)、$\pm 5\%$(Ⅰ级)、$\pm 10\%$(Ⅱ级)和 $\pm 20\%$(Ⅲ级)。有的电解电容器的容量误差范围较大,为 $-20\% \sim +100\%$。

2. 额定工作电压(耐压)

电容器的额定工作电压是指电容器长期连续可靠工作时,极间电压不允许超过的规定电压值,否则电容器就会被击穿损坏。额定工作电压值一般以直流电压在电容器上标出。

一般无极电容的标称耐压值比较高有 63V、100V、160V、250V、400V、600V、1000V 等。有极电容的耐压相对比较低,标称耐压值一般有 4V、6.3V、10V、16V、25V、35V、50V、63V、80V、100V、220V、400V 等。

3. 绝缘电阻

电容器的绝缘电阻是指电容器两极间的电阻,或叫漏电电阻。电容器中的介质并不是绝对的绝缘体,它的电阻不是无限大,而是一个有限的数值,一般在1000MΩ以上。因此,电容器多少总有些漏电。除电解电容器外,一般电容器漏电流是很小的。显然,电容器的漏电流越大,绝缘电阻越小。当漏电流较大时,电容器发热,发热严重时导致电容器损坏。使用中,应选择绝缘电阻大的为好。

4.3.5 电容器的标注方法

电容器的标注方法有直标法、文字符号法、数码法和色标法。

1. 直标法

直标法是将电容器的容量、耐压、误差等主要参数直接标注在电容器外壳表面上,其中误差一般用字母来表示。常见的表示误差的字母有 J(±5%)、K(±10%)和 M(±20%)。

示例:47nJ100 表示容量为 47nF 或 0.047μF,误差为 ±47nF × 5%,耐压为 100V。

当电容器所标容量没有单位时,容量数值有小数且其整数部位为零的单位表示为 μF,其余的单位表示为 pF。例如:0.22 表示容量为 0.22μF;470 表示容量为 470pF。

2. 文字符号法

文字符号法是将需要标出的电容器参数用文字和数字符号按一定规律标注,其规则为:整数 + 单位符号(p、n、m、μ)+ 小数部分。

示例:p33 表示容量为 0.33 pF;2p2 表示容量为 2.2 pF;6n8 表示容量为 6800 pF;4μ7 表示容量为 4.7μF;4m7 表示容量为 4700μF。

3. 数码法

数码法是用三位数字表示容量的大小,从左到右,第一、第二位数字是电容量的有效数字,第三位表示前两位有效数字后面应加"0"的个数(此处若为数字 9 则是特例,表示 10^{-1}),单位均为 pF。

示例:103 表示容量为 10 000pF;331M 表示容量为 330pF ± 20%;479K 表示容量为 4.7pF ± 10%;685J 表示容量为 6.8μF ± 5%。

4. 色标法

电容器色标法与电阻器的色标法相似。

色标通常有三种颜色,沿着引线方向,前两个色标表示有效数字,第三个色标表示有效数字后面零的个数,单位为 pF。有时一、二色标为同色,就涂成一道宽的色标,如橙橙红,两个橙色标就涂成一道宽的色标,表示 3300pF,如图 4-3-3 所示。

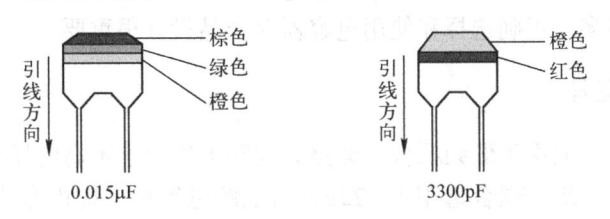

图 4-3-3 电容器色标标

4.3.6 电容器的测试

电容器在使用之前要对其性能进行检查,检查电容器是否短路、断路、漏电或失效等。

1. 漏电测量

用万用表的 $R \times 1k$ 或 $R \times 10k$ 挡测量电容器时除空气电容器外,指针一般回到 ∞ 位置附近,指针稳定时的读数为电容器的绝缘电阻,阻值越大,表明漏电越小。如指针距零欧近,则表明漏电太大不能使用。有的电容器漏电阻到达 ∞ 位置后,又向零欧方向摆动,则表明漏电严重,也不能使用。

2. 短路和断路测量

根据被测电容器的容量选择万用表适当的欧姆挡来测量电容器是否断路。对于 $0.01\mu F$ 以下的小电容,指针偏转极小,不易看出,需用专门仪器测量。如果万用表指针一点都不偏转,调换表笔以后指针仍不偏转,则表明被测电容器已经断路。

如果万用表指针偏转到零欧姆处(注意选择适当的欧姆挡,不要将充电现象误认为是短路)不再返回,则表明电容器已击穿短路。对于可变电容器可将表笔分别接到动片和定片上,然后慢慢转动动片,如出现电阻为零,说明有碰片现象,可用工具消除碰片,恢复正常,即阻值为无穷大。

3. 电容量的估测

用万用表欧姆挡的 $R \times 1k$ 或 $R \times 10k$ 挡估测电容器的容量,开始时指针快速正偏一个角度,然后逐渐向 ∞ 位置方向退回。再互换表笔测量,指针偏转角度比上次更大,这表明电容器的充放电过程正常。指针开始时偏转角越大,回 ∞ 位置的速度越慢,表明电容量越大。与已知容量的电容器作测量比较,可以大概估计被测电容器的大小。注意:当对电容器的容量作第 2 次检测时,要先对电容器放电。对于 $1000\mu F$ 以下的电容器,可直接短路放电。电容器容量越大,放电时间也要求越长。

4. 判别电解电容器的极性

因电解电容器正反不同接法时的绝缘电阻相差较大,所以可用万用表欧姆挡测电解电容器的漏电电阻,并记下该阻值,然后调换表笔再测一次。两次漏电阻中大的那次,黑表笔接电解电容器的正极,红表笔接负极。

4.3.7 电容器的使用

电容器的种类很多,正确选择和使用电容器对产品设计很重要。

1. 选用适当的型号

根据电路要求,一般用于低频耦合、旁路去耦等电气要求不高的场合时,可使用纸介电容器、电解电容器等,级间耦合选用 $1 \sim 22\mu F$ 的电解电容器,射极旁路采用 $10 \sim 220\mu F$ 的电解电容器;在中频电路中,可选用 $0.01 \sim 0.1\mu F$ 的纸介、金属化纸介、有机薄膜电容器等;在高频电路中,则应选用云母和瓷介电容器。

在电源滤波和退耦合电路中，可选用电解电容器，一般只要容量、耐压、体积和成本满足要求就可以。

对于可变电容器，应根据电容统调的级数，确定采用单联或多联可变电容器。如不需要经常调整，可选用微调电容器。

2. 合理选用标称容量及允差等级

在很多情况下，对电容器的容量要求不严格，容量偏差可以很大。如在旁路、退耦电路及低频耦合电路中，选用时可根据设计值，选用相近容量或容量大些的电容器。

但在振荡回路、延时电路、音调控制电路中，电容量应尽量与设计值一致，电容器的允差等级要求就高些。在各种滤波器和各种网络中，对电容量的允差等级有更高的要求。

3. 电容器额定电压的选择

如果电容器的额定工作电压低于电路中的实际电压，电容器就会击穿损坏，一般应高于实际电压 1～2 倍，使其留有足够的余量才行。对于电解电容器，实际电压应是电解电容器额定工作电压的 50%～70%。如果实际电压低于额定工作电压一半以下，则反而会使电解电容器的损耗增大。

4. 选用绝缘电阻高的电容器

在高温、高压条件下更要选择绝缘电阻高的电容器。

5. 电容器的串、并联

（1）几个电容器并联，容量加大：

$$C_{并} = C_1 + C_2 + C_3 + \cdots$$

并联后的各个电容器，如果耐压不同，就必须把其中耐压最低的作为并联后的耐压值。

（2）几个电容器串联：

$$C_{串} = \cfrac{1}{\cfrac{1}{C_1} + \cfrac{1}{C_2} + \cfrac{1}{C_3} + \cdots}$$

电容量减小，耐压增加。如果两个容量相同的电容器串联，则其总耐压可增加一倍。但如果两个电容器容量不等，则容量小的那个电容器所承受的电压要高于容量大的那个电容器。

6. 注意电解电容器引脚极性

在使用电解电容器时应注意它的极性，千万不能将极性接错。对于新的电解电容器，其引脚长短不一，长的引脚为正极，短的引脚为负极。另外，电解电容器外壳上标有"－"或"⊖"的引脚为负极，另外一个引脚为正极。1μF 以下的电容器为无极性电容器。

7. 其他注意事项

在装配中，应使电容器的标志易于观察到，以便核对。同时将电烙铁等高温发热装置与电解电容器保持适当的距离，以防止过热造成电解电容器爆裂。

4.4 电感器

电感器是依据电磁感应原理，一般利用漆包线在绝缘骨架上绕制而成的一种能够存储磁场能量的电子元件。在电路中具有通直流电、阻交流电的作用。电感器广泛应用于调谐、振荡、滤波、耦合、补偿、变压等电路。

4.4.1 电感器的电路符号

在电路图中电感器用字母 L 表示，常用的电感器电路符号如图 4-4-1 所示。

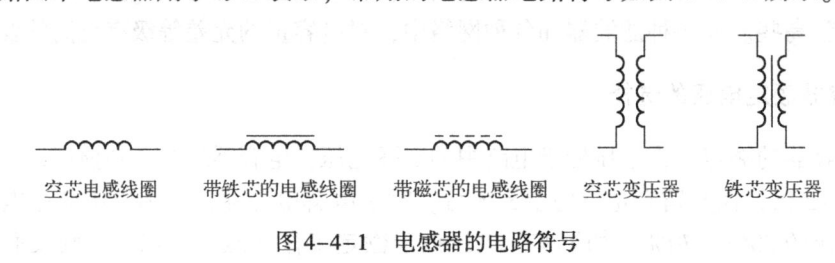

空芯电感线圈　　带铁芯的电感线圈　　带磁芯的电感线圈　　空芯变压器　　铁芯变压器

图 4-4-1　电感器的电路符号

4.4.2 电感器的分类

电感器通常分为两大类：一类是应用于自感作用的电感线圈，另一类是应用于互感作用的变压器。下面分别介绍它们的情况。

1. 电感线圈的分类

电感线圈是根据电磁感应原理制成的器件。它的用途极为广泛，如 LC 滤波器、调谐放大器或振荡器中的谐振回路、均衡电路、去耦电路等。

（1）按电感线圈圈芯性质分类：空芯线圈和带磁芯的线圈。

（2）按绕制方式分类：单层线圈、多层线圈、蜂房线圈等。

（3）按电感量变化情况分类：固定电感和微调电感。

2. 变压器的分类

变压器是利用两个绕组的互感原理来传递交流电信号和电能，同时起变换前后级阻抗的作用。

（1）按变压器的铁芯和线圈结构分类：芯式变压器和壳式变压器。大功率变压器以芯式结构为多，小功率变压器常采用壳式结构。

（2）按变压器的使用频率分类：高频变压器、中频变压器、低频变压器。

4.4.3 常用的电感器

常用的电感器有许多，图 4-4-2 中列举几种。

1. 小型固定电感器

这种电感器是在棒形、工形或王字形的磁芯上绕漆包线制成的，体积小、质量轻、安装方便，用于滤波、陷波、扼流、延迟及去耦电路中。其结构有卧式和立式两种。

2. 中频变压器

中频变压器是超外差式无线电接收设备中的主要元器件之一，广泛应用于调幅收音机、调频收音机和电视机等电子产品中。调幅收音机中的中频变压器谐振频率为 465kHz；调频收音机中的中频变压器谐振频率为 10.7MHz。其主要功能是选频及阻抗匹配。

图 4-4-2　常用的电感器

3. 电源变压器

电源变压器由铁芯、绕组和绝缘物等组成。

（1）铁芯。变压器的铁芯有"E"形、"口"形、"C"形和等腰三角形。"E"形铁芯使用较多，用这种铁芯制成的变压器，铁芯对绕组形成保护外壳。"口"形铁芯用在大功率变压器中。"C"形铁芯采用新型材料，具有体积小、质量轻、品质好等优点，但制作要求高。

（2）绕组。绕组是用不同规格的漆包线绕制而成。绕组由一个一次绕组和多个二次绕组组成，并在一次、二次绕组之间加有静电屏蔽层。

（3）特性。变压器的一次、二次绕组的匝数与电压之间有以下关系：

$$n = N_1/N_2 = U_1/U_2$$

式中，U_1 和 N_1 分别代表一次绕组的电压和线圈匝数；U_2 和 N_2 分别代表二次绕组的电压和线圈匝数；n 称为电压比或匝数比，$n<1$ 的变压器为升压变压器，$n>1$ 的变压器为降压变压器，$n=1$ 的变压器为隔离变压器。

4.4.4　电感器的主要参数

1. 电感量

电感量的单位是亨［利］，简称亨，用 H 表示。常用的有毫亨（mH）、微亨（μH）、毫微亨（nH）。它们之间的换算关系为：

$$1H = 10^3 mH = 10^6 \mu H = 10^9 nH$$

电感量的大小与线圈匝数、直径、内部有无磁芯、绕制方式等有直接关系。圈数越多，电感量越大；线圈内有铁芯、磁芯的，比无铁芯、磁芯的电感量大。

2. 品质因数（Q 值）

品质因数是表示线圈质量高低的一个参数，用字母 Q 表示。Q 值高，线圈损耗就小。

3. 分布电容

线圈匝与匝之间具有电容，这一电容称为"分布电容"。此外，屏蔽罩之间、多层绕组的层与层之间、绕组与底板间也都存在着分布电容。分布电容的存在使线圈的 Q 值下降。为减小分布电容，可减小线圈骨架的直径，用细导线绕制线圈，采用间绕法、蜂房式绕法。

4.4.5 电感器的标注方法

电感器的标注方法也有直标法、数码法和色标法三种。

1. 直标法

直标法是在小型固定电感器的外壳上直接用文字标出电感器的主要参数，如电感量、允许误差值、最大直流工作电流等。其中，最大直流工作电流常用字母 A、B、C、D、E 等标注，字母和电流的对应关系如表 4-4-1 所示。电感量的允许误差用 Ⅰ、Ⅱ、Ⅲ，即 ±5%、±10%、±20% 表示。

表 4-4-1　小型固定电感器的工作电流和字母的对应关系

字母	A	B	C	D	E
最大工作电流 /mA	50	150	300	700	1600

示例：电感器的外壳上标有 3.9mH、A、Ⅱ 等字样，表示其电感量为 3.9mH，误差为 ±10%，最大工作电流为 A 挡（50mA）。

2. 数码法

数码表示法是用三位数字表示电感量的大小，从左到右，第一、第二位数字是电感量的有效数字，第三位表示前两位有效数字后面应加 "0" 的个数，小数点用 R 表示，单位为 μH。

示例：222 表示电感量为 $2200\mu H$；100 表示电感量为 $10\mu H$；R68 表示电感量为 $0.68\mu H$。

3. 色标法

色标法是指在电感器的外壳涂上各种不同的颜色的环，用来标注其主要参数。第一、第二条色环表示电感器电感量的第一、第二位有效数字，第三条色环表示倍乘数（10^n），第四条色环表示允许误差。数字与颜色的对应关系和色环电阻表示法相同。

示例：某电感器的色环分别为：

红红银，表示其电感量为 $0.22\mu H \pm 20\%$；

黄紫金银，表示其电感量为 $4.7\mu H \pm 10\%$。

4.4.6 电感器的测量

如要准确测量电感线圈的电感量 L 和品质因数 Q，就需要用专门仪器，而且测试步骤较为复杂。

一般用万用表欧姆挡 R×1 或 R×10 挡，测电感器的阻值，若为无穷大，表明电感器断路；如电阻为零，说明电感器内部绕组有短路故障；但是，有许多电感器的电阻值很小，只有零点几欧姆，最好用测试仪来测量。在电感量相同的多个电感器中，如果电阻值小，则表明 Q 值高。

4.4.7 电感器的使用

电感线圈的用途很广，使用电感线圈时应注意其性能是否符合电路要求，并应正确使用，防止接错线和损坏。在使用电感线圈时，应注意以下几点。

（1）每一只线圈都具有一定的电感量。如果将两只或两只以上的线圈串联起来，总的电感量是增大的，串联后的总电感量为

$$L_{串} = L_1 + L_2 + L_3 + \cdots$$

线圈并联以后总电感量是减小的，并联以后的总电感量为

$$L_{并} = \frac{1}{\frac{1}{L_1} + \frac{1}{L_2} + \frac{1}{L_3} + \cdots}$$

上述计算式是针对每只线圈的磁场各自隔离而不相接触的情况，如果磁场彼此耦合，就需另作考虑了。

（2）在使用线圈时应注意不要随便改变线圈的形状、大小和线圈间的距离，否则会影响线圈原来的电感量，尤其是频率越高，即圈数越少的线圈。所以电视机中的高频线圈，一般用高频蜡或其他介质材料进行密封固定。

（3）线圈在装配时互相之间的位置和其他元件的位置要特别注意，应符合规定要求，以免互相影响而导致整机不能正常工作。

（4）可调线圈应安装在机器易于调节的地方，以便调节线圈的电感量达到最理想的工作状态。

4.5 半导体分立元件

半导体是一种导电性能介于导体与绝缘体之间，或者说电阻率介于导体与绝缘体之间的物质。常用的半导体材料有硅、锗、砷化镓等。半导体中存在两种载流子：带负电荷的自由电子和带正电荷的空穴。半导体的这两种载流子在常温下数量极少，导电能力很差。如在其中掺入微量杂质元素，就能增强导电性能。根据掺入杂质不同，半导体分为两类：N 型半导体（在四价元素硅或锗中掺入少量五价元素，如磷元素）和 P 型半导体（在四价元素硅或锗中掺入少量三价元素，如硼元素）。

半导体分立元件主要有半导体二极管、三极管、场效应管、晶闸管（可控硅）等几种。

4.5.1 半导体二极管

半导体二极管也称晶体二极管，简称二极管。

1. 半导体二极管的结构

用一定的工艺方法把 P 型半导体和 N 型半导体紧密地结合在一起，就会在其交界面处形成空间电荷区，叫 PN 结。

当 PN 结两端加上正向电压时，即外加电压的正极接 P 区、负极接 N 区，此时 PN 结呈导通状态，形成较大的电流，其呈现的电阻很小（称正向电阻）。

当 PN 结两端加上反向电压时，即外加电压的正极接 N 区、负极接 P 区，此时 PN 结呈截止状态，几乎没有电流通过，其呈现的电阻很大（称反向电阻），远远大于正向电阻。

当 PN 结两端加上不同极性的直流电压时，其导电性能将产生很大的差异，这就是 PN 结的单向导电性，它是 PN 结的最重要的电特性。

图 4-5-1 二极管的结构

在一个 PN 结上，由 P 区和 N 区各引出一个电极，用金属、塑料或玻璃管壳封装后，即构成一个半导体二极管。由 P 型半导体上引出的电极叫正极；由 N 型半导体上引出的电极叫负极，如图 4-5-1 所示。

2. 半导体二极管的分类

（1）按材料分类：锗二极管、硅二极管等。

锗二极管与硅二极管性能的主要区别在于：锗管正向压降比硅管小（锗管为 0.2～0.3V，硅管为 0.6～0.7V），锗管的反向电流比硅管大（锗管为几百毫安，硅管小于 $1\mu A$）。

（2）按制作工艺不同可分为：面接触二极管和点接触二极管。

（3）按用途分类：整流二极管、检波二极管、稳压二极管、变容二极管、光电二极管、发光二极管、开关二极管等。

常见二极管的外形及各种二极管的电路符号如图 4-5-2 和图 4-5-3 所示。

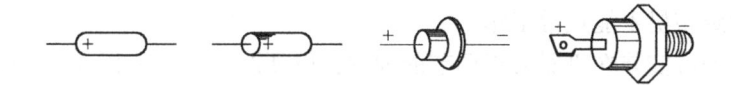

图 4-5-2 常见二极管的外形

一般二极管　稳压二极管　发光二极管　变容二极管　光电二极管　隧道二极管　雪崩二极管

图 4-5-3 各种二极管的电路符号

3. 半导体二极管的特性

（1）正向特性

如图 4-5-4 所示，在二极管两端加正向电压时，二极管导通。当正向电压很低时，电流很小，二极管呈现较大电阻，这一区域称死区。锗管的死区电压约为 0.1V，导通电压约为 0.3V；硅管的死区电压为 0.5V，导通电压约为 0.7V。当外加电压超过死区电压后，二极管内阻变小，电流随着电压增加而迅速上升，这就是二极管正常工作区。在正常工作区内，当电流增加时，管压降稍有增大，但压降很小。

（2）反向特性

如图 4-5-4 所示，二极管两端加反向电压时，此时通过二极管的电流很小，且该电流不随反向电压的增加而变大，这个电流称反向饱和电流。反向饱和电流受温度影响较大，温度每升高10℃，电流增加约1倍。在反向电压作用下，二极管呈现较大电阻（反向电阻）。当反向电压增加到一定数值时，反向电流将急剧增大，这种现象称反向击穿，这时的电压称反向击穿电压。

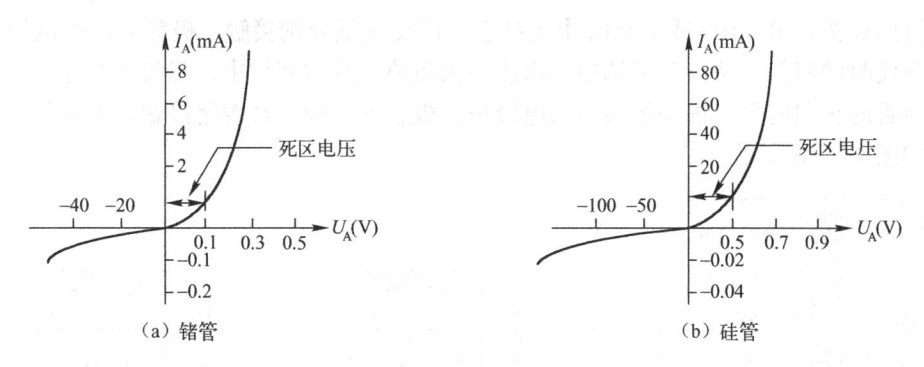

图 4-5-4　二极管的伏安特性

4. 半导体二极管的主要参数

（1）最大整流电流

最大整流电流是指长期工作时，允许通过的最大正向电流值。使用时不能超过此值，否则二极管会发热而烧毁。

（2）最高反向工作电压

最高反向工作电压是指防止击穿，使用时反向电压极限值。

5. 常用二极管简介

（1）整流二极管

整流二极管主要用于整流电路，把交流电变换成脉动的直流电。由于通过的正向电流较大，对结电容无特殊要求，所以其 PN 结多为面接触型。

（2）检波二极管

检波二极管的主要作用是把高频信号中的低频信号检出。要求结电容小，所以其结构为点接触型，一般采用锗材料制成。

（3）发光二极管

发光二极管是一种将电能变成光能的半导体器件。它具有一个 PN 结，与普通二极管一样，具有单向导电特性。当给发光二极管加上正向电压，有一定的电流流过时就会发光。

发光二极管是由磷砷化镓、镓铝砷等半导体材料制成的。其发光颜色分为红光、黄光、绿光、三色变色发光。另外还有眼睛看不见的红外光二极管。

发光二极管可以用直流、交流、脉冲等电源点燃。其外形有圆形、圆柱形、方形、矩形等。

6. 二极管的极性判别

一般情况下，二极管有色点的一端为正极，如 2AP1～2AP7、2AP11～2AP17 等。如果是透明玻璃壳二极管，则可直接看出极性，即内部连触丝的一头是正极，连半导体片的一头是负极。塑封二极管有圆环标志的是负极，如 1N4000 系列。

无标记的二极管，则可用万用表电阻挡来判别正、负极，万用表电阻挡示意图如图 4-5-5 所示。

将万用表拨在 R×100 或 R×1k 电阻挡上，两支表笔分别接触二极管的两个电极测其阻值，记下此时的阻值。两支表笔调换，再测一次阻值。两次测量中，阻值小的那一次，测出的是二极管的正向电阻，黑表笔接触的电极是二极管的正极，红表笔接触的电极是二极管的负极，如图 4-5-6 所示。

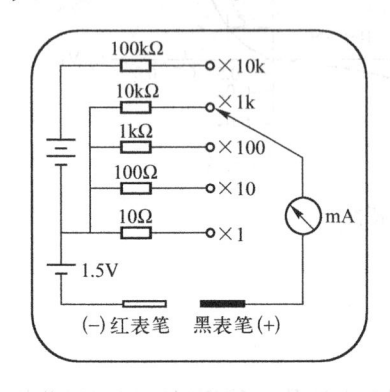

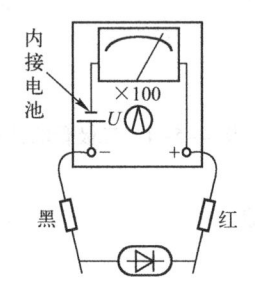

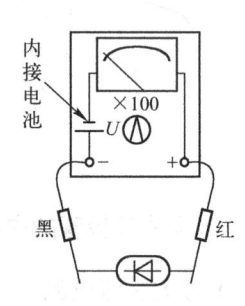

图 4-5-5　万用表电阻挡示意图　　　　图 4-5-6　二极管极性判别

顺便指出，测量一般小功率二极管的正、反向电阻时，不宜使用 R×1 和 R×10k 挡，前者通过二极管的正向电流较大，可能烧毁管子；后者加在二极管两端的反向电压太高，易将管子击穿。另外，二极管的正、反向电阻值随测量所用欧姆挡（R×100 挡还是 R×1k 挡）的不同而不同，甚至相差悬殊，这属正常现象。

7. 二极管的性能测量

二极管性能鉴别的最简单方法是用万用表测其正、反向电阻值，阻值相差越大，说明其单向导电性能越好。因此，通过测量其正、反向电阻值，可方便地判断管子的导电性能。对于检波二极管或锗小功率二极管，使用 R×100 挡，其正向电阻值约为 100~1000Ω；对于硅管，约为几百欧到几千欧之间。反向电阻，不论是锗管还是硅管，一般都在几百千欧以上，而且硅管比锗管大。

由于二极管是非线性器件，所以用不同倍率的欧姆挡或不同灵敏度的万用表测量时，所得数据是不同的，但正、反向电阻值相差几百倍的规律是不变的。

测量时，对于小功率二极管一般选用 R×100 或 R×1k 挡；中、大功率二极管一般选用 R×1 和 R×10k 挡。判别发光二极管好坏时，用 R×10k 挡测其正、反向阻值，正向电阻小于 50kΩ、反向电阻大于 200kΩ 时均为正常。如正、反向电阻均为无穷大，说明此管已坏。

测量时，若二极管的正、反向电阻为无穷大，即表针不动，则说明其内部断路；反之，若其正、反向电阻近似为 0Ω，则说明其内部有短路故障；如果二极管的正、反向电阻值相差太小，则说明其性能变坏或失效。这几种情况都说明二极管已损坏不能使用了。

4.5.2　半导体三极管

半导体三极管，也称为晶体三极管（以下简称三极管），是内部含有两个 PN 结、外部具有三个电极的半导体器件。两个 PN 结共用的一个电极为三极管的基极（用字母 b 表示），其他的两个电极为集电极（用字母 c 表示）和发射极（用字母 e 表示）。半导体三极管在一定条件下具有"放大"作用，被广泛应用于收音机、录音机、电视机、扩音机等各种电子设备中。

1. 半导体三极管的结构

在一块半导体晶片上制造两个符合要求的 PN 结，就构成了一个晶体三极管。按 PN 结的组合方式不同，三极管有 PNP 型和 NPN 型两种，如图 4-5-7 所示。不论 PNP 型三极管，还是 NPN 型三极管，都有三个不同的导电区域：中间部分称为基区；两端部分一个称为发射区，另一个称为集电区。每个导电区上有一个电极，分别称为基极、发射极和集电极。发射区与基区交界面处形成的 PN 结称为发射结；集电区与基区交界面处形成的 PN 结称为集电结。

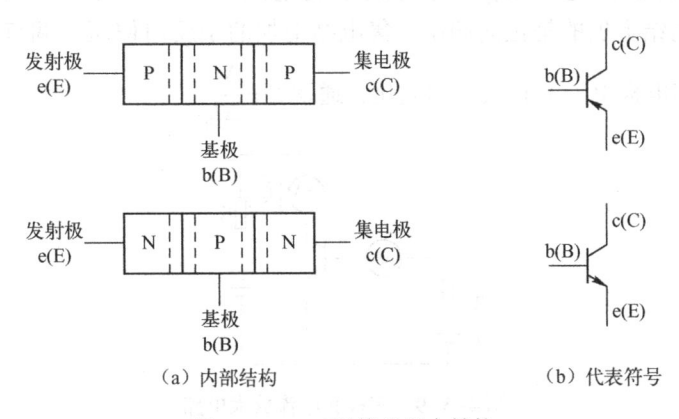

(a) 内部结构　　　　　　　　　(b) 代表符号

图 4-5-7　三极管的基本结构

2. 半导体三极管的分类

（1）按使用的半导体材料分类：锗三极管和硅三极管两类。国产锗三极管多为 PNP 型，硅三极管多为 NPN 型。

（2）按制作工艺不同分类：扩散管、合金管等。

（3）按功率分类：小功率管、中功率管和大功率管。

（4）按工作频率分类：低频管、高频管和超高频管。

（5）按用途分类：放大管和开关管等。

（6）按结构分类：点接触型管和面接触型管。

另外，每一种三极管中又有多种型号，以区别其性能。在电子设备中，比较常用的是小功率的硅管和锗管。

常用三极管的外形如图 4-5-8 所示。

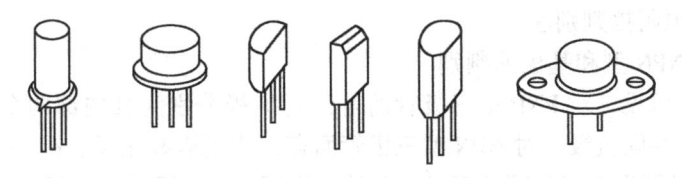

图 4-5-8　常用三极管的外形

3. 半导体三极管的放大作用

半导体三极管最基本的作用是放大作用。它可以把微弱的电信号变成一定强度的信号，当然这种转换仍然遵循能量守恒，它只是把电源的能量转换成信号的能量罢了。三极管有一个重要参数就是电流放大系数 β。当三极管的基极上加一个微小的电流时，在集电极上可以得到一个是注入电流 β 倍的电流，即集电极电流。集电极电流随基极电流的变化而变化，并且基极电流很小的变化可以引起集电极电流很大的变化，这就是三极管的放大作用。

要使半导体三极管具有放大作用，必须在各电极间加上极性正确、数值合适的电压，否则管子就不能正常工作，甚至会损坏。如图 4-5-9 所示，在 NPN 型三极管的发射极和基极之间，加上一个较小的正向电压 U_{be}，称为基极电压，U_{be} 一般为零点几伏。在集电极与发射极之间加上较大的反向电压 U_{ce}，称为集电极电压，一般为几伏到几十伏。$U_b > U_e$，$U_c > U_b$，所以发射结上加的是正向偏压，集电结上加的是反向偏压。调节电阻 R_b 可以改变基极电流 I_b，则集电极电流 I_c 有很大的变化，通常 $\beta = \dfrac{\Delta I_c}{\Delta I_b}$。

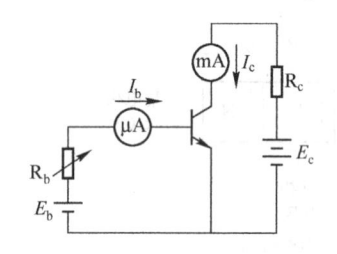

图 4-5-9　三极管电流放大电路

4. 三极管的管型与电极判别

所谓管型判别，是指判别三极管是 PNP 型还是 NPN 型，是硅管还是锗管，是高频管还是低频管；而电极判别，则是指分辨出三极管的发射极（e）、基极（b）和集电极（c）。

（1）目测法

一般，管型是 NPN 还是 PNP 应从管壳上标注的型号来辨别。依照部颁标准，三极管型号的第二位（字母），A、C 表示 PNP 管，B、D 表示 NPN 管，例如：

3AX 为 PNP 型低频小功率管；3BX 为 NPN 型低频小功率管；

3CG 为 PNP 型高频小功率管；3DG 为 NPN 型高频小功率管；

3AD 为 PNP 型低频大功率管；3DD 为 NPN 型低频大功率管；

3CA 为 PNP 型高频大功率管；3DA 为 NPN 型高频大功率管。

此外还有国际流行的 9011~9018 系列高频小功率管，除 9012 和 9015 为 PNP 型管外，其余均为 NPN 型管。

（2）万用表电阻挡判别法

① PNP 型、NPN 型和基极的判别

由图 4-5-10 可见，对 PNP 型三极管而言，c、e 极分别为其内部两个 PN 结的正极，b 极为两个 PN 结的共同负极；对 NPN 型三极管而言，情况恰好相反，c、e 极分别为两个 PN 结的负极，而 b 极则为它们共同的正极。显然，根据这一点可以很方便地进行管型判别。具体方法如下：将万用表拨在 R×100 或 R×1k 挡上。红表笔任意接触三极管的一个电极，黑表笔依次接触另外两个电极，分别测量它们之间的电阻值，如图 4-5-11 所示。当红表笔接触某一电极，其余两电极与该电极之间均为几百欧的低电阻时该管为 PNP 型，而且红表笔所接触的电极为 b 极。若以黑表笔为基准，即将两只表笔对调后，重复上述测量方法。若同时出现低电阻的情况则该管为 NPN 型，黑表笔所接触的电极是 b 极。

另外，根据管子的外形也可粗略判别出它们的管型。目前市售小功率 NPN 型管壳高度比 PNP 型低得多，且有一突出标记，如图 4-5-12 所示。对塑封小功率三极管来说，也多为 NPN 型。

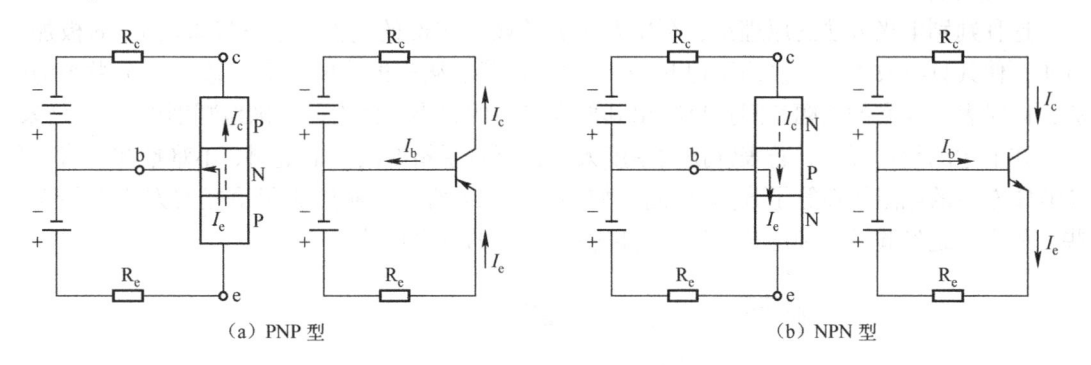

(a) PNP 型　　　　　　　　　　　　(b) NPN 型

图 4-5-10　管型判别原理图

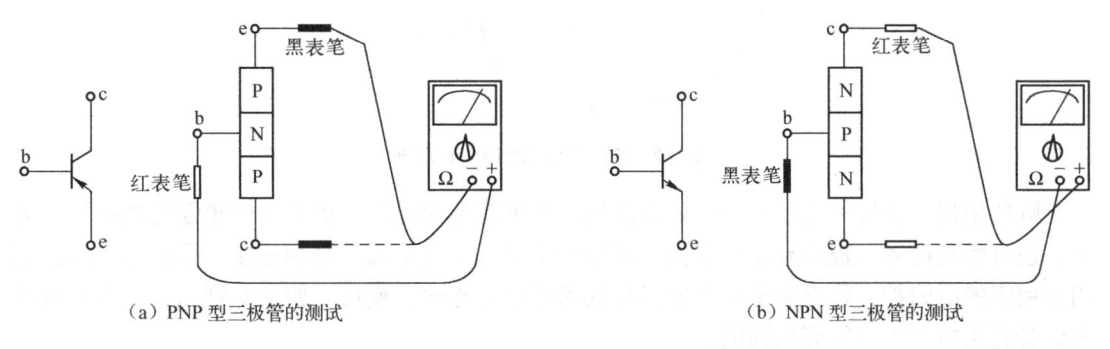

(a) PNP 型三极管的测试　　　　　　(b) NPN 型三极管的测试

图 4-5-11　PNP 型和 NPN 型三极管的判别

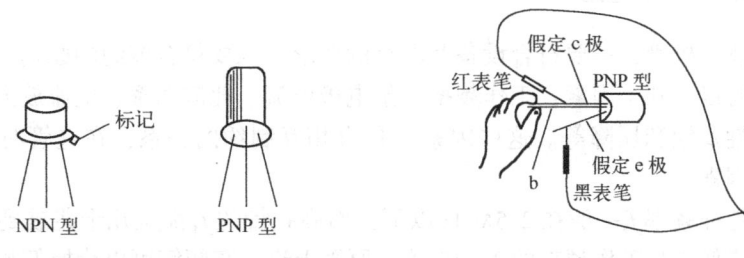

图 4-5-12　常见 NPN 型和 PNP 型三极管的外形　　图 4-5-13　三极管的 e、c 判别

② 发射极和集电极的判别

从三极管的结构原理图（见图 4-5-7）上看，似乎发射极 e 和集电极 c 并无区别，可以互换使用。但实际上，两者的性能相差非常悬殊。这是由制作时，两个 P 区（或 N 区）的"掺杂"浓度不一样的缘故。e、c 极使用正确时，三极管的放大能力强。反之，若 e、c 极互换使用，则其放大能力非常弱。根据这一点，就可以把管子的 e、c 极区别开来。

在判别出管型和基极 b 的基础上，任意假定一个电极为 e 极，另一个电极为 c 极。将万用表拨在 R×1k 挡上。对于 PNP 型管，令红表笔接其 c 极、黑表笔接 e 极，再用手同时捏一下管子的 b、c 极，注意不要让这两个电极直接相碰，如图 4-5-13 所示。在用手捏管子 b、c 极的同时，注意观察万用表指针向右摆动的幅度。然后使假设的 e、c 极对调，重复上述测试步骤。比较两次测量中表针向右摆动的幅度。若第一次测量时摆幅大，则说明对 e、c 极的假定符合实际情况；若第二次测量时摆幅大，则说明第二次的假定与实际情况符合。

这种判别电极方法的原理是，利用万用表欧姆挡内部的电池，给三极管的 c、e 极加上电压，使其具有放大能力。用手捏 b、c 极时，就等于从三极管的基极 b 输入一个微小的电流，此时表针向右的摆幅就间接反映出其放大能力的大小，因而能正确地判别出 e、c 极来。

在上述测量过程中，若表针摆动幅度太小，可将手指湿润一下重测。不难推知，将一只 100kΩ 左右的电阻接在管子 b、c 极间，如图 4-5-14 所示，显然比用手捏的方法更科学一些，积累一定经验后，利用该方法还可以估计管子的放大倍数。

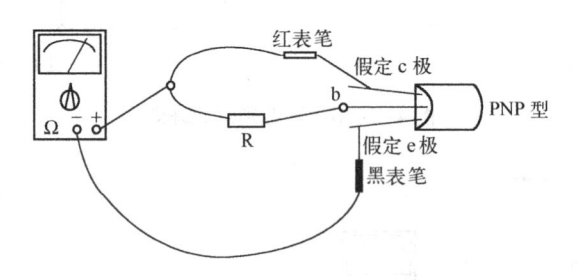

图 4-5-14　三极管的 e、c 判别

顺便指出，三极管电极 e、b、c 的排列，并不是乱而无序，而是有比较强的规律性。另外，还有些甚高频三极管有 4 个电极，其中一个电极与其金属外壳相连接。根据这一点，利用万用表的电阻挡，依次测量 4 个电极与其管壳是否相通，便可方便地鉴别出来，不过有的三极管其集电极是与管壳相通的。

5. 半导体三极管的选用

选用半导体三极管，一要符合设备及电路的要求，二要符合节约的原则。根据用途的不同，一般应考虑以下几个因素：工作频率、集电极电流、耗散功率、电流放大系数、反向击穿电压、稳定性及饱和压降等。这些因素又具有相互制约的关系，在选管时应抓住主要矛盾，兼顾次要因素。

低频管的特征频率 f_T 一般在 2.5MHz 以下，而高频管的 f_T 都从几十兆赫到几百兆赫甚至更高。选管时应使 f_T 为工作频率的 3~10 倍。原则上讲，高频管可以代换低频管，但是高频管的功率一般都比较小，动态范围窄，在代换时应注意功率条件。

一般希望 β 值选大一些，但也不是越大越好。β 值太高了容易引起自激振荡，何况一般 β 值高的管子工作多不稳定，受温度影响大。通常 β 值多选为 40~100。另外，对整个电路来说还应该从各级的配合来选择 β 值。例如，前级用 β 值高的，后级就可以用 β 值较低的管子；反之，前级用 β 值较低的，后级就可以用 β 值较高的管子。

集电极-发射极反向击穿电压 U_{CEO} 应选得大于电源电压。穿透电流越小，对温度的稳定性越好。普通硅管的稳定性比锗管好得多，但普通硅管的饱和压降较锗管为大，在某些电路中会影响电路的性能,应根据电路的具体情况选用。选用晶体管的耗散功率时应根据不同电路的要求留有一定的余量。

对高频放大、中频放大、振荡器等电路用的三极管,应选用特征频率 f_T 高、极间电容较小的三极管,以保证在高频情况下仍有较高的功率增益和稳定性。

4.5.3 场效应管

场效应三极管简称场效应管,也是由半导体材料制成的。与普通双极型三极管相比,场效应管具有很多特点。普通双极型三极管是电流控制器件,通过控制基极电流达到控制集电极电流或发射极电流的目的。而场效应管是电压控制器件,其输出电流决定于输入信号电压的大小,管子的电流受控于栅源之间的电压。场效应管栅极的输入电阻很高,可达 $10^9 \sim 10^{15}\Omega$,对栅极施加电压时,基本上不取电流,这是普通双极型三极管无法与之相比的。场效应管还具有噪声低、热稳定性好、抗辐射能力强、动态范围大等特点,这使其应用范围十分广泛。

场效应管的三个电极分别称为漏极(D)、源极(S)和栅极(G),也可类比为双极型三极管的 e、c、b 三极。场效应管的漏极(D)、源极(S)能够互换使用。

场效应管可分为结型场效应管和绝缘栅型场效应管两大类,如图 4-5-15 所示。

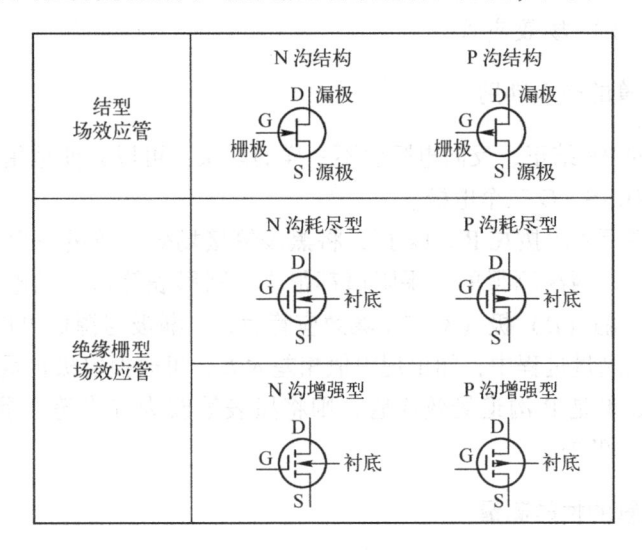

图 4-5-15 场效应管的分类

1. 结型场效应管

根据导电沟道的材料不同,结型场效应管分为 N 沟道结型场效应管和 P 沟道结型场效应管。结型场效应管的结构示意图和图形符号如 4-5-16 所示。它是在一块 N 型(或 P 型)硅半导体材料的两侧各制作一个 PN 结制成的。N 型(或 P 型)半导体的两个极分别为漏极(D)和源极(S),把两个 P 区(或 N 区)联在一起引出的电极叫栅极(G)。两个 PN 结中间的 N 型(或 P 型)区域称为导电沟道(沟道就是电流通道)。

2. 绝缘栅型场效应管

绝缘栅型场效应管的结构示意和图形符号如图 4-5-17 所示。

绝缘栅型场效应管按其工作状态可以分为增强型和耗尽型两类，每类又分为 P 型沟道和 N 型沟道。

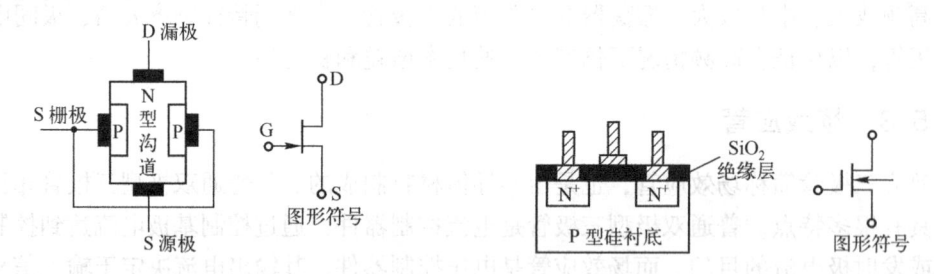

图 4-5-16　结型场效应管结构示意和图形符号　　图 4-5-17　绝缘栅型结构（N 沟道）和图形符号

绝缘栅型场效应管是在一块掺杂浓度低的 P 型（或 N 型）硅片上，用扩散的方法形成两个高掺杂的 N 型区（或 P 型区），分别作为源极（S）和漏极（D）而制成的。在两个 N 型区（或 P 型区）之间的硅片表面上制作一层极薄的二氧化硅（SiO_2）绝缘层，使两个 N 型区（或 P 型区）隔绝起来，在绝缘层上面蒸发一个金属电极——栅极（G）。由于栅极和其他电极及硅片之间是绝缘的，所以称之为绝缘栅型场效应管。从整体上说，它是由金属、氧化物和半导体组成的，所以又称其为金属—氧化物—半导体场效应管，简称为 MOS 场效应管。

3. 结型场效应管的电极判别

根据场效应管的 PN 结正、反向电阻值不一样的现象，可以方便地用万用表欧姆挡判别出结型场效应管的 D、S、G 三个电极。

具体方法是：将万用表拨在 R×1k 挡，将黑表笔接场效应管的一个电极，用红表笔分别接另外两个电极，如两次测得的结果阻值都很小，则黑表笔所接的电极就是栅极（G），另外两极为源（S）、漏（D）极（对结型场效应管而言，漏极与源极可以互换），而且是 N 型沟道场效应管。在测量过程中，如出现阻值相差太大，可改换电极再重测，直到出现两阻值都很小时为止。如果是 P 沟道场效应管，则将黑表笔改为红表笔，重复上述方法测量，即可判别出 G、D、S 极来。

4. 结型场效应管的性能测量

将万用表拨在 R×1k 或 R×100 挡上，测 P 型沟道时，将红表笔接源极（S）或漏极（D），黑表笔接栅极（G），测出的电阻值应很大，交换表笔测量，阻值应该很小，表明管子是好的。如果测出的结果与其不符，说明管子不好。当栅极与源极间、栅极与漏极间均无反向电阻时，表明管子已损坏。

将两只表笔分别接漏极和源极，然后用手靠近或碰触栅极，此时表针偏转较大，说明管子是好的。偏转角度越大，说明其放大倍数也越大。如果表针不动，则表明管子坏了或性能不好。

5. 场效应管使用注意事项

结型场效应管和普通半导体三极管的使用注意事项相近。但栅源间电压不能接反，否则会烧坏管子。

对于绝缘栅型场效应管，其输入阻抗很高，为防止感应过压而击穿，保存时应将三个电极短路。特别应注意不使栅极悬空，即栅、源两极之间必须经常保持直流通路。焊接时也要保持三电极短路状态，并应先焊漏、源极，后焊栅极。焊接、测试的电烙铁和仪器等都要有良好的接地线。或者将烙铁烧热、上锡以后，从电源上拔下再对管子进行焊接。不能用万用表测绝缘栅型场效应管的各极。场效应管的漏、源极间可以互换使用，不影响效果。但衬底已和源极接好线后，不能再互换。

4.5.4 晶闸管（可控硅）

晶闸管（过去称为可控硅）是一种半导体器件，又称晶体闸流管，简称晶闸管。其实物之一如图4-5-18所示。

1. 晶闸管的结构

将P型半导体和N型半导体交替叠合成四层，形成三个PN结，再引出三个电极，这就是晶闸管的管芯结构，如图4-5-19所示。晶闸管的三个电极分别称为阳极（A）、阴极（C）、控制极（G）。

2. 晶闸管的分类

根据工作特性不同，晶闸管分为普通晶闸管（即单向晶闸管）、可关断晶闸管、双向晶闸管等几种。晶闸管主要有螺栓式、平板式、塑封式和三极管式几种。通过的电流可高达上千安培。晶闸管电路符号如图4-5-20所示。

图4-5-18 晶闸管实物图

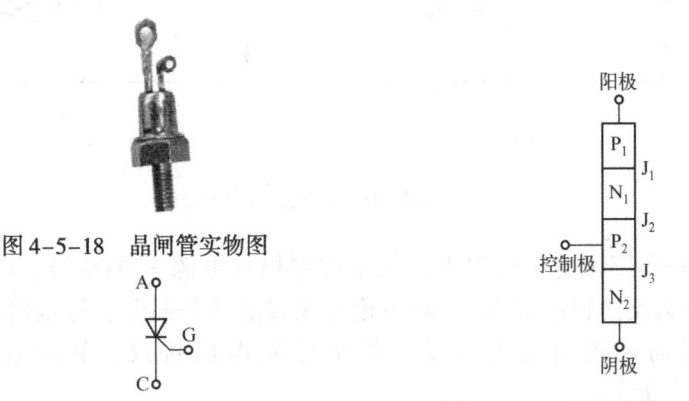

图4-5-20 晶闸管电路符号

图4-5-19 晶闸管的管芯结构

3. 晶闸管的工作原理

晶闸管的工作原理，可以从下面的实验电路予以说明。如图4-5-21所示，其中E_a、E_g都是直流电源（$E_a=36V$　$E_g=3V$左右）。

晶闸管阳极经灯泡接电源E_a正极，阴极接电源E_a负极（此时加在晶闸管阳极与阴极间的电压称为正向阳极电压），控制极经开关S接电源E_g的正极，阴极接E_g的负极（此时加在控制极与阴极间的电压称为正向控制电压），开关S未合上时灯不亮，如图4-5-21（a）所示；开关S合上后，灯亮，如图4-5-21（b）所示；此后再断开S，灯仍亮，如图4-5-21（c）所示。将控制电压E_g反接，灯泡也不会熄灭，如图4-5-21（d）所示。这表明晶闸管导通后，控制电压已对晶闸管失去作用。要使其熄灭，必须把正向阳极电压 E_a 降低到一定值，或使电路断开，或使阳极电压反向。

如将晶闸管阳极经灯泡接电源 E_a 负极，阴极接电源 E_a 正极（此时，E_a 称为反向阳电压），则不论 E_g 极性如何，S 的分合均不能使灯亮，说明晶闸管在反向阳极电压下不能导通，如图 4-5-21（e）所示。

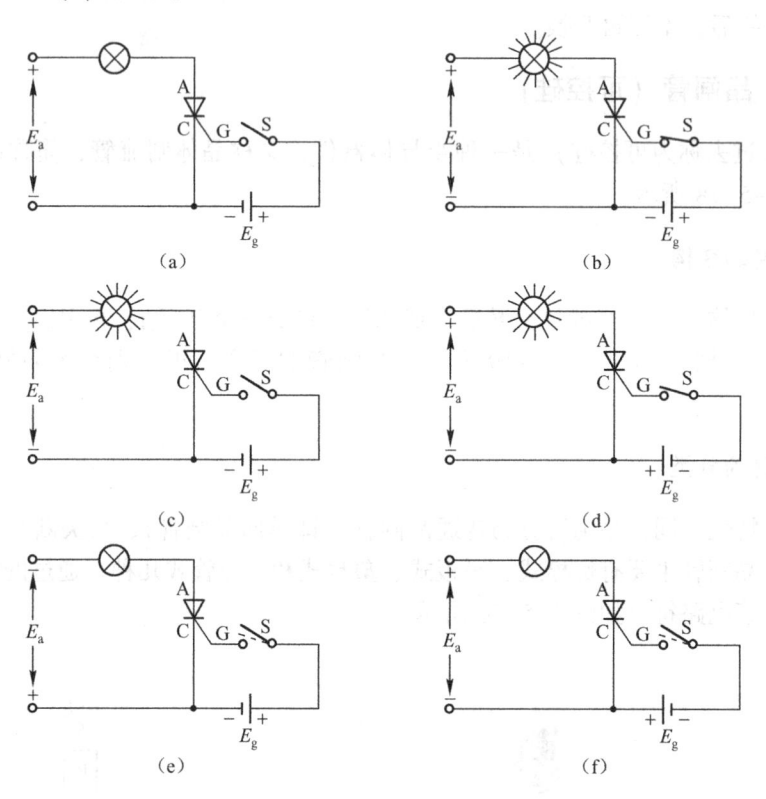

图 4-5-21 晶闸管工作原理

晶闸管在正向阳极电压作用下，如果控制极接电源 E_g 的负极，阴极接电源 E_g 的正极（此时 E_g 称为反向控制电压），则不论开关接通还是断开，灯泡始终不亮。这说明晶闸管即使在正向阳极电压作用下，如果控制电压接反，晶闸管也不会导通，如图 4-5-21（f）所示。

通过上述实验，表明只有同时具备正向阳极电压和正向控制电压这两个条件时，晶闸管才能导通。晶闸管一旦导通后，控制电压就失去作用，要使其关断，必须把正向阳极电压或通态电流降低到一定值。将阳极电压断开或反向也能使其关断。

晶闸管的控制极电压、电流通常都比较低，电压只有几伏，电流只有几十至几百毫安，而被控制的器件中可以通过高达几千伏的电压和上千安培以上的电流。晶闸管具有控制特性好、效率高、耐压高、容量大、反应快、寿命长、体积小、质量轻等优点。晶闸管相当于一只无触点单向可控导电开关，以弱电去控制强电的各种电路，利用该特性，可将它用于可控整流、交直流变换、调速、开关、调光等自动控制电路中。

4. 晶闸管的引脚判别

晶闸管的引脚判别：先用万用表 R×1k 挡测量三脚之间的阻值，阻值小的两脚分别为控制极和阴极，所剩的一脚为阳极；再将万用表置于 R×10k 挡，用手指捏住阳极和另一脚，且不让两脚接触，黑表笔接阳极，红表笔接剩下的一脚，如表针向右摆动，说明红表笔所接为阴极，不摆动则为控制极。

4.6 集成电路

集成电路是采用半导体工艺、厚膜工艺、薄膜工艺，将无源元件（电阻、电容、电感）和有源元件（如二极管、三极管、场效应管等）按照设计电路要求连接起来，制作在同一片硅片（或绝缘基片）上，然后封装成为具有特定功能的器件，英文缩写为 IC，也俗称芯片。集成电路打破了传统的概念，实现了材料、元件、电路的三位一体。与分立元件相比，集成电路具有体积小、质量轻、功耗低、性能好、可靠性高、电路性能稳定、成本低、适合大批量生产等优点。几十年来，集成电路的生产技术取得了迅速的发展，同时也得到了极其广泛的应用。

4.6.1 集成电路的型号与命名

集成电路的发展十分迅速，特别是中、大规模集成电路的发展，使各种功能的通用、专用集成电路大量涌现。国外各大公司生产的集成电路在推出时已经自成系列；但除了表示公司标志的电路型号字头有所不同外，其他部分基本一致。大部分数字序号相同的器件，功能差别不大，可以相互替换。因此，在使用国外集成电路时，应该查阅手册或有关产品型号对照表，以便正确选用器件。

根据国家标准规定，国产集成电路的型号命名由五部分组成，如表 4-6-1 所示。

命名示例：

(1) 肖特基 TTL 双四输入与非门：CT3020ED。

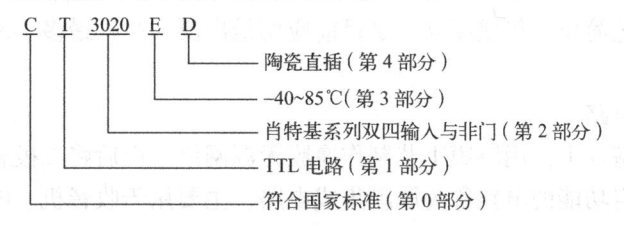

```
C T 3020 E D
│ │  │   │ └── 陶瓷直插（第 4 部分）
│ │  │   └──── -40~85℃（第 3 部分）
│ │  └──────── 肖特基系列双四输入与非门（第 2 部分）
│ └─────────── TTL 电路（第 1 部分）
└───────────── 符合国家标准（第 0 部分）
```

(2) COMS 8 选 1 数据选择器：CC14512MF。

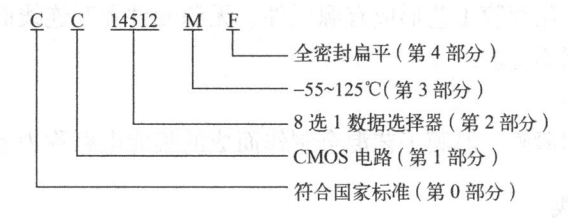

```
C C 14512 M F
│ │   │   │ └── 全密封扁平（第 4 部分）
│ │   │   └──── -55~125℃（第 3 部分）
│ │   └──────── 8 选 1 数据选择器（第 2 部分）
│ └──────────── CMOS 电路（第 1 部分）
└────────────── 符合国家标准（第 0 部分）
```

表 4-6-1 国产集成电路的型号命名

第 0 部分		第 1 部分		第 2 部分		第 3 部分		第 4 部分	
用字母表示器件符合国家标准		用字母表示器件的类型		用阿拉伯数字表示器件的系列代号		用字母表示器件的工作温度		用字母表示器件的封装形式	
符号	意义	符号	意义	符号	意义	符号	温度范围/℃	符号	意义
C	中国制造	T	TTL		与国际同品种保持一致	C	0~70	W	陶瓷扁平
		H	HTL			E	-40~85	B	塑料扁平
		E	ECL			R	-55~85	F	全密封扁平
		C	CMOS			M	-55~125	D	陶瓷直插
		F	线性放大器					P	塑料直插
		D	音响电视电路					J	黑陶瓷扁平
		W	稳压器					K	金属菱形
		J	接口电路					Y	金属圆壳
		B	非线性电路						
		M	存储器						
		μ	微型电路						

4.6.2 集成电路的分类

1. 按制作工艺分类

根据不同的制作工艺,集成电路有半导体集成电路、厚膜集成电路、薄膜集成电路和混合集成电路。

(1) 半导体集成电路

用平面工艺在半导体晶片上制成的电路称半导体集成电路。根据采用的晶体管不同,半导体集成电路分为双极型集成电路和 CMOS 集成电路。双极型集成电路又称 TTL 电路,其中的晶体管和常用的二极管、三极管性能一样。CMOS 集成电路,采用了 CMOS 场效应管等,分为 N 沟道 CMOS 电路(简称 NMOS 集成电路)和 P 沟道 MOS 电路(简称 PMOS 集成电路)。由 N 沟道、P 沟道 MOS 晶体管互补构成的互补 MOS 电路,简称 CMOS 集成电路。半导体集成电路工艺简单,集成度高,是目前应用最广泛、品种最多、发展迅速的一种集成电路。

(2) 厚膜集成电路

在陶瓷等绝缘基片上,用厚膜工艺制作厚膜无源网络,而后将二极管、三极管或半导体集成,构成具有特定功能的电路称为厚膜集成电路,主要用于收音机、电视机电路。

(3) 薄膜集成电路

在绝缘基片上,采用薄膜工艺形成有源元件、无源元件和互连线而构成的电路称为薄膜集成电路,目前其应用不普遍。

(4) 混合集成电路

采用半导体工艺和薄膜、厚膜工艺混合制作而成的集成电路称为混合集成电路。

2. 按集成规模分类

根据集成规模大小,集成电路有小规模集成电路、中规模集成电路、大规模集成电路和超大规模集成电路。

(1) 小规模集成电路

芯片上的集成度（即集成规模）：10 个门电路或 10~100 个元件。

(2) 中规模集成电路

芯片上的集成度：10~100 个门电路或 100~1000 个元件。

(3) 大规模集成电路

芯片上的集成度：100 个以上门电路或 1000 个以上元器件。

(4) 超大规模集成电路

芯片上的集成度：10000 个以上门电路或十万个以上元器件。

3. 按功能分类

集成电路按功能分类，有数字集成电路、模拟集成电路和微波集成电路。

微波集成电路是工作频率在 100MHz 以上的微波频段的集成电路，多用于卫星通信、导航、雷达等方面。其实它也是模拟集成电路，只是由于频率高，许多工艺、元件等都有特殊要求，所以将其单独归为一类。

4.6.3 数字集成电路的特点与分类

1. 数字集成电路的特点

半导体数字集成电路广泛应用于计算机、自动控制、数字通信、数字雷达、卫星电视、仪器仪表、宇航等许多技术领域。数字集成电路具有如下特点。

(1) 使用的信号只有"0"、"1"两种状态，即电路的"导通"或"截止"状态，亦称"低电平"或"高电平"状态；适应"0"和"1"二进制数，并能进行数的运算、存储、传输与转换功能。

(2) 内部结构电路简单，最基本的是"与"、"或"、"非"逻辑门。其他各种数字电路一般由"与"、"或"、"非"门电路组成。

(3) 常用电路有 TTL 集成电路（TTL IC）和 COMS 集成电路（COMS IC），前者对电源要求严格，为 5V±10%，高于 5.5V 会损坏器件；低于 4.5V，器件功能将失常。而 COMS 集成电路对电源要求不严格，可在 5~15V 内正常工作，但是 U_{DD}、U_{SS} 不能接反，否则损坏器件。

2. 数字集成电路的分类

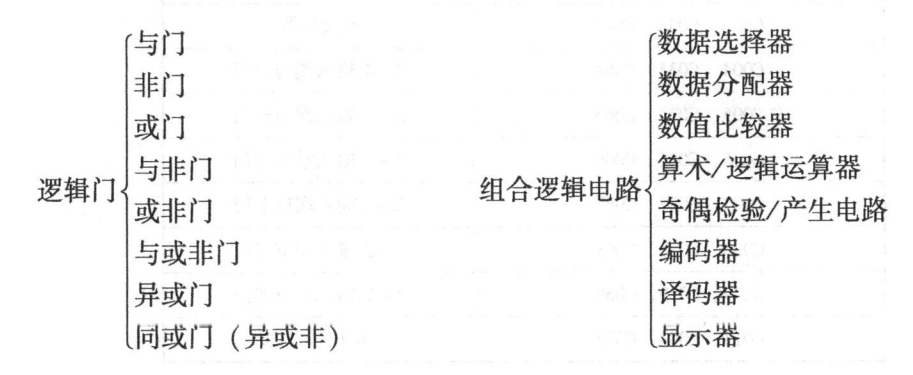

$$逻辑门\begin{cases}与门\\非门\\或门\\与非门\\或非门\\与或非门\\异或门\\同或门（异或非）\end{cases}$$

$$组合逻辑电路\begin{cases}数据选择器\\数据分配器\\数值比较器\\算术/逻辑运算器\\奇偶检验/产生电路\\编码器\\译码器\\显示器\end{cases}$$

触发器 { RS触发器 / 钟控触发器 / 主从触发器 / 边沿触发器

时序逻辑电路 { 寄存器 / 计数器 / 随机存取存储器 / 只读存储器 / 可编程逻辑器件

常用TTL（74系列）、CMOS（C000系列）、CMOS（CC4000系列）数字集成电路型号如表4-6-2、表4-6-3、表4-6-4所示。

表4-6-2 常用TTL（74系列）数字集成电路

型号	电路名称
74LS00（T400）、7400、74HC00	4-2输入端与非门
74LS02（T4002）、7402、74HC02	4-2输入端或非门
74LS04（T4004）、74LS05（T4005）、7404、7405	6反相器
74LS08（T4008）、74LS09（T4009）、7408、7409	4-2输入端与门
74LS10（T4010）、74LS12（T4012）、7410、7412	3-3输入端与非门
74LS13（T4013）、74LS18（T4018）、7413、7418	2-4输入端与非施密特触发器
74LS32（T032）、7432	4-2输入端或门
74LS168（T4168）、74LS169（T4169）	二进制（十进制）4位可逆同步计数器，168十进制、169二进制
74LS47（T4047）、74LS48（T4048）	7段译码、驱动器，47为输出高电平，48为输出低电平
74LS138（T4138）	3线-8线译码器
74LS154（T4154）	4线-16线译码器
74LS74（T074）、7474	双D触发器（带清除和置位端）
74LS73（T073）、7473	双JK触发器（带清除）
74LS160、74LS162	可预置BCD计数器
74LS161、74LS163	可预置4位二进制计数器
74LS190、74LS191、74LS192	同步可逆计数器（BCD，二进制）

表4-6-3 常用CMOS（C000系列）数字集成电路

型号	电路名称
C001、C031、C061	2-4输入端与门
C002、C032、C062	2-4输入端或门
C003、C033、C063	6反相器
C004、C034、C064	2-4输入端与非门
C005、C035、C065	3-3输入端与非门
C006、C036、C066	4-2输入端与非门
C007、C037、C067	2-4输入端或非门
C008、C038、C068	3-3输入端或非门
C009、C039、C069	4-2输入端或非门
C013、C043、C073	双D触发器

表 4-6-4 常用 CMOS（CC4000 系列）数字集成电路

型　号	电路名称
CC4011、CD4011、TC4011	4-2 输入端与非门
CC4001、CD4001、TC4001	4-2 输入端或非门
CC4013、CD4013、TC4013	双 D 触发器
CC4069、CD4069、TC4069	6 反相器
CC4081、CD4081、TC4081	4-2 输入端与门
CC40175、CD40175、TC40175	4 D 触发器
CC4511、CD4511、TC4511	译码驱动器
CC4553、CD4553、TC4553	十进制计数器

4.6.4　模拟集成电路的特点与分类

1. 模拟集成电路的特点

模拟集成电路具有如下特点。

(1) 模拟集成电路处理的信号是连续变化的模拟量电信号，除输出级外，电路中的信号电平值较小，所以内部器件多工作在小信号状态，数字集成电路一般工作在大信号的开关状态。

(2) 信号的频率范围往往从直流一直可延伸到很高的上限频率。

(3) 模拟集成电路中的元器件种类较多，如 NPN 型管、PNP 型管、CMOS 管、膜电阻器、膜电容器等，故其制造工艺较数字集成电路复杂。

(4) 模拟集成电路往往具有内繁外简的电路形式，尽管制造工艺复杂，但电路功能完善，使用方便。

2. 模拟集成电路的分类

线性电路 ｛直流放大器 / 运算放大器 / 音频放大器 / 中频放大器 / 高频放大器 / 稳压器 / 专用集成电路｝

非线性电路 ｛电压比较器 / 数/模转换器 / 模/数转换器 / 读出放大器 / 调制/解调器 / 频率变换器 / 信号发生器｝

功率电路 ｛音频功率放大电路 / 低频功率放大电路 / 射频功率输出电路 / 功率开关电路 / 功率变换电路 / 伺服放大电路 / 大功率稳压电路 / 稳流电路｝

微波电路 ｛频率变换器 / 振荡器 / 参量放大器 / 移相电路 / 倍频电路 / 滤波器 / 低噪声、前置放大器｝

4.6.5 集成电路的引脚排列识别

半导体集成电路种类繁多，引脚的排列也有多种形式，这里主要介绍国际、部标或进口产品中常见的 IC 引脚识别方法。

1. 金属圆壳封装 IC

多引脚的金属圆壳封装 IC 面向引脚正视，由定位标记（常为锁口或小圆孔）所对应的引脚按顺时针方向数。如果是 IC 国际、部标或进口产品，则对小金属圆壳封装器件而言，1号引脚应是定位标记所对应后的那个引脚，即定位标记所对应的引脚为最末一个引脚，如图 4-6-1 所示。

2. 扁平单立封装 IC

这种集成电路一般在端面左侧有一个定位标记。IC 引脚向下，识别者面对定位标记口，从标记对应一侧的第一个引脚起数，依次为 1、2、3、4…脚。

这些标记有的是缺角，有的是凹坑色点，有的是缺口或短垂线条，如图 4-6-2 所示。

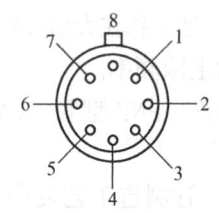

图 4-6-1 金属圆壳封装 IC 引脚的排列 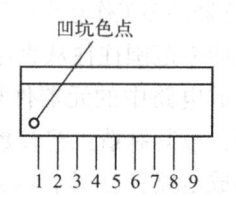　　图 4-6-2 单立直插 IC 引脚的排列

3. 扁平双立封装 IC

一般在端面左侧有一个类似引脚的小金属片，或者在封装表面有一个小圆点（或小圆圈、色点）作为标记，然后逆时针数，引脚分别为 1、2、3…，如图 4-6-3 所示。

4. 四列型扁平封装 IC

四列型扁平集成电路，其引脚排列识别方法是正视 IC 的型号面，从正上方特形引脚（长脚或短脚）或凹口的左侧起数为 1 脚，然后逆时针方向依次为第 1、2、3…脚，如图 4-6-4 所示。

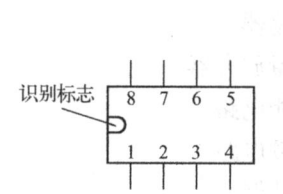

图 4-6-3 扁平双列 IC 引脚的排列 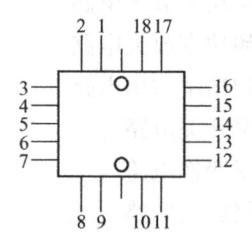　　图 4-6-4 四列型扁平 IC 引脚的排列

4.6.6 集成电路应用须知

1. TTL 集成电路应用须知

(1) TTL 集成电路的电源电压不能高于 +5.5V 使用,不能将电源与地颠倒错接,否则将会因为电流过大而造成器件损坏。

(2) 电路的各输入端不能直接与高于 +5.5V 和低于 -0.5V 的低内阻电源连接,因为低内阻电源能提供较大的电流,导致器件过热而烧坏。

(3) 除三态和集电极开路的电路外,输出端不允许并联使用。如果将双列直插集电极开路的门电路输出端并联使用而使电路具有线与功能,则应在其输出端加一个预先计算好的上拉负载电阻到 U_{CC} 端。

(4) 输出端不允许与电源或地短路,否则可能造成器件损坏。但可以通过电阻与地相连,提高输出电平。

(5) 在电源接通时,不要移动或插入集成电路,因为电流的冲击可能会造成其永久性损坏。

(6) 多余的输入端最好不要悬空。虽然悬空相当于高电平,并不影响与非门的逻辑功能,但悬空容易受干扰,有时会造成电路的误动作,在时序电路中其表现更为明显。因此,多余输入端一般不采用悬空,而是根据需要处理。例如,与门、与非门的多余输入端可直接接到 U_{CC} 上;也可将不用的输入端通过一个公用电阻(几千欧)连到 U_{CC} 上。不用的或门和或非门等器件的所有输入端接地,也可将它们的输出端连到不使用的与门输入端上。

对触发器来说,不使用的输入端不能悬空,应根据逻辑功能接入电平。输入端连线应尽量短,这样可以缩短时序电路中时钟信号沿传输线的延迟时间。一般不允许将触发器的输出直接驱动指示灯、电感负载、长线传输,需要时必须加缓冲门。

2. CMOS 集成电路应用须知

CMOS 集成电路由于输入电阻很高,因此极易接受静电电荷。为了防止产生静电击穿,生产 CMOS 时,在输入端都要加上标准保护电路,但这并不能保证绝对安全,因此使用 CMOS 集成电路时,必须采取以下预防措施。

(1) 存放 CMOS 集成电路时要屏蔽,一般放在金属容器中,也可以用金属箔将引脚短路。

(2) CMOS 集成电路可以在很宽的电源电压范围内提供正常的逻辑功能,但电源的上限电压(即使是瞬态电压)不得超过电路允许极限值;电源的下限电压(即使是瞬态电压)不得低于系统工作所必需的电源电压最低值,更不得低于 U_{SS}。

(3) 焊接 CMOS 集成电路时,一般用 20W 内热式电烙铁,而且烙铁要有良好的接地线。也可以利用电烙铁断电后的余热快速焊接。禁止在电路通电的情况下焊接。

(4) 为了防止输入端保护二极管因正向偏置而引起损坏,输入电压必须处在 U_{DD} 和 U_{SS} 之间。

(5) 调试 CMOS 电路时,如果信号电源和电路板用两组电源,则刚开机时应先接通电路板电源,后开信号源电源。关机时则应先关信号源电源,后断电路板电源,即在 CMOS 本身还没有接通电源的情况下,不允许有输入信号输入。

(6) 多余输入端绝对不能悬空，否则不但容易受外界噪声干扰，而且输入电位不定，破坏了正常的逻辑关系，也消耗不少的功率。因此，应根据电路的逻辑功能需要分别加以处理。例如，与门和与非门的多余输入端应接到 U_{DD} 或高电平；或门和或非门的多余输入端应接到 U_{SS} 或低电平；如果电路的工作速度不高，不需要特别考虑功耗，也可以将多余的输入端和使用端并联。

以上所说的多余输入端，包括没有被使用但已接通电源的 CMOS 电路的所有输入端。例如，一片集成电路上有 4 个与门，电路中只用其中一个，其他三个与门的所有输入端必须按多余输入端处理。

4.6.7 集成电路的检测

1. 测电阻法

将万用表拨到 R×1k 挡，黑表笔接被测集成电路的地线引脚，红表笔依次测量其他各引脚对地端的直流电阻值，然后与标准值比较便可发现是否有问题。例如，对于 TTL 系列集成电路，电源正端引脚对地电阻值约为 $3k\Omega$，其余各引脚对地电阻值约为 $5k\Omega$。若测得某引脚的对地电阻值小于 $1k\Omega$ 或大于 $12k\Omega$，则该集成电路就不能再使用了；或将万用表表笔对调再测试，电源正端引脚对地电阻值为 $3k\Omega$ 或略大一点、其余各引脚对地电阻值大于 $40k\Omega$ 为正常，若测得阻值甚小，有可能内部短路；若测得阻值为无穷大，则内部已断路。

2. 测电压法

测量集成电路引脚对地的动、静态电压，与电路图或其他资料所提供的参考电压进行比较，若发现某引脚电压有较大差别，而其外围元器件又没有损坏，则集成电路有可能已损坏。

3. 测波形法

集成电路在动态工作情况下，用示波器检查其有关引脚的波形是否与电路图中对应点的标准波形一致，可从中发现有无问题。

4. 替换法

用相同型号的集成电路替换试验，若电路恢复正常，则说明原集成电路已损坏。

思 考 题

1. 电阻器有哪些主要参数？请简述电阻器的几种标注方法。
2. 四环电阻器与五环电阻器的各环代表什么含义？
3. 如何用模拟式（指针式）万用表测量电阻器的阻值？
4. 如何测试、安装使用电位器？
5. 电容器有哪几种标注方法？请简述各标注方法的含义。
6. 怎样判别固定电容器性能的好坏？
7. 怎样判别电解电容器的极性？

8. 电感器的标注方法有哪几种？如何测量其参数？
9. 怎样判别二极管的极性及其性能？
10. 如何使用模拟式（指针式）万用表判别三极管的管型及电极？
11. 场效应管与晶体三极管相比有何特点？
12. 请简述集成电路的使用注意事项。

第 5 章 焊 接 技 术

在电子产品的装配过程中,焊接是一种主要的连接方法,是一项重要的基础工艺技术,也是一项基本的操作技能。任何一个设计精良的电子装置,没有相应的工艺保证是难以达到质量要求的。本章主要介绍焊接的基本知识及铅锡焊接的方法、操作步骤,手工焊接技巧与要求等。

5.1 焊接的基本知识

焊接是使金属连接的一种方法。它利用加热手段,在两种金属的接触面,通过焊接材料的原子或分子的相互扩散作用,使两种金属间形成一种永久的牢固结合。利用焊接的方法进行连接而形成的接点叫焊点。

5.1.1 焊接的分类

焊接通常分为熔焊、接触焊和钎焊 3 大类。

1. 熔焊

熔焊是一种利用加热被焊件,使其熔化产生合金而焊接在一起的焊接技术,如气焊、电弧焊、超声波焊等。

2. 接触焊

接触焊是一种不用焊料与焊剂就可获得可靠连接的焊接技术,如点焊、碰焊等。

3. 钎焊

用加热熔化成液态的金属把固体金属连接在一起的方法称为钎焊。在钎焊中,起连接作用的金属材料称为焊料。焊料的熔点必须低于被焊接金属的熔点。钎焊按焊料熔点的不同,分为硬钎焊和软钎焊。焊料的熔点高于 450℃ 的称为硬钎焊,低于 450℃ 的称为软钎焊。电子元器件的焊接称为锡焊,锡焊属于软钎焊,焊料是铅锡合金,熔点比较低,如共晶焊锡的熔点为 183℃,所以在电子元器件的焊接工艺中得到广泛应用。

5.1.2 焊接的方法

随着焊接技术的不断发展,焊接方法也在手工焊接的基础上出现了自动焊接技术,即机器焊接,同时无锡焊接也开始在电子产品装配中采用。

1. 手工焊接

手工焊接是采用手工操作的传统焊接方法。根据焊接前接点的连接方式不同,手工焊接分为绕焊、钩焊、搭焊、插焊等不同方式。

(1) 绕焊

绕焊是将被焊接元器件的引线或导线缠绕在接点上进行焊接。其优点是焊接强度最高，此方法应用很广泛。高可靠整机产品的接点通常采用这种方法。

(2) 钩焊

钩焊是将被焊接元器件的引线或导线钩接在被连接件的孔中进行焊接。它适用于不便缠绕但又要求有一定机械强度和便于拆焊的接点上。

(3) 搭焊

将被焊接元器件的引线或导线搭在接点上进行焊接。它适用于易调整或改焊的临时焊点。

(4) 插焊

将被焊接元器件的引线或导线插入洞形或孔形接点中进行焊接。例如，有些插接件的焊接需将导线插入接线柱的洞孔中，也属于插焊的一种。它适用于元器件带有引线、插针或插孔及印制板的常规焊接。

2. 机器焊接

机器焊接根据工艺方法的不同，可分为浸焊、波峰焊和再流焊。

(1) 浸焊

浸焊是将装好元器件的印制板在熔化的锡锅内浸锡，一次完成印制板上全部焊接点的焊接，主要用于小型印制板电路的焊接。

(2) 波峰焊

波峰焊是采用波峰焊机一次完成印制板上全部焊接点的焊接。此方法已成为印制板焊接的主要方法。

(3) 再流焊

再流焊是利用焊膏将元器件粘在印制板上，加热印制板后使焊膏中的焊料熔化，一次完成全部焊接点的焊接，目前主要应用于表面安装的片状元器件焊接。

5.2 焊装工具

要将形形色色的电子元器件焊装成符合设计要求的电子产品，必须熟悉并且正确使用焊装工具，这样才能提高效率、保证质量。

5.2.1 电烙铁

电烙铁是手工焊接的主要工具。选择合适的电烙铁并合理地使用，是保证焊接质量的基础。由于用途、结构的不同，有各式各样的电烙铁。按加热方式分为直热式、感应式、气体燃烧式等，按功率分为20W、30W、…、300W等，按功能分为单用式、两用式、调温式等。

常用的电烙铁一般为直热式。直热式又分为外热式、内热式和恒温式3大类。加热体也称烙铁芯，是由镍铬电阻丝绕制而成的。加热体位于烙铁头外面的称为外热式，位于烙铁头内部的称为内热式，恒温式电烙铁则通过内部的温度传感器及开关进行温度控制，实现恒温焊接。它们的工作原理相似，在接通电源后，加热体升温，烙铁头受热而温度升高，达到工作温度后，就可熔化焊锡进行焊接。内热式电烙铁比外热式热得快，从开始加热到达到焊接温度一般只需 3min 左右，热效率高，可达 85%～95% 或以上，而且具有体积小、质量轻、耗电量少、使用方便、灵巧等优点，适用于小型电子元器件和印制板的手工焊接。电子产品的手工焊接采用内热式电烙铁。电烙铁结构如图 5-2-1 所示。

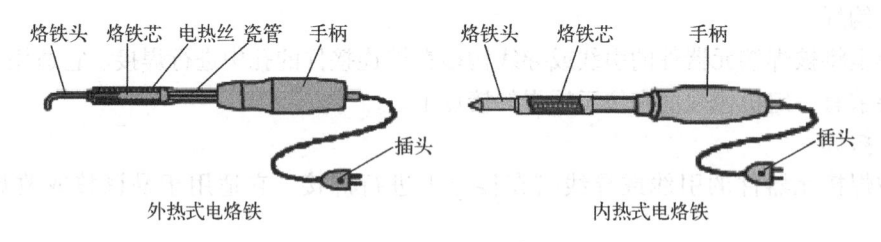

图 5-2-1　电烙铁结构图

1. 烙铁头的选择与修整

（1）烙铁头的选择

为了保证可靠方便地焊接，必须合理选用烙铁头的形状与尺寸，图 5-2-2 所示为各种常用烙铁头的外形。其中，圆斜面式是市售烙铁头的一般形式，适用于在单面板上焊接不太密集的焊点；凿式和半凿式多用于电器维修工作；尖锥式和圆锥式适用于焊接高密度的焊点和小而怕热的元器件。当焊接对象变化大时，可选用适合于大多数情况的斜面复合式烙铁头。

选择烙铁头的依据是：应使其尖端的接触面积小于焊接处（焊盘）的面积。烙铁头接触面过大，会使过量的热量传导给焊接部位，损坏元器件及印制板。一般说来，烙铁头越长、越尖，温度越低，需要焊接的时间越长；反之，烙铁头越短、越粗，则温度越高，焊接的时间越短。

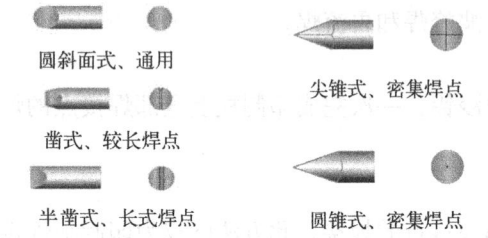

图 5-2-2　各种常用烙铁头的外形

每个操作者可根据习惯选用烙铁头。有经验的电子装配工人手中都备有几个不同形状的烙铁头，以便根据焊接对象的变化和工作需要随机选用。

（2）烙铁头的修整

烙铁头一般用紫铜制成，表面有镀层，如果不是特殊需要，一般不需要修锉打磨。因为镀层的作用就是保护烙铁头不被氧化生锈。但目前市售的烙铁头大多只是在紫铜表面镀一层锌合金。镀锌层虽然有一定的保护作用，但经过一段时间的使用以后，由于高温和助焊剂的作用，烙铁头被氧化，使其表面凹凸不平，这时就需要修整。

修整的方法一般是将烙铁头拿下来，根据焊接对象的形状及焊点的密度，确定烙铁头的形状和粗细。夹到台钳上用粗锉刀修整，然后用细锉刀修平，最后用细砂纸打磨光。修整过的烙铁头马上镀锡，方法是将烙铁头装好后，在松香水中浸一下，然后接通电源，待烙铁头热后，在木板上放些松香及一些焊锡，用烙铁头沾上锡，在松香中来回磨擦，直到整个烙铁头的修整面均匀地镀上一层焊锡为止。也可以在烙铁头沾上锡后，在湿布上反复磨擦。

注意：新烙铁或经过修整烙铁头后的电烙铁通电前，一定要先浸松香水，否则烙铁头表面会生成难以镀锡的氧化层。

2. 电烙铁的选用

在进行科研、生产、仪器维修时，可根据不同的施焊对象选择不同的电烙铁。主要从电烙铁的种类、功率及烙铁头的形状 3 个方面考虑，在有特殊要求时，选择具有特殊功能的电烙铁。

（1）电烙铁种类的选择

电烙铁的种类繁多，应根据实际情况灵活选用。一般的焊接应首选内热式电烙铁。对于大型元器件及直径较粗的导线应考虑选用功率较大的外热式电烙铁。若要求工作时间长，被焊元器件又少，则应考虑选用长寿命型的恒温电烙铁，如焊表面封装的元器件时。

表 5-2-1 所示为选择电烙铁的依据，仅供参考。

表 5-2-1 选择电烙铁的依据

焊接对象及工作性质	烙铁头温度（℃） （室温、220V 电压）	选用电烙铁
一般印制电路板、安装导线	300～400	20W 内热式、30W 外热式、恒温式
集成电路	350～400	20W 内热式、恒温式
焊片、电位器、2～8W 电阻、大电解容、大功率管	350～450	35～50W 内热式、恒温式，50～75W 外热式
8W 以上大电阻、φ2mm 以上导线	400～550	100W 内热式、150～200W 外热式
汇流排、金属板等	500～630	300W 外热式
维修、调试一般电子产品		20W 内热式、恒温式、感应式、储能式、两用式

（2）电烙铁功率的选择

晶体管收音机、收录机等采用小型元器件的普通印制电路板和 IC 电路板的焊接应选用 20～25W 内热式电烙铁或 30W 外热式电烙铁，因为小功率的电烙铁具有体积小、质量轻、发热快、便于操作、耗电小等优点。

对一些采用较大元器件的电路，如电子管收音机、扩音器及机壳底板的焊接，则应选用功率大一些的电烙铁，如 50W 以上的内热式电烙铁或 75W 以上的外热式电烙铁。

电烙铁的功率选择一定要合适，过大易烫坏晶体管或其他元件，过小则易出现假焊或虚焊，直接影响焊接质量。

3. 电烙铁的正确使用

使用电烙铁前首先要核对电源电压是否与电烙铁的额定电压相符，注意用电安全，避免发生触电事故。电烙铁无论第一次使用还是重新修整后再使用，使用前均需进行"上锡"处理。上锡后如果出现烙铁头挂锡太多而影响焊接质量，则千万不能为了去除多余焊锡而甩电烙铁或敲击电烙铁，因为这样可能将高温焊锡甩入周围人的眼中或身体上造成伤害，也可能在甩或敲击电烙铁时使烙铁芯的瓷管破裂、电阻丝断损或连接杆变形而发生移位，使电烙铁外壳带电造成触电伤害。去除多余焊锡或清除烙铁头上的残渣的正确方法是在湿布或湿海绵上擦拭。

电烙铁在使用中还应注意经常检查手柄上的紧固螺钉及烙铁头的锁紧螺钉是否松动，若出现松动，则易使电源线扭动、破损而引起烙铁芯引线相碰，造成短路。电烙铁使用一段时间后,还应将烙铁头取出,清除氧化层,以避免发生日久烙铁头取不出的现象。

焊接操作时,电烙铁一般放在方便操作的右方烙铁架中,与焊接有关的工具应整齐有序地摆放在工作台上,养成文明生产的良好习惯。

5.2.2 其他的装配工具

其他的装配工具主要有尖嘴钳、斜口钳、钢丝钳、剥线钳、螺丝刀及镊子。除镊子外这些工具的使用已在第2章中介绍过。

镊子有尖嘴镊子和圆嘴镊子两种。尖嘴镊子用于夹持细小的导线,以便于装配焊接。圆嘴镊子用于弯曲元器件引线和夹持元器件焊接等,用镊子夹持元器件焊接时还能起到散热的作用。元器件拆焊时也需要镊子。

5.3 焊接材料与焊接机理

焊接材料包括焊料和焊剂。掌握焊料和焊剂的性质、作用原理及选用知识,对提高焊接技术很有帮助。

5.3.1 焊料

焊料是易熔金属,熔点应低于被焊金属。焊料熔化时,在被焊金属表面形成合金而与被焊金属连接到一起。焊料按成分可分为锡铅焊料、铜焊料、银焊料等。在一般电子产品装配中,主要使用锡铅焊料,俗称焊锡。

锡铅焊料的牌号由"焊料"两字汉语拼音的第一个字母"Hl"及锡铅元素"SnPb",再加上铅的百分比含量组成。如成分为 Sn61%、Pb39% 的锡铅焊料表示为 HlSnPb39,称为锡铅料39。

1. 锡铅合金

锡(Sn)是一种质软、低熔点的金属,熔点为232℃。金属锡在高于13.2℃时呈银白色,低于13.2℃时呈灰色,低于-40℃时变成粉末。常温下锡的抗氧化性强,并且容易与多数金属形成化合物。纯锡质脆,机械性能差。

铅(Pb)是一种浅青白色的软金属,熔点为327℃,塑性好,有较高的抗氧化性和抗腐蚀性。铅属于对人体有害的重金属,在人体中积蓄可引起铅中毒。纯铅的机械性能也很差。

锡铅合金是锡与铅以不同比例的熔合物,其具有一系列锡与铅不具备的优点。

① 熔点低:各种不同成分的铅锡合金熔点均低于锡和铅各自的熔点。
② 机械强度高:合金的各种机械强度均优于纯锡和纯铅。
③ 表面张力小,黏度下降,增大了液态流动性,有利于焊接时形成可靠接头。
④ 抗氧化性好,铅具有的抗氧化性优点在合金中继续保持,使焊料在熔化时减少了氧化量。

成分为锡61.9%、铅38.1%的锡铅合金,称为共晶焊锡,它具有熔点低(183℃)、凝固快、流动性好及机械强度高等优点,所以在电子产品的焊接中,都采用这种配比的焊锡。

2. 焊锡物理性能及杂质影响

表 5-3-1 给出了不同成分铅锡焊料的物理性能及机械性能。由表中可以看出，含锡 60% 的焊料，其抗张强度和剪切强度都较优，而铅量过高或过低时性能都不理想。

表 5-3-1　焊料物理性能及机械性能

锡（Sn）	铅（Pb）	导电性（铜 100%）	抗张力（MPa）	折断力（MPa）	锡（Sn）	铅（Pb）	导电性（铜 100%）	抗张力（MPa）	折断力（MPa）
100	0	13.6	1.49	2.0	42	58	10.2	4.41	3.1
95	5	13.6	3.15	3.1	35	65	9.7	4.57	3.6
60	40	11.6	5.36	3.5	30	70	9.3	4.73	3.5
50	50	10.7	4.73	3.1	0	100	7.9	1.42	1.4

各种铅锡焊料中不可避免地会含有微量金属。这些微量金属作为杂质，超过一定限度就会对焊锡的性能产生很大影响。表 5-3-2 列举了各种杂质对焊锡性能的影响。

表 5-3-2　各种杂质对焊锡性能的影响

杂质	对焊料的影响
铜	会使焊料的熔点变高，流动性变差，焊印制板组件易产生桥接和拉尖缺陷，一般焊锡中铜的允许含量为 0.3%~0.5%
锌	焊料中融入 0.001% 的锌就会对焊接质量产生影响，融入 0.005% 时会使焊点表面失去光泽，焊料的润湿性变差，焊印制板易产生桥接的拉尖
铝	焊料中融入 0.001% 的铝，就开始出现不良影响，融入 0.005% 时，就可使焊接能力变差，焊料流动性变差，并产生氧化和腐蚀，使焊点出现麻点
镉	使焊料熔点下降，流动性变差，焊料晶粒变大且失去光泽
铁	使焊料熔点升高，难于熔接。焊料中有 1% 的铁时，焊料就焊不上，并且会使焊料带有磁性
铋	使焊料熔点降低，机械性能变脆，冷却时产生龟裂
砷	可使焊料流动性增强，使表面变黑，硬度和脆性增加
磷	含少量磷可增加焊料的流动性，但对铜有腐蚀作用
金	金熔解到焊料里，会使焊料表面失去光泽，焊点呈白色，机械强度降低，质变脆
银	在焊料中提高银的百分比率，可改善焊料的性质。在共晶焊锡中，增加 3% 的银，就可使熔点降为 177℃，且焊料的焊接性能、扩展焊接强度都有不同程度的提高
锑	加入少量锑（5%）会使焊锡的机械强度增强，光泽变好，但润滑性变差

不同标准的焊锡规定了杂质的含量标准。不合格的焊锡可能是成分不准确，也可能是杂质含量超标。在生产中大量使用的焊锡应该经过质量认证。

为了使焊锡获得某种性能，也可掺入某些金属。例如，掺入 0.5%~2% 的银，可使焊锡熔点低，强度高；掺入镉，可使焊锡变为高温焊锡。

手工焊接常用的焊锡丝，是将焊锡制成管状，内部充助焊剂。助焊剂一般是优质松香添加一定的活化剂。焊锡丝直径有 0.5、0.8、0.9、1.0、1.2、1.5、2.0、2.5、3.0、4.0、5.0mm。

5.3.2 焊剂

焊剂又称为助焊剂，一般是由活化剂、树脂、扩散剂、溶剂 4 部分组成的，是用于清除焊件表面的氧化膜、保证焊锡浸润的一种化学剂。

1. 焊剂的作用

（1）清除氧化膜。其实质是助焊剂中的氯化物、酸类与氧化物发生还原反应，从而清除氧化膜。反应后的生成物变成悬浮的渣，漂浮在焊料表面。

（2）防止氧化。液态的焊锡及加热的焊件金属都容易与空气中的氧接触而氧化。助焊剂熔化后，漂浮在焊料表面，形成隔离层，因而防止了焊接面的氧化。

（3）减小表面张力，增加焊锡的流动性，有助于焊锡浸润。

（4）使焊点美观。合适的焊剂能够整理焊点形状，保持焊点表面的光泽。

2. 对焊剂的要求

（1）熔点应低于焊料，只有这样才能发挥助焊剂的作用。

（2）表面张力、黏度、比重应小于焊料。

（3）残渣应容易清除。焊剂都带有酸性，会腐蚀金属，而且残渣影响美观。

（4）不能腐蚀母材。焊剂酸性太强，在除去氧化膜的同时，也会腐蚀金属，从而造成危害。

（5）不产生有害气体和臭味。

3. 焊剂的分类与选用

焊剂大致可分为有机焊剂、无机焊剂和树脂焊剂 3 大类。其中以松香为主要成分的树脂焊剂在电子产品生产中占有重要地位，成为专用型的助焊剂。

（1）无机焊剂

无机焊剂的活性最强，常温下就能除去金属表面的氧化膜。但其强腐蚀作用很容易损伤金属及焊点，故在电子焊接中是不常用的。

（2）有机焊剂

有机焊剂具有较好的助焊作用，但也有一定的腐蚀性，残渣不易清除，且挥发物污染空气，一般不单独使用，而是作为活化剂与松香一起使用。

（3）树脂焊剂

树脂焊剂的主要成分是松香。松香的主要成分是松香酸和松香酯酸酐，在常温下几乎没有任何化学活力，呈中性；当加热到熔化时，呈弱酸性，可与金属氧化膜发生还原反应，生成的化合物悬浮在液态焊锡表面，也起到焊锡表面不被氧化的作用。焊接完毕恢复常温后，松香又变成固体，无腐蚀，无污染，绝缘性能好。

为提高其活性，常将松香溶于酒精中再加入一定的活化剂。但在手工焊接中并非必要，只是浸焊或波峰焊的情况下才使用。表 5-3-3 所示为几种国产助焊剂的配比及性能。

松香反复加热后会被碳化（发黑）而失效，发黑的松香不起助焊作用。现在普遍使用氢化松香，它从松脂中提炼而成，是专为锡焊生产的一种高活性松香，常温下其性能比普通松香稳定，助焊作用也更强。

表 5-3-3 几种国产助焊剂的配比及性能

焊剂品种	配方（质量百分比）		可焊性	活性	适用范围
松香酒精	松香	23%	中	中性	印制板、导线焊接
	无水乙醇	67%			
盐酸二乙胺	盐酸二乙胺	4%	好	有轻度腐蚀性（余渣）	手工烙铁焊接电子元器件、零部件
	三乙醇胺	6%			
	松香	20%			
	正丁醇	10%			
	无水乙醇	60%			
盐酸苯胺	盐酸苯胺	4.5%			同上；可用于搪锡
	三乙醇胺	2.5%			
	松香	23%			
	无水乙醇	60%			
	溴化水杨酸	10%			
201 焊剂	溴化水杨酸	10%			元器件搪锡、浸焊、波峰焊
	树脂	20%			
	松香	20%			
	无水乙醇	50%			
201-1 焊剂	溴化水杨酸	7.9%			印制板涂覆
	丙烯酸树脂	3.5%			
	松香	20.5%			
	无水乙醇	48.1%			
SD 焊剂	SD	6.9%			浸焊、波峰焊
	溴化水杨酸	3.4%			
	松香	12.7%			
	无水乙醇	77%			
氯化锌	$ZnCl_2$ 饱和水溶液		很好	腐蚀性强	各种金属制品、钣金件
氯化铵	乙醇	70%			锡焊各种黄铜零件
	甘油	30%			
	NH_4Cl 饱和				

助焊剂的选用应优先考虑被焊金属的焊接性能及氧化、污染等情况。铂、金、银、铜、锡等金属的焊接性能较强，为减少助焊剂对金属的腐蚀，多采用松香作为助焊剂。焊接时，尤其是手工焊接时多采用松香焊锡丝。铅、黄铜、青铜、铍青铜及带有镍层金属材料的焊接性能较差，焊接时，应选用有机助焊剂，能减小焊料表面张力，促进氧化物的还原作用，焊接能力比一般焊锡丝要好，但要注意焊后的清洗问题。

5.3.3 阻焊剂

焊接中，特别是在浸焊及波峰焊中，为提高焊接质量，需要耐高温的阻焊涂料，使焊料只在需要的焊点上进行焊接，而把不需要焊接的部分保护起来，起到阻焊作用，这种阻焊材料叫做阻焊剂。

1. 阻焊剂的优点

（1）防止桥接、短路及虚焊等情况的发生，减少印制板的返修率，提高焊点的质量。

(2) 因印制板板面部分被阻焊剂覆盖，所以焊接时受到的热冲击小，降低了印制板温度，使板面不易起泡、分层，同时也起到保护元器件和集成电路的作用。

(3) 除了焊盘外，其他部位均不上锡，这样可以节约大量的焊料。

(4) 使用带有色彩的阻焊剂，可使印制板的板面显得整洁美观。

2. 阻焊剂的分类

阻焊剂按成膜方法，分为热固性和光固性两大类，即所用的成膜材料是加热固化还是光照固化。目前热固化阻焊剂被逐步淘汰，光固化阻焊剂被大量采用。

热固化阻焊剂具有价格便宜、黏接强度高的优点，但也具有加热温度高、时间长、印制板容易变形、能源消耗大、不能实现连续化生产等缺点。

光固化阻焊剂在高压汞灯下照射 2~3min 即可固化，因而可节约大量能源，提高生产效率，便于自动化生产。

5.3.4 锡焊机理

锡焊是电子行业中应用最普遍的焊接技术。锡焊的机理就是将焊料、焊件同时加热到最佳焊接温度，然后不同金属表面之间相互浸润、扩散，最后形成多组织的结合层。

1. 焊料对焊件的浸润

熔融焊料在金属表面形成均匀、平滑、连续并附着牢固的焊料层叫浸润，也叫润湿。浸润程度主要取决于焊件表面的清洁程度及焊料的表面张力。在焊料的表面张力小、焊件表面无油污，并涂有助焊剂的条件下，焊料的浸润性能较好。浸润性能的好坏一般用润湿角表示，润湿角指焊料外缘在焊件表面交界点处的切线与焊件面的夹角，如图 5-3-1 所示。润湿角大于 90℃ 时，焊料不润湿焊件；润湿角等于 90℃ 时，浸润性能不良；润湿角小于 90℃ 时，焊料润湿焊件。润湿角越小，浸润性能越好。浸润作用与毛细作用紧密相连，光洁的金属表面放大后有许多微小的凹凸间隙，熔化成液态的焊料借助于毛细引力沿着间隙向焊件表面扩散，形成对焊件的浸润。

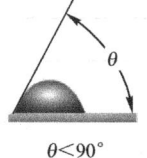

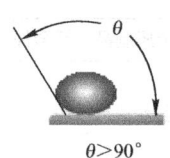

$\theta<90°$ 润湿性好　　$\theta>90°$ 润湿性好

图 5-3-1 润湿角

2. 扩散

浸润是熔融焊料在被焊物体上的扩散，这种扩散并不限于表面，同时还发生液态和固态金属之间的相互扩散，如同水洒在海绵上而不是洒在玻璃上一样。

粗略地理解，可以认为扩散是原子间的引力作用，而实际上两种金属之间的相互扩散是一个复杂的物理—化学过程。例如，用铅锡焊料焊接铜件，焊接过程中有表面扩散，也有晶界扩散和晶内扩散。Pb-Sn 焊料中，Pb 原子只参与表面扩散，不向内部扩散；而 Cu、Sn 原子相互扩散，这是不同金属性质决定的选择扩散。正是由于扩散作用，才形成了焊料和焊件之间的牢固结合。

3. 结合层

由于焊料和焊件金属彼此扩散，所以两者交接面形成多种组织的结合层。结合层中既有晶内扩散形成的共晶合金，又有两种金属生成的金属间的化合物。

形成结合层是锡焊的关键，如果没有形成结合层，仅仅是焊料堆积在母材上，则称为虚焊。结合层的厚度因焊接温度、时间不同而异，一般为 $3\sim10\mu m$。

5.3.5 锡焊的条件及特点

任何种类的焊接都有严格的工艺要求，不但要了解焊接材料及施焊对象的性质，还要了解施焊温度、施焊时间及施焊环境的不同对焊接所造成的影响。印制电路板的焊接也是如此，这些工艺要求是很好地完成焊接的前提。

1. 锡焊的条件

(1) 必须具有充分的可焊性

金属表面被熔融焊料浸湿的特性叫可焊性，是指被焊金属材料与焊锡在适当的温度及助焊剂的作用下，形成结合良好的合金的能力。只有能被焊锡浸湿的金属才具有可焊性。并非所有的金属都具有良好的可焊性，有些金属，如铝、不锈钢、铸铁等可焊性就很差。而铜及其合金、金、银、铁、锌、镍等都具有良好的可焊性。即使是可焊性好的金属，因为表面容易产生氧化膜，所以为了提高其可焊性，一般采用表面镀锡、镀银等。铜是导电性能良好和易于焊接的金属材料，所以其应用得最为广泛。常用的元器件引线、导线及焊盘等，大多采用铜材制成。

衡量材料的可焊性有专门制定的测试标准和测试仪器。实际上，根据锡焊的机理很容易比较材料的可焊性。一般共晶焊锡与表面干净的铜的浸湿角约为 20°。

(2) 焊件表面必须保持清洁

为了使熔融焊锡良好地润湿固体金属表面，并使焊锡和焊件达到原子间相互作用的距离，要求被焊金属表面一定要清洁，从而使焊锡与被焊金属表面原子间的距离最小，彼此间充分吸引扩散，形成合金层。即使是可焊性好的焊件，由于长期存储和污染等原因，焊件的表面可能产生有害的氧化膜、油污等。所以，在实施焊接前也必须清洁表面，否则难以保证质量。

(3) 使用合适的助焊剂

助焊剂的作用是清除焊件表面的氧化膜并减小焊料熔化后的表面张力，以利于浸润。助焊剂的性能一定要适合于被焊金属材料的焊接性能。不同的焊件，不同的焊接工艺，应选择不同的助焊剂。例如，镍镉合金、不锈钢、铝等材料，需使用专用的特殊助焊剂；在电子产品的线路板焊接中，通常采用松香助焊剂。

(4) 加热到适当的温度

焊接时，将焊料和被焊金属加热到焊接温度，使熔化的焊料在被焊金属表面浸润、扩散并形成金属化合物。因此，要保证焊点牢固，一定要有适当的焊接温度。

加热过程中不但要将焊锡加热熔化，而且要将焊件加热到熔化焊锡的温度。只有在足够高的温度下，焊料才能充分浸润，并充分扩散形成合金层，但过高的温度是有害的。

(5) 焊料要适应焊接要求

焊料的成分和性能应与被焊金属材料的可焊性、焊接温度、焊接时间、焊点的机械强度相适应，以达到易焊和牢固的目的。此外，还要注意焊料中的杂质对焊接的不良影响。

(6) 要有适当的焊接时间

焊接时间是指在焊接过程中，进行物理和化学变化所需要的时间，包括被焊金属材料达到焊接温度的时间、焊锡熔化的时间、助焊剂发生作用并生成金属化合物的时间等。焊接时间的长短应适当，时间过长会损坏元器件并使焊点的外观变差，时间过短则焊料不能充分润湿被焊金属，从而达不到焊接要求。

2. 锡焊的特点

锡焊在手工焊接、波峰焊、浸焊、再流焊等中有着广泛的应用，其特点如下：
① 焊料的熔点低于焊件的熔点；
② 焊接时将焊件与焊料加热到最佳焊接温度，焊料熔化而焊件不熔化；
③ 焊接的完成依靠熔化状态的焊料浸润焊接面，借助于毛细管吸力作用使焊料进入焊接面的间隙，形成一个结合层，从而实现焊件的结合。

5.4 手工焊接技术

手工焊接是焊接技术的基础，也是电子产品装配中的一项基本操作技能。手工焊接适用于小批量生产的小型化产品、一般结构的电子整机产品、具有特殊要求的高可靠产品、某些不便于机器焊接的场合及调试，维修中修复焊点和更换元器件等。

5.4.1 焊接操作的手法与步骤

由于焊剂加热挥发出的气体对人体有害，所以在焊接时应保持电烙铁距口鼻的距离不小于20cm，通常以30cm为宜。

1. 电烙铁的手持方法

使用电烙铁的目的是为了加热被焊件而进行焊接，不能烫伤、损坏导线和元器件，为此必须正确掌握手持电烙铁的方法。

手工焊接时，电烙铁要拿稳对准，可根据电烙铁的大小和被焊件的要求不同，决定手持电烙铁的手持方法，通常有3种手持方法，如图5-4-1所示。

（a）反握法　　　（b）正握法　　　（c）握笔法

图5-4-1　电烙铁的手持方法

(1) 反握法

见图5-4-1（a）。这种方法焊接时动作稳定，长时间操作不易疲劳，适于大功率烙铁的操作和热容量大的被焊件。

(2) 正握法

见图5-4-1（b）。它适于中等功率烙铁或带弯头烙铁的操作。一般在操作台上焊印制板等焊件时，多采用正握法。

(3) 握笔法

见图5-4-1（c）。这种握法类似于写字时手拿笔的姿势，易于掌握，但长时间操作易疲劳，烙铁头会出现抖动现象，适于小功率的电烙铁和热容量小的被焊件。

2. 焊锡丝的拿法

手工焊接中一手握电烙铁，另一手拿焊锡丝，帮助电烙铁吸取焊料。拿焊锡丝的方法一般有两种，如图 5-4-2 所示。

（1）连续锡丝拿法

用拇指和食指握住焊锡丝，其余三手指配合拇指和食指把焊锡丝连续向前送进，如图 5-4-2（a）所示。它适于成卷焊锡丝的手工焊接。

（2）断续锡丝拿法

(a) 连续锡丝拿法　　(b) 断续锡丝拿法

图 5-4-2　焊锡丝的拿法

用拇指、食指和中指夹住焊锡丝。这种拿法，焊锡丝不能连续向前送进，适用于小段焊锡丝的手工焊接，如图 5-4-2（b）所示。

由于焊锡丝成分中铅占有一定的比例，因此，操作时应戴手套或操作后洗手，以避免食入铅。电烙铁使用后一定要放在烙铁架上，并注意烙铁线等不要碰烙铁。

3. 焊接操作的基本步骤

为了保证焊接的质量，掌握正确的操作步骤是很重要的。

经常看到有些人采用这样一种操作方法，即先用烙铁头沾上一些焊锡，然后将烙铁放到焊点上停留，等待焊件加热后被焊锡润湿，这是不正确的操作方法。它虽然也可以将焊件连接，但却不能保证质量。由焊接机理不难理解这一点，当焊锡在烙铁上熔化时，焊锡丝中的焊剂附着在焊料的表面，由于烙铁头的温度为 250～350℃ 或以上，所以当烙铁放到焊点上之前，松香焊剂将不断挥发，很可能会挥发大半或完全挥发，因而，润湿过程中由于缺少焊剂而造成润湿不良。而当烙铁放到焊点上时，由于焊件还没有加热，结合层不容易形成，故很容易虚焊。正确的操作步骤如图 5-4-3 所示，为焊接五步法操作示意图。

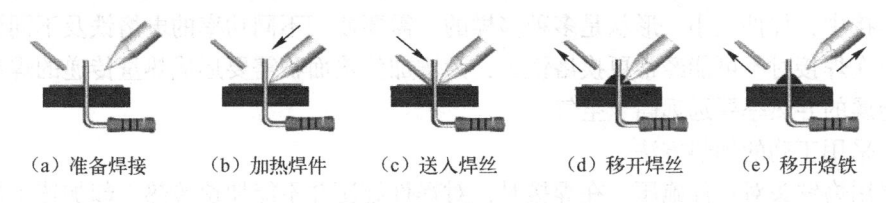

（a）准备焊接　（b）加热焊件　（c）送入焊丝　（d）移开焊丝　（e）移开烙铁

图 5-4-3　焊接五步法操作示意图

（1）准备焊接：左手拿焊丝，右手握电烙铁，随时处于焊接状态。要求烙铁头保持干净，表面镀有一层焊锡，如图 5-4-3（a）所示。

（2）加热焊件：应注意加热整个焊件全体，使焊件均匀受热。烙铁头放在两个焊件的连接处，时间为 1～2s，如图 5-4-3（b）所示。对于在印制板上焊接元器件，要注意使烙铁头同时接触焊盘和元器件的引线。

（3）送入焊丝：焊件加热到一定温度后，焊丝从电烙铁对面接触焊件，如图 5-4-3（c）所示。注意不要把焊丝送到烙铁头上。

（4）移开焊丝：当焊丝熔化一定量后，立即将焊丝向左上 45°方向移开，如图 5-4-3（d）所示。

（5）移开烙铁：焊锡浸润焊盘或焊件的施焊部位后，向右上 45°方向移开电烙铁，完成焊接，如图 5-4-3（e）所示。

对于热容量小的焊件，如印制板与较细导线的连接，可简化为三步操作，如图 5-4-4 所示，即准备焊接、加热与送丝、去丝移烙铁。烙铁头放在焊件上后放入焊丝。焊锡在焊接面上扩散达到预期范围后，立即拿开焊丝并移开电烙铁，注意去丝时不得滞后于移开电烙铁的时间。上述整个过程只有 2~4s，各步时间的控制、时序的准确掌握、动作的熟练协调，都要通过大量的训练和用心体会。有人总结出了五步骤操作法，用数数的方法控制时间，即烙铁接触焊点后数"1、2"（约2s），送入焊丝后数"3、4"（即移开烙铁）。焊丝熔化量靠观察决定。但由于烙铁功率、焊点热容量的差别等因素，实际操作中掌握焊接火候绝无定章可循，必须具体情况具体对待。

(a) 准备焊接　　　(b) 加热与送丝　　　(c) 去丝移烙铁

图 5-4-4　焊接三步法操作示意图

4. 焊接操作手法

具体操作手法在达到优质焊点的目标下可因人而异，但长期的实践经验总结如下，可供初学者参考。

(1) 保持烙铁头清洁

焊接时烙铁头长期处于高温状态，又接触焊剂、焊料等，烙铁头的表面很容易氧化并粘上一层黑色的杂质，这些杂质容易形成隔热层，使烙铁头失去加热作用。因此，要随时将烙铁头上的杂质除去，使其随时保持洁净状态。

(2) 加热要靠焊锡桥

所谓焊锡桥，就是靠烙铁上保持少量的焊锡作为加热时烙铁头与焊件之间传热的桥梁。在手工焊接中，焊件大小、形状是多种多样的，需要使用不同功率的电烙铁及不同形状的烙铁头。而在焊接时不可能经常更换烙铁头，为增加传热面积需要形成热量传递的焊锡桥，因为液态金属的导热率要远远高于空气。

(3) 采用正确的加热方法

不要用烙铁头对焊件施压。在焊接时，对焊件施压并不能加快传热，却加速了烙铁头的损耗，更严重的是，会对元器件造成不易察觉的隐患。

(4) 在焊锡凝固前保持焊件为静止状态

用镊子夹住焊件施焊时，一定要等焊锡凝固后再移去镊子。因为焊锡凝固的过程就是结晶的过程，在结晶期间受到外力（焊件移动或抖动）会改变结晶条件，形成大粒结晶，造成所谓的"冷焊"，使焊点内部结构疏松，造成焊点强度降低，导电性能差。因此，在焊锡凝固前，一定要保持焊件为静止状态。

(5) 采用正确的方法撤离烙铁

焊点形成后烙铁要及时向后45°方向撤离。烙铁撤离时轻轻旋转一下，可使焊点保持适当的焊料，这是实际操作中总结出的经验。

(6) 焊锡量要合适

过量的焊锡不但造成了浪费，而且增加了焊接时间，降低了工作速度，还容易在高密度的印制板线路中造成不易察觉的短路。

焊锡过少不能牢固地结合，降低了焊点的强度。特别是在印制板上焊导线时，焊锡不足容易造成导线脱落。

(7) 不要使用过量的助焊剂

适量的助焊剂会提高焊点的质量。如过量使用松香助焊剂，则当加热时间不足时，又容易形成"夹渣"的缺陷。焊接开关、接插件时，过量的助焊剂容易流到触点处，会造成接触不良。适量的助焊剂，应该是仅能浸润将要形成的焊点，不会透过印制板流到元件面或插孔里。对使用松香芯焊丝的焊接来说，正常焊接时基本上不需要再使用助焊剂，而且印制板在出厂前大多都进行过松香浸润处理。

(8) 不要使用烙铁头作为运载焊料的工具

有人习惯用烙铁头沾上焊锡去焊接，这样容易造成焊料氧化，助焊剂挥发。因为烙铁头温度一般在300℃左右，焊锡丝中的焊剂在高温下很容易分解失效。

5.4.2 合格焊点及质量检查

焊点的质量直接关系着产品的稳定性与可靠性等电气性能。一台电子产品，其焊点数量可能大大超过元器件数量本身，焊点有问题，检查起来十分困难。所以必须明确对合格焊点的要求，认真分析影响焊点质量的各种因素，以减少出现不合格焊点的机会，尽可能在焊接过程中提高焊点的质量。

1. 对焊点的要求

(1) 可靠的电气连接

电子产品工作的可靠性与电子元器件的焊接紧密相连。一个焊点要能稳定、可靠地通过一定的电流，没有足够的连接面积是不行的。如果焊锡仅仅是将焊料堆在焊件的表面或只有少部分形成合金层，那么在最初的测试和工作中也许不能发现焊点出现问题，但随着时间的推移和条件的改变，接触层被氧化，脱焊现象出现了，电路会时通时断或者干脆不工作。而这时观察焊点的外表，依然连接如初，这是电子仪器检修中最头痛的问题，也是产品制造中要十分注意的问题。

(2) 足够的机械强度

焊接不仅起电气连接的作用，同时也是固定元器件、保证机械连接的手段，因而就有机械强度的问题。作为铅锡焊料的铅锡合金本身，强度是比较低的。常用的铅锡焊料抗拉强度只有普通钢材的1/10，要想增加强度，就要有足够的连接面积。如果是虚焊点，焊料仅仅堆在焊盘上，自然就谈不上强度了。另外，焊接时焊锡未流满焊盘，或焊锡量过少，也降低了焊点的强度。还有，焊接时焊料尚未凝固就使焊件震动、抖动而引起焊点结晶粗大，或有裂纹，都会影响焊点的机械强度。

(3) 光洁整齐的外观

良好的焊点要求焊料用量恰到好处，外表有金属光泽，没有桥接、拉尖等现象，导线焊接时不伤及绝缘皮。良好的外表是焊接高质量的反映。表面有金属光泽，是焊接温度合适、生成合金层的标志，而不仅仅是外表美观的要求。

2. 焊点的外观要求

焊点的外观要求如下所述。

(1) 形状为近似圆锥而表面微凹呈慢坡状，虚焊点表面往往成凸形，可以鉴别出来。
(2) 焊料的连接面呈半弓形凹面，焊料与焊件交界处平滑，接触角尽可能小。
(3) 焊点表面有光泽且平滑。
(4) 无裂纹、针孔、夹渣。

3. 焊点的质量检查

在焊接结束后，为保证产品质量，要对焊点进行检查。由于焊接检查与其他生产工序不同，没有一种机械化、自动化的检查测量方法，因此主要通过目视检查、手触检查和通电检查来发现问题。

(1) 目视检查是从外观上检查焊接质量是否合格，也就是从外观上评价焊点有什么缺陷。

(2) 手触检查主要是指手触摸、摇动元器件时，焊点有无松动、不牢或脱落的现象。或用镊子夹住元器件引线轻轻拉动时，有无松动现象。

(3) 通电检查必须是在外观及连线检查无误后才可进行的工作，也是检验电路性能的关键步骤。通电检查可以发现许多微小的缺陷，如用目测观察不到的电路桥接、虚焊等。表 5-4-1 所示为通电检查时可能出现的故障与焊接缺陷的关系。

表 5-4-1 通电检查结果及原因分析

通电检查结果		原因分析
元器件损坏	失效	过热损坏、烙铁漏电
	性能降低	烙铁漏电
导通不良	短路	桥接、焊料飞溅
	断路	焊锡开裂、松香夹渣、虚焊、插座接触不良
	时通时断	导线断丝、焊盘剥落等

4. 常见焊点的缺陷与分析

造成焊接缺陷的原因有很多，但主要可从四要素中去寻找。在材料与工具一定的情况下，采用什么方式及操作者是否有责任心，就是决定性的因素了。元器件焊接的常见缺陷与分析如图 5-4-5 和表 5-4-2 所示。

表 5-4-2 常见焊点的缺陷与分析

焊点缺陷	外观特征	危害	原因分析
虚焊 图 5-4-5 (a)	焊件与元器件引线或与铜箔之间有明显黑色界限，焊锡向界限凹陷	电气连接不可靠，不能正常工作	元器件引线未清洁好，有氧化层或油污、灰尘；助焊剂质量不好
焊料过多 图 5-4-5 (b)	焊料面呈凸形	浪费焊料，且可能包藏缺陷	焊丝撤离过迟
焊料过少 图 5-4-5 (c)	焊料未形成平滑面	机械强度不足	焊丝撤离过早或焊料流动性差而焊接时间又短
过热 图 5-4-5 (d)	焊点发白，无金属光泽，表面粗糙	焊盘容易剥落，强度降低	烙铁功率过大，加热时间过长

续表

焊点缺陷	外观特征	危 害	原因分析
冷焊 图 5-4-5（e）	表面呈豆腐渣状颗粒，有时可能有裂纹	强度低，导电性不好	焊料未凝固前焊件抖动或烙铁功率不够
空洞 图 5-4-5（f）	焊锡未流满焊盘	强度不足	元器件引线未清洁好，焊料流动性不好，焊剂质量不好，加热时间不足
拉尖 图 5-4-5（g）	出现尖端	外观不佳，容易造成桥接现象	助焊剂过少，而加热时间过长，烙铁撤离角度不当
桥接 图 5-4-5（h）	相邻导线连接	电气短路	焊锡过多，烙铁撤离方向不当
铜箔剥离 图 5-4-5（i）	铜箔从印制板上剥离	印制板被损坏	焊接时间长，温度高

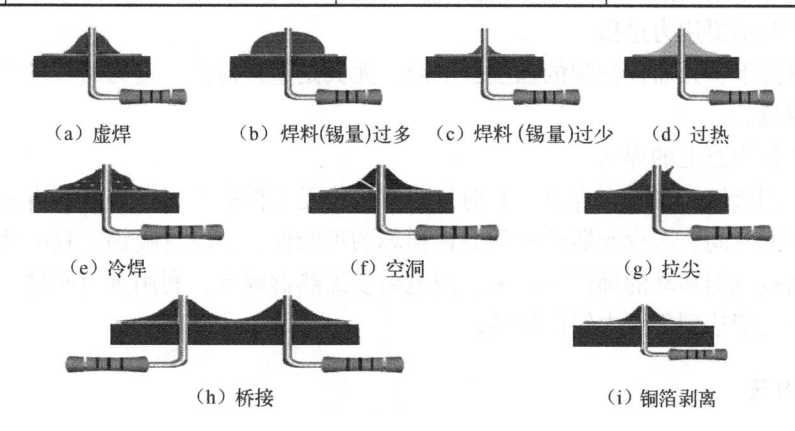

（a）虚焊　（b）焊料(锡量)过多　（c）焊料(锡量)过少　（d）过热

（e）冷焊　（f）空洞　（g）拉尖

（h）桥接　（i）铜箔剥离

图 5-4-5　焊接三步法操作示意图

5.4.3　拆焊

将已焊焊点拆除的过程称为拆焊。调试和维修中常需要更换一些元器件，在实际操作中，拆焊比焊接难度高，如果拆焊不得法，就会损坏元器件及印制板。拆焊也是焊接工艺中一个重要的工艺手段。

1. 拆焊的基本原则

拆焊前一定要弄清楚原焊接点的特点，不要轻易动手，其基本原则为：
（1）不损坏待拆除的元器件、导线及周围的元器件；
（2）拆焊时不可损坏印制板上的焊盘与印制导线；
（3）对已判定为损坏的元器件，可先将其引线剪断再拆除，这样可以减少其他损伤；
（4）在拆焊过程中，应尽量避免拆动其他元器件或变动其他元器件的位置，如确实需要则应做好复原工作。

2. 拆焊工具

常用的拆焊工具除以上介绍的焊接工具外还有以下几种。
（1）吸锡电烙铁
用于吸去熔化的焊锡，使焊盘与元器件或导线分离，达到解除焊接的目的。

（2）吸锡绳

用于吸取焊接点上的焊锡，使用时将焊锡熔化使之吸附在吸锡绳上。专用吸锡绳的价格昂贵，可用网状屏蔽线代替，效果也很好。

（3）吸锡器

用于吸取熔化的焊锡，要与电烙铁配合使用。先使用电烙铁将焊点熔化，再用吸锡器吸除熔化的焊锡。

3. 拆焊的操作要点

（1）严格控制加热的温度和时间

因拆焊的加热时间较长，所以要严格控制温度和加热时间，以免将元器件烫坏或使焊盘翘起、断裂。宜采用间隔加热法来进行拆焊。

（2）拆焊时不要用力过猛

在高温状态下，元器件封装的强度会下降，尤其是塑封器件，过力的拉、摇、扭都会损坏元器件和焊盘。

（3）吸去拆焊点上的焊料

拆焊前，用吸锡工具吸去焊料，有时可以直接将元器件拔下。即使还有少量锡连接，也可以减少拆焊的时间，减少元器件和印制板损坏的可能性。在没有吸锡工具的情况下，则可以将印制电路板或能移动的部件倒过来，用电烙铁加热拆焊点，利用重力原理，让焊锡自动流向电烙铁，也能达到部分去锡的目的。

4. 拆焊方法

（1）分点拆焊法

对卧式安装的阻容元器件，两个焊接点距离较远，可采用电烙铁分点加热，逐点拔出。如果引线是弯折的，则用烙铁头撬直后再拆除。

拆焊时，将印制板竖起，一边用烙铁加热待拆元件的焊点，一边用镊子或尖嘴钳夹住元器件引线轻轻拉出。

（2）集中拆焊法

晶体管及立式安装的阻容元器件之间焊接点距离较近，可用烙铁头同时快速交替加热几个焊接点，待焊锡熔化后一次拔出。对多接点的元器件，如开关、插头座、集成电路等，可用专用烙铁头同时对准各个焊接点，一次加热取下。

（3）保留拆焊法

对需要保留元器件引线和导线端头的拆焊，要求比较严格，也比较麻烦。可用吸锡工具先吸去被拆焊接点外面的焊锡。一般情况下，用吸锡器吸去焊锡后能够摘下元器件。

如果遇到多脚插焊件，虽然用吸锡器清除过焊料，但仍不能顺利摘除，这时候细心观察一下，其中哪些脚没有脱焊。找到后，用清洁而未带焊料的烙铁对引线脚进行熔焊，并对引线脚轻轻施力，向没有焊锡的方向推开，使引线脚与焊盘分离，多脚插焊件即可取下。

如果是搭焊的元器件或引线，则只要在焊点上沾上助焊剂，用烙铁熔开焊点，元器件的引线或导线即可拆下。如遇到元器件的引线或导线的接头处有绝缘套管，要先退出套管，再进行熔焊。

如果是钩焊的元器件或导线，则拆焊时先用烙铁清除焊点的焊锡，再用烙铁加热将钩下的残余焊锡熔开，同时须在钩线方向用铲刀撬起引线，移开烙铁并用平口镊子或钳子矫正。再一次熔焊取下所拆焊件。注意：撬线时不可用力过猛，要注意安全，防止将已熔化的焊锡弹入眼内或衣服上。

如果是绕焊的元器件或引线，则用烙铁熔化焊点，清除焊锡，弄清楚原来的绕向，在烙铁头的加热下，用镊子夹住线头逆绕退出，再调直待用。

（4）剪断拆焊法

被拆焊点上的元器件引线及导线如留有余量，或确定元器件已损坏，可先将元器件或导线剪下，再将焊盘上的线头拆下。

5. 拆焊后重新焊接时应注意的问题

拆焊后一般都要重新焊上元器件或导线，操作时应注意以下几个问题。

（1）重新焊接的元器件引线和导线的剪截长度、离底板或印制板的高度、弯折形状和方向，都应尽量保持与原来的一致，使电路的分布参数不致发生大的变化，以免使电路的性能受到影响，特别对于高频电子产品更要重视这一点。

（2）印制电路板拆焊后，如果焊盘孔被堵塞，则应先用锥子或镊子尖端在加热下，从铜箔面将孔穿通，再插进元器件引线或导线进行重焊。特别是单面板，不能用元器件引线从印制板面捅穿孔，这样很容易使焊盘铜箔与基板分离，甚至使铜箔断裂。

（3）拆焊点重新焊好元器件或导线后，应将因拆焊需要而弯折、移动过的元器件恢复原状。一个熟练的维修人员拆焊过的维修点一般是不容易看出来的。

5.4.4 焊后清理

铅锡焊接法在焊接过程中都要使用助焊剂，助焊剂在焊接后一般并未充分挥发，反应后的残留物对被焊件会产生腐蚀作用，影响电气性能。因此，焊接后一般要对焊点进行清洗。

清洗方法一般分为液相法和气相法两大类。无论用何种方法清洗，都要求所用清洗剂对焊点无腐蚀作用，而对助焊剂残留物具有较强的溶解能力和去污能力。常用的液相清洗剂有工业纯酒精、60#和120#航空汽油；气相清洗剂的有氟利昂等。

1. 液相清洗法

采用液体清洗剂溶解、中和或稀释残留的焊剂和污物从而达到清洗目的的方法称为液相清洗法。其操作方法和注意事项如下。

（1）操作方法

小批量生产中常采用手工液相清洗法，它具有方法简单、清洗效果好的特点。具体操作方法是：用镊子夹住蘸有清洗液的小块泡沫塑料或棉纱对焊点周围进行擦洗。如果是印制线路板，可用油画笔蘸清洗液进行刷洗。

更完善的液相清洗法还有滚刷清洗法和宽波溢流清洗法，它们适合大量生产印制电路板的清洗。

（2）注意事项

① 常用清洗剂，如无水酒精、汽油等都是易燃物品，使用时严禁操作者吸烟，以防火患。

② 不论采用何种清洗方法，都不能损坏焊点，不能移动电路板上的元器件及连接导线，如为清洗方便需要移动时，清洗后应及时复原。

③ 不要过量使用清洗液，以防清洗液进入非密封元器件或线路板元器件侧，否则将使清洗液携带污物进入元器件内部，从而造成接触不良或弄脏印制电路板。

④ 要经常分析和更换清洗液，以保证清洗质量。使用过的清洗液经沉淀过滤后可重复使用。

2. 气相清洗法

气相清洗法是采用低沸点溶剂，使其受热挥发形成蒸气，将焊点及其周围助焊剂残留物和污物一同带走而达到清洗目的的方法。其常用的清洗剂氟利昂为无色、无毒、不燃、不爆的有机溶剂，沸点为47.6℃，凝固点是 -35℃，酸碱度为中性，化学性质稳定，绝缘性能良好，不能溶解油漆，但对以松香为主的常用助焊剂及其残留物、污物有良好的清洗作用。氟利昂对大气层有严重的破坏作用，所以已被国家禁止使用。

气相清洗的特点是清洗效果好，过程很干净，清洗剂不会对非密封元器件内部及电路板元器件侧造成损害，是较液相清洗法更先进的方法。气相清洗法常用于大批量印制电路板的清洗。

采用气相清洗法时应注意氟利昂散失造成的大气污染。近年来，国内外研制的中性助焊剂可使清洗工艺简化，甚至不用清洗。

5.5 实用焊接技艺

掌握原则和要领对正确操作是必要的，但仅仅依照这些原则和要领并不能解决实际操作中的各种问题，具体工艺步骤和实际经验是不可缺少的。借鉴他人经验，遵循成熟的工艺是初学者的必由之路。

5.5.1 焊前的准备

为了提高焊接的质量和速度，在产品焊接前准备工作应提前就绪：熟悉装配图及原理图，检查印制电路板。除此之外，还要对待焊的电子元器件进行整形、镀锡处理。

1. 镀锡

为了提高焊接的质量和速度、避免虚焊等缺陷，应在装配前对焊接表面进行可焊性处理——镀锡，这是焊接之前一道十分重要的工序。特别是对一些可焊性差的元器件，镀锡是可靠连接的保证。

镀锡同样要满足锡焊的条件及工艺要求，才能形成结合层，将焊锡与待焊金属这两种性能、成分都不相同的材料牢固连接起来。

(1) 元器件镀锡

在小批量的生产中，可以使用锡锅来镀锡。注意保持锡的合适温度，锡的温度可根据液态焊锡的流动性来大致判断。温度低，则流动性差；温度高，则流动性好，但锡的温度也不能太高，否则锡的表面将很快被氧化。电炉的电源可以通过调压器供给，以便于调节锡锅的最佳温度。在使用中，要不断去除锡锅里熔融焊锡表面的氧化层和杂质。

在大规模的生产中，从元器件清洗到镀锡，都由自动生产线完成。中等规模的生产也可使用搪锡机给元器件镀锡。

在业余条件下，给元器件镀锡可用沾锡的电烙铁沿着浸蘸了助焊剂的引线加热，注意使引线上的镀层薄且均匀。待镀件镀锡后，良好的镀层表面应该均匀光亮，没有颗粒及凹凸点。如果元器件的表面污物太多，则要在镀锡之前采用机械的办法预先去除。

（2）导线的镀锡

在一般的电子产品中，用多股导线连接还是很多的。如果导线接头处理不当，则很容易引起故障。对导线镀锡要把握以下几个要点。

① 剥绝缘层不要伤线：使用剥线钳剥去导线的绝缘皮，若刀口不合适或工具本身质量不好，容易造成多股线头中有少数几根断掉或者虽未断离但有压痕的情况，这样的线头在使用中容易折断。

② 多股导线的线头要很好地绞合：剥好的导线端头，一定要先将其绞合在一起再镀锡，否则镀锡时线头就会散乱，无法插入焊孔，一两根散乱的导线很容易造成电气故障。同时，绞合在一起的多股线也增加了强度。

③ 涂助焊剂镀锡要留有余地：通常在镀锡前要将导线头浸蘸松香水。有时也将导线放在松香块上或放在松香盒里，用烙铁给导线端头涂覆一层松香，同时也镀上焊锡。注意不要让焊锡浸入到导线的绝缘皮中去，要在绝缘皮前留出 1~3mm 没有镀锡的间隔。

2. 元器件引线成形

在组装印制电路板时，为提高焊接质量、避免浮焊，使元器件排列整齐、美观，对元器件引线的加工就成为不可缺少的一个步骤。元器件间的引线成形在工厂多采用模具，而业余爱好者只能用尖嘴钳或镊子加工。元器件引线成形的各种形状如图 5-5-1 所示。

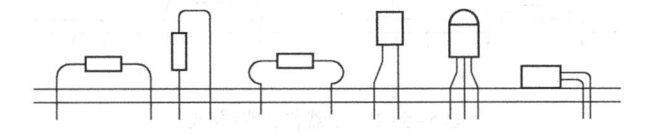

图 5-5-1 元器件引线成形示意图

其中大部分需要在装插前弯曲成形，弯曲成形的要求取决于元器件本身的封装外形和印制板上的安装位置。元器件引线成形时应注意以下几点：

（1）所有元器件引线均不得从根部弯曲，因为制造工艺上的原因，根部容易折断，一般应留 1.5mm 以上；

（2）弯曲一般不要成死角，圆弧半径应大于引线直径的 1~2 倍；

（3）要尽量将所有元器件的字符置于容易观察的位置。

5.5.2 元器件的安装与焊接

印制电路板的装焊在整个电子产品制造中处于核心地位，可以说一个整机产品的"精华"部分都装在印制板上，其质量对整机产品的影响不言而喻。尽管在现代生产中，印制板的装焊日臻完善，实现了自动化，但在产品研制、维修领域主要还是手工操作，况且手工操作经验也是自动化获得成功的基础。

1. 印制板和元器件的检查

装配前应对印制板和元器件进行检查，主要包括如下内容。

（1）印制板：图形、孔位及孔径是否符合图纸上所标，有无断线、缺孔等，表面处理是否合格，有无污染或变质。

（2）元器件：品种、规格与外封装是否与图纸吻合，元器件引线有无氧化、锈蚀。对于要求较高的产品，还应注意操作时的条件，如手汗影响锡焊性能，腐蚀印制板；使用的工具，如改锥、钳子碰上印制板会划伤铜箔；橡胶板中的硫化物会使金属变质等。

2. 元器件的插装

元器件引线经过成形后，即可插入印制电路板的焊孔中。在插装元器件时，要根据元器件所消耗的功率大小充分考虑散热问题，工作时发热的元器件插装时不宜紧贴在印制板上，这样不但有利于元器件的散热，同时热量也不易传到印制电路板上，延长了电路板的使用寿命，降低了产品的故障率。

元器件的插装及注意事项如下。

（1）贴板插装，如图5-5-2（a）所示。小功率元器件一般采用这种方法。优点：稳定性好，插装简单。缺点：不利于散热，某些插装位置不适应。

（2）悬空插装，如图5-5-2（b）所示。优点：适应范围广，有利于散热。缺点：插装较复杂，需控制一定高度以保持美观一致。悬空高度一般取 2~6mm。

（3）插装时注意元器件字符标注方向一致，以易于读取参数。

（4）插装时不要用手直接碰元器件引线和印制板上的铜箔，因为汗渍会影响焊接。

（5）插装后为了固定元器件可对引线进行弯折处理。

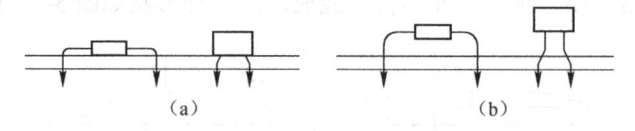

图 5-5-2　元器件插装方式

3. 印制电路板的焊接

焊接印制板，除遵循锡焊要领外，需注意以下几点。

（1）电烙铁，一般应选内热式 20~35W 或调温式，烙铁头形状应根据印制板上的焊盘大小确定。目前印制板上的元器件发展趋势是小型密集化，因此宜选用小型圆锥式烙铁头。

（2）加热方法，加热时应尽量使烙铁头同时接触印制板上的铜箔和元器件引线。对较大的焊盘焊接时可移动烙铁，即烙铁绕焊盘转动，以免长时间停留于一点，导致局部过热。

（3）焊接金属化孔的焊盘时，不仅让焊料润湿焊盘，而且孔内也要润湿填充。因此，金属化孔的加热时间应长于单面板。

（4）焊接时不要用烙铁头摩擦焊盘的方法增强焊料的润湿性能，要靠元器件的表面处理和预焊。

（5）耐热性差的元器件应使用工具辅助散热。

4. 焊后处理

（1）剪去多余的引线，注意不要对焊点施加剪切力以外的其他力。

（2）检查印制板上所有元器件引线的焊点，修补焊点缺陷。

5. 导线的焊接

电子产品中常用的导线有 4 种，即单股导线、多股导线、排线和屏蔽线。单股导线的绝缘皮内只有一根导线，也称"硬线"，多用于不经常移动的元器件的连接（如配电柜中接触器、继电器的连接用线）；多股导线的绝缘皮内有多根导线，由于弯折自如、移动性好又称为"软线"，多用于可移动的元器件及印制板的连接；排线属于多股线，是将几根多股线做成一排，故称为排线，多用于数据传送；屏蔽线是在绝缘的"芯线"之外有一层网状的导线，因具有屏蔽信号的作用，故被称为屏蔽线，多用于信号传送。

（1）导线与接线端子的焊接

① 绕焊：把经过镀锡的导线端头在接线端子上缠几圈，用钳子拉紧缠牢后进行焊接。注意，导线一定要紧贴端子表面，绝缘层不要接触端子，一般 $L=1\sim 3\mathrm{mm}$ 为宜。这种连接方式可靠性最高（L 为导线绝缘皮与焊面之间的距离）。

② 钩焊：将导线端子弯成钩形，钩在接线端子上并用钳子夹紧后施焊，其端头处理与绕焊相同。其强度低于绕焊，但操作简便。

③ 搭焊：把经过镀锡的导线搭到接线端子上施焊。这种连接方式最方便，但强度、可靠性最差，仅用于临时连接或不便于缠、钩的地方及某些接插件上。

（2）导线与导线的焊接

导线之间的焊接以绕焊为主，操作步骤如下：

① 去掉一定长度的绝缘皮；

② 端头上锡，并穿上合适的套管；

③ 绞合，施焊；

④ 趁热套上套管，冷却后套管固定在接头处。

对调试或维修中的临时线，也可采用搭焊的办法，只是这种接头强度和可靠性都较差，不能用于生产中的导线焊接。

5.5.3 集成电路的焊接

MOS 电路特别是绝缘栅型电路，由于输入阻抗很高，所以稍有不慎就可使其内部击穿而失效。双极性集成电路不像 MOS 集成电路那样，但由于内部集成度高，通常管子隔离层都很薄，一旦受到过量的热也很容易损坏。无论哪种电路，都不能承受高于 200℃ 的温度，因此，焊接时必须非常小心。

集成电路的安装焊接有两种方式：一种是将集成块直接与印制板焊接；另一种是通过专用插座（IC 插座）在印制板上焊接，然后将集成块插入。

在焊接集成电路时，应注意下列事项。

（1）集成电路引脚如果是镀金、镀银处理的，不要用刀刮，只需要用酒精擦洗或用绘图橡皮擦干净就可以了。

（2）对 CMOS 电路，如果事先已将各引线短路，则焊前不要拿掉短路线。

（3）焊接时间在保证浸润的前提下尽可能短，每个焊点最好用 3s 焊好，最多不能超过 4s，连续焊接时间不要超过 10s。

（4）使用的烙铁最好是 20W 内热式，接地线应保证接触良好。若用外热式，则最好采用烙铁断电用余热焊接，必要时还要采取人体接地的措施。

（5）使用低熔点助焊剂时，一般不要高于150℃。

（6）工作台上如果铺有橡皮、塑料等易于积累静电的材料，集成电路芯片及印制板等不宜放在台面上。

（7）集成电路若不使用插座，则直接焊在印制板上，其安全焊接顺序为：地端→输出端→电源端→输入端。

（8）焊接集成电路插座时，必须按集成块的引线排列图焊好每一个点。

5.6　电子工业生产中的焊接简介

在电子工业生产中，随着电子产品的小型化、微型化的发展，为了提高生产效率、降低生产成本、保证产品质量，采用自动焊机对印制板进行自动流水焊接。

5.6.1　浸焊

浸焊是将装好元器件的印制板在熔化的锡锅内浸锡，一次完成印制电路板上众多焊接点的焊接方法。

浸焊要求先将印制板安装在具有振动头的专用设备上，然后再进入焊料中。此法在焊接双面印制电路板时，能使焊料浸润到焊点的金属化孔中，使焊接更加牢固，并可振动掉多余的焊料，焊接效果较好。需要注意的是，使用锡锅浸焊时，要及时清理掉锡锅中熔融焊料表面形成的氧化膜、杂质和焊渣。此外，焊料与印制板之间大面积接触，时间长，温度高，容易损坏元器件，还容易使印制板变形。通常，机器浸焊采用得较少。

对于小体积的印制板如果要求不高，则采用手工浸焊较为方便。手工浸焊是手持印制电路板来完成焊接，其步骤如下。

（1）焊前应将锡锅加热，以熔化的焊锡达到230~250℃为宜。为了去掉锡层表面的氧化层，要随时加一些助焊剂，通常使用松香粉。

（2）在印制板上涂上一层助焊剂，一般是在松香酒精溶液中浸一下。

（3）使用简单的夹具将待焊接的印制板夹着浸入锡锅中，使焊锡表面与印制板接触。

（4）拿开印制电路板，待冷却后，检查焊接质量。如有较多焊点没有焊好，要重复浸焊。对只有个别点未焊好的，可用电烙铁手工补焊。

在将印制板放入锡锅时，一定要保持平稳，印制板与焊锡的接触要适当。这是手工浸焊成败的关键。因此，手工浸焊时要求操作者必须具有一定的操作技能。

5.6.2　波峰焊

波峰焊是在电子焊接中使用较广泛的一种焊接方法，其原理是让电路板焊接面与熔化的焊料波峰接触，形成连接焊点。这种方法适宜一面装有元器件的印制电路板，并可大批量焊接。凡与焊接质量有关的重要因素，如焊料与助焊剂的化学成分、焊接温度、速度、时间等，在波峰焊时均能得到比较完善的控制。

将已完成插件工序的印制板放在匀速运动的导轨上，导轨下面装有机械泵和喷口的熔锡缸。机械泵根据焊接要求，连续不断地泵出平稳的液态锡波，焊锡以波峰形式溢出至焊接板面进行焊接。为了获得良好的焊接质量，焊接前应做好充分的准备工作，如预镀焊锡、涂覆助焊剂、预热等；焊接后的冷却、清洗等操作也都要做好。整个焊接过程都是通过传送装置连续进行的。

波峰焊机的焊料在锡锅内始终处于流动状态，使工作区域内的焊料表面无氧化层。由于印制板和波峰之间处于相对运动状态，所以助焊剂容易挥发，焊点内不会出现水泡。波峰焊机适用于大批量的生产需要。但由于多种原因，波峰焊机容易造成焊点短路现象，补焊的工作量较大。

自动焊接的工艺流程如图 5-6-1 所示。

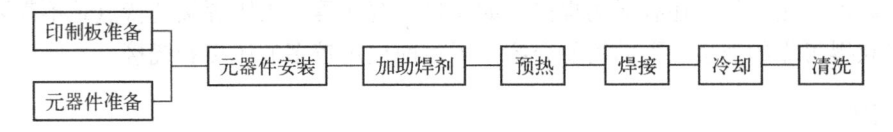

图 5-6-1 自动焊接工艺流程

在自动生产化流程中，除了有预热的工序外，基本上与手工焊接过程类似。预热，可以使助焊剂达到活化点，它是在进行焊锡槽前的加热工序。可以是热风加热，也可以用红外线加热。涂助焊剂一般采用发泡法，即用气泵将助焊剂溶液泡沫化（或雾化），从而均匀地涂覆在印制板上。

在焊锡槽中，印制板接触熔化状态的焊锡，一次完成整块电路板上全部元器件的焊接。印制板不需要焊接的焊点和部位，可用特制的阻焊膜贴住，或涂覆阻焊剂，防止焊锡不必要的堆积。

5.6.3 再流焊

再流焊，也叫回流焊，是伴随微型化电子产品的出现而发展起来的一种新的焊接技术，目前主要应用于表面安装片状元器件的焊接。

这种焊接技术的焊料是焊锡膏。焊锡膏是先将焊料加工成一定粒度的粉末，再加上适当的液态黏合剂和助焊剂，使之成为有一定流动性的糊状焊膏。用它将元器件粘在印制板上，通过加热使焊膏中的焊料熔化而再次流动，达到将元器件焊接到印制板上的目的。

采用再流焊技术将片状元器件焊到印制板上的工艺流程如图 5-6-2 所示。

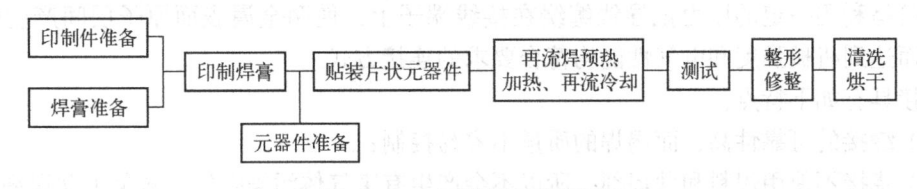

图 5-6-2 再流焊工艺流程

在再流焊的工艺流程中，首先要将由铅锡焊料、黏合剂、抗氧化剂组成的糊状焊膏涂到印制板上，可以使用手工、半自动或自动丝网印刷机将焊膏印到印制板上。然后把元器件贴装到印制板的焊盘上，同样也可以用手工或自动机械装置。将焊膏加热到再流，可以在加热炉中进行，少量的电路板也可以用热风机吹热风加热。加热的温度必须根据焊膏的熔化温度准确控制。加热炉内，一般可以分成 3 个最基本的区域：预热区、再流焊区、冷却区。也可以在温度系统的控制下，按照 3 个温度梯度的规律调节、控制温度的变化。电路板随传送系统进入加热炉，顺序经过这 3 个温区；再流焊区的最高温度应使焊膏熔化、浸润，黏合剂和抗氧化剂气化成烟排出。加热炉使用红外线的，也叫红外线再流焊炉，其加热的均匀性和温度容易控制，因而使用较多。

再流焊接完毕经测试合格以后，还要对电路板进行整形、清洗、烘干并涂覆防潮剂。再流焊操作方法简单，焊接效率高，质量好，一致性好，而且仅在元器件的引片下有很薄的一层焊料，是一种适合自动化生产的微电子产品装配技术。

5.6.4 无锡焊接

除锡焊连接法以外，还有无锡焊接，如压接、绕接等。无锡焊接的特点是不需要焊料与焊剂即可获得可靠的连接。下面简要介绍一下目前使用较多的压接和绕接。

1. 压接

借助机械压力使两个或两个以上的金属物体发生塑性变形而形成金属组织一体化的结合方式称为压接，它是电线连接的方法之一。压接的具体方法是，先除去电线末端的绝缘包皮，并将它们插入压线端子，用压接工具给端子加压进行连接。压线端子用于导线连接，有多种规格可供选用。

压接具有如下特点：

（1）压接操作简便，不需要熟练的技术，任何人、任何场合均可进行操作；

（2）压接不需要焊料与助焊剂，不仅节省焊接材料，而且接点清洁无污染，省去了焊接后的清洗工序，也不会产生有害气体，保证了操作者的身体健康；

（3）压接电气接触良好，耐高温和低温，接点机械强度高，一旦压接点损伤后维修也很方便，只需剪断导线、重新剥头再进行压接即可；

（4）应用范围广，压接除用于铜、黄铜外，还可用于镍、镍铬合金、铝等多种金属导体的连接。

压接虽然有不少优点，但也存在不足之处，如压接点的接触电阻较高，手工压接时有一定的劳动强度，质量不够稳定等。

2. 绕接

绕接是利用一定的压力把导线缠绕在接线端子上，使两金属表面原子层间产生强力结合，从而达到机械强度和电气性能均符合要求的连接方式。

绕接具有如下特点：

（1）绕接的可靠性高，而锡焊的质量不容易控制；

（2）绕接不使用焊料和助焊剂，所以不会产生有害气体污染空气，避免了助焊剂残渣引起的对印制板或引线的腐蚀，省去了清洗工作，同时节省了焊料、助焊剂等材料，提高了劳动生产率，降低了成本；

（3）绕接不需要加温，故不会产生热损伤；锡焊需要加热，容易造成元器件或印制板的损伤；

（4）绕接的抗振能力比锡焊大40位；

（5）绕接的接触电阻比锡焊小，绕接的接触电阻在$1m\Omega$以内，锡焊接点的接触电阻约为数毫欧；

（6）绕接操作简单，对操作者的技能要求较低；锡焊则对操作者的技能要求较高。

5.6.5 电子焊接技术的发展

随着计算机技术的发展,现代电子焊接技术有如下几个特点。

1. 焊件微型化

现代电子产品不断地向微型化发展,使用传统的焊接方法已很难达到技术要求。这就促使了微型焊件焊接技术的发展。

2. 焊接方法多样化

(1) 锡焊:除了波峰焊向自动化、智能化发展外,再流焊技术日臻完善,发展迅速,其他焊接方法也随着组装技术的发展而不断涌现。目前用于生产实践的有超声波焊、热超声金丝球焊、TAB 焊、倒装焊、真空焊等。

(2) 特种焊接:锡焊以外的焊接方法主要有高频焊、超声波焊、电子束焊、激光焊、磨擦焊、真空焊等。

(3) 无铅焊接:铅是有害金属,人们已经在研究非铅焊料以实现锡焊。目前已成功用于代替铅的有铟、铋等。

(4) 无加热焊接:用导电黏合剂将焊件粘起来,如同黏合剂粘接物品一样。

3. 设计生产计算机化

现代及相关工业技术的发展,使制造业中从对各个工序的自动控制发展到集中控制,即从设计、试验到制造,从原材料筛选、测试到整件装配检测,统一由计算机系统进行控制,组成计算机集成制造系统(CIMS)。焊接中的温度、助焊剂浓度,印制板的倾斜及速度,冷却速度等均由计算机智能系统自动选择。

当然,这种高效率、高质量的制造业是以高投入、大规模为前提条件的。

4. 生产过程绿色化

绿色是环境保护的象征。目前电子焊接中使用的助焊剂、焊料及焊接过程,焊后清洗不可避免地影响环境和人们的健康。

绿色化进程主要体现在以下两个方面。

(1) 使用无铅焊料。尽管由于经济上的原因尚未达到产业化,但技术、材料的进步正在向此方向努力。

(2) 免清洗技术。使用免洗焊膏,焊接后不用清洗,避免环境污染。

随着电子工业的不断发展,传统的方法将不断改进和完善,新的、高效率的焊接方法也将不断涌现。

思 考 题

1. 常用的电烙铁有哪几种?应如何选用?
2. 电烙铁主要由哪几部分构成?电烙铁头如何选择与修整?
3. 如何正确使用电烙铁?

4. 什么是锡铅合金？其有何优点？焊剂的作用是什么？什么是焊接机理？
5. 手工焊接手持电烙铁的方法有哪几种？焊锡丝又如何拿法？
6. 简述手工焊接的五步法。
7. 对手工焊接的焊点有哪些要求？
8. 常见的焊点缺陷有哪些？请分析其原因。
9. 拆焊的基本原则是什么？拆焊方法主要有哪几种？请简述。
10. 元器件引线成形的目的是什么？元器件引线成形应注意哪几点？

第6章 印制电路板的设计与制作

印制电路板（Printed Circuit Board，PCB）也称为印制线路板、印刷电路板，简称印制板。印制电路的概念是1936年由英国Eisler博士首先提出的。他首创了在绝缘基板上全面覆盖金属箔、涂上耐蚀刻油墨后再将不需要的金属箔腐蚀掉的印制板制造基本技术。

印制电路板在各种电子设备中有如下功能。

(1) 提供各种电子元器件固定、装配的机械支撑。

(2) 实现各种电子元器件之间的布线和电气连接（信号传输）或电绝缘，提供所要求的电气特性，如特性阻抗等。

(3) 为自动装配提供阻焊、助焊图形，为元器件插装、检查、维修提供识别字符和图形。

印制电路板的应用降低了传统方式下的接线工作量，简化了电子产品的装配、焊接、调试工作；缩小了整机的体积，降低了产品的成本，提高了电子设备的质量和可靠性。另外，印制电路板具有良好的产品一致性，可以采用标准化设计，有利于生产过程中实现机械化和自动化，也便于整机产品的互换和维修。随着电子工业的飞速发展，印制电路板的使用已日趋广泛，可以说它是电子设备的关键互联件，任何电子设备均需配备。因此，印制电路板的设计与制作已成为我们学习电子技术和制作电子装置的基本功之一。

6.1 印制电路板的设计

在电子产品设计中，电路原理图不过是设计思想的初步体现，而要最终实现整机功能无疑要通过印制电路板这个实体。印制电路板的设计，就是根据电路原理图设计出印制电路板图，但这决不意味着设计工作仅仅是简单地连通，它是整机工艺设计的重要一环，也是一门综合性的学科，需要考虑到如何选材、布局、抗干扰等诸多问题。对于同一种电子产品，采用的电路原理图尽管相似，但各自不同的印制板设计水平会带来很大的差异。

印制电路板的设计现在有两种方式：人工设计和计算机辅助设计。尽管设计方式不同，设计方法也不同，但设计原则和基本思路都是一致的，都必须符合原理图的电气连接及产品电气性能、机械性能的要求，同时考虑印制板加工工艺和电子装配工艺的基本要求。

6.1.1 印制电路板的基本概念

1. 印制板的组成

印制板主要由绝缘底板（基板）和印制电路（也称导电图形）组成，具有导电线路和绝缘底板的双重作用。

(1) 基板（Base Material）

基板是由绝缘隔热并不易弯曲的材料制作，一般常用的基板是敷铜板，又称覆铜板，全称敷铜箔层压板。敷铜板的整个板面上通过热压等工艺贴敷着一层铜箔。

(2) 印制电路（Printed Circuit）

覆铜板被加工成印制电路板时，许多覆铜部分被蚀刻处理掉，留下来的那些各种形状的铜膜材料就是印制电路，它主要由印制导线和焊盘等组成，如图6-1-1所示。

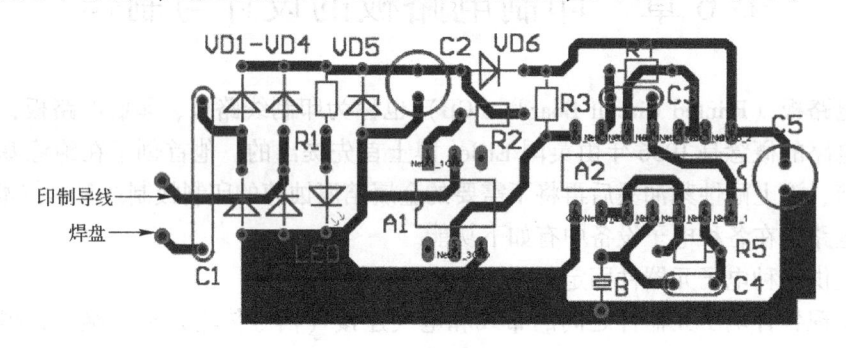

图 6-1-1　印制电路板图

① 印制导线（Conductor）。用来形成印制电路的导电通路。
② 焊盘（Pad）。用于印制板上电子元器件的电气连接、元件固定或两者兼备。
③ 过孔（Via）和引线孔（Component Hole）。分别用于不同层面的印制电路之间的连接及印制板上电子元器件的定位。

(3) 助焊膜和阻焊膜

在印制电路板的焊盘表面可看到许多略大的各浅色斑痕，这就是为提高可焊性能而涂覆的助焊膜。

印制电路板上非焊盘处的铜箔是不能粘锡的，因此焊盘以外的各部位都要涂覆绿色或棕色的一层涂料——阻焊膜。这一绝缘防护层，不但可以防止铜箔氧化，还可以防止桥焊的产生。

(4) 丝印层（Overlay）

为了方便元器件的安装和维修等，印制板的板上有一层丝网印刷面（图标面）——丝印层，上面会印上标志图案和各元器件的电气符号、文字符号（大多是白色）等，主要用于标示出各元器件在板子上的位置，因此印制板上有丝印层的一面常称为元件面。

2. 印制板的种类

印制板根据其基板材质刚、柔强度不同，分为刚性板、柔性板及刚柔结合板，又根据板面上印制电路的层数分为单面板、双面板及多层板。

(1) 单面板（Single - sided）

单面板是指仅一面上有印制电路的印制板。这是早期电路（THT元件）才使用的板子，元器件集中在其中一面——元件面（Component Side），印制电路则集中在另一面上——印制面或焊接面（Solder Side），两者通过焊盘中的引线孔形成连接。单面板在设计线路上有许多严格的限制，如布线间不能交叉而必须绕独自的路径。

(2) 双面板（Double - Sided Boards）

双面板是指两面均有印制电路的印制板。这类印制板两面导线的电气连接是靠穿透整个印制板并金属化的通孔（Through Via）来实现的。相对来说，双面板的可利用面积比单面板大了一倍，并且有效地解决了单面板布线间不能交叉的问题。

（3）多层板（Multi – Layer Boards）

多层板是指由多于两层的印制电路与绝缘材料交替黏结在一起，且层间导电图形互连的印制板。例如，用一块双面作内层、两块单面作外层，每层板间放进一层绝缘层后黏牢（压合），便有了四层的多层印制板。板子的层数就代表了有几层独立的布线层，通常层数都是偶数，并且包含最外侧的两层，比如大部分计算机的主机板都是 4~8 层的结构。目前，技术上已经可以做到近 100 层的印制板。

在多层板中，各面导线的电气连接采用埋孔（Buried Via）和盲孔（Blind Via）技术来实现。

3. 印制板的安装技术

印制电路板的安装技术可以说是现代发展最快的制造技术，目前常见的主要有传统的通孔插入式和代表着当今安装技术主流的表面黏贴式。

（1）通孔插入式安装技术（Through Hole Technology，THT）

通孔插入式安装也称为通孔安装，适用于长引脚的插入式封装的元件。安装时将元件安置在印制电路板的一面，而将元件的引脚焊在另一面上。这种方式要为每只引脚钻一个洞，其实占掉了两面的空间，并且焊点也比较大，显然难以满足电子产品高密度、微型化的要求。

（2）表面黏贴式安装技术（Surface Mounted Technology，SMT）

表面黏贴式安装也称为表面安装，适用于短引脚的表面黏贴式封装的元件。安装时引脚与元件焊在印制电路板的同一面。这种方式无疑将大大节省印制板的面积，同时表面黏贴式封装的元件较插入式封装的元件体积小许多，因此 SMT 技术的组装密度和可靠性都很高。当然，这种安装技术因为焊点和元件的管脚都非常小，所以要用人工焊接确实有一定的难度。

6.1.2 印制电路板的设计准备

1. 设计目标

设计目标是设计工作开始时首先应该明确的，同时也是在整个设计中需要时刻关注的，主要有以下方面。

（1）功能和性能

表面上看，根据电路原理图进行正确的逻辑连接后其功能就可实现，性能也可保证稳定，但随着电子技术的飞速发展，信号的速率越来越快，电路的集成度越来越高，仅仅做到这一步已远远不够了。目标能否很好地完成，无疑是印制板设计过程中的重点，也是难点。

（2）工艺性和经济性

这些都是衡量印制板设计水平的重要指标。设计优良的印制电路板应该方便加工、维护和测试，同时在生产制造成本上有优势。这是需要多方面相互协调的，并不是件容易的事。

2. 设计前准备工作

进入印制板设计阶段前，许多具体要求及参数应该基本确定了，如电路方案、整机结构、板材外形等。不过在印制板设计过程中，这些内容都可能要进行必要的调整。

（1）确定电路方案

设计出的电路方案一般首先应进行实验验证，即用电子元器件把电路搭出来或者用计算机仿真，这不仅是原理性和功能性的，同时也应当是工艺性的。

① 通过对电气信号的测量，调整电路元器件的参数，改进电路的设计方案。

② 根据元器件的特点、数量、大小及整机的使用性能要求，考虑整机的结构尺寸。

③ 从实际电路的功能、结构与成本，分析成品适用性，即在进行电路方案实验时，必须审核考察产品在工业化生产过程中的加工可行性和生产费用，以及产品的工作环境适应性和运行、维护、保养消耗。

④ 通过对电路实验的结果进行分析，确认：

a. 整个电路的工作原理和组成，各功能电路的相互关系和信号流程；

b. 印制电路板的工作环境及工作机制；

c. 主要电路参数；

d. 主要元器件和部件的型号、外形尺寸及封装。

（2）确定整机结构

当电路和元器件的电气参数和机械参数得以确定，整机的工艺结构还仅仅是初步成形时，在后面的印制板设计过程中，需要综合考虑元件布局和印制电路布设这两方面因素才可能最终确定整机结构。

（3）确定印制板的板材、形状、尺寸和厚度

① 板材。对于印制板电路板的基板材料的选择，不同板材的机械性能与电气性能有很大的差别。目前国内常用覆铜板及特点见表6-1-1。

表6-1-1　常用覆铜板及特点

名　　称	铜箔厚（μm）	特　　点	应　　用
覆铜酚醛纸质层压板	50~70	多呈黑黄色或淡黄色。价格低，阻燃强度低，易吸水，不耐高温	中低档民用品，如收音机、录音机等
覆铜环氧纸质层压板	35~70	价格高于覆铜酚醛纸质层压板，机械强度、耐高温和防潮湿等性能较好	工作环境好的仪器、仪表及中档以上民用品
覆铜环氧玻璃布层压板	35~50	多呈青绿色并有透明感。价格较高，性能优于覆铜环氧纸质层压板	工业、军用设备、计算机等高档电器
覆铜聚四氟乙烯玻璃布层压板	35~50	价格高，介电常数低，介质损耗低，耐高温，耐腐蚀	微波、高频、航空航天

确定板材主要是从整机的电气性能、可靠性、加工工艺要求、经济指标等方面考虑。

通常情况下，希望印制板的制造成本在整机成本中只占很小的比例。对于相同的制板面积来说，双面板的制造成本一般是单面板的3~4倍以上，而多层板至少要贵到20倍以上。分立元器件的引线少，排列位置便于灵活变换，其电路常用单面板。双面板多用于集成电路较多的电路。

② 形状。印制电路板的形状由整机结构和内部空间的大小决定，外形应该尽量简单，其最佳形状为矩形（正方形或长方形，长:宽=3:2或4:3），避免采用异形板。当电路板面尺寸大于200mm×150mm时，应考虑印制电路板的机械强度。

③ 尺寸。尺寸的大小根据整机的内部结构和板上元器件的数量、尺寸及安装、排列方式来决定，同时要充分考虑元器件的散热和邻近走线易受干扰等因素。

a. 面积应尽量小，面积太大则印制线条长而使阻抗增加，抗噪声能力下降，成本也高。

b. 元器件之间保证有一定间距，特别是在高压电路中，更应该留有足够的间距。

c. 要注意发热元件安装散热片占用面积的尺寸。

d. 板的净面积确定后,还要向外扩出 5~10mm,便于印制板在整机中的安装固定。

④ 厚度。覆铜板的厚度通常为 1.0mm、1.5mm、2.0mm 等。在确定板的厚度时,主要考虑对元器件的承重和振动冲击等因素。如果板的尺寸过大或板上的元器件过重,都应该适当增加板的厚度或对电路板采取加固措施,否则电路板容易翘曲。当印制板对外通过插座连线时,如图 6-1-2 所示,插座槽的间隙一般为 1.5mm,若过厚则插不进去,过薄则容易造成接触不良。

在选定了印制板的板材、形状、尺寸和厚度后,还要注意查看铜箔面有无气泡、划痕、凹陷、胶斑,以及整块板是否过分翘曲等质量问题。

(4) 确定印制板对外连接的方式

印制板是整机的一个组成部分,必然存在对外连接的问题。例如,印制板之间、印制板与板外元器件、印制板与设备面板之间,都需要电气连接。这些连接引线的总数要尽量少,并根据整机结构选择连接方式,其总的原是使连接可靠、安装、调试、维修方便,成本低廉。

① 导线焊接方式。这是一种最简单、廉价而可靠的连接方式,不需要任何接插件,只要用导线将印制板上的对外连接点与板外的元器件或其他部件直接焊接,如图 6-1-3 所示。其优点是成本低,可靠性高,可以避免因接触不良而造成的故障,缺点是维修不方便,所以一般适用于对外引线比较少的场合。

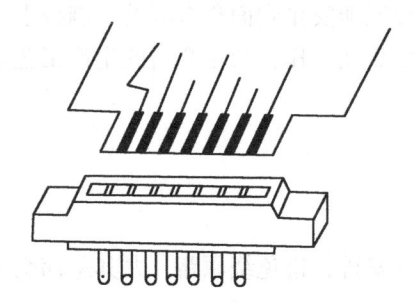

图 6-1-2 印制板经插座对外引线 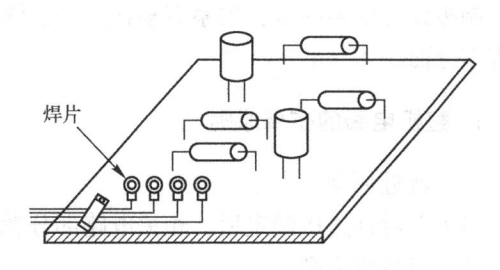　　图 6-1-3 焊接式对外引线

采用导线焊接方式时应该注意以下几点。

a. 线路板的对外焊点尽可能引到整板的边缘,按统一尺寸排列,以利于焊接与维修。

b. 在使用印制板对外引线焊接方式时,为了加强导线在印制板上的连接可靠性,要避免焊盘直接受力,印制板上应该设有穿线孔。连接导线时先由焊接面穿过穿线孔至元件面,再由元件面穿入焊盘的引线孔焊好,如图 6-1-4 所示。

c. 将导线排列或捆扎整齐,通过线卡或其他紧固件将线与板固定,避免导线因移动而折断,如图 6-1-5 所示。

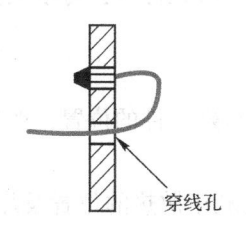

图6-1-4 印制板对外引线焊接方式 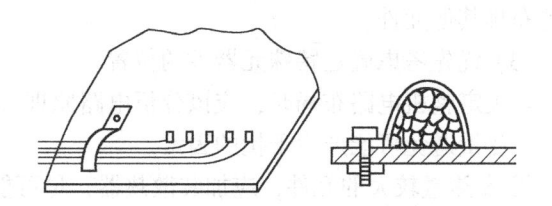　　图 6-1-5 用紧固件将引线固定在板上

② 接插件连接。在比较复杂的仪器设备中，经常采用接插件连接方式。这种"积木式"的结构不仅保证了产品批量生产的质量、降低了成本，也为调试、维修提供了极为便利的条件。

a. 印制板插座：板的一端做成插头，插头部分按照插座的尺寸、接点数、接点距离、定位孔的位置等进行设计。此方式装配简单、维修方便，但可靠性较差，常因插头部分被氧化或插座簧片老化而接触不良。

b. 插针式接插件：插座可以装焊在印制板上，在小型仪器中用于印制电路板的对外连接。

c. 带状电缆接插件：扁平电缆由几十根并排粘合在一起，电缆插头将电缆两端连接起来，插座的部分直接装焊在印制板上。电缆插头与电缆的连接不是焊接，而是靠压力使连接端上的刀口刺破电缆的绝缘层来实现电气连接。其工艺简单可靠，适于低电压、小电流的场合，能够可靠地同时连接几路或几十路微弱信号，不适用在高频电路中。

(5) 印制板固定方式的选择

印制板在整机中的固定方式有两种，一种是采用插接件连接方式固定；另一种是采用螺钉紧固，即将印制板直接固定在基座或机壳上，要注意当基板厚度为 1.5mm 时，支承间距不超过 90mm，而厚度为 2mm 时支承间距不超过 120mm，支承间距过大时抗振动或冲击能力降低，影响整机可靠性。

6.1.3 印制电路板的排版布局

所谓排版布局，就是把电路图上所有的元器件都合理地安排到面积有限的印制板上。这是印制板设计的第一步，关系着整机是否能够稳定、可靠地工作，乃至今后的生产工艺和造价等多方面。

1. 整机电路的布局原则

(1) 就近原则

当板上对外连接确定后，相关电路部分就应该就近安排，避免绕原路，尤其忌讳交叉。

(2) 信号流原则

将整个电路按照功能划分成若干个电路单元，按照电信号的流向，依次安排各个功能电路单元在板上的位置，使布局便于信号流通，并使信号流尽可能保持一致的方向：从上到下或从左到右。

① 与输入、输出端直接相连的元器件应安排在输入、输出接插件或连接件的地方。

② 对称式的电路，如桥式电路、差动放大器等，应注意元件的对称性，尽可能使其分布参数一致。

③ 每个单元电路，应以核心元件为中心，围绕它进行布局，尽量减少和缩短各元器件之间的引线和连接。例如，以三极管或集成电路等元件作为核心元件时，可根据其各电极的位置布排其他元件。

(3) 优先考虑确定特殊元器件的位置

在决定整机电路布局时，应该分析电路原理，首先确定特殊元件的位置，然后安排其他元件，尽量避免可能产生干扰的因素。

① 发热量较大的元件，应加装散热器，尽可能放置在有利于散热的位置及靠近机壳处。热敏元件要远离发热元件。

② 对于重量超过 15g 的元器件（如大型电解电容），应另加支架或紧固件，不能直接焊

在印制板上。

③ 尽可能缩短高频元器件之间的连线，设法减少它们的分布参数和相互间的电磁干扰。易受干扰的元器件应加屏蔽。

④ 同一板上的有铁芯的电感线圈，应尽量相互垂直放置，且远离以减少相互间的耦合。

⑤ 某些元器件或导线之间可能有较高的电位差，应加大它们之间的距离，以免放电引出意外短路。高压电路部分的元器件与低压部分分隔不少于 2mm。

⑥ 高频电路与低频电路不宜靠得太近。

⑦ 电感器、变压器等器件放置时要注意其磁场方向，尽量避免磁力线对印制导线的切割。

⑧ 做显示用的发光二极管等，因在应用过程中要用来观察，所以应该考虑放于印制板的边缘处。

（4）注意操作性能对元器件位置的要求

① 对于电位器、可调电容、可调电感等可调元器件的布局，应考虑整机的结构要求。若是机内调节，则应放在印制板上方便调节的地方；若是机外调节，其位置要与调节旋钮在机箱面板上的位置相适应。

② 为了保证调试、维修时的安全，特别要注意对于带高电压的元器件，要尽量布置在操作时人手不易触及的地方。

2. 元器件的安装与布局

（1）元器件的布局

在印制板的排版设计中，元器件的布设不仅决定了板面的整齐美观程度及印制导线的长度和数量，对整机的性能也有一定的影响。

元件的布设应遵循以下原则。

① 元件在整个板面上的排列要均匀、整齐、紧凑。单元电路之间的引线应尽可能短，引出线的数目尽可能少。

② 元器件不要占满整个板面，注意板的四周要留有一定的空间。位于印制板边缘的元件，距离板的边缘应该大于 2mm。

③ 每个元件的引脚要单独占一个焊盘，不允许引脚相碰。

④ 对于通孔安装，无论单面板还是双面板，元器件一般只能布设在板的元件面上，不能布设在焊接面。

⑤ 相邻的两个元件之间要保持一定的间距，以免元件之间的碰接。个别密集的地方须加装套管。若相邻元器件的电位差较高，则要保持不小于 0.5mm 的安全距离。

⑥ 元器件的布设不得立体交叉和重叠上下交叉，避免元器件外壳相碰，如图 6-1-6 所示。

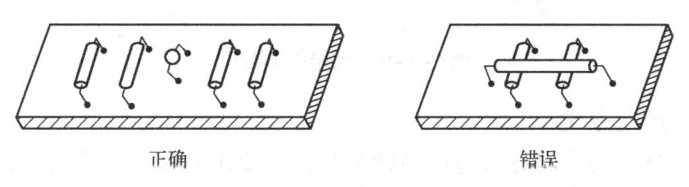

图 6-1-6 元器件的布设

⑦ 元器件的安装高度要尽量低，一般元件体和引线离开板面不要超过 5mm，过高则承受振动和冲击的稳定性较差，容易倒伏与相邻元器件碰接。如果不考虑散热问题，元器件应紧贴板面安装。

⑧ 根据印制板在整机中的安装位置及状态，确定元件的轴线方向。规则排列的元器件应使体积较大的元器件的轴线方向在整机中处于竖立状态，这样可以提高元器件在板上的稳定性，如图 6-1-7 所示。

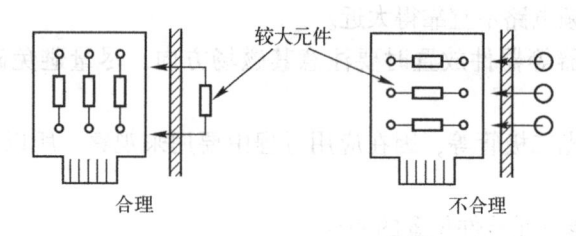

图 6-1-7　元器件的布设方向

（2）元器件的安装方式

在将元件按原理图中的电气连接关系安装在电路板上之前，事先应通过查资料或实测元件，确定元件的安装数据，这样再结合板面尺寸的面积大小，便可选择元器件的安装方式了。

在印制板上，元器件的安装方式可分为立式与卧式两种，如图 6-1-8 所示。卧式是指元件的轴向与板面平行，立式则是垂直的。

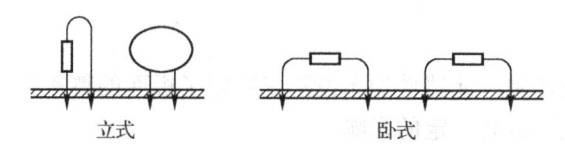

图 6-1-8　元器件的安装方式

① 立式安装。立式固定的元器件占用面积小，单位面积上容纳元器件的数量多。这种安装方式适合于元器件排列密集、紧凑的产品。立式安装的元器件要求体积小、重量轻，过大、过重的元器件不宜使用立式安装。

② 卧式安装。与立式安装相比，卧式安装元器件具有机械稳定性好、板面排列整齐等优点。卧式安装使元器件的跨距加大，两焊点之间容易走线，导线布设十分有利。

无论选择哪种安装方式进行装配，元器件的引线都不要齐根弯折，应该留有一定的距离，不少于 2mm，以免损坏元件，如图 6-1-9 所示。

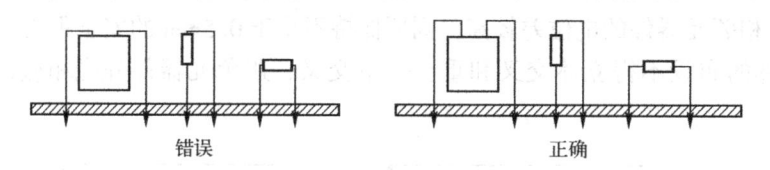

图 6-1-9　元器件的装配

（3）元器件的排列方式

元器件在印制板上的排列方式与产品种类和性能要求有关，通常有不规则排列、规则排列及栅格排列三种。

① 不规则排列。不规则排列也称为随机排列。元器件的轴线方向彼此不一致，在板上的排列顺序也没有一定的规则，如图 6-1-10（a）所示。

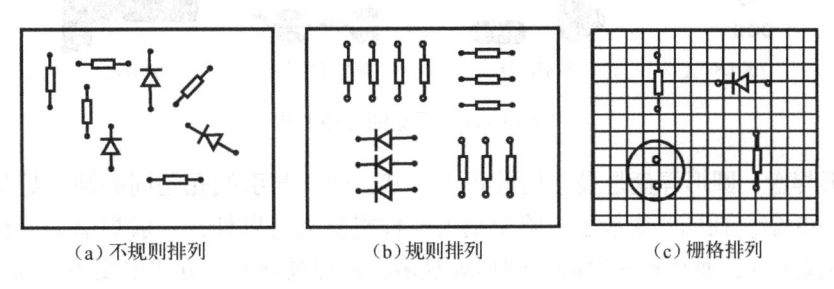

(a) 不规则排列　　(b) 规则排列　　(c) 栅格排列

图 6-1-10　元器件的排列方式

这种方式排列的元器件，看起来显得杂乱无章，但由于元器件不受位置与方向的限制，所以印制导线布设方便，可以缩短、减少元器件的连线，降低板面印制导线的总长度。这对于减少线路板的分布参数、抑制干扰很有好处，特别对于高频电路极为有利。此方式一般还在立式安装固定元器件时被采纳。

② 规则排列。规则排列也称为坐标排列。元器件的轴线方向排列一致，并与板的四边垂直、平行，如图 6-1-10（b）所示。这种排列方式美观，易装焊并便于批量生产。

除了高频电路之外，一般电子产品中的元器件都应当尽可能平行或垂直地排列，卧式安装固定元器件的时候，更要以规则排列为主。规则排列方式特别适用于版面相对宽松、元器件种类相对比较少而数量较多的低频电路，电子仪器中的元器件常采用这种排列方式。元器件的规则排列受到方向和位置的一定限制，印制板上导线的布设要复杂一些，导线的长度也会相应增加。

③ 栅格排列。栅格排列也称为网格排列，与规则排列相似但要求焊盘的位置一般要在正交网格的交点上，如图 6-1-10（c）所示。这种排列方式整齐美观、便于测试维修，尤其利于自动化设计和生产。

栅格为等距正交网格，在国际标准中栅格格距为 2.54mm（0.1 英寸）1 个间距。对于计算机自动化设计和元器件自动化焊装，这一格距标准有着十分重要的实际意义。绝大多数小功率阻容抗元件和晶体管器件的引脚是柔软可弯折的，而大功率的电位器和晶体管及集成电路芯片等的引脚是不允许弯折的，其引脚间距均为间距的倍数。

6.1.4　印制电路的设计

元器件在印制板上的固定，是靠引线焊接在焊盘上实现的，元器件彼此之间的电气连接则要靠印制导线。

1. 焊盘的设计

焊盘是印制在引线孔周围的铜箔部分，供焊装元器件的引线和跨接导线用。设计元器件的焊盘时，要综合考虑该元器件的形状、大小、布置形式、振动，以及受热情况、受力方向等。

（1）焊盘的形状

焊盘的形状很多，常见的有圆形、岛形、方形及椭圆形等几种，如图 6-1-11 所示。

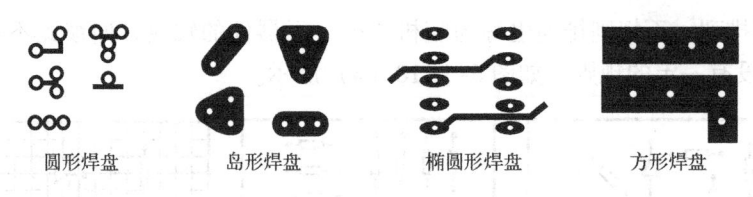

圆形焊盘　　岛形焊盘　　椭圆形焊盘　　方形焊盘

图 6-1-11　焊盘的几种形状

① 圆形焊盘。圆形焊盘是最常用的焊盘形状，焊盘与引线孔是同心圆，焊盘的外径一般为孔的 2~3 倍。在同一块板上，除个别大元件需要大孔以外，一般焊盘的外径应取为一致，这样不仅美观，而且容易绘制。圆形焊盘多在元件规则排列方式中使用，双面印制板也多采用圆形焊盘。

② 岛形焊盘。焊盘与焊盘之间的连线合为一体，犹如水上小岛，故称为岛形焊盘。岛形焊盘常用于元件的不规则排列，特别是当元器件采用立式不规则固定时更为普遍。

岛形焊盘适合于元器件密集固定，可大量减少印制导线的长度与数量，能在一定程度上抑制分布参数对电路造成的影响，可以说岛形焊盘是顺应高频电路的要求而形成的。另外，焊盘与印制导线合为一体后，铜箔的面积加大，焊盘和印制导线的抗剥强度增加，能降低覆铜板的档次，降低产品成本。

③ 方形焊盘。印制板上元器件体积大、数量少且线路简单时，多采用方形焊盘。这种形式的焊盘设计制作简单，精度要求低，容易实现。在一些手工制作的印制板中，只需用刀刻断或刻掉一部分铜箔即可。在一些大电流的印制板上也多用方形焊盘，它可以获得大的载流量。

④ 椭圆形焊盘。这种焊盘既有足够的面积增强抗剥强度，又在一个方向上尺寸较小，有利于中间走线。椭圆形焊盘常用于双列直插式集成电路器件或插座类元件。

焊盘的形状另外还有泪滴式、开口式、矩形、多边形及异形孔等多种，在印制电路设计中，不必拘泥于一种形式的焊盘，要根据实际情况灵活变换。

(2) 焊盘的大小

圆形焊盘的大小尺寸主要取决于引线孔的直径和焊盘的外径（其他焊盘种类可参考确定）。

① 引线孔的直径。引线孔钻在焊盘中心，孔径应该比焊接的元器件引线的直径略大一些，这样才能便于插装元器件，但是孔径也不宜过大，否则在焊接时不仅用锡量多，也容易因为元器件的活动而形成虚焊，使焊接的机械强度降低，同时过大的焊点也可能造成焊盘的剥落。

元器件引线孔的直径优先采用 0.5、0.8、1.0mm 等尺寸。在同一块电路板上，孔径的尺寸规格应尽量统一，要避免异形孔，以便加工。

② 焊盘的外径。焊盘的外径一般要比引线孔的直径大 1.3mm 以上，即若焊盘的外径为 D，引线孔的直径为 d，则应有 $D > (d+1.3)$ mm。

在高密度的电路板上，焊盘的最小直径可以为：$D = (d+1.0)$ mm。

设计时，在不影响印制板的布线密度的情况下，焊盘的外径宜大不宜小，否则会因过小的焊盘外径而在焊接时造成沾断或剥落。

(3) 焊盘的定位

元器件的每个引出线都要在印制板上占据一个焊盘，焊盘的位置随元器件的尺寸及其固定方式而改变。总的定位原则是：焊盘位置应该尽量使元器件排列整齐一致，尺寸相近的元件，其焊盘间距应力求统一。这样，不仅整齐、美观，而且便于元器件装配及引线弯脚。

① 对于立式固定和不规则排列的板面，焊盘的位置可以不受元器件尺寸与间距的限制。

② 对于卧式固定和规则排列的板面，要求每个焊盘的位置及彼此间距离必须遵守一定的标准。

③ 对于栅格排列的板面，要求每个焊盘的位置一定在正交网格的交点上。

无论采用哪种固定方式或排列规则，焊盘的中心距离印制板的边缘一般应在2.5mm以上，至少应该大于板的厚度。

2. 印制导线的设计

焊盘之间的连接铜箔即印制导线。设计印制导线时，更多要考虑的是其允许载流量和对整个电路电气性能的影响。

(1) 印制导线的宽度

印制导线的宽度主要由铜箔与绝缘基板之间的黏附强度和流过导线的电流强度来决定，宽窄要适度，与整个板面及焊盘的大小相协调。一般情况下印制板上的铜箔厚度多为0.05mm，导线的宽度选在1~1.5mm左右就完全可以满足电路的需要。印制导线宽度与最大工作电流的关系见表6-1-2。

表6-1-2 印制导线宽度与最大工作电流的关系

导线宽度（mm）	1	1.5	2	2.5	3	3.5	4
导线电流（A）	1	1.5	2	2.5	3	3.5	4

① 对于集成电路的信号线，导线的宽度可以选1mm以下，甚至0.25mm。

② 对于电源线、地线及大电流的信号线，应适当加大宽度。若条件允许，则电源线和地线的宽度可以放宽到4~5mm，甚至更宽。

只要印制板面积及线条密度允许，就应尽可能采用较宽的印制导线。

(2) 印制导线的间距

导线之间的间距，应当考虑导线之间的绝缘电阻和击穿电压在最坏的工作条件下的要求。印制导线越短，间距越大，绝缘电阻按比例增加。

导线之间的距离在1.5mm时，绝缘电阻超过10MΩ，允许的工作电压可达300V以上；间距为1mm时，允许电压为200V。一般设计中，间距与电压的安全参考值见表6-1-3。

表6-1-3 印制导线间距最大允许工作电压

导线间距（mm）	0.5	1	1.5	2	3
工作电压（V）	100	200	300	500	700

为了保证产品的可靠性，应该尽量使印制导线的间距不小于1mm。

(3) 避免导线交叉

在设计印制板时，应尽量避免导线的交叉。这一要求，对于双面板比较容易实现，对于单面板相对要困难一些。在设计单面板时，可能遇到导线绕不过去而不得不交叉的情况，这时可以在板的另一面（元件面）用导线跨接交叉点，即"跳线"、"飞线"，当然，跨接线应尽量少。使用"飞线"时，两跨接点的距离一般不超过30mm，"飞线"可用1mm的镀铝铜线，要套上塑料管。

(4) 印制导线的形状与走向

由于印制板上的铜箔粘贴强度有限，浸焊时间较长会使铜箔翘起和脱落，同时考虑到印制导线的间距，因此对印制导线的形状与走向是有一定的要求的。

① 以短为佳，能走捷径就不要绕远。尤其对于高频部分的布线应尽可能短且直，以防自激。

② 除了电源线、地线等特殊导线外，导线的粗细要均匀，不要突然由粗变细或由细变粗。

③ 走线平滑自然为佳，避免急拐弯和尖角，拐角不得小于90°，否则会引起印制导线的剥离或翘起，同时尖角对高频和高电压的影响也较大。最佳的拐角形式应是平缓的过渡，即拐角的内角和外角都是圆弧，如图6-1-12所示。

④ 印制导线应避免呈一定角度与焊盘相连，要从焊盘的长边中心处与之相连，并且过渡要圆滑，如图6-1-12所示。

⑤ 有时为了增加焊接点（焊盘）的牢固，在单个焊盘或连接较短的两焊盘上加一小条印制导线，即辅助加固导线，也称工艺线，如图6-1-12所示，这条线不起导电的作用。

图6-1-12　印制导线的拐角、导线与焊盘连接，以及辅助加固导线

⑥ 导线通过两焊盘之间而不与它们连通时，应与它们保持最大且相等的间距，如图6-1-13所示；同样，导线之间的距离也应当均匀地相等并保持最大。

⑦ 如果印制导线的宽度超过5mm，则为了避免铜箔因气温变化或焊接时过热而鼓起或脱落，要在线条中间留出圆形或缝状的空白处——镂空处理，如图6-1-14所示。

图6-1-13　导线通过焊盘　　　　图6-1-14　导线中间开槽

⑧ 尽量避免印制导线分支，如图6-1-15所示。

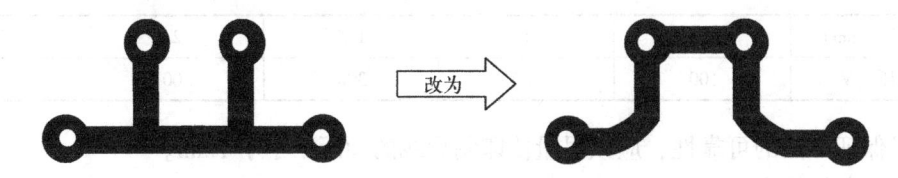

图6-1-15　避免印制导线分支

⑨ 在板面允许的条件下，电源线及地线的宽度应尽量宽一些，即使面积紧张一般也不要小于1mm。特别是地线，即使局部不允许加宽，也应在允许的地方加宽以降低整个地线系统的电阻。

⑩ 布线时应先考虑信号线、后考虑电源线和地线。因为信号线一般比较集中，布置的密度比较高，而电源线和地线要比信号线宽得多，对长度的限制要小得多。

3. 过孔和引线孔的设计

过孔和引线孔也是印制电路的重要组成部分之一，前者用作各层间电气连接，后者用作元器件固定或定位。

（1）过孔

过孔是连接电路的"桥梁"，也称为通孔、金属化孔。过孔的孔壁圆柱面上用化学沉积的方法镀上一层金属。

过孔一般分为三类：盲孔、埋孔和通孔。盲孔位于印制电路板的顶层和底层表面，是将几层内部印制电路连接并延伸到印制板一个表面的导通孔；埋孔位于印制电路板内层，是连接内部的印制电路而不延伸到印制板表面的导通孔；通孔则穿过整个线路板。其中通孔在工艺上易于实现，成本较低，因此使用也最多，但要注意，通孔一般只用于电气连接，不用于焊接元件。

一般而言，设计过孔时有以下原则。

① 尽量少用过孔。对于两点之间的连线而言，经过的过孔太多会导致可靠性下降。

② 过孔越小则布线密度越高，但过孔的最小极限往往受到技术设备条件的制约。一般过孔的孔径可取 0.6~0.8mm。

③ 需要的载流量越大，所需的过孔尺寸越大。例如，电源层和地层与其他层连接所用的过孔就要大一些。

（2）引线孔

引线孔也称为元件孔，兼有机械固定和电气连接的双重作用。

引线孔的孔径取决于元器件引线的直径大小。若元器件引线的直径为 d_1，引线孔的孔径为 d，通常取 $d = (d_1 + 0.3)$ mm。

另外，印制电路板上还有一些不属于印制电路范畴的安装孔和定位孔，设计时同样要认真对待。安装孔用于机械安装印制板或机械固定大型元器件，其孔径按照安装需要选取，优选系列为 2.2、3.0、3.5、4.0、4.5、5.0、6.0mm；定位孔（可以用安装孔代替）用于印制板的加工和检测定位，一般采用三孔定位方式，孔径根据装配工艺选取。

6.1.5 印制电路板的抗干扰设计

在印制电路板的设计中，为了使所设计的产品能够更有效地工作，就必须考虑其抗干扰能力。印制电路板的抗干扰设计与具体电路有着密切的关系，这里仅就几项常用措施做一些说明。

1. 地线设计

电路中接地点的概念表示零电位，其他电位均相对于这一点而言。在实际的印制电路板上，地线并不能保证是绝对零电位，往往存在一个很小的非零电位值。由于电路中的放大作用，这小小的电位便可能产生影响电路性能的干扰——地线共阻抗干扰。

消除地线共阻抗干扰的方法如下所述。

（1）尽量加粗接地线

若接地线很细，则接地电位随电流的变化而变化，致使电子设备的定时信号电平不稳，抗噪声性能变坏。因此应将接地线尽量加粗，使它能通过三倍于印制电路板的允许电流。如有可能，接地线的宽度应大于 3mm。

（2）单点接地

单点接地（也称一点接地）是消除地线干扰的基本原则，即将电路中本单元（级）的各接地元器件尽可能就近接到公共地线的一段或一个区域里，如图 6-1-16（a）所示，也可以接到一个分支地线上，如图 6-1-16（b）所示。

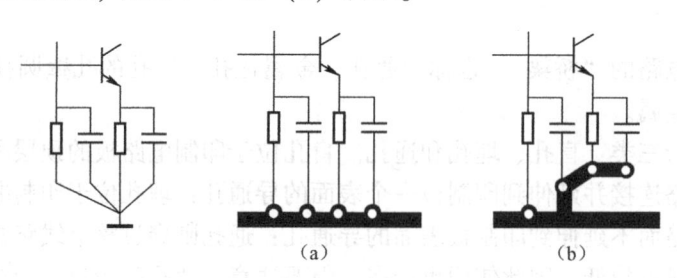

图 6-1-16　单点接地

① 这里所说的"点"是可以忽略电阻的几何导电图形，如大面积接地、汇流排、粗导线等。

② 单点接地除了本单元的板内元器件外，还包括与本单元直接连接或通过电容连接的板外元器件。

③ 为防止因接地元器件过于集中而造成的排列拥挤，在一级电路中可采用多个分支（分地线），但这些分支不可与其他单元的地线连接。

④ 高频电路采用大面积接地方法，不能采用分地线，但单点接地一样十分必要——将本单元（级）的各接地元器件尽可能安排在一个较小的区域里。

另外，当一块印制电路板由多个单元电路组成、一个电子产品由多块印制电路板组成时，都应该采用单点接地方式以消除地线干扰，如图 6-1-17 所示。

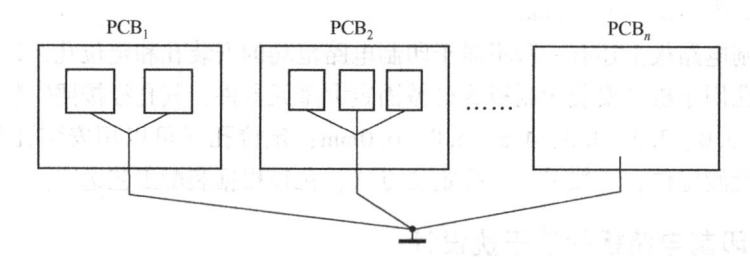

图 6-1-17　多板多单元单点接地

（3）合理设计板内地线布局

通常一块印制电路板都有若干个单元电路，板上的地线是用来连接电路各单元或各部分之间接地的。板内地线布局主要应防止各单元或各部分之间的全电流共阻抗干扰。

① 各部分（必要时各单元）的地线必须分开，即尽量避免不同回路的电流同时流经某一段共用地线。

a. 在高频电路和大电流回路中，尤其要讲究地线的接法。把"交流电"和"直流电"分开，是减少噪声通过地线串扰的有效方法。

b. 电路板上既有高速逻辑电路又有线性电路时，应使它们尽量分开，而两者的地线不要相混，应分别与电源端地线相连。同时要尽量加大线性电路的接地面积。

c. 对于既有小信号输入端又有大信号输出端的电路，它们的接地端务必分别用导线引到公共地线上，不能共用一根接地线。

② 为消除或尽量减少各部分的公共地线段，总地线的引出点必须合理。

③ 为防止各部分通过总地线的公共引出线而产生的共阻抗干扰，在必要时可将某些部分的地线单独引出。特别是数字电路，必要时可以按单元、按工作状态或按集成块分别设置地线，各部分并联汇集到一点接地，如图6-1-18（b）所示。

④ 设计只由数字电路组成的印制电路板的地线系统时，将接地线做成闭环路可以明显提高抗噪声能力。因为印制电路板上有很多集成电路元件，尤其遇有耗电多的元件时，因受接地线粗细的限制，会在地线上产生较大的电位差，引起抗噪声能力下降，若将接地构成环路，则会缩小电位差值，提高电子设备的抗噪声能力。

⑤ 板内地线布局的方式有以下几种。

a. 并联分路式

一块板内有几个子电路（或几级电路）时各子电路（各级电路）地线分别设置，并联汇集到一点接地，如图6-1-18（a）所示。

b. 汇流排式

汇流排式适用于高速数字电路，如图6-1-18（c）所示，布设时板上所有IC芯片的地线与汇流排接通。汇流排由0.3~0.5mm的铜箔板镀银而成，直流电阻很小，又具有条形对称传输线的低阻抗特性，可以有效减少干扰，提高信号传输速度。

c. 大面积接地

该方式适用于高频电路，如图6-1-18（d）所示。布设时板上所有能使用的面积均布设为地线，采用这种布线方式的元器件一般都采用不规则排列并按信号流向布设，以求最短的传输线和最大的接地面积。

d. 一字形地线

当板内电路不复杂时可采用一字形地线布设，简单明了，如图6-1-18（e）所示。布设时要注意地线应足够宽且同一级电路接地点尽可能靠近，总接地点在最后一级。

（a）并联分路接地　　　　　　　　（b）多单元数字电路接地

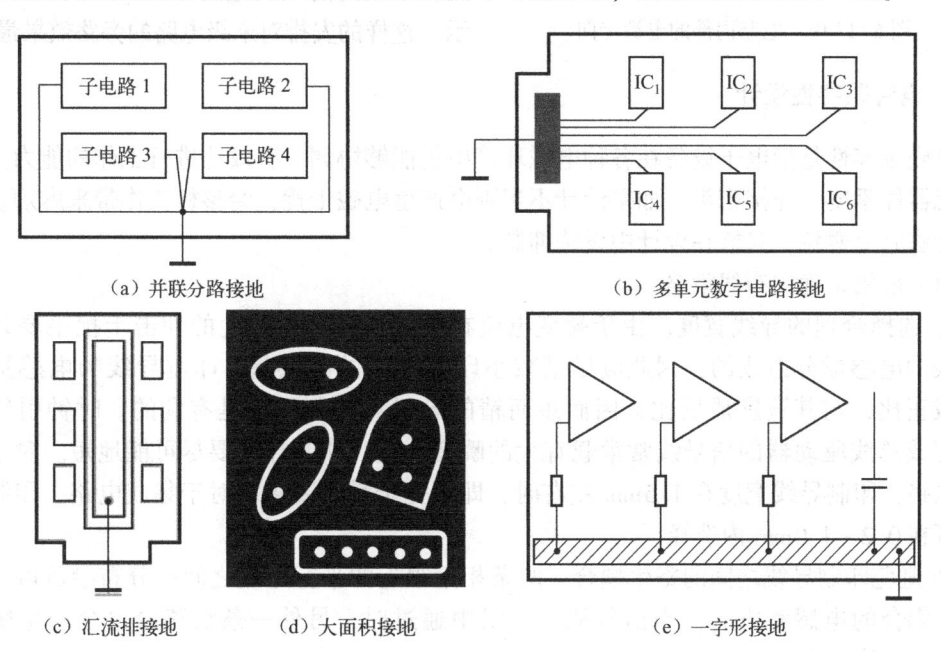

（c）汇流排接地　　（d）大面积接地　　　　（e）一字形接地

图6-1-18　板内地线布局方式

2. 电源线设计

任何电子仪器都需要电源供电，绝大多数直流电源是由交流电通过降压、整流、稳压后供出的。供电电源的质量直接影响整机的技术指标，因此在排版设计中电源及电源线的合理布局对消除电源干扰有着重要的意义。

（1）稳压电源的布局

稳压电源在布局时尽可能安排在单独的印制板上。这样可以使电源印制板的面积减小，便于放置在滤波电容和调整管附近，有利于在调试和检修设备时将负载与电源断开。而当电源与电路合用印制板时，在布局中应避免稳压电源与电路元件混合布设或使电源和电路合用地线。这样的布局不仅容易产生干扰，同时也给维修带来麻烦。

（2）电源线的布局

尽管电路中有电源的存在，合理的电源线的布设对抑制干扰仍有着决定性作用。

① 根据印制电路板电流的大小，尽量加宽电源线宽度，减少环路电阻。同时使电源线、地线的走向和数据传递的方向一致，这样有助于增强抗噪声能力。

② 在设计印制电路时应当尽量将电源线和地线紧紧布设在一起，以减少电源线耦合所引起的干扰。

③ 退耦电路应布设在各相关电路附近，而不要集中放置在电源部分，因为这样既影响旁路效果，又会在电源线和地线上因流过脉动电流而造成窜扰。

④ 由于末级电路的交流信号往往较大，因此在安排各部分电路内部的电源走向时，应采用从末级向前级供电的方式，如图 6-1-19 所示。这样的安排对末级电路的旁路效果最好。

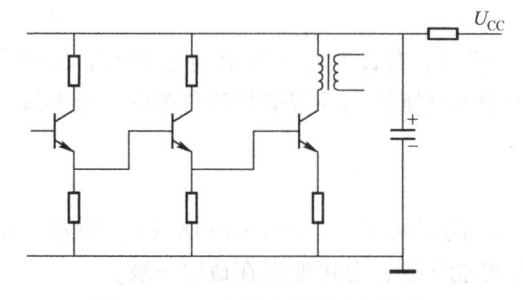

图 6-1-19 电路内部的电源走向

3. 电磁兼容性设计

电磁兼容性是指电子设备在各种电磁环境中仍能够协调、有效地进行工作的能力。印制板使元器件紧凑、连接密集，如果设计不当则会产生电磁干扰，给整机工作带来麻烦。电磁干扰无法完全避免，只能在设计中设法抑制。

（1）采用正确的布线策略

① 选择合理的导线宽度。由于瞬变电流在印制线条上所产生的冲击干扰主要是由印制导线的电感成分造成的，因此应尽量减小印制导线的电感量。印制导线的电感量与其长度成正比，与其宽度成反比，因而短而精的导线对抑制干扰是有利的。时钟引线、行驱动器或总线驱动器的信号线常常载有大的瞬变电流，印制导线要尽可能地短。对于分立元件电路，印制导线宽度在 1.5mm 左右时，即可完全满足要求；对于集成电路，印制导线宽度可在 0.2~1.0mm 内选择。

② 避免印制导线之间的寄生耦合。两条相距很近的平行导线之间的分布参数可以等效为相互耦合的电感和电容，当信号从一条线中通过时，另外一条线路内也会产生感应信号——平行线效应。

平行线效应与导线长度成正比，所以为了抑制印制板导线之间的串扰，布线时导线越短越好，并尽可能拉开线与线之间的距离。在一些对干扰十分敏感的信号线之间设置一根接地的印制线，可以有效地抑制窜扰。

③ 避免成环。由无线电理论可知，一定形状的导体对一定波长的电磁波可实现发射或接收——天线效应。在高频电路的印制板设计中，天线效应尤其不可忽视。

印制板上的环形导线相当于单匝线圈或环形天线，使电磁感应和天线效应增强。布线时最好按信号去向顺序，忌迂回穿插，以避免成环或减少环形面积。

④ 远离干扰源或交叉通过。布线时信号线要尽量远离电源线、高电平导线等干扰源。如果实在无法避免，则最好采用"井"字形网状布线结构，交叉通过。对于单面板用"飞线"过渡；对于双面板，印制板的一面横向布线，另一面纵向布线，交叉孔处用金属化孔相连。

⑤ 一些特殊用途的导线布设要点。

a. 反馈元件和导线连接输入和输出，设置不当容易引入干扰。布线时输出导线要远离前级元件，避免干扰。

b. 时钟信号引线最容易产生电磁辐射干扰，走线时应与地线回路相靠近，驱动器应紧挨着连接器。

c. 总线驱动器应紧挨其欲驱动的总线。对于那些离开印制电路板的引线，驱动器应紧紧挨着连接器。

d. 数据总线的布线，应每两根信号线之间夹一根信号地线。最好是紧紧挨着最不重要的地址引线放置地回路，因为后者常载有高频电流。

⑥ 印制导线屏蔽。有时某种信号线密集地平行排列，而且无法摆脱较强信号的干扰，可采取大面积屏蔽地、专置电线环、使用专用屏蔽线等措施来解决干扰的问题。

⑦ 抑制反射干扰。为了抑制出现在印制线条终端的反射干扰，除了特殊需要之外，应尽可能缩短印制线的长度和采用慢速电路。必要时可加终端匹配，即在传输线的末端对地和电源端各加接一个相同阻值的匹配电阻。根据经验，对一般速度较快的 TTL 电路，其印制线长于 10cm 以上时就应采用终端匹配措施。匹配电阻的阻值应根据集成电路的输出驱动电流及吸收电流的最大值来决定。

（2）设法远离干扰磁场

① 电源变压器、高频变压器、继电器等元件由于通过交变电流所形成的交变磁场，会因闭合线圈（导线）的垂直切割而产生感生环路电流，对电路造成干扰，因此布线时除尽量不形成环形通路外，还要在元件布局时选择好变压器与印制板的相对位置，使印制板的平面与磁力线平行。

② 扬声器、电磁铁、永磁式仪表等元件由于自身特性所形成的恒定磁场，会对磁棒、中周线圈等磁性元件和显像管、示波管等电子束元件造成影响。因此元件布局时应尽可能使易受干扰的元件远离干扰源，并合理选择干扰与被干扰元件的相对位置和安装方向。

（3）配置抗扰器件——去耦电容

在印制板的抗干扰设计中，经常要根据干扰源的不同特点选用相应的抗扰器件：用二极管和压敏电阻等吸收浪涌电压；用隔离变压器等隔离电源噪声；用线路滤波器等滤除一定频段的干扰信号；用电阻器、电容器、电感器等元件的组合对干扰电压或电流进行旁路、吸收、隔离、滤除、去耦等处理。其中为防止电磁干扰通过电源及配线传播，而在印制板的各个关键部位配置适当的滤波去耦（退耦）电容已成为印制板设计的常规做法之一。

去耦电容通常在电原理图中并不反映出来。要根据集成电路芯片的速度和电路的工作频率选择电容量（可按 $C=1/f$，即 10MHz 取 $0.1\mu F$），速度越快、频率越高，则电容量越小且需使用高频电容。

去耦电容的一般配置原则如下。

① 电源输入端跨接一个 $10\sim100\mu F$ 的电解电容器（如果印制电路板的位置允许，则采用 $100\mu F$ 以上的电解电容器效果会更好），或者跨接一个大于 $10\mu F$ 的电解电容和一个 $0.1\mu F$ 的陶瓷电容并联。当电源线在板内走线长度大于 100mm 时应再加一组。该处的去耦电容一般可选用钽电解电容。

② 原则上每个集成电路芯片都应布置一个 $680pF\sim0.1\mu F$ 的瓷片电容，这对于多片数字电路芯片更不可少。如遇印制板空隙不够，可每 $4\sim8$ 个芯片布置一个 $1\sim10pF$ 的钽电解电容器。要注意，去耦电容必须加在靠近芯片的电源端（V_{CC}）和地线（GND）之间，如图 6-1-20 所示，这一要求同样适用于那些抗噪声能力弱、关断时电流变化大的器件和 ROM、RAM 等存储型器件。

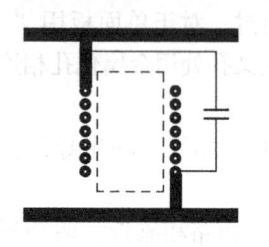

图 6-1-20 印制导线的拐角

③ 去耦电容的引线不能太长，尤其是高频旁路电容不能有引线。

4. 器件布置设计

印制板上器件布局不当也是引发干扰的重要因素，所以应全面考虑电路结构，合理布置印制板上的器件。

（1）印制板上器件布局应以尽量获得较好的抗噪声效果为首要目的。将输入、输出部分分别布置在板的两端；电路中相互关联的器件应尽量靠近，以缩短器件间连接导线的距离；工作频率接近或工作电平相差大的器件应相距远些，以免相互干扰。易产生噪声的器件、小电流电路、大电流电路等应尽量远离逻辑电路，如有可能，应另做印制板。如常用的以单片机为核心的小型开发系统电路，在设计印制板时，宜将时钟发生器、晶振和 CPU 的时钟输入端等易产生噪声的器件相互靠近布置，让有关的逻辑电路部分尽量远离这类噪声器件。同时，考虑到电路板在机柜内的安装方式，最好将 ROM、RAM、功率输出器件及电源等易发热器件布置在板的边缘或偏上方部位，以利于散热，如图 6-1-21 所示。

（2）在印制电路板上布置逻辑电路时，原则上应在输出端子附近放置高速电路，如光电隔离器等，在稍远处放置低速电路和存储器等，以便处理公共阻抗的耦合、辐射和串扰等问题。在输入/输出端放置缓冲器，用于板间信号传送，可有效防止噪声干扰，如图 6-1-22 所示。

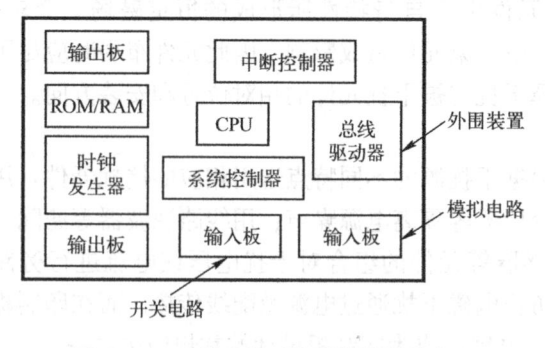

图 6-1-21 单片机开发系统的器件布置

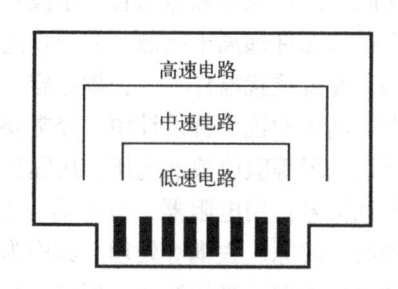

图 6-1-22 逻辑电路的布置

(3) 如果印制板中有接触器、继电器、按钮等元件，则操作时均会产生较大的火花放电，必须采用相应的 RC 电路来吸收放电电流。一般 R 取 $1\sim2$ kΩ，C 取 $2.2\sim47$μF。

(4) CMOS 的输入阻抗很高，且易受感应，因此在使用时对不用端要接地或接正电源。

5. 散热设计

多数印制电路板都存在着元器件密集布设的现实问题，电源变压器、功率器件、大功率电阻等发热元器件形成"热源"，将可能对电路乃至整机产品的性能造成不良影响。一方面许多元件（如电解电容、瓷片电容等）是典型的怕热元件，而几乎所有的半导体器件都有程度不同的温度敏感性；另一方面印制电路板基材的耐温能力和导热系数都比较低，铜箔的抗剥离强度随工作温度的升高而下降（印制电路板的工作温度一般不能超过 85℃）。因此，如何做好散热处理是印制电路板设计中必须考虑的问题。

印制电路板散热设计的基本原则是：有利于散热，远离热源。具体措施如下。

(1) 特别"关照"热源的位置

① 热源外置。将发热元器件放置在机壳外部，如许多的电源设备就将大功率调整管固定于金属机壳上，以利散热。

② 热源单置。将发热元器件单独设计为一个功能单元，置于机内靠近板边缘容易散热的位置，必要时强制通风，如台式计算机的电源部分。

③ 热源高置。发热元器件在印制电路板上安装时，切忌贴板。

(2) 合理配置器件

从有利于散热的角度出发，印制板最好是直立安装，板与板之间的距离一般不应小于 2cm，而且器件在印制板上采用合理的排列方式，可以有效地降低印制电路的温升，从而使器件及设备的故障率明显下降。

① 对于采用自由对流空气冷却的设备，最好是将集成电路（或其他器件）按纵长方式排列，如图 6-1-23（a）所示；对于采用强制空气冷却的设备，最好是将集成电路（或其他器件）按横长方式排列，如图 6-1-23（b）所示。

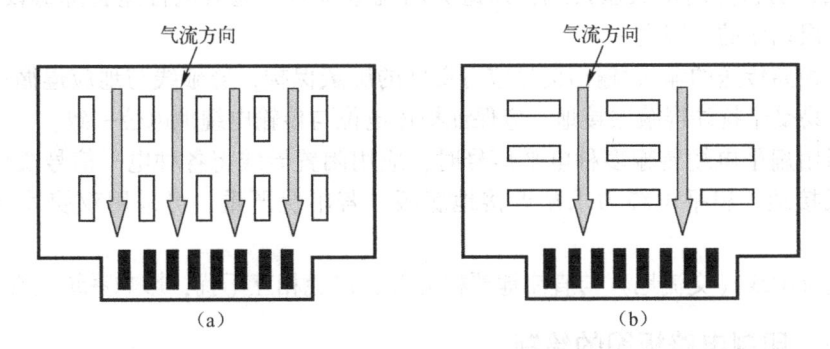

图 6-1-23 元器件板面排列的散热设计

② 同一块印制板上的器件应尽可能按其发热量大小及散热程度分区排列，发热量小或耐热性差的器件（如小信号晶体管、小规模集成电路、电解电容等）放在冷却气流的最上流（入口处），发热量大或耐热性好的器件（如功率晶体管、大规模集成电路等）放在冷却气流最下游。

③ 在水平方向上，大功率器件尽量靠近印制板边沿布置，以便缩短传热路径；在垂直方向上，大功率器件尽量靠近印制板上方布置，以便减少器件工作时对其他器件温度的影响。

④ 对温度比较敏感的器件最好安置在温度最低的区域（如设备的底部），千万不要将它放在发热器件的正上方，多个器件最好是在水平面上交错布局。

⑤ 设备内印制板的散热主要依靠空气流动，空气流动时总是趋向于阻力小的地方，所以在印制电路板上配置器件时，要避免在某个区域留有较大的空域。整机中多块印制电路板的配置也应注意同样的问题。

如果因工艺需要板面必须有一定的空域，则可人为添加一些与电路无关的零部件，以改变气流使散热效率提高，如图 6-1-24 所示。

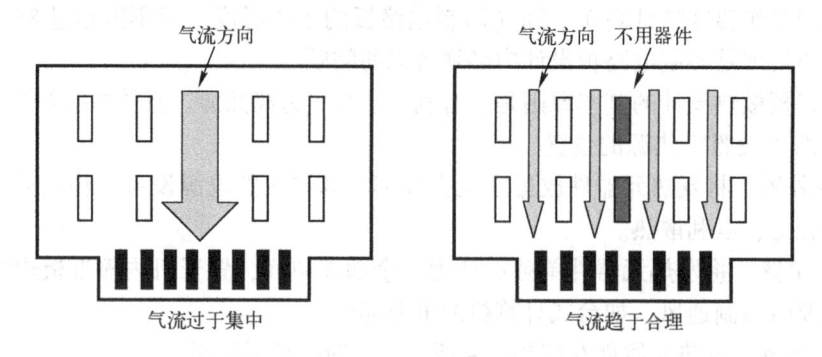

图 6-1-24　板面加引导散热

6. 板间配线设计

板间配线会直接影响印制板的噪声敏感度，因此，在印制板联装后，应认真检查、调整，对板间配线作合理安排，彻底清除超过额定值的部位，解决设计中遗留的不妥之处。

（1）板间信号线越短越好，且不宜靠近电力线，或可采取两者相互垂直配线的方式，以减少静电感应、漏电流的影响，必要时应采取适宜的屏蔽措施；板间接地线需采用"一点接地"方式，切忌使用串联型接地，以避免出现电位差。地线电位差会降低设备抗扰度，是时常出现误动作的原因之一。

（2）远距离传送的输入/输出信号应有良好的屏蔽保护，屏蔽线与地应遵循一端接地原则，且仅将易受干扰端屏蔽层接地。应保证柜体电位与传输电缆地电位一致。

（3）当用扁平电缆传输多种电平信号时，应用闲置导线将各种电平信号线分开，并将该闲置导线接地。扁平电缆力求贴近接地底板，若串扰严重，可采用双绞线结构的信号电缆。

（4）交流中线（交流地）与直流地严格分开，以免相互干扰，影响系统正常工作。

6.1.6　印制电路板图的绘制

印制电路板图也称印制板线路图，是能够准确反映元器件在印制板上的位置与连接的设计图纸。图中焊盘的位置及间距、焊盘间的相互连接、印制导线的走向及形状、整板的外形尺寸等，均应按照印制板的实际尺寸（或按一定的比例）绘制出来。绘制印制电路板图是把印制板设计图形化的关键和主要的工作量，设计过程中考虑的各种因素都要在图上体现出来。

目前，印制电路板图的绘制有计算机辅助设计（CAD）与手工设计两种方法。手工设计比较费事，需要首先在纸上不交叉单线图，而且往往要反复几次才能最后完成，但这对初学者掌握印制板设计原则还是很有帮助的，同时 CAD 软件的应用也仍然是这些设计原则的体现。

1. 手工设计印制电路板图

手工设计印制电路板图适用于一些简单电路的制作，其设计过程一般要经过以下几步。
（1）绘制外形结构草图
印制电路板的外形结构草图包括对外连接草图和外形尺寸草图两部分，无论采用何种设计方式，这一步骤都是不可省略的。同时，绘制外形结构草图也是印制板设计前的准备工作的一部分。

① 对外连接草图。根据整机结构和要求确定，对外连接草图一般包括电源线、地线、板外元器件的引线、板与板之间的连接线等，绘制时应大致确定其位置和方向。

② 外形尺寸草图。印制板的外形尺寸受各种因素的制约，一般在设计时大致已确定，从经济性和工艺性出发，应优先考虑矩形。

印制板的安装、固定也是必须考虑的内容，印制板与机壳或其他结构件连接的螺孔位置及孔径应明确标出。此外，为了安装某些特殊元器件或插接定位用的孔、槽等几何形状的位置和尺寸也应标明。

对于某些简单的印制板，上述两种草图也可合为一种。
（2）绘制不交叉单线图
电路原理图一般只表现出信号的流程及元器件在电路中的作用，以便于分析与阅读电路原理，从来不用去考虑元器件的尺寸、形状及引出线的排列顺序。所以，在手工设计图设计时，首先要绘制不交叉单线图。除了应该注意处理各类干扰并解决接地问题以外，不交叉单线图设计的主要原则是保证印制导线不交叉地连通。

① 将原理图上应放置在板上的元器件根据信号流或排版方向依次画出，集成电路要画出封装引脚图。

② 按原理图将各元器件引脚连接。在印制板上导线交叉是不允许的，要避免这一现象一方面要重新调整元器件的排列位置和方向；另一方面可利用元器件中间跨接（如让某引线从别的元器件脚下的空隙处"钻"过去或从可能交叉的某条引线的一端"绕"过去）以及"飞线"跨接这两种办法来解决。

好的不交叉单线图，元件排列整齐、连线简洁、"飞线"少且可能没有。要做到这一点，通常需多次调整元器件的位置和方向。

（3）绘制排版草图
为了制作出制板用的底图（或黑白底片），应该绘制一张正式的草图。参照外形结构草图和不交叉单线图，板面尺寸、焊盘位置、印制导线的连接与走向、板上各孔的尺寸及位置，都要与实际板面一致。

绘制时，最好在方格纸或坐标纸上进行。具体步骤如下。
① 画出板面的轮廓尺寸，边框的下面留出一定空间，用于说明技术要求。
② 板面内四周留出不设置焊盘和导线的一定间距（一般为 5~10mm）。绘制印制板的定位孔和板上各元器件的固定孔。

③ 确定元器件的排列方式，用铅笔画出元器件的外形轮廓。注意元器件的轮廓与实物对应，元器件的间距要均匀一致。这一步其实就是进行元器件的布局，可在遵循印制板元件布局原则的基础上，采用以下几种方法进行。

a. 实物法。将元器件和部件样品在板面上排列，寻求最佳布局。

b. 模板法。有时实物摆放不方便，可按样本或有关资料制作有关元器件和部件的图样样板，用以代替实物进行布局。

c. 经验对比法。根据经验参照可对比的已有印制电路来设计布局。

④ 确定并标出焊盘的位置。

⑤ 画印制导线。这时，可不必按照实际宽度来画，只标明其走向和路径就行，但要考虑导线间的距离。

⑥ 核对无误后，重描焊盘及印制导线，描好后擦去元器件实物轮廓图，使手工设计图清晰、明了。

⑦ 标明焊盘尺寸、导线宽度及各项技术要求。

⑧ 对于双面印制板来说，还要考虑以下几点。

a. 手工设计图可在图的两面分别画出，也可用两种颜色在纸的同一面画出。无论用哪种方式画，都必须让两面的图形严格对应。

b. 元器件布在板的一个面，主要印制导线布在无元件的另一面，两面的印制线尽量避免平行布设，应当力求相互垂直，以便减少干扰。

c. 印制线最好分别画在图纸的两面，如果在同一面上绘制，则应该使用两种颜色以示区别，并注明这两种颜色分别表示哪一面。

d. 两面对应的焊盘要严格地一一对应，可以用针在图纸上扎穿孔的方法，将一面的焊盘中心引到另一面。

e. 两面上需要彼此相连的印制线，在实际制板过程中采用金属化孔实现。

f. 在绘制元件面的导线时，注意避让元件外壳和屏蔽罩等可能产生短路的地方。

2. 计算机辅助设计印制电路板图

随着电路复杂程度的提高及设计周期的缩短，印制电路板的设计已不再是一件简单的工作。传统的手工设计印制电路板的方法已逐渐被计算机辅助设计（CAD）软件所代替。

采用 CAD 设计印制电路板的优点十分显著：设计精度和质量较高，利于生产自动化；设计时间缩短、劳动强度减轻；设计数据易于修改、保存并可直接供生产、测试、质量控制用；可迅速对产品进行电路正确性检查及性能分析。

印制电路板 CAD 软件很多，Protel99 是目前较流行的一种。Protel99 是基于 Window2000（及以上版本）平台的电路设计、印制板设计专用软件，由澳大利亚 Protel 公司于 20 世纪 90 年代在著名电路设计软件 Tango 的基础上发展而来，具有强大的功能、友好的界面、方便易学的操作性能等优点。一般而言，利用 Protel99 设计印制板最基本的过程可以分为三大步骤。

（1）电路原理图的设计

利用 Protel99 的原理图设计系统（Advanced Schematic）所提供的各种原理图绘图工具及编辑功能绘制电路原理图。

（2）产生网络表

网络表是电路原理图设计（SCH）与印制电路板设计（PCB）之间的一座桥梁，是电路板自动设计的灵魂。网络表可以从电路原理图中获得，也可从印制电路板中提取出来。

（3）印制电路板的设计

借助 Protel99 提供的强大功能实现电路板的板面设计，完成高难度的工作。

印制电路板图只是印制电路板制作工艺图中比较重要的一种，另外还有字符标记图、阻焊图、机械加工图等。当印制电路板图设计完成后，这些工艺图也可相应得以确定。

字符标记图因其制作方法也被称为丝印图，可双面印在印制板上，其比例和绘图方法与印制电路板图相同。阻焊图主要是为了适应自动化焊接而设计，由与印制板上全部的焊盘形状一一对应又略大于焊盘形状的图形构成。一般情况下，采用 CAD 软件设计印制电路板图时字符标记图和阻焊图都可以自动生成。

6.1.7 手工设计印制电路板实例

通常情况下，印制电路板的设计可归纳为选定电路，确定印制板的形状、尺寸，元器件布局，绘制印制电路板图等几步。下面以简单稳压电源为例，做一些简单说明。

1. 选定电路

许多电子线路已经很成熟，有典型的电路形式和元器件种类可供选择，不必再做验证，直接采用即可。

本例的稳压电源电路比较简单，主要由整流、滤波及稳压三部分组成，其电路原理图可以说已是十分"经典"，如图 6-1-25 所示。

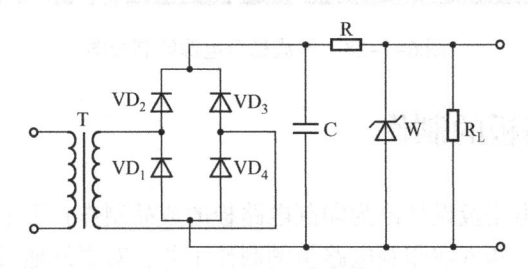

图 6-1-25 整流稳压电源电路原理图

2. 定出印制板的形状、尺寸

印制板的形状、尺寸往往受整机及外壳等因素的制约。

在本例中，稳压电源中电源变压器体积太大，不适合安装在印制板上（只考虑它占用一定的机壳内的空间），这样印制板的形状、尺寸就相对大体确定了。

3. 印制板上排列元器件

本例中，元器件的排列采用规则排列。

（1）印制板上留出安装孔的位置。

（2）按电路图中各个组成部分从左到右排列元件，注意间隔均匀，如图 6-1-26、图 6-1-27 所示。先排整流部分的元件（VD_1、VD_2、VD_3、VD_4），四个二极管平行排列；再排滤波部分（电容 C、电阻 R）、稳压管 W 及取样电阻 R_L。

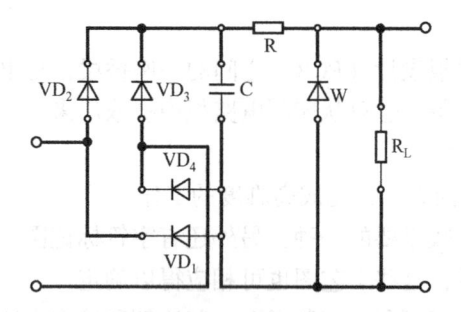

图 6-1-26　整流稳压电源电路单线不交叉图 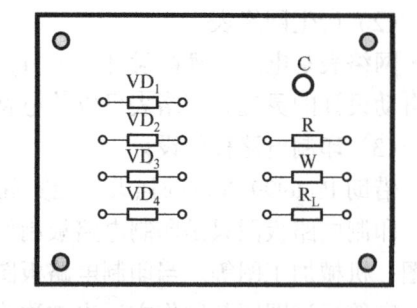　　图 6-1-27　整流稳压电源印制板上元器件的安排

4. 绘制印制电路板图（排版草图）

用相对应的不交叉单线图做参照，可以很快捷地绘制出排版草图，如图 6-1-28 所示。

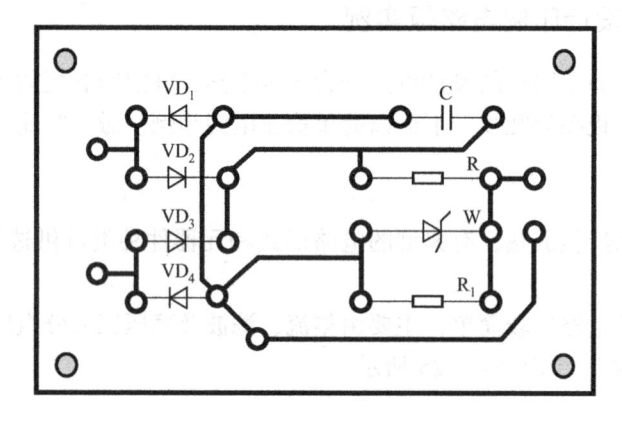

图 6-1-28　整流稳压电源印制板图

6.2　印制电路板的制作

应该说合理的印制电路板设计已为印制电路板的成品制作打下了坚实的基础，但任何事情都是相辅相成的，学习和理解印制电路板的制作工艺，对更好地设计出符合要求的印制板图也是十分有益的。

印制电路板的制作可分为工业制作和手工制作两种，其工艺流程和产品质量有一定差异，但制作的机理，即印制电路的形成方式是一样的。

6.2.1　印制电路的形成方式

印制电路的形成即在基板上实现所需的导电图形，有减成法和加成法两种制作方法。

1. 减成法

减成法是目前生产印制电路板最普遍采用的方式，即先在基板上敷满铜箔，然后用化学或机械方式除去不需要的部分，最终留下印制电路。

（1）将设计好的印制板图形转移到覆铜板上，并将图形部分有效保护起来。图形的转移方式主要有丝网漏印和照相感光。

① 丝网漏印，用丝网漏印法在覆铜板上印制电路图形，与油印机在纸上印刷文字类似。
② 照相感光，属光化学法之一。把照相底片或光绘片置于上胶烘干后的覆铜板上，一起置于光源下曝光，光线通过相版，使感光胶发生化学反应，引起胶膜理化性能的变化。

图形的转移方式另外还有胶印法、图形电镀蚀刻法等。

(2) 去掉覆铜板上未被保护的其他部分。
① 蚀刻，采用化学腐蚀减去不需要的铜箔。这是目前最主要的制造方法。
② 雕刻，用机械加工方法除去不需要的铜箔。这在单件试制或业余条件下可快速制出印制板。

2. 加成法

加成法是在没有覆铜箔的绝缘基板上用某种方式（如化学沉铜）敷设所需的印制电路图形，有丝印电镀法、粘贴法等。

6.2.2 印制电路板的工业制作

印制板制造工艺技术在不断进步，不同条件、不同规模的制造厂采用的工艺技术不尽相同，当前的主流仍然是利用减成法（铜箔蚀刻法）制作印制板。实际生产中，专业工厂一般采用机械化和自动化制作印制板，要经过几十个工序。

1. 双面印制板制作的工艺流程

双面印制板的制作工艺流程一般包括如下几个步骤：

制生产底片→选材下料→钻孔→清洗→孔金属化→贴膜→图形转换→金属涂覆→去膜蚀刻→热熔和热风整平→外表面处理→检验。

(1) 制作生产底片

将排版草图进行必要的处理，如焊盘的大小、印制导线的宽度等按实际尺寸绘制出来，就是一张可供制板用的生产底片（黑白底片）。工业上常通过照相、光绘等手段制作生产底片。

(2) 选材下料

按板图的形状、尺寸进行下料。

(3) 钻孔

将需钻孔位置输入微机，用数控机床来进行，这样定位准确、效率高，每次可钻 3~4 块板。

(4) 清洗

用化学方法清洗板面的油污及化学层。

(5) 孔金属化

孔金属化即对连接两面导电图形的孔进行孔壁镀铜。孔金属化的实现主要经过"化学沉铜"、"电镀铜加厚"等一系列工艺过程。在表面安装高密度板中，金属化孔采用沉铜充满整个孔（盲孔）的方法。

(6) 贴膜

为了把照相底片或光绘片上的图形转印到覆铜板上，要先在覆铜板上贴一层感光胶膜。

(7) 图形转换

图形转换也称图形转移，即在覆铜板上制作印制电路图，常用丝网漏印法或直接感光法。

① 丝网漏印法是在丝网上黏附一层漆膜或胶膜，然后按技术要求将印制电路图制成镂空图形，漏印是只需将覆铜板在底板上定位，将印制料倒在固定丝网的框内，用橡皮板刮压印料，使丝网与覆铜板直接接触，即可在覆铜板上形成由印料组成的图形，漏印后需烘干、修板。

② 直接感光法是把照相底片或光绘片置于上胶烘干后的覆铜板上，一起置于光源下曝光，光线通过相版，使感光胶发生化学反应，引起胶膜理化性能的变化。

(8) 金属涂覆

金属涂覆属于印制板的外表面处理之一，即为了保护铜箔、增加可焊性和抗腐蚀、抗氧化性，在铜箔上涂覆一层金属，其材料常用金、银和铅锡合金。涂覆方法可用电镀或化学镀两种。

① 电镀法可使镀层致密、牢固、厚度均匀可控，但设备复杂、成本高。此法用于要求高的印制板和镀层，如插头部分镀金等。

② 化学镀虽然设备简单、操作方便、成本低，但镀层厚度有限且牢固性差。因而只适用于改善可焊性的表面涂覆，如板面铜箔图形镀银等。

(9) 去膜蚀刻

蚀刻俗称"烂板"，是用化学方法或电化学方法去除基材上的无用导电材料，从而形成印制图形的工艺。常用的蚀刻溶液为三氯化铁（$FeCl_3$），它蚀刻速度快，质量好，溶铜量大，溶液稳定，价格低廉。常用的蚀刻方式有浸入式、泡沫式、泼溅式、喷淋式等几种。

(10) 热熔和热风整平

镀有铅锡合金的印制电路板一般要经过热熔和热风整平工艺。

① 热熔过程是把镀覆有锡铅合金的印制电路板，加热到锡铅合金的熔点温度以上，使锡铅和基体金属铜形成化合物，同时锡铅镀层变得致密、光亮、无针孔，从而提高镀层的抗腐蚀性和可焊性。

② 热风整平技术的过程是在已涂覆阻焊剂的印制电路板浸过热风整平助熔剂后，再浸入熔融的焊料槽中，然后从两个风刀间通过，风刀中的热压缩空气把印制电路板板面和孔内的多余焊料吹掉，得到一个光亮、均匀、平滑的焊料涂覆层。

(11) 外表面处理

在密度高的印制电路板上，为使板面得到保护，确保焊接的准确性，在需要焊接的地方涂上助焊剂，在不需要焊接的地方印上阻焊层，在需要标注的地方印上图形和字符。

(12) 检验

对于制作完成的印制电路板除了进行电路性能检验外，还要进行外形表面的检查。电路性能检验有导通性检验、绝缘性检验及其他检验等。

2. 单面印制板制作的工艺流程

单面印制板制作的工艺流程相对比较简单，与双面印制板制作的主要区别在于不需要孔金属化。大致有以下几步：

下料→丝网漏印→腐蚀→去除印料→孔加工→印标记→涂助焊剂→检验。

6.2.3 印制电路板的手工制作

在产品研制阶段或科技创作活动中往往需要制作少量印制板，进行产品性能分析实验或制作样机。从时间性和经济性的角度出发，需要采用手工制作的方法。

1. 描图蚀刻法

这是一种十分常用的制板方法。由于最初使用调和漆作为描绘图形的材料，所以也称漆图法。其具体步骤如下所述。

（1）下料

按实际设计尺寸剪裁覆铜板（剪床、锯割均可），去四周毛刺。

（2）覆铜板的表面处理

由于加工、储存等原因，覆铜板的表面会形成一层氧化层。氧化层会影响底图的复印，为此在复印底图前应将覆铜板表面清洗干净，具体方法是：用水砂纸蘸水打磨，用去污粉擦洗，直至将底板擦亮为止，然后用水冲洗，用布擦干净后即可使用。切忌用粗砂纸打磨，否则会使铜箔变薄，且表面不光滑，影响描绘底图。

（3）拓图（复印印制电路）

所谓拓图，即用复写纸将已设计好的印制板排版草图中的印制电路拓在已清洁好的覆铜板的铜箔面上。注意复印过程中，草图一定要与覆铜板对齐，并用胶带纸粘牢。拓制双面板时，板与草图应有3个不在一条直线上的点定位。

复写草图可采用单线描绘法：印制导线用单线，焊盘以小圆点表示；也可以采用能反映印制导线和焊盘实际宽度和大小的双线描绘法。复写草图如图6-2-1所示。

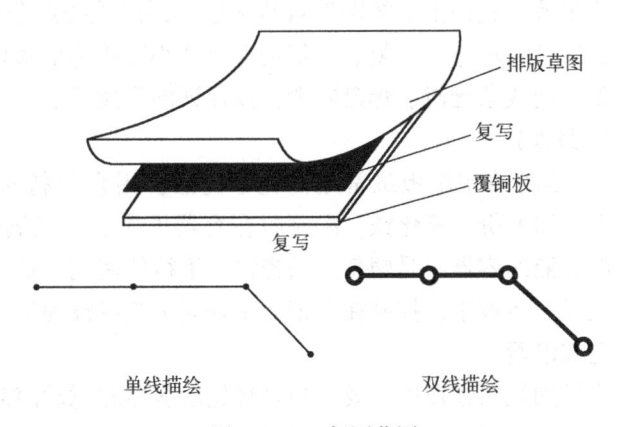

图6-2-1 复写草图

复写时，描图所用的笔，其颜色（或品种）应与草图有所区别，这样便于区分已描过的部分和未描过的部分，防止遗漏。

复印完毕后，要认真复查是否有错误或遗漏，复查无误后再把草图取下。

（4）钻孔

拓图后检查焊盘与导线是否有遗漏，然后在板上打样冲眼，以样冲眼定位打焊盘孔：用小冲头对准要冲孔的部位（焊盘中央）打上一个个的小凹痕，便于以后打孔时不至于偏移位置。打孔时注意钻床转速应取高速，钻头应刃磨锋利。进刀不宜过快，以免将铜箔挤出毛刺；并注意保持导线图形清晰。清除孔的毛刺时不要用砂纸。

（5）描图（描涂防腐蚀层）

为能把覆铜板上需要的铜箔保存下来，就要将这部分涂上一层防腐蚀层，也就是说在所需要的印制导线、焊盘上加一层保护膜。这时，所涂出的印制导线宽度和焊盘大小要符合实际尺寸。

首先准备好描图液（防腐液），一般可用黑色的调和漆，漆的稀稠要适中，一般调到用小棍蘸漆后能往下滴为好。另外，各种抗三氯化铁蚀刻的材料均可以用做描图液，如虫胶油精液、松香酒精溶液、蜡、指甲油等。

描图时应先描焊盘：用适当的硬导线蘸漆点漆料，漆料要蘸得适中，描线用的漆稍稠，点时注意与孔同心，大小尽量均匀，如图6-2-2（a）所示。焊盘描完后再描印制导线图形，可用鸭嘴笔、毛笔等配合尺子，注意直尺不要与板接触，可将两端垫高，以免将未干的图形蹭坏，如图6-2-2（b）所示。

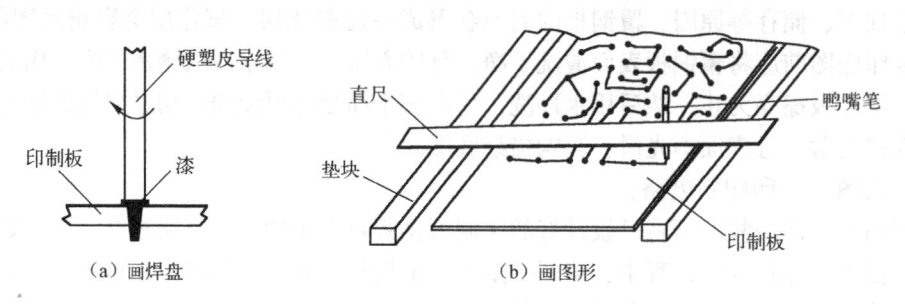

图 6-2-2　描图

(6) 修图

描好后的印制板应平放，让板上的描图液自然干透，同时检查线条和焊盘是否有麻点、缺口或断线，如果有，应及时填补、修复。再借助直尺和小刀将图形整理一下，沿导线的边沿和焊盘的内外沿修整，使线条光滑、焊盘圆滑，以保证图形质量。

(7) 蚀刻（腐蚀电路板）

三氯化铁（$FeCl_3$）是腐蚀印制板最常用的化学药品，用它配制的蚀刻液浓度一般为28%～42%，即用2份水加1份三氯化铁。配制时在容器里先放入三氯化铁，然后放入水，同时不断搅拌。盛放腐蚀液的容器应是塑料或搪瓷盆，不得使用铜、铁、铝等金属制品。

将描修好的板子浸没到溶液中，控制在铜箔面正好完全被浸没为限，太少不能很好地腐蚀电路板，太多容易造成浪费。

在腐蚀过程中，为了加快腐蚀速度，要不断轻轻晃动容器和搅动溶液，或用毛笔在印制板上来回刷洗，但不可用力过猛，以防止漆膜脱落。如嫌速度还太慢，也可适当加大三氯化铁的浓度，但浓度不宜超过50%，否则会使板上需要保存的铜箔从侧面被腐蚀；另外也可通过给溶液加温来提高腐蚀速度，但温度不宜超过50℃，温度太高会使漆层隆起脱落以致损坏漆膜。

蚀刻完成后应立即将板子取出，用清水冲洗干净，否则残液会使铜箔导线的边缘出现黄色的痕迹。

(8) 去膜

用热水浸泡后即可将漆膜剥落，未擦净处可用稀料清洗。或者用水砂纸轻轻打磨去膜。

清洗漆膜去净后，用碎布蘸去污粉或反复在板面上擦拭，去掉铜箔氧化膜，露出铜的光亮本色。为使板面美观，擦拭时应固定顺某一方向，这样可使反光方向一致，看起来更加美观。擦后用水冲洗、晾干。

(9) 修板

将腐蚀好的电路板再一次与原图对照，用刀子修整导线的边沿和焊盘的内外沿，使线条光滑、焊盘圆滑。

（10）涂助焊剂

涂助焊剂的目的是为了便于焊接、保护导电性能、保护铜箔、防止产生铜锈。

防腐助焊剂一般用松香、酒精按1:2的体积比例配制而成：将松香研碎后放入酒精中，盖紧盖子搁置一天，待松香溶解后方可使用。

首先必须将电路板的表面做清洁处理，晾干后再涂助焊剂：用毛刷、排笔或棉球蘸上溶液均匀涂刷在印制板上，然后将板放在通风处，待溶液中的酒精自然挥发后，印制板上就会留下一层黄色透明的松香保护层。

另外，防腐助焊剂还可以使用硝酸银溶液。

2. 贴图蚀刻法

贴图蚀刻法是利用不干胶条（带）直接在铜箔上贴出导电图形代替描图，其余步骤同描图法。由于胶带边缘整齐，焊盘亦可用工具冲击，故贴成的图形质量较高，蚀刻后揭去胶带即可使用，也很方便。

贴图蚀刻法有以下两种方式。

（1）预制胶条图形贴制。按设计导线宽度将胶带切成合适宽度，按设计图形贴到覆铜板上。有些电子器材商店有各种不同宽度的贴图胶带，也有将各种常用印制图形（如IC、印制板插头等）制成专门薄膜的，使用更为方便。无论采用何种胶条，都要注意粘贴牢固，特别是边缘一定要按压紧贴，否则腐蚀溶液浸入将使图形受损。

（2）贴图刀刻法。图形简单时用整块胶带将铜箔全部贴上，画上印制电路后用刀刻法去除不需要的部分。此法适用于保留铜箔面积较大的图形。

3. 雕刻法

上面所述贴图蚀刻法亦可直接雕刻铜箔而直接制板。方法是：在经过下料、清洁板面、拓图后，用刻刀和直尺配合直接在板面上刻制图形，用刀将铜箔划透，用镊子或用钳子撕去不需要的铜箔，如图6-2-3所示。

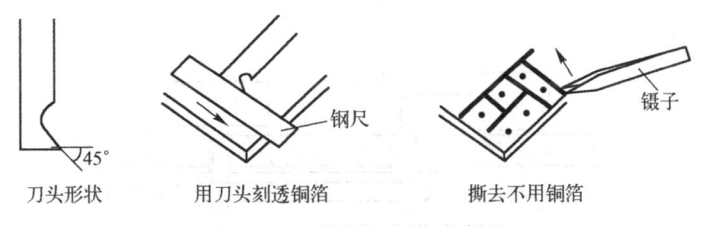

图6-2-3 雕刻法制作印制板

另外，也可以用微型砂轮直接在铜箔上削出所需图形，与刀刻法同理。

4. "转印"蚀刻法

这种方法主要采用了热转移的原理，借助于热转印纸"转印"图形来代替描图。其主要设备及材料有激光打印机、转印机、热转印纸等。

热转印纸的表面通过高分子技术进行了特殊处理，覆盖了数层特殊材料的涂层，具有耐高温、不粘连的特性。

激光打印机的"碳粉"（含磁性物质的黑色塑料微粒）受硒鼓上静电的吸引，可以在硒鼓上排列出精度极高的图形及文字。打印后，静电消除，图形及文字经高温熔化热压固定，转移到热转印纸上形成热转印纸板。

转印机有"复印"的功效，可提供近200℃的高温。将热转印纸板覆盖在敷铜板上，送入制板机。当温度达到180.5℃时，在高温和压力的作用下，热转印纸对融化的墨粉吸附力急剧下降，使融化的墨粉完全贴附在敷铜板上，这样，敷铜板冷却后板面上就会形成紧固的有图形的保护层。

其制作方法如下所述。

（1）用激光打印机将印制电路板图形打印在热转印纸上。打印后，不要折叠、触摸其黑色图形部分，以免使板图受损。

（2）将打印好的热转印纸覆盖在已做过表面清洁的敷铜板上，贴紧后送入制板机制板。只要敷铜板足够平整，用电熨斗熨烫几次也是可行的。

（3）敷铜板冷却后，揭去热转印纸。

其余蚀刻、去膜、修板、涂助焊剂等步骤同描图法。

6.2.4 印制导线的修复

由于各种原因，印制导线可能会出现划痕、缺口、针孔、断线等现象，这些现象会造成导线截面积的减小。另外，焊盘或印制导线的起翘也是一种缺陷。对于印制导线出现的以上缺陷，只允许每根导线最多修复两处，一般情况下每块印制电路板返修不得超过六处，修复后的导线宽度和导线间距应在允许的公差之内。

1. 印制导线断路的修复

（1）跨接法

① 跨接点尽量选用元器件的引线、金属化孔或接线柱。

② 清除跨接点处表面的涂覆层，并用异丙醇清洗干净，再用烙铁头除去跨接点处的多余焊料。

③ 截取一段镀锡导线，并每一端都绕接在元件的引线上或连接在金属化孔中，如图6-2-4所示。

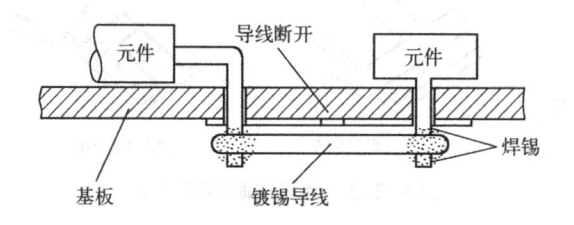

图 6-2-4　跨接法

④ 将跨接点涂上焊剂，进行锡焊。

⑤ 用异丙醇清洗跨接处的残渣。

⑥ 跨接导线较长时，应套上聚四氟乙烯套管。

跨接法操作简单，印制电路板的正反两面都可以进行跨接。

（2）搭接法

① 首先去除印制导线上返修处的表面涂覆层，即可用橡皮擦把断路处（至少8mm）擦

干净，再用异丙醇清洗。

② 截一段镀锡铜导线（长 20mm 左右），放在断路处的印制导线上涂上焊剂，然后进行锡焊，如图 6-2-5 所示。

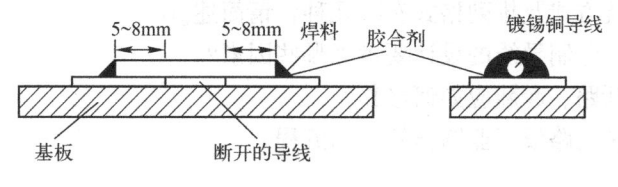

图 6-2-5 搭接法

③ 用异丙醇把焊接处的焊剂残渣清洗干净。
④ 在返修区内涂上少量的环氧胶合剂，并使其固化。

（3）补铜箔法
① 用外科手术刀把印制导线损坏的部分剥除，用磨石把已剥除印制导线的基板部位打毛，然后用洁净的布蘸上异丙醇进行清洗。
② 按被剥除印制导线的形状剪一片带有环氧树脂粘接剂的薄膜，再按薄膜的形状或稍长于薄膜剪一条铜箔。
③ 把薄膜放在已打毛的原印制导线的位置，再放上已打光的并用异丙醇清洗过的铜箔。
④ 用烙铁压住铜箔的中心，从两端拉紧铜箔，加上焊剂、焊料，把铜箔的端部与原有的印制导线焊接好。
⑤ 用异丙醇清洗掉连接部位的焊接残渣，再涂上表面涂料。

2. 印制导线起翘的修复

印制导线的一部分与基板脱开但又保持不断，叫做导线起翘。起翘的导线长度超过本根导线总长度的二分之一时，则无返修价值。常用修复起翘导线的方法有两种。

（1）在印制导线的底面涂环氢树脂
① 把印制导线起翘部位的表面及其基板清除干净，把基板打毛，然后用异丙醇清洗干净。
② 在起翘导线的底面和基板上，均匀涂上环氧树脂，在起翘的导线部位加压，并使之粘牢固化。需要时应涂上表面涂料。操作时一定要注意不要把起翘的导线弄断。

（2）在印制导线表面涂环氧树脂
当印制电路板上元器件的密度很高，又不能在印制导线的底面挤入环氧树脂时才用此法。
① 把起翘的印制导线表面及其周围的基板表面打磨干净，并用异丙醇清洗干净。
② 在起翘的导线表面及其周围的基板上，均匀地涂上环氧树脂，环氧树脂涂层应稍微厚些，并使之粘牢固化。

应该注意地是，以上两种方法粘接的印制导线，在固化之前不得进行其他加工。

思 考 题

1. 简述印制电路板的组成与种类。

2. 印制电路板设计前准备工作有哪些？
3. 整机电路的布局原则是什么？
4. 元件的布设应遵循哪些原则？
5. 元器件的安装方式及排列格式有哪几种？请简述。
6. 焊盘的设计、印制导线的设计要考虑哪些因素？
7. 印制导线的断路、起翘应如何修复？
8. 简述双面印制电路板工业制作的工艺流程。

第二篇　电工电子装配实训指导

第 7 章　电工装配实训

7.1　常用导线的连接工艺

敷设线路时，常常需要在分接支路的接合处或导线不够长的地方连接导线，连接处通常称为接头。导线的连接方法很多，有绞接、焊接、压接和螺栓连接等，各种连接方法适用于不同导线及不同的工作地点。导线连接无论采用哪种方法，都不外乎下列四个步骤：剥离绝缘层，导线线芯连接，接头焊接或压接，恢复绝缘。

7.1.1　导线端头绝缘层的剥离

连接前，必须先剥离导线端头的绝缘层，要求剥离后的芯线长度必须适合连接需要，不应过长或过短，且不应损伤芯线。各种导线的材质和绝缘层材质不同，其剥离导线端头绝缘层的方法也不尽相同，下面分别讨论塑料绝缘硬线、塑料绝缘软线、塑料护套线、花线、橡套绝缘软电缆、铅包线等的护套层和绝缘层的剥离工艺。

1. 硬线塑料绝缘层的剥离

（1）用钢丝钳剥离硬线塑料绝缘层

线芯截面积为 4mm^2 及以下的塑料绝缘硬线，一般可用钢丝钳剥离。具体方法为：按连接所需长度，用钳头刀口轻切绝缘层，左手捏紧导线，右手适当用力捏住钢丝钳头部，然后两手反向同时用力即可使端部绝缘层脱离芯线。在操作中应注意，不能用力过大，切痕不可过深，以免伤及线芯。用钢丝钳剥离导线绝缘层的方法如图 7-1-1 所示。

（2）用电工刀剥离硬线塑料绝缘层

按连接所需长度，用电工刀刀口对准导线成 45°角切入塑料绝缘层，注意掌握使刀口刚好削透绝缘层而不伤及线芯，然后压下刀口，夹角改为约 15°后把刀身向线端推削，把余下的绝缘层从端头处与芯线剥离，接着将余下的绝缘层扳翻至刀口根部后，再用电工刀切齐。

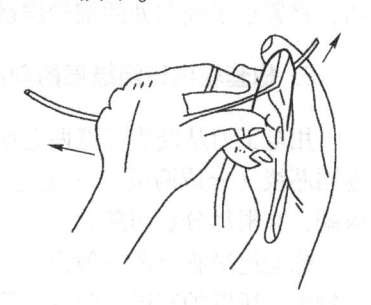

图 7-1-1　用钢丝钳剥离导线绝缘层

2. 软线塑料绝缘层的剥离

剥离软线塑料绝缘层除用剥线钳外，还可用钢丝钳直接剥离截面积为 4mm² 及以下的导线。其方法与用钢丝钳剥离硬线塑料绝缘层相同。塑料绝缘软线不能用电工刀剥离，因其太软，线芯又由多股铜丝组成，用电工刀极易伤及线芯。软线绝缘层剥离后，要求不存在断股（一根细芯线称为一股）和长股（即部分细芯线较其余细芯线长，端头长短不齐）现象，否则应切断后重新剥离。

3. 护套线塑料绝缘层的剥离

塑料护套线只有端头连接，不允许进行中间连接。其绝缘层分为外层的公共护套层和内部芯线的绝缘层。公共护套层通常都采用电工刀进行剥离，常用方法有两种：一种方法是用刀口从导线端头两芯线夹缝中切入，切至连接所需长度后，在切口根部割断护套层；另一种方法是按线头所需长度，将刀尖对准两芯线凹缝划破绝缘层，将护套层向后扳翻，然后用电工刀齐根切去。

内部芯线绝缘层的剥离与塑料绝缘硬线端头绝缘层的剥离方法完全相同，但切口相距护套层长度应根据实际情况确定，一般应在 10mm 以上。

4. 铅包线护套层和绝缘层的剥离

铅包线绝缘层分为外部铅包层和内部芯线绝缘层。剥离时先用电工刀在铅包层上切下一个刀痕，再用双手来回扳动切口处，将其折断，将铅包层拉出来。其内部芯线绝缘层的剥离与塑料硬线绝缘层的剥离方法相同。铅包线绝缘层剥离的操作过程如图 7-1-2 所示。

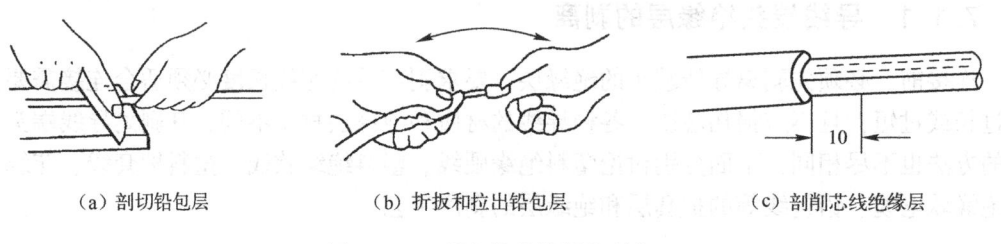

(a) 剖切铅包层　　(b) 折扳和拉出铅包层　　(c) 剖削芯线绝缘层

图 7-1-2　铅包线绝缘层的剥离

5. 花线绝缘层的剥离

花线的结构比较复杂，其多股铜质细芯线先由棉纱包扎层裹捆，接着是橡胶绝缘层，外面还套有棉织管（即保护层）。剥离时先用电工刀在线头所需长度处切割一圈拉去棉织管，然后在距离棉织管 10mm 左右处用钢丝钳按照剥离塑料软线的方法将内层的橡胶绝缘层剥离，将紧贴于线芯处的棉纱层散开，用电工刀割除。

6. 橡套软电缆绝缘层的剥离

用电工刀从端头任意两芯线缝隙中割破部分护套层，然后把割破的已分成两片的护套层连同芯线（分成两组）一起进行反向分拉来撕破护套层，直到所需长度，再将护套层向后扳翻，在根部分别切断。

橡套绝缘软电缆一般作为工地施工现场的临时电源馈线，使用机会较多，因而受外界拉力较大，所以护套层内除有芯线外，尚有 2~5 根加强麻线。这些麻线不应在护套层切口根部剪去，而应扣结加固，余端也应固定在插头或电具内的防拉板中。芯线绝缘层可按塑料绝缘软线的方法进行剥离。

7.1.2 导线的电气连接工艺

1. 对导线连接的基本要求

对导线连接的基本要求如下所述。

（1）接触紧密，接头电阻小，稳定性好。接头电阻与同长度同截面积导线的电阻之比应不大于1。

（2）接头的机械强度应不小于导线机械强度的80%。

（3）耐腐蚀。对于两根铝芯导线（简称铝线）的连接，如果采用熔焊法，则主要应防止残余熔剂或熔渣的化学腐蚀。对于铝芯导线与铜芯导线（简称铜线）的连接，主要应防止电化腐蚀。在接头前后要采取措施，避免腐蚀的存在。否则，在长期运行中，接头有发生故障的可能。

（4）接头的绝缘层强度应与导线的绝缘强度相同。

2. 铜芯导线的连接

（1）单股铜芯线的直接连接

先按芯线直径约40倍长剥去线端绝缘层，并勒直芯线再按以下步骤进行。

① 把两根线头在离芯线根部的1/3处呈X状交叉，如图7-1-3（a）所示。
② 把两线头如麻花状互相紧绞两圈，如图7-1-3（b）所示。
③ 先把一根线头扳起与另一根处于下边的线头保持垂直，如图7-1-3（c）所示。
④ 把扳起的线头按顺时针方向在另一根线头上紧缠6~8圈，圈间不应有缝隙，且应垂直排绕。缠毕切去芯线余端，并钳平切口，不准留有切口毛刺，如图7-1-3（d）所示。
⑤ 另一端头的加工方法，按上述步骤③~④操作。

单股铜芯线直接连接后的效果如图7-1-3（e）所示。

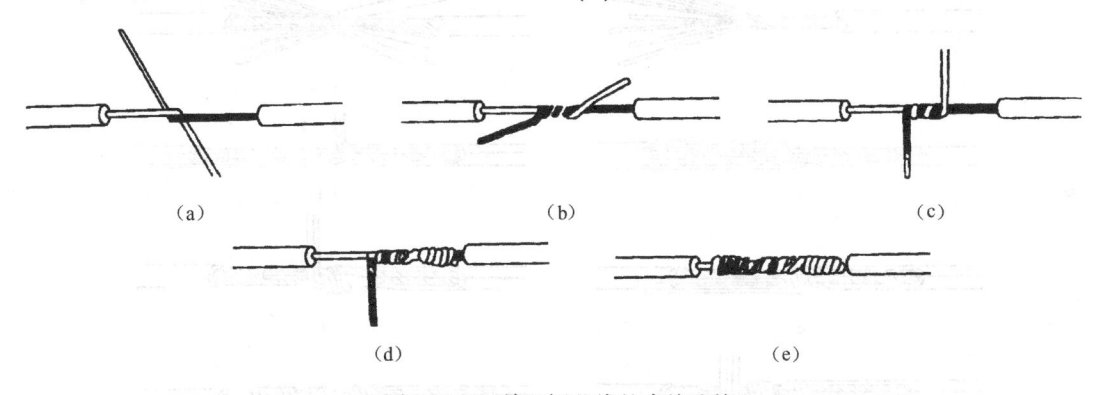

（a） （b） （c）

（d） （e）

图7-1-3 单股铜芯线的直接连接

（2）单股铜芯线与多股铜芯线的分支连接

先按单股铜芯线直径约20倍的长度剥除多股线连接处的中间绝缘层，并按多股线的单股芯线直径的100倍左右长度剥去单股线的线端绝缘层，再勒直芯线。然后按以下步骤进行。

① 在离多股线的左端绝缘层切口3~5mm处的芯线上，用一字螺丝刀把多股芯线分成较均匀的两组（如7股线的芯线以3、4分），如图7-1-4（a）所示。

② 把单股芯线插入多股线的两组芯线中间，但单股线芯不可插到底，应使绝缘层切口离多股芯线约 3mm 左右。同时，尽量使单股芯线向多股芯线的左端靠近，以能达到距多股线绝缘层切口不大于 5mm。接着用钢丝钳把多股线的插缝钳平、钳紧，如图 7-1-4（b）所示。

③ 把单股芯线按顺时针方向紧缠在多股芯线上，务必使每圈直径垂直于多股芯线轴心，并应使各圈紧挨密排，应绕足 10 圈，然后切断余端，钳平切口毛刺，如图 7-1-4（c）所示。

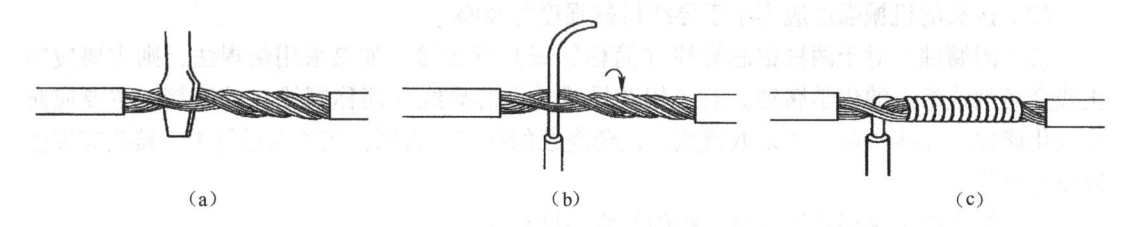

图 7-1-4　单股铜芯导线与多股铜芯线的分支连接

（3）多股铜芯线的直接连接

多股铜芯线的直接连接如图 7-1-5 所示。按下列步骤进行。

① 先将剖去绝缘层的芯线头拉直，接着把芯线头全长的 1/3 根部进一步绞紧，然后把余下的 2/3 根部的芯线头按如图 7-1-5（a）所示方法分散成伞骨状，并将每股芯线拉直。

② 把两导线的伞骨状线头隔股对叉，如图 7-1-5（b）所示，然后捏平两端每股芯线。

③ 仍以 7 股芯线为例，先把一端的 7 股芯线按 2、2、3 股分成三组，把第一组股芯线扳起并垂直于芯线，如图 7-1-5（c）所示；然后按顺时针方向紧贴并缠绕两圈，再扳成与芯线平行的直角，如图 7-1-5（d）所示。

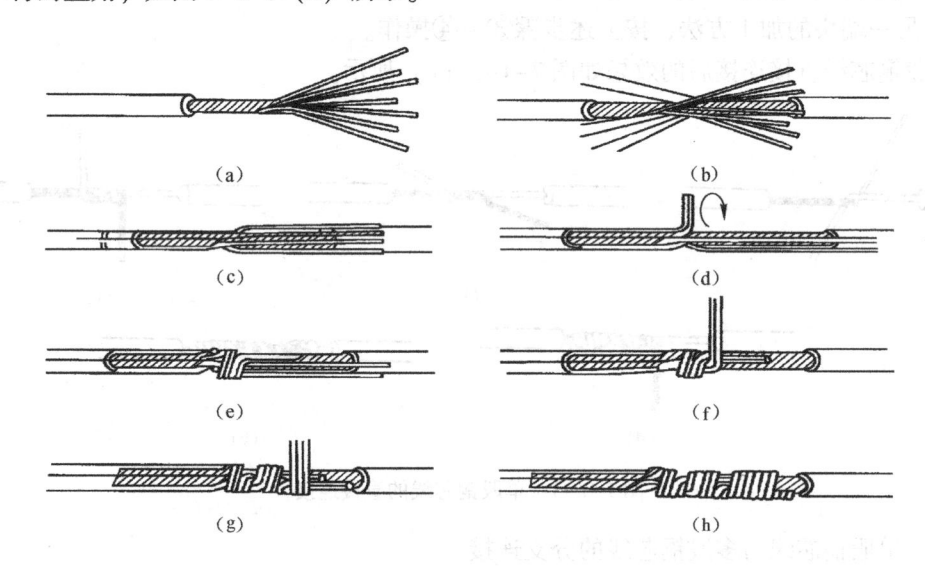

图 7-1-5　多股铜芯线的直接连线

④ 按照相同的方法继续紧缠第二组和第三组芯线，但在后一组芯线扳起时，应把扳起的芯线紧贴前一组芯线已弯成直角的根部，如图 7-1-5（e）和图 7-1-5（f）所示。第三组芯线应紧缠三圈，如图 7-1-5（g）所示。每组多余的芯线端部应剪去，并钳平切口毛

刺。导线的另一端连接方法相同。

多股铜芯线的直接连接后的效果如图7-1-5（h）所示。

（4）多股铜芯线的分支连接

多股铜芯线的分支连接如图7-1-6所示。

先将干线在连接处按支线的单根芯线直径约60倍长剥去绝缘层，支线线头绝缘层的剥离长度约为干线单根芯线直径的80倍左右。再按以下步骤进行。

① 把支线线头离绝缘层切口约1/10的一段芯线作进一步绞紧，把余下的约9/10芯线头松散，并逐根勒直后分成较均匀且排成并列的两组（如7股线按3、4股分组），如图7-1-6（a）所示。

② 在干线芯线中间略偏一端部位，用一字螺丝刀插入芯线股间，分成较均匀的两组。把支路略多的一组芯线头插入干线芯线的缝隙中。同时移动位置，使干线芯线约以2/5和3/5分留两端，即2/5一段供支线3股芯线缠绕，3/5一段供支线4股芯线缠绕，如图7-1-6（b）所示。

③ 先钳紧干线芯线插口处，把支线3股芯线在干线芯线上按顺时针方向垂直地紧紧排缠至三圈，剪去多余的线头，钳平端头，修去毛刺，如图7-1-6（c）所示。

④ 按步骤③的方法缠绕另4股支线芯线头，但要缠足四圈，芯线端口也应不留毛刺，如图7-1-6（d）所示。

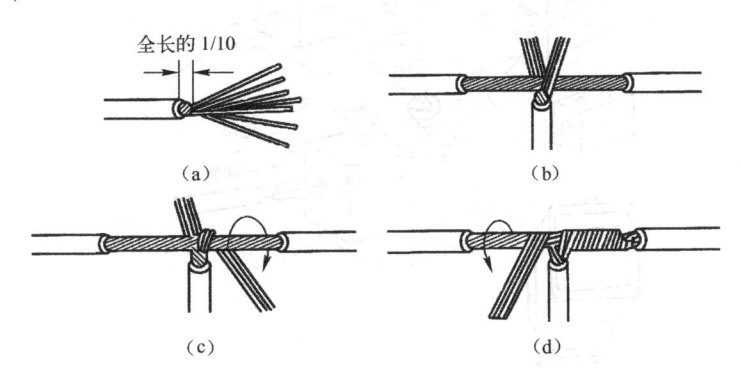

图7-1-6 多股铜芯线的分支连线

3. 铝芯线的连接

（1）小规格铝线的连接方法

① 截面积在4mm²以下的铝线，允许直接与连接柱连接，但连接前必须经过清除氧化铝薄膜的技术处理。方法是，在芯线端头涂抹一层中性凡士林，然后用细钢丝刷或铜丝刷刷擦芯线表面，再用清洁的棉纱或布条抹去含有氧化铝膜屑的凡士林，但不要彻底擦干净表面的所有凡士林。

② 各种形状接点的弯制和连接方法，均与小规格铜质导线的各种连接方法相同，可参照应用。

③ 铝线质地很软，压紧螺钉虽应紧压住线头，不能使其松动，但也应避免一味地拧紧螺钉而把铝线芯压偏或压断。

（2）铜线与铝线的连接

由于铜与铝在一起，日久铝会产生电化腐蚀。因此，对于较大负荷的铜线与铝线连接应采用铜铝过渡连接管。使用时，连接管的铜端插入铜导线、铝端插入铝导线，利用局部压接法压接。

7.1.3 导线端头的压接

导线与接线柱的连接称为压接。接线柱又称接线桩或接线端子，是各种电气装置或设备的导线连接点。导线与接线柱的连接是保证装置或设备完全运行的关键工序，必须接得正规可靠。

1. 导线与针孔式接线柱的连接

单股芯线端头应折成双根并列状后，再以水平状插入承接孔，并能使并列面承受压紧螺钉的顶压。芯线端头所需长度应是两倍孔深，如图7-1-7（a）所示。

芯线端头必须插到孔的底部。凡有两个压紧螺钉的针孔式接线柱，应先拧紧近孔口的一个，再拧紧近孔底的一个，如图7-1-7（b）所示。

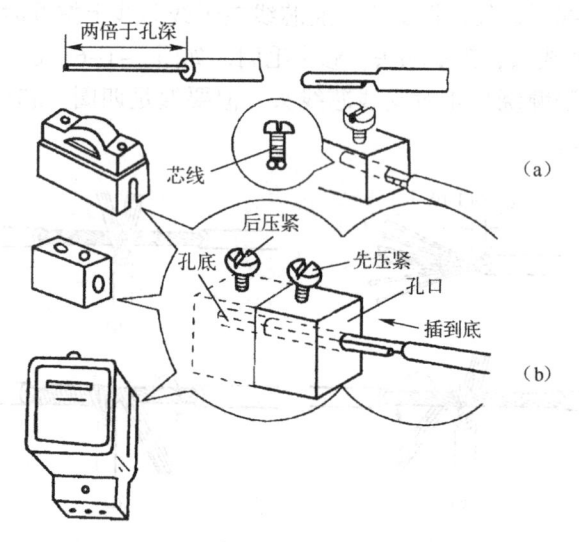

图7-1-7 导线与针孔式接线柱的连线

2. 线头与螺钉平压式接线桩的连接

（1）单股芯线线头与螺钉平压式接线桩的连接

在螺钉平压式接线桩上接线时，如果是较小截面的单股芯线，则必须把线头弯成羊眼圈，如图7-1-8所示。羊眼圈弯曲的方向应与螺钉拧紧的方向一致。

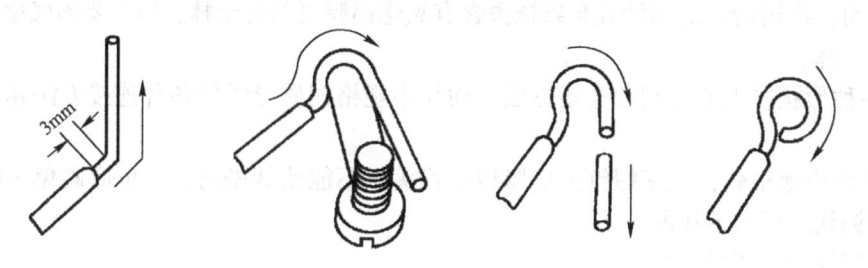

图7-1-8 单股芯线羊眼圈弯法

(2) 多股芯线与螺钉平压式接线桩的连接

多股芯线与螺钉平压式接线桩连接时，压接圈的弯法如图7-1-9所示。较大截面单股芯线与螺钉平压式接线桩连接时，线头须装上接线耳，由接线耳与接线桩连接。

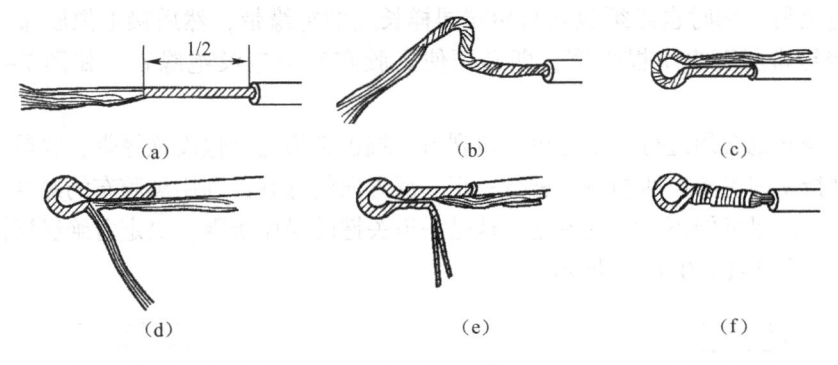

图7-1-9 多股芯线压接圈弯法

7.1.4 导线的封端与绝缘层的恢复

安装好的配线最终要与电气设备相连，为了保证导线线头与电气设备接触良好并具有较强的机械性能，对于多股铝线和截面积大于 2.5mm² 的多股铜线，都必须在导线终端焊接或压接一个接线端子，再与设备相连。这种工艺过程叫做导线的封端。

1. 铜导线的封端

（1）锡焊法

锡焊前，先将导线表面和接线端子孔用砂布擦干净，涂上一层无酸焊锡膏，将线芯搪上一层锡。然后把接线端子放在喷灯火焰上加热，当接线端子烧热后，把焊锡熔化在端子孔内，并将搪好锡的线芯慢慢插入，待焊锡完全渗透到线芯缝隙中后，即可停止加热。

（2）压接法

将表面清洁且已加工好的线头直接插入内表面已清洁的接线端子线孔，用压接钳压接。

2. 铝导线的封端

铝导线一般用压接法封端。压接前，剥离导线端部的绝缘层，其长度为接线端子孔的深度加上5mm，除掉导线表面和端子内壁的氧化膜，涂上中性凡士林，再将线芯插入接线端子内，用压接钳进行压接。当铝导线出线端与设备铜端子连接时，由于存在电化腐蚀问题，因此应采用预制好的铜铝过渡接线端子，其压接方法同前文所述。

3. 导线绝缘层的恢复

绝缘导线的绝缘层，因连接需要被剥离后或遭到意外损伤后，均需恢复；而且经恢复的绝缘层的绝缘性能不能低于原有的标准。在低压电路中，常用的恢复材料有黄蜡布带、聚氯乙烯塑料带和黑胶布等多种，一般采用20mm的规格。其包缠方法如下所述。

（1）包缠时，先将绝缘带从左侧的完好绝缘层上开始包缠，应包入绝缘层 30~40mm。包缠绝缘带时，要用力拉紧，绝缘带与导线之间应保持约45°倾斜，如图 7-1-10（a）

所示。

（2）进行每圈斜叠缠包，后一圈必须压叠住前一圈的1/2带宽，如图7-1-10（b）所示。

（3）包至另一端时也必须包入与始端同样长度的绝缘带，然后接上黑胶布，并应使黑胶布包出绝缘带层至少半根带宽，即必须使黑胶布完全包没绝缘带，如图7-1-10（c）所示。

（4）黑胶布也必须进行1/2叠包，包到另一端也必须完全包没绝缘带，收尾后应用双手的拇指和食指紧捏黑胶布两端口，进行一正一反方向的拧旋，利用黑胶布的黏性，将两端口充分密封起来，尽可能不让空气流通。这是一道关键的操作步骤，决定着绝缘层恢复操作质量的优劣，如图7-1-10（d）所示。

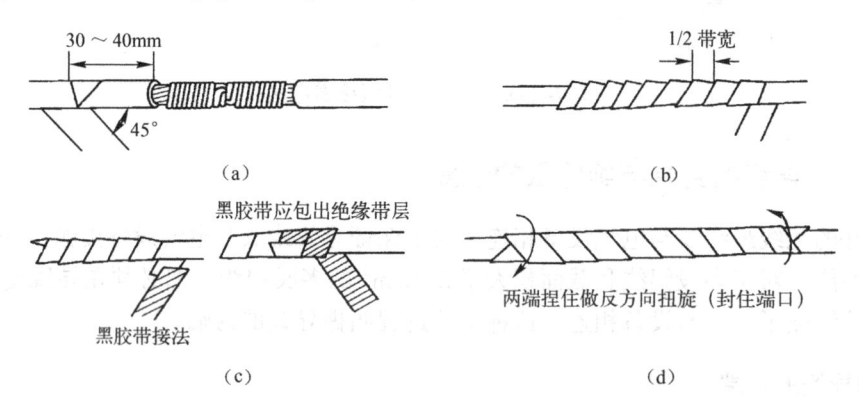

图7-1-10 对接点线缘层的恢复

在实际应用中，为了保证经恢复的导线绝缘层的绝缘性能达到或超过原有标准，一般均包两层绝缘带后再包一层黑胶布。

7.2 常用照明灯具的安装

7.2.1 照明灯具安装工艺

1. 灯具的安装

灯具通常有悬挂式、嵌顶式、壁式三种安装方式。悬挂式可分为吊线式、吊链式、吊管式三种形式；嵌顶式可分为吸顶式、嵌入式；壁式灯具通常安装在墙壁和立柱上。

（1）悬挂式安装

① 吊线式。直接由软线承重，软线应绝缘良好，且不得有接头。由于吊线盒内接线螺钉的承重力较小，因此安装时应在吊线盒内打好结，使导线结卡在盒盖的线孔处。有时还在导线上采用自在器，以便调整灯的悬挂高度，如图7-2-1所示。

② 吊链式。吊链灯的安装方法与吊线灯相同，但悬挂重量由吊链承担。吊链下端固定在灯具上，上端固定在吊线盒内或挂钩上，软导线应编绕在吊链内，如图7-2-2所示。

③ 吊管式。当灯具自重较大时，可采用钢管来悬吊灯具。吊管应选用薄壁钢管，其内

径不应小于 10mm。其固定方法如图 7-2-3 所示。

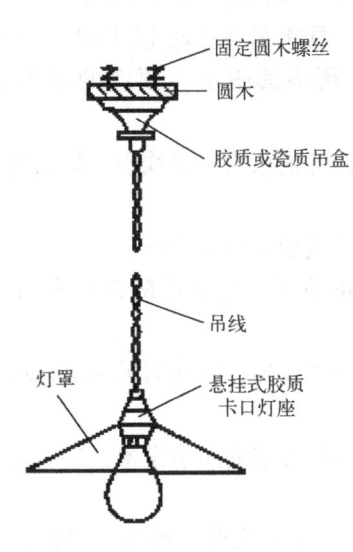

图 7-2-1 吊线式灯具安装

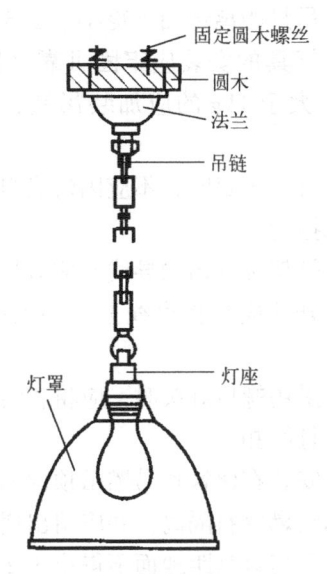

图 7-2-2 吊链式灯具安装

(2) 嵌顶式安装

① 吸顶式。吸顶式是通过木台将灯具安装在屋顶上。在空心楼板上安装木台时，可用弓形板来固定。弓形板适用于护套线直接穿楼板孔的敷线方式。

② 嵌入式。嵌入式适用于有吊顶的室内。通常，在制作吊顶时，根据灯具的嵌入尺寸预留孔洞，安装灯具时，将其嵌装在吊顶上。

(3) 壁式灯具安装

壁式灯具既可装在墙上，也可装在柱子上。装在砖墙上时，应在砌墙时预埋木砖（禁止用木楔代替木砖）或金属构件，安装灯具时将塑料圆台或方台（或木台）固定在木砖或金属构件上。壁灯装在柱子上时，应在柱子上预埋金属构件或者用抱箍将金属构件固定在柱子上，然后将壁灯直接装在金属构件上，如图 7-2-4 所示。

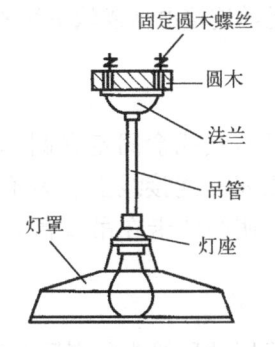

图 7-2-3 吊管式灯具安装

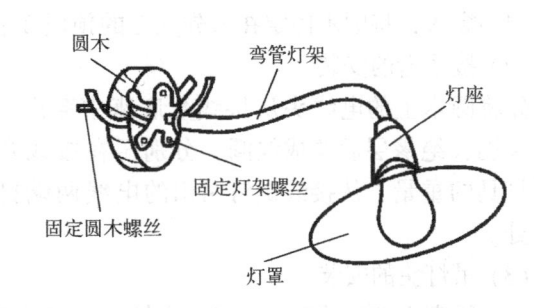

图 7-2-4 壁式灯具发装

2. 灯具安装的一般要求

室内常用照明灯具有白炽灯、荧光灯、高压汞灯、碘钨灯等多种，无论其安装方式如何,均应满足以下要求。

(1) 吊灯距离地面不得小于 2.5m,照明开关及插座距离地面不应小于 1.3m。

(2) 灯具的安装应牢固可靠(特别是吊灯)。灯具重量在 1kg 以下时,可直接用软线悬吊;大于 1kg 的应加装吊链;超过 3kg 时,必须将其固定在预埋的吊钩或吊挂螺栓上。

(3) 灯具固定时,不应因灯具自重而使导线承受额外的张力;导线引入灯具处不应受到拉力和摩擦力。

(4) 灯架和管内的导线不应有接头,导线分支和连接处应便于检查。

(5) 开关应装在火线上,必须接地或接零的金属外壳应有专用的接地螺钉与接地线相连。

(6) 采用螺口灯头时,应将相线与中心弹簧片的一端连接,零线与另一端连接;软线在吊盒内应打结扣。

(7) 安装在建筑物易燃吊顶内的灯具及贴近易燃材料安装的照明设备,应在灯具或设备的周围用阻燃材料隔离,并应留出通风散热孔隙。

(8) 厂房灯具距地面不得小于 2.5m。若小于此值,应采取保护措施。保护措施主要包括:使用安全电压;不许使用带开关的灯口;不得将导线直接焊在灯泡的接点上;当使用螺口灯头时,铜口不得外露。为了安全可靠,在螺口灯头上应另加防护装置或使用带保护环的螺口灯头。

7.2.2 白炽灯的安装

白炽灯具有结构简单、安装方便、安全性能好等诸多优点,因此许多地方都要求装白炽灯,如对于一些照度要求不高的厂房、需要局部照明的场所和事故照明灯、开关频繁的信号灯或台灯、电台或通信中心、为了防止气体放电引起干扰的场所、需要调节光源亮暗的场所及一些医疗用特殊灯具。

白炽灯的安装通常有悬吊式、嵌顶式和壁式等几种,其常见的安装方法如下所述。

(1) 圆木的安装

在圆木底部刻两条线槽,若是槽板配线,则应在正对槽板的一面锯一豁口,将电源相线和零线卡入圆木线槽,并穿过圆木中部两侧的小孔,留出足够连接电器或软吊线的接头。然后从中心穿入,将圆木固定在事先完工的预埋件上。

(2) 接线盒的安装

先将圆木上的电线头从接线盒底座中穿出,用木螺丝将接线盒固定在圆木上。然后将线头剥去绝缘层后弯成线圈,分别压在接线盒与灯头之间的连接线上。为不使接线头承受灯具的重量,从接线螺钉引出的电线两端打好结扣,使结扣卡在吊线盒和灯座的出线孔处。

(3) 吊灯头的安装

将软线穿入灯头盖孔中,打一个结扣,然后把去除绝缘层的导线头分别压在接线柱上,注意相线应接在与中心铜片相连的接线柱上,零线接在与螺口相连的接线柱上。

(4) 开关的安装

开关应串联在通往灯头的相线上,相线应先进开关然后进灯头。开关的安装步骤和方法与接线盒大体相同。白炽灯线路的安装如图 7-2-5 所示。

(a) 导线结扣法　　　　(b) 灯头接线

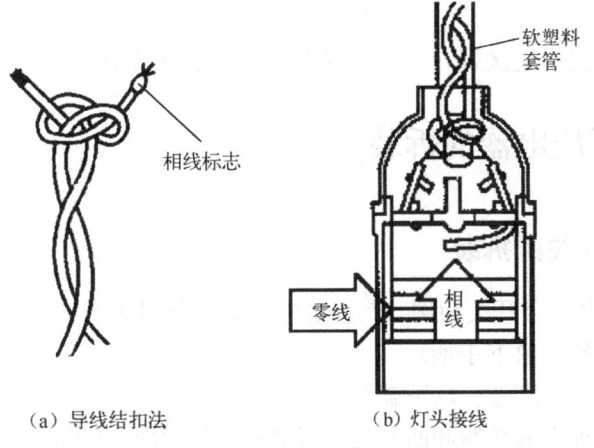

图 7-2-5　白炽灯线路的安装

7.2.3　日光灯的安装

日光灯又称荧光灯，是应用最广的气体光源。它靠汞蒸气电离形成气体放电，导致管壁的荧光物质发光。目前我国生产的荧光灯有普通荧光灯和三基色荧光灯。三基色荧光灯具有高显色指数，色温达 5600K，可保证物体颜色的真实性。荧光灯广泛用于照度要求较高、能识别颜色的场所，其安装过程如下。

（1）准备工作

备好灯架，检查灯管、镇流器、启辉器是否完好配套。

（2）组装灯架

对于分散控制的荧光，将镇流器装在灯架的中间位置；对于集中控制的几盏日光灯，几只镇流器应集中安装在控制点的一块配电板上。然后将启辉器安装在灯架的一端，两个灯座分别固定在灯架两端，中间距离要按所用灯管长度量好。各配件位置固定后，按电路图接线。接线完毕后应进行详细检查。

（3）固定灯架

灯架安装的方式有吸顶式和悬吊式，悬吊式又分为金属链条悬吊和钢管悬吊两种。将灯架固定在事先埋设好的紧固件上即可。其安装和接线如图 7-2-6 所示。

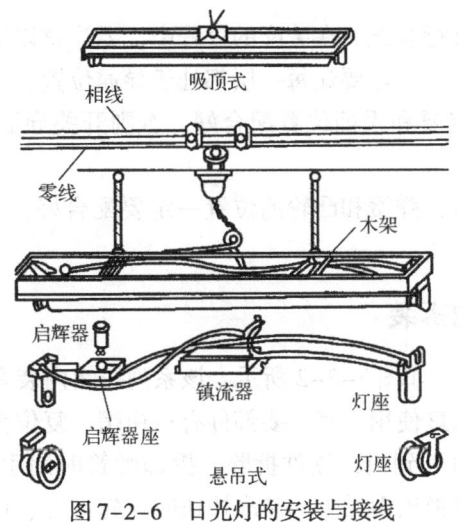

图 7-2-6　日光灯的安装与接线

（4）通电试用

装入启辉器和灯管，连接好开关，检查无误后，通电试用。

7.3 常用低压电器的拆装

7.3.1 组合开关的拆装

以 HZ10-10/3 型组合开关为例，其拆装过程简单介绍如下。
（1）松去手柄螺丝，取下手柄。
（2）松去两边的紧固螺丝，取下盖板。
（3）仔细观察转轴上的弹簧和凸轮的位置关系，然后取下转轴。
（4）取出凸轮，抽出绝缘杆。
（5）取出导板、滑板。
（6）依次取出三层的动、静触片和绝缘垫板，注意观察三层动、静触点的位置。
（7）从底板上旋下两边的支架。拆完后，各部件如图 7-3-1 所示。

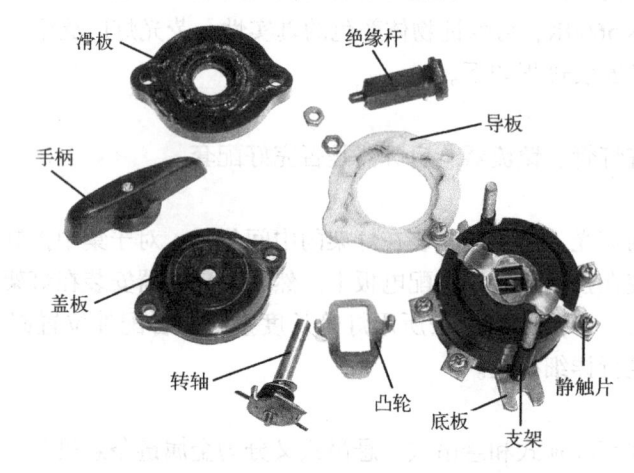

图 7-3-1 HZ10-10/3 型组合开关分解图

装配时按拆卸的逆序进行装配。在装配的过程中，要注意以下几点。
（1）装配动、静触片时，一定要让每一层都处于导通位置。
（2）插入绝缘杆时一定要和手柄位置配合好，否则开关导通和断开时，其手柄位置会颠倒。
（3）安装转轴和弹簧时，弹簧和凸轮的位置一定要配合好，否则弹簧将失去储能作用，开关将不能准确定位。

7.3.2 按钮开关的拆装

以 LA19 系列按钮为例，如图 7-3-2 所示。该系列按钮内装有信号灯，除了作为主令开关外，还可以兼做信号指示灯使用。其主要部件有按钮帽、复位弹簧、动合触点、动断触点和静接线桩等。拆装时，由外到内，逐件拆除。拆卸弹簧时用手按住按钮帽，等螺丝松动后，再慢慢释放，以免弹簧弹出而丢失。装配按钮时，先将灯、灯帽装好，再用镊子稳住弹簧，待螺丝旋入后松开弹簧，用手试按几下，感觉灵活时再旋紧螺丝。

7.3.3 熔断器的拆装

以 RL1 型熔断器为例。其拆卸顺序为：旋下瓷帽，拿出熔断管，再旋出瓷套。其结构如图 7-3-3 所示。拆装时要注意瓷套和上下接线端子的位置关系。仔细观察底座上、下接线端的位置，体会"低端进，高端出"的意义。RL1 型熔断器的装配顺序与拆卸顺序相反。

图 7-3-2　LA19 系列按钮开关　　　　　　　图 7-3-3　RL1 型熔断器

7.3.4 交流接触器的拆装

以 CJ10-20 型接触器为例，其拆装步骤如下。

（1）松掉灭弧罩的紧固螺丝，取下灭弧罩。

（2）拉紧主触点的定位弹簧夹，取下主触点及主触点的压力弹簧片。拉出主触点时必须将主触点旋转 45°后才能取下。

（3）松掉辅助动合静触点的接线桩螺丝，取下动合静触点。

（4）松掉接触器底部的盖板螺丝，取下盖板。在松盖板螺丝时，要用手按住盖板，慢慢放松。

（5）取下静铁芯缓冲绝缘纸片、静铁芯、静铁芯支架及缓冲弹簧。

（6）拔出线圈接线端的弹簧夹片，取出线圈。

（7）取出反力弹簧。

（8）抽出动铁芯和支架。在支架上拔出动铁芯的定位销。

（9）取下动铁芯及缓冲绝缘纸片。

拆卸完的各部件如图 7-3-4 所示，仔细观察各零部件的结构特点，并做好记录。

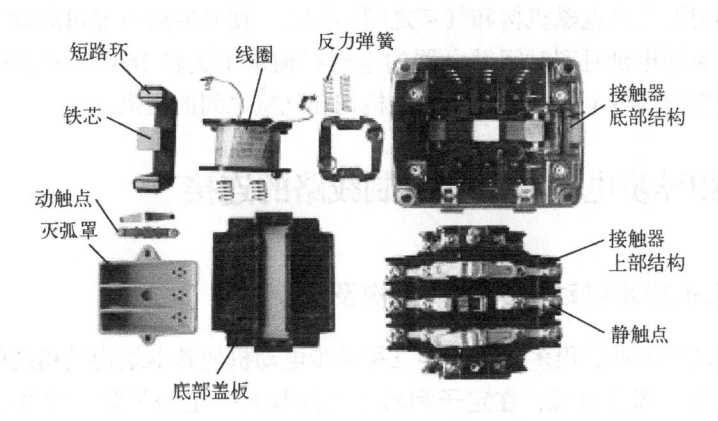

图 7-3-4　CJ10-20 交流接触器分解图

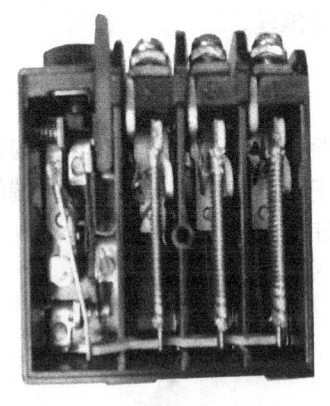

图 7-3-5　JR16 内部结构图

装配还原步骤按拆卸的逆序进行。

7.3.5　热继电器的拆装

热继电器的机构较简单，以 JR16 系列为例，只要打开后盖板，里面的机构就可以看清楚了，如图 7-3-5 所示。通过拨动热继电器里面的双金属片，仔细观察触点的动作情况，能进一步了解热继电器的工作原理。

7.3.6　时间继电器的拆装

以 JS7-2A 通电延时型时间继电器为例，其拆装步骤如下。

(1) 松开延时触点的紧固螺丝，取下延时触点（微动开关）。
(2) 松开电磁机构与基座之间的紧固螺丝，取下电磁系统部分。
(3) 松开气室部分与基座之间的螺丝，取下气室。
(4) 松开气室部分的螺丝，打开气室。
(5) 仔细观察各部分的组成，并做好记录。各部件如图 7-3-6 所示。

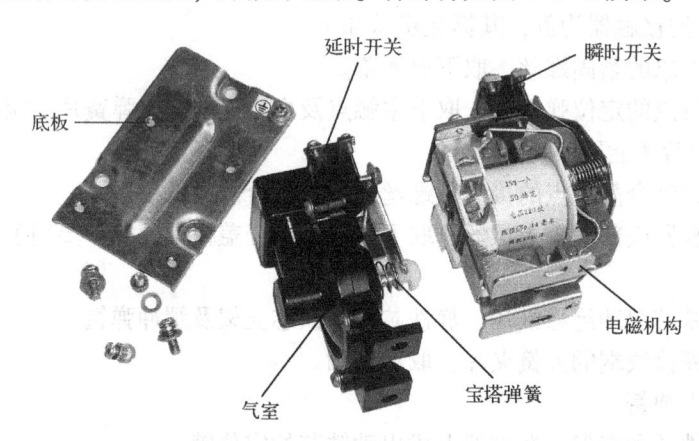

图 7-3-6　JS7-2A 通电延时型时间继电器分解图

装配还原时，按拆卸的逆序进行。在装配气室的过程中要注意气室的密封，不能漏气。在安装电磁机构时要注意电磁机构和气室之间的距离，使延时触点能可靠动作。

特别说明：将通电延时型时间继电器的电磁机构水平旋转 180°后安装在基座上，可使它变为断电延时型时间继电器，并注意电磁机构和气室之间的距离。

7.4　三相异步电动机及其控制线路的连接

7.4.1　三相异步电动机的基本结构及铭牌

三相异步电动机的种类很多，但各类三相异步电动机的基本结构是相同的，它们都由定子和转子这两大基本部分组成，在定子和转子之间具有一定的气隙。此外，还有端盖、轴承、接线盒、吊环等其他附件，如图 7-4-1 所示。

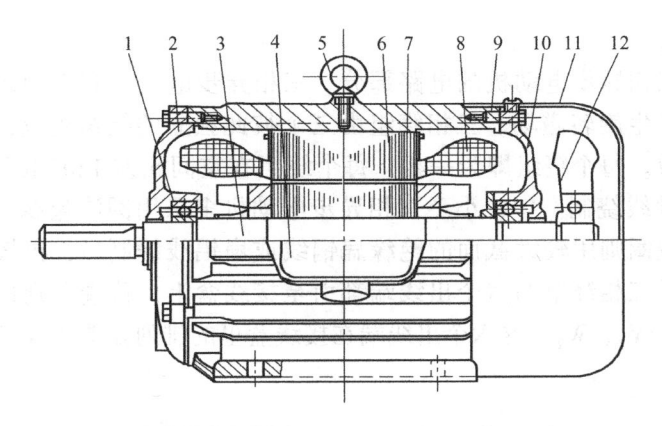

1—轴承；2—前端盖；3—转轴；4—接线盒；5—吊环；6—定子铁芯；
7—转子；8—定子绕组；9—机座；10—后端盖；11—风罩；12—风扇

图 7-4-1　封闭式三相鼠笼式异步电动机结构图

1. 定子部分

定子是用来产生旋转磁场的。三相异步电动机的定子一般由外壳、定子铁芯、定子绕组等部分组成。

(1) 外壳

三相异步电动机外壳包括机座、端盖、轴承盖、接线盒及吊环等部件。

① 机座：铸铁或铸钢浇铸成形，其作用是保护和固定三相异步电动机的定子绕组。中、小型三相异步电动机的机座还有两个端盖支承着转子，它是三相异步电动机机械结构的重要组成部分。通常，机座的外表要求散热性能好，所以一般都铸有散热片。

② 端盖：用铸铁或铸钢浇铸成形，其作用是把转子固定在定子内腔中心，使转子能够在定子中均匀地旋转。

③ 轴承盖：也是铸铁或铸钢浇铸成形的，其作用是固定转子，使转子不能轴向移动，另外还起存放润滑油和保护轴承的作用。

④ 接线盒：一般是用铸铁浇铸，其作用是保护和固定绕组的引出线端子。

⑤ 吊环：一般是用铸钢制造，安装在机座的上端，用来起吊、搬抬三相电动机。

(2) 定子铁芯

三相异步电动机定子铁芯是电动机磁路的一部分，由 0.35~0.5mm 厚的、表面涂有绝缘漆的薄硅钢片叠压而成，如图 7-4-2 所示。由于硅钢片较薄而且片与片之间是绝缘的，所以减少了由于交变磁通通过而引起的铁芯涡流损耗。铁芯内圆有均匀分布的槽口，用来嵌放定子绕圈。

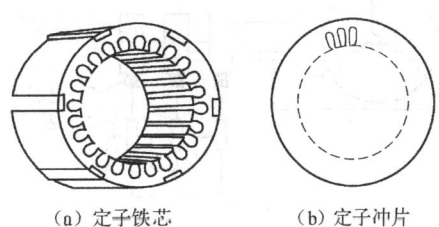

(a) 定子铁芯　　(b) 定子冲片

图 7-4-2　定子铁芯及冲片示意图

(3) 定子绕组

定子绕组是三相异步电动机的电路部分。三相异步电动机有三相绕组，通入三相对称电流时，就会产生旋转磁场。三相绕组由三个彼此独立的绕组组成，且每个绕组又由若干线圈连接而成。每个绕组即为一相，每个绕组在空间相差120°电角度。线圈由绝缘铜导线或绝缘铝导线绕制。中、小型三相异步电动机多采用圆漆包线，大、中型三相异步电动机的定子线圈则用较大截面的绝缘扁铜线或扁铝线绕制后，再按一定规律嵌入定子铁芯槽内。定子三相绕组的六个出线端都引至接线盒上，首端分别标为 U_1、V_1、W_1，末端分别标为 U_2、V_2、W_2。这六个出线端在接线盒里的排列如图7-4-3所示，可以接成星形或三角形。

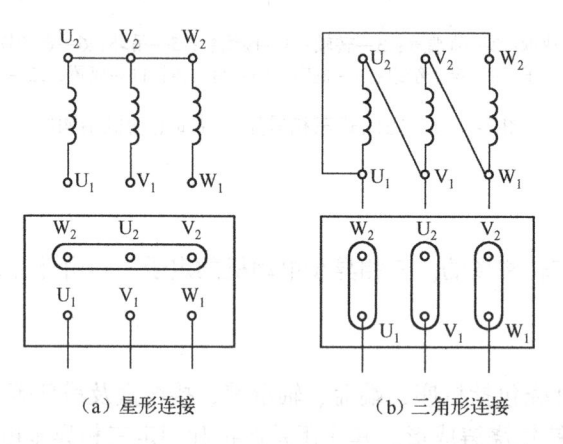

(a) 星形连接　　(b) 三角形连接

图7-4-3　定子绕组的连接

2. 转子部分

(1) 转子铁芯

转子铁芯用0.5mm厚的硅钢片叠压而成，套在转轴上，其作用与定子铁芯相同，一方面作为电动机磁路的一部分，另一方面用来安放转子绕组。

(2) 转子绕组

三相异步电动机的转子绕组分为绕线形与鼠笼形两种，由此分为绕线形异步电动机与鼠笼形异步电动机。

① 绕线形绕组。与定子绕组一样也是一个三相绕组，一般接成星形，三相引出线分别接到转轴上的三个与转轴绝缘的集电环上，通过电刷装置与外电路相连。这就有可能在转子电路中串接电阻或电动势以改善电动机的运行性能，如图7-4-4所示。

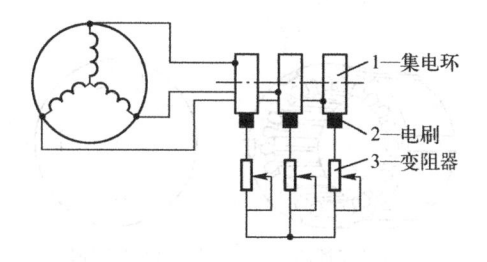

1—集电环
2—电刷
3—变阻器

图7-4-4　绕线形转子与外加变阻器的连接

② 鼠笼形绕组

在转子铁芯的每一个槽中插入一根铜条，在铜条两端各用一个铜环（称为端环）把导条连接起来，称为铜排转子，如图7-4-5（a）所示。也可用铸铝的方法，把转子导条和端环风扇叶片用铝液一次浇铸而成，称为铸铝转子，如图7-4-5（b）所示。100kW以下的异步电动机一般采用铸铝转子。

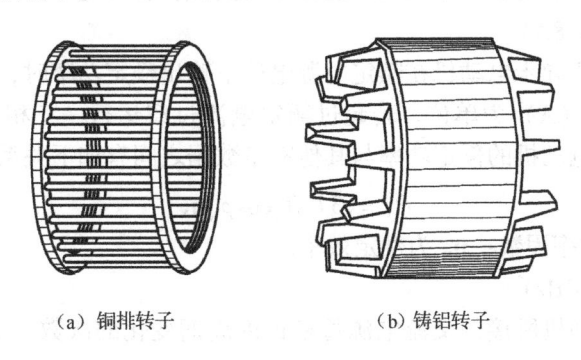

(a) 铜排转子　　　　(b) 铸铝转子

图 7-4-5　鼠笼形转子绕组

3. 其他部分

三相异步电动机的其他部分包括端盖、风扇等。端盖除了起防护作用外，在其上还装有轴承，用以支撑转子轴。风扇则用来通风冷却电动机。三相异步电动机的定子与转子之间的空气隙，一般仅为0.2~1.5mm。气隙太大，电动机运行时的功率因数降低；气隙太小，则装配困难，运行不可靠，高次谐波磁场增强，从而使附加损耗增加并使启动性能变差。

4. 三相异步电动机的铭牌

在三相异步电动机的外壳上钉有一块牌子，叫铭牌。铭牌上注明该三相电动机的主要技术数据，是选择、安装、使用和修理（包括重绕组）三相异步电动机的重要依据，其主要内容见表7-4-1。

表 7-4-1　三相异步电动机铭牌

三相异步电动机			
型号 Y-112-M-4		编　号	
4.0kW		8.8A	
380V	1440r/min	LW82dB	
接法△	防护等级 IP44	50Hz	45kg
标准编号	工作制 SI	B级绝缘	年　月
******电机厂			

（1）型号（Y-112-M-4）

Y为电动机的系列代号，112为基座至输出转轴的中心高度（mm），M为机座类别（L为长机座，M为中机座，S为短机座），4为磁极数。

（2）额定功率（4.0kW）

额定功率是指在满载运行时三相异步电动机轴上所输出的额定机械功率，以千瓦

（kW）或瓦（W）为单位。

（3）额定电压（380V）

额定电压是指接到电动机绕组上的线电压，用 U_N 表示。三相异步电动机要求所接的电源电压值的变动一般不应超过额定电压的 ±5%。电压过高，电动机容易烧毁；电压过低，电动机难以启动，即使启动后电动机也可能带不动负载，容易烧坏。

（4）额定电流（8.8A）

额定电流是指三相异步电动机在额定电源电压下输出额定功率时，流入定子绕组的线电流，用 I_N 表示，以安（A）为单位。若超过额定电流过载运行，三相异步电动机就会过热乃至烧毁。三相异步电动机的额定功率与其他额定数据之间有如下关系：

$$P_N = \sqrt{3}\, U_N I_N \cos\varphi_N \eta_N$$

式中，$\cos\varphi_N$ 为额定功率因数；η_N 为额定效率。

（5）额定频率（50Hz）

额定频率是指电动机所接的交流电源每秒钟内周期变化的次数，用 f_N 表示。我国规定标准电源频率为 50Hz。

（6）额定转速（1440r/min）

额定转速表示三相异步电动机在额定工作情况下运行时每分钟的转速，用 n_N 表示，一般略小于对应的同步转速 n_1，如 $n_1 = 1500 \text{r/min}$，则 $n_N = 1440 \text{r/min}$。

（7）绝缘等级

绝缘等级是指三相异步电动机所采用的绝缘材料的耐热能力，它表明三相异步电动机允许的最高工作温度。绝缘等级与电动机绝缘材料所能承受的温度有关。A 级绝缘为 105℃，E 级绝缘为 120℃，B 级绝缘为 130℃，F 级绝缘为 155℃，H 级绝缘为 180℃。

（8）接法（△）

三相异步电动机定子绕组的连接方法有星形（Y）和三角形（△）两种。定子绕组的连接只能按规定方法连接，不能任意改变，否则会损坏三相电动机。

（9）防护等级（IP44）

防护等级表示三相异步电动机外壳的防护等级，其中 IP 是防护等级标志符号，其后面的两位数字分别表示电机防固体和防水能力。数字越大，防护能力越强，如 IP44 中第一位数字"4"表示电动机能防止直径或厚度大于 1mm 的固体进入电动机内壳。第二位数字"4"表示能承受任何方向的溅水。

（10）噪声等级（82dB）

在规定安装条件下，电动机运行时噪声不得大于铭牌值。

7.4.2 三相异步电动机的基本测试

1. 记录所使用的三相异步电动机铭牌数据

抄录实训所用的三相异步电动机铭牌数据，根据铭牌数据说明三相异步电动机的额定功率、接法、使用频率、额定电压、额定电流和额定转速。

2. 判定三相异步电动机定子绕组的首末端

判别定子绕组首末端时，首先确定哪两个引线端属于同一相绕组。用万用表欧姆（Ω）

挡测量任意两个端子间的电阻，如果电阻很小，就表示这两个引线端属于同一绕组，再任意假定这一绕组的始末端，并标上 U_1、U_2。然后依次假定第二绕组、第三绕组的始末端，分别标上 V_1、V_2，W_1、W_2。

将其中的任意两相绕组串联，如将第二相绕组按图 7-4-6（a）所示与第一相绕组相连，当在 U_1、V_1 之间加 100V 交流电压时（注意电流不应超过额定值），由于两相绕组产生的合磁通不穿过第三相绕组的线圈平面，因此，磁通变化不会在第三相绕组中产生感应电动势，这时用交流电压表测量第三相绕组两端电压时，测得的电压近似为零，则表示第一、第二两相绕组的末端与末端（或首端与首端）相连。当接成图 7-4-6（b）所示时，由于合成磁通穿过第三相绕组的线圈平面，故磁通变化时会在第三相绕组中产生感应电动势，这时第三相绕组两端电压为一较大值，则表示第一、第二两相绕组的末端与首端相连。因此可以根据对第三相绕组交流电压的测量结果来判断与 U_2 相连的是 V_2 还是 V_1，由此确定出第二相绕组的始端 V_1 和末端 V_2。按同样的方法判断出第三相绕组的始末端 W_1、W_2。

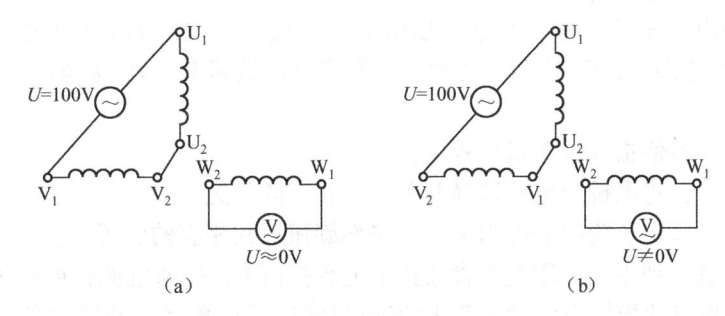

图 7-4-6 判别定子绕组首末端

3. 绝缘检验

测量三相异步电动机各相绕组之间，以及各相绕组对机壳之间的绝缘电阻，可判别绕组是否严重受潮或有缺陷。测量时通常用手摇式兆欧表，额定电压低于 500V 的电动机用 500V 的兆欧表测量，额定电压在 500～3000V 的电动机用 1000V 的兆欧表测量，额定电压大于 3000V 的电动机用 2500V 的兆欧表测量。

（1）选用合适量程的兆欧表。

（2）测量前要先检查兆欧表是否完好，即在兆欧表未接上被测物之前，摇动手柄使发电机达到额定转速（120 转/分），观察指针是否指在标尺的"∞"位置。将接线柱"线"（L）和"地"（E）短接，缓慢摇动手柄，观察指针是否指在标尺的"0"位。如果指针不能指到该指的位置，则表明兆欧表有故障，应检修后再用。

（3）测量三相异步电动机的绝缘电阻。当测量三相异步电动机各相绕组之间的绝缘电阻时，将兆欧表"L"和"E"分别接两绕组的接线端；当测量各相绕组对地的绝缘电阻时，将"L"接到绕组上，"E"接机壳。接好线后开始摇动兆欧表手柄，摇动手柄的转速须保持基本恒定（约 120 转/分），摇动 1min 后，待指针稳定下来再读数。测量数据填入表 7-4-2 中。一般 500V 以下的中小型电动机最低应具有 $0.5\text{M}\Omega$ 的绝缘电阻。

表7-4-2 三相异步电动机绝缘电阻的测量数据　　　　　　单位：MΩ

各相绕组之间的绝缘电阻			各相绕组对地（机座）的绝缘电阻		
U相与V相	V相与W相	W相与U相	U相与机座	V相与机座	W相与机座

4. 测量三相异步电动机定子绕组室温下的直流电阻

测量定子绕组室温下的直流电阻，可用伏安法或电桥法，电桥法准确度和灵敏度高，并有直接读数的优点。测量绕组直流电阻的电桥有单臂电桥和双臂电桥两种。用单臂电桥测量直流电阻时，把连接线电阻和接线柱都包括在被测电阻内，因此，当绕组电阻越小时，测量误差越大，故单臂电桥一般适用于1Ω以上的电阻测量。双臂电桥克服了单臂电桥的缺点，在被测电阻中不包括连接线电阻和接线柱接触电阻，一般用于测量小于1Ω的电阻值。本实训采用双臂电桥法。

（1）拆下电动机接线盒内的连接片和电源线。

（2）用短而粗的导线使电桥的电位端钮P_1、电流端钮C_1与电动机定子绕组U_1连接，P_2、C_2与电动机定子绕组U_2连接。特别注意要将电位端钮P_1、P_2接至电流端钮C_1、C_2的内侧。

（3）调节调零器使指针位于机械零位。

（4）接通电源：将电桥的电源选择开关扳向相应的位置。

（5）估算电动机定子绕组的电阻值，将倍率旋钮旋到相应的位置上。

（6）将刻度盘旋到零位，用左手食指按下电源按钮B，接通电源；再用无名指按下检流计按钮G，如果检流计指针指向"−"则旋动刻度盘减小数字，若刻度盘已在最小数字上则应重新选择倍率，如果指针指向"＋"方向则应将刻度盘向增加方向旋动，反复调节，使检流计指针指向零位。测量完毕，读出电阻调节盘阻值再乘以倍率，即为所测电阻值。注意测量完毕，应先断开检流计按钮，再断开电源按钮，以免被测线圈的自感电动势造成检流计的损坏。

（7）按前述步骤测量电动机V相、W相绕组的电阻值。

7.4.3 三相异步电动机控制线路的连接

1. 三相异步电动机的点动控制

按图7-4-7所示电动机控制线路进行安装接线。接线时，先接主电路。由于组合开关Q及熔断器FU已经在实验箱上安装好，所以主电路由线电压为220V三相交流电源的输出端U、V、W开始，经接触器KM的主触头、热继电器FR的热元件到电动机的三个接线端的电路用导线串联起来。主电路连接完整无误后，再连接控制电路，从线电压为220V三相交流电源某输出端（如V）开始，经过常开按钮SB、接触器KM的线圈KM、热继电器FR的常闭触头到三相交流电源另一输出端（如U）。整个控制线路连接完成检查无误后，接通电源进行操作，用手按下SB按钮，电动机转动，手松开SB按钮，电动机停止转动。

2. 三相异步电动机的连续运转控制

按图7-4-8所示的电动机控制线路进行安装接线。在电动机连续运转控制电路中，在

常开按钮 SB_2 两端，并接一个接触器 KM 的常开辅助触头 KM。在电源线 V 和常开按钮 SB_2 之间接上一个常闭按钮 SB_1。整个控制线路连接完成检查无误后，接通电源进行操作，用手按下 SB_2 按钮，电动机转动；手松开 SB_2 按钮后，电动机仍继续转动；直到按下 SB_1，电动机才停止转动。

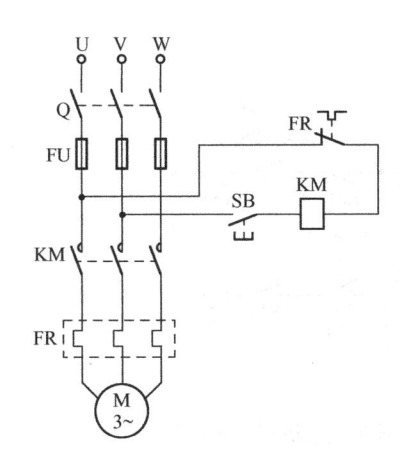

图 7-4-7　三相异步电动机的点动控制电路

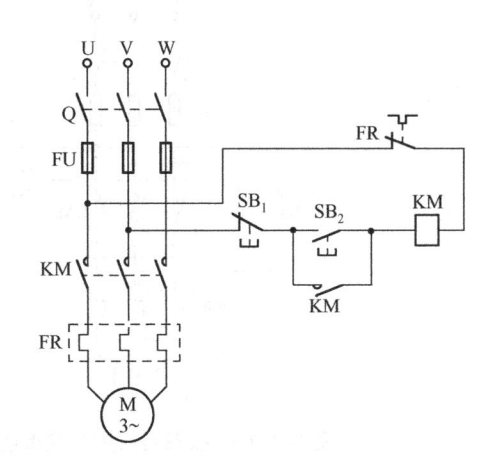

图 7-4-8　三相异步电动机的连续控制电路

3. 接触器连锁的三相异步电动机正反转控制

按图 7-4-9 所示接线，经检查无误后，方可接通电源进行操作。

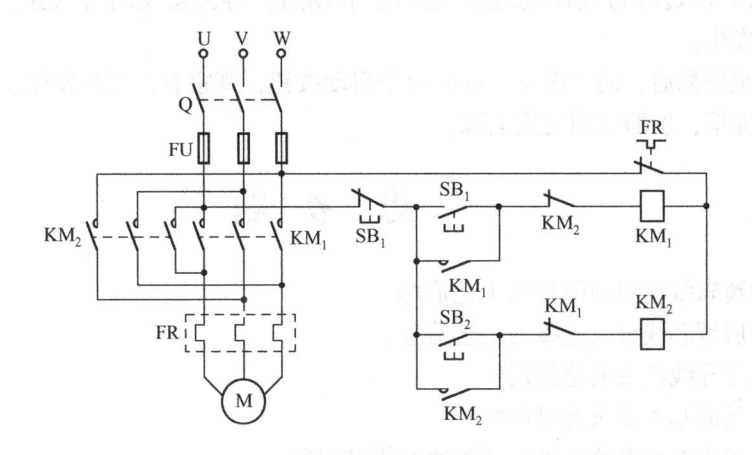

图 7-4-9　接触器连锁的三相异步电动机正反转控制线路

（1）打开电源总开关，调节调压器输出，使输出线电压为 220V。
（2）按正向启动按钮 SB_1，观察并记录电动机的转向和接触器的运行情况。
（3）按反向启动按钮 SB_2，观察并记录电动机的转向和接触器的运行情况。
（4）按停止按钮 SB_3，观察并记录电动机的转向和接触器的运行情况。
（5）再按 SB_2 按钮，观察并记录电动机的转向和接触器的运行情况。
（6）实训完毕，切断三相交流电源。

4. 接触器与按钮双重连锁的三相异步电动机正反转控制

按图7-4-10所示接线，经检查无误后，方可接通电源进行操作。

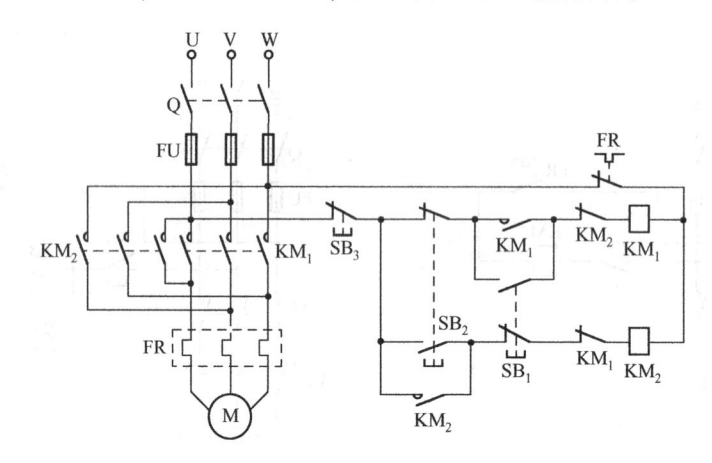

图7-4-10　接触器与按钮双重连锁的三相异步电动机正反转控制

（1）打开电源总开关，接通220V三相交流电源。

（2）按正向启动按钮SB_1，电动机正向启动，观察电动机的转向及接触器的动作情况。按停止按钮SB_3，使电动机停转。

（3）按反向启动按钮SB_2，电动机反向启动，观察电动机的转向及接触器的动作情况。按停止按钮SB_3，使电动机停转。

（4）按正向（或反向）启动按钮，电动机启动后，再去按反向（或正向）启动按钮，观察有何情况发生？

（5）电动机停稳后，同时按正、反向两个启动按钮，观察有何情况发生？

（6）实训完毕，切断三相交流电源。

思　考　题

1. 试述剥离软线塑料绝缘层的工艺流程。
2. 试述多股铜芯线分支连接的工艺流程。
3. 如何恢复导线接头的绝缘层？
4. 安装灯具的基本要求有哪些？
5. 组合开关主要有哪些部件？并简述其拆装过程。
6. 交流接触器主要有哪些部件？并简述其拆装过程。
7. 简述三相异步电动机的组成及其基本测试。
8. 在电动机正反转控制线路中，为什么必须保证两个接触器不能同时工作？采用哪些措施可解决此问题，这些方法有何利弊？最佳方案是什么？

第8章 电子装配实训

在科学技术如此发达的今天,生产和生活中使用的电子产品不尽其数,品种繁多,工作原理也各不相同。本章仅就学生电子实训中应该完成的万用表、收音机的基本原理、安装与调试方法作一简单的介绍。

8.1 DT830B 数字式万用表组装实训

数字式万用表是电工电子实训中常用的测量仪表,使用比较广泛。本次实训的主要目的是了解 DT830B 型数字式万用表的基本结构和原理,认识并测量元器件,了解元器件标识的意义,对照原理图和印制电路板图,理解电路组装工艺,调试并检测各部分电路功能和质量,提高综合安装测试技能。

8.1.1 DT830B 数字式万用表简介

DT830B 是一个手持式数字式万用表,单电源供电,且电压范围较宽,一般使用9V 电池,可用来测量交直流电压、直流电流、电阻、二极管和小功率三极管的 h_{FE}。输入阻抗高,利用内部的模拟开关实现自动调零与极性转换。但 A/D 转换速度较慢,只能满足常规测量的需要。双积分 A/D 转换器是 DT830B 的"心脏",通过它实现模拟量/数字量的转换。A/D 转换器采用的集成电路 7106 是 CMOS 三位半单片 A/D 转换器,将双积分 A/D 转换器的模拟电路,如缓冲器、积分器、比较器和模拟开关,以及数字电路部件的时钟脉冲发生器、分频器、计数器、锁存器、译码器、异或的相位驱动器和控制逻辑电路等全部集中在一个芯片上,使用时只需配以显示器和少量的阻容元件即可组成一台三位半的高精度、读数直观、功能齐全、体积小巧的仪表。

1. 技术指标

(1) 显示屏:采用 15mm×50mm 液晶显示屏。
(2) 位数:4 位数字,最大显示值为 1999 或 -1999。
(3) 电源:9V 电池一节。
(4) 超量程显示:超量程显示 "1" 或 "-1"。
(5) 低电压指示:低电压指示为 "BAT"。
(6) 取样时间:0.4s,测量速率为 3 次/秒。
(7) 归零调整:具有自动归零调整功能。
(8) 极性:正负极极性自动变换显示。

2. 测量范围

(1) 直流电压:200mV~1000V 分五挡,最小分辨率 0.1mV,输入阻抗 10MΩ。
(2) 交流电压:200V、750V 两挡,最小分辨率 0.1V,输入阻抗 10MΩ。
(3) 直流电流:200μA~10A 分五挡,最小分辨率 0.1μA,满量程仪表压降 250mV。
(4) 电阻:200Ω~2MΩ 分五挡,最小分辨率 0.1Ω。

(5) 二极管：显示近似二极管正向电压值。测试电压 2.8V，测试电流 $(1\pm0.5)\text{mA}$。

(6) 三极管 h_{FE}：$0\sim1000$，I_b 取 $10\mu A$，V_{ce} 取 2.8V。

8.1.2 DT830B 数字式万用表各单元电路原理

DT830B 电路原理图如图 8-1-1 所示。

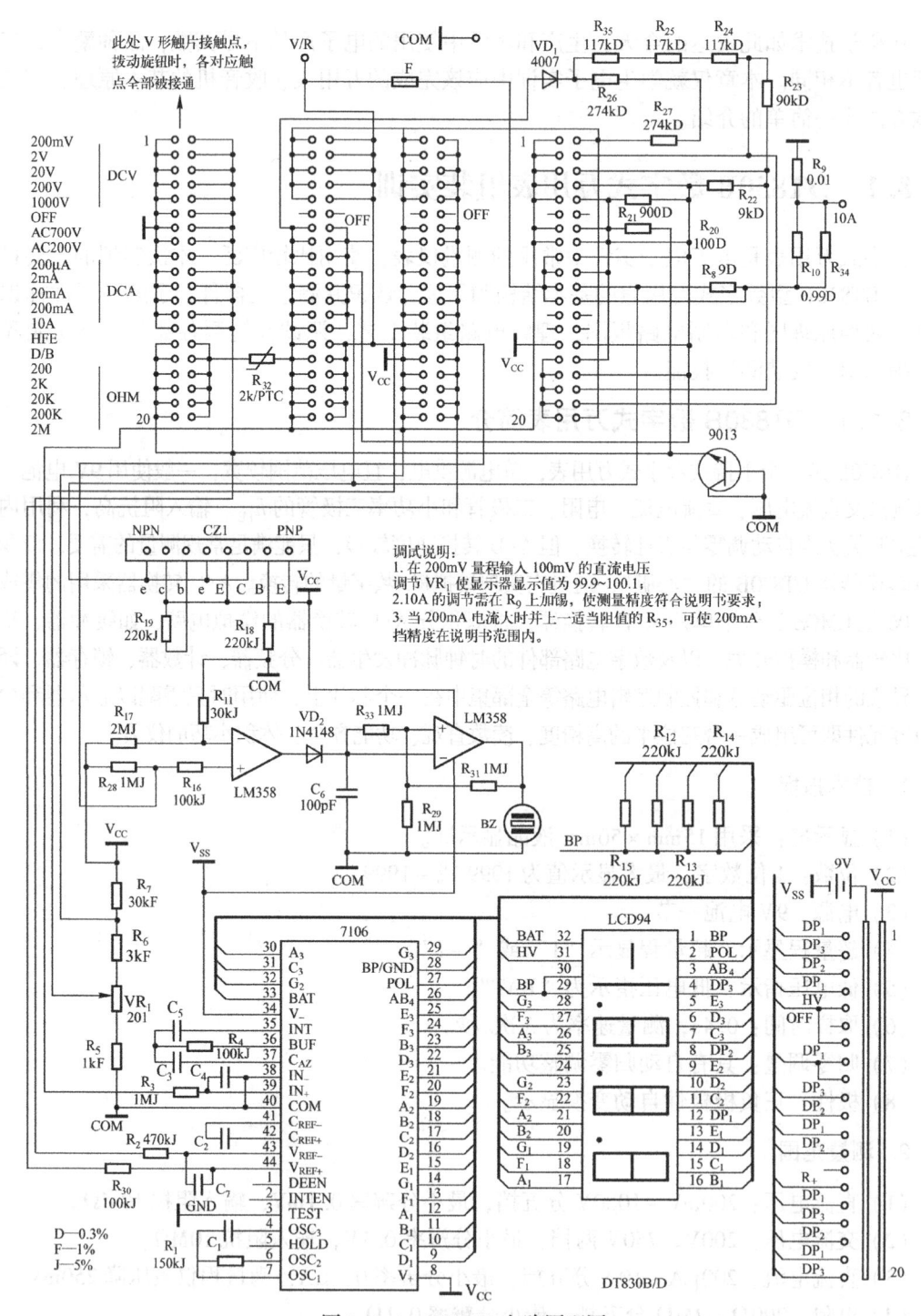

图 8-1-1 DT830B 电路原理图

1. A/D 转换器 7106 的主要引脚功能

DT830B 所用的 A/D 转换器采用 COB 封装,内有异或门输出,能直接驱动 LCD 显示,使用 9V 一节电池供电,耗电极省,正常使用电流仅 1mA,一节电池连续工作 400 小时,断续使用达一年以上。

44 脚 7106 各引脚功能说明如下,其引脚图如图 8-1-2 所示。

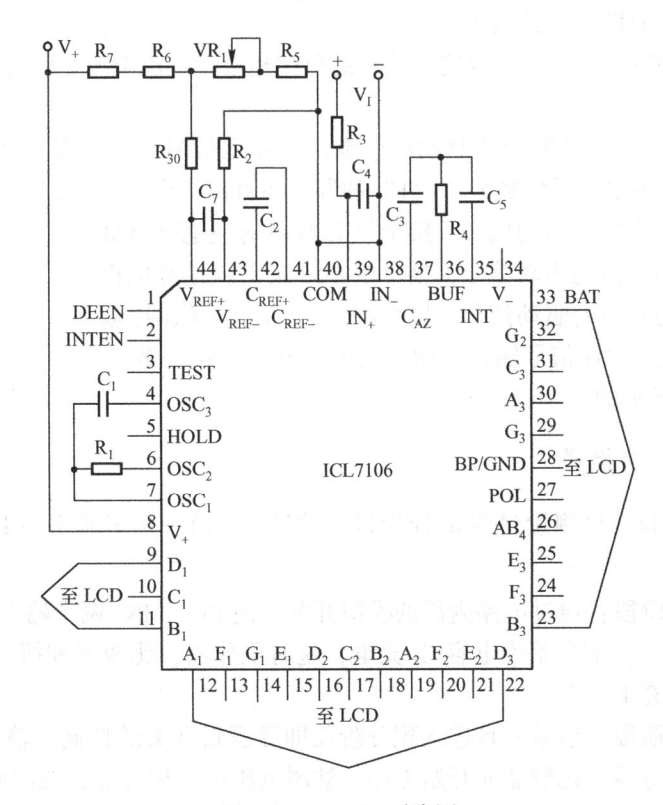

图 8-1-2　7106 引脚图

① V_+ (8 脚)、V_- (34 脚):接电池的正极和负极,芯片内 V_+ 和 COM 端之间有一个稳定性很高的 3V 基准电压,当电池电压低于 7V 时,基准稳不住 3V。3V 基准电压通过电阻分压后取的 100mV 基准电压供 V_{REF} 使用。

② TEST (3 脚):测试端,可测试 LCD 显示器所有笔画,将 TEST 脚和 V_+ 脚短接,则显示屏上显示 BAT1888,除小数点之外的笔画点亮,也可用做负电源的输出供驱动器或组成小数点用,但输出电压随电池电压而波动。

③ OSC_1、OSC_2、OSC_3 (7 脚、6 脚、4 脚):时钟振荡器的接线端,外接阻容元件或石英晶体振荡器,本表用 150 kΩ 和 100pF 的阻容元件 (R_1、C_1)。

④ POL (27 脚):为负数指示信号,当输入信号为负值时该段亮,正值时不显示。

⑤ BP/GND (28 脚):公共电极的驱动端。

⑥ BAT (33 脚):低电压指示端,左上角显示"BAT"的符号为该端送出的信号,表示电池电压低于 7V 时不能正常使用,需要更换新的电池。

⑦ C_{AZ} (37 脚):积分器和比较器的反相输入端,接自动稳零电容 C_3。

⑧ BUF（36 脚）：缓冲放大器的输出端，接积分电阻 R_4。

⑨ INT（35 脚）：积分器的输出端，接积分电容 C_5。

⑩ IN_+、IN_-（39 脚、38 脚）：模拟信号输入端，接输入信号的正端和负端。

⑪ C_{REF+}、C_{REF-}（42 脚、41 脚）：接基准电容 C_2。

⑫ V_{REF+}、V_{REF-}（44 脚、43 脚）：接基准电压 V_+ 与 COM 间的稳定的 3V 电压，经 R_7、R_6、VR_1、R_5 分压后取得，在测量电压、电流、h_{FE} 时为 100mV 的基准电压，当测量电阻时提供 0.3V 和 2.8V 的稳定测试电压。

⑬ COM（40 脚）：模拟地，与输入信号的负端相接，电池电压正常时和 V_+ 构成一组稳定的 3V 电压。

⑭ AB_4（26 脚）：千位笔画的驱动信号端，当输入信号大于液晶显示器的最大显示值 1999 时显示会发生溢出，千位数显示"1"的同时而百位、十位、个位数字全灭。

⑮ $A_1 \sim G_1$：为个位的驱动信号，接个位 LCD 的对应笔画电极。

⑯ $A_2 \sim G_2$：为十位的驱动信号，接十位 LCD 的对应笔画电极。

⑰ $A_3 \sim G_3$：为百位的驱动信号，接百位 LCD 的对应笔画电极。

7106 没有小数点驱动信号输出，DP_1、DP_2、DP_3 三位小数点的显示是由转换形状直接取自与 V_+ 短接而显示的。

2. 双积分 A/D 转换器

A/D 转换器的每一个测量过程都分为自动稳零（A_2）、信号积分（INT）和反向积分（DE）三个阶段。

（1）自动稳零阶段：通过电路内部的模拟开关，使 IN_+、IN_- 两个输入与公共端 COM 短接，同时基准电压 V_{REF} 端向基准电容 C_7 充电，这时积分器、比较器和缓冲放大器的输出均为零，基准电容被充电到 V_{REF}。

（2）信号积分阶段：信号一旦进入积分阶段即受逻辑开关的控制，输入端 IN_+、IN_- 不再短接公共端，积分器、比较器亦开始工作，被测电压送至积分器，在时间 T_1 内以 $IN/(R_4 \cdot C_5)$ 的斜率对 IN 进行正向积分。

（3）反向积分阶段：在对 IN 作极性判别后，再用 C_5 上已充好的电压以 $V_{REF}/(R_4 \cdot C_5)$ 的斜率进行反向积分，经过时间 T_2 积分器的输出又回到零电平。

由于 T_1 的时间、周期、基准电压都是固定不变的，所以计数值与被测电压成正比，从而实现了模拟量到数字量的转变。积分器的输出信号经比较器进行比较后作为逻辑部分的程序控制信号，逻辑电路不断地重复产生三个阶段的控制信号，适时地指挥分频、计数、锁存、译码、驱动，使相应于输入信号的脉冲个数的数字显示出来。

3. 直流电压测量

直流电压的测量分五挡，最大量程是 1000V。如图 8-1-3 所示，R_{26}、R_{27} 的阻值都为 274kΩ，R_{24}、R_{25}、R_{35} 的阻值都为 117kΩ，R_{23} 的阻值为 90kΩ，R_{22} 的阻值为 9kΩ，R_{21} 的阻值为 900Ω，R_{20} 的阻值为 100Ω。它们是精度较高的分压电阻，误差 ±0.3%，总阻值是 1MΩ，其精度直接影响测量精度。总阻值即为测量直流电压的输入阻抗。最小分辨率是 0.1mV。分压后的电压必须在 -0.199 ~ +0.199V 内，否则将显示为过载。过载显示最高位，显示为"1"，其余位不显示。

4. 交流电压测量

交流电压只分两挡测量，即 200V 和 750V，最大测量电压不超过 750V 的有效值和 1000V 的峰值。交流电压首先进行整流并通过低通滤波器对波形进行整形，然后送入共用的直流电压测量电路，最后将测出交流电压的有效值。整流二极管 VD_1（IN4007）的反向击穿电压是 1000V，输入阻抗是 450kΩ，如图 8-1-4 所示。

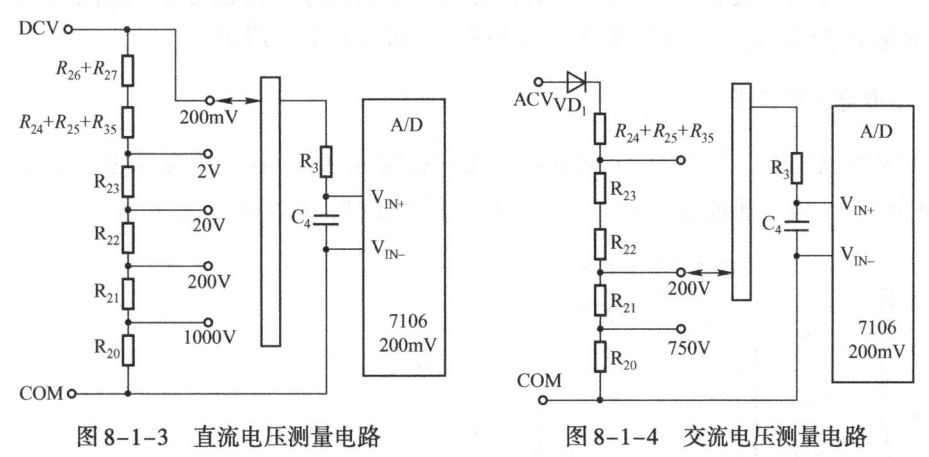

图 8-1-3 直流电压测量电路　　图 8-1-4 交流电压测量电路

5. 直流电流测量

其原理是借助分流电阻将 200mV 的直流电压表改成五量程的直流电流表，取样电阻将输入电流转换为 $-0.199 \sim +0.199V$ 内的电压后送入 7106 输入端，当设置为 10A 挡时，输入电流直接接 10A 插孔而不通过选择开关。由于 A/D 转换器的输入阻抗达 10MΩ，故对输入信号无衰减作用。除 10A 挡，其余四挡还有熔断器，双重保险，如图 8-1-5 所示。

6. 三极管 h_{FE} 测量

选配专用的 8 芯插座，接 NPN、PNP 两个区域排列，集成电路 7106 的内部电路提供 2.8V 的稳定电压。当 PNP 晶体三极管插入插座时，基极到发射极的电流流过偏置电阻 R_{18}，由 R_{18} 上的电压产生集电极电流，在 R_{18} 上的电压送入 7106 并同时显示晶体三极管的 h_{FE} 值。对 NPN 晶体三极管，发射极电流流过偏置电阻 R_{19} 并同时显示晶体管的 h_{FE} 值。h_{FE} 测量范围是 0~1000 倍，如图 8-1-6 所示。

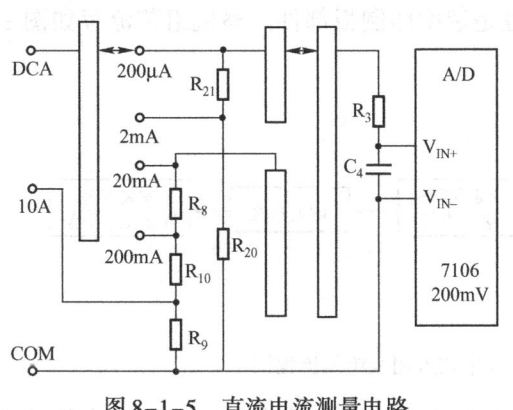

图 8-1-5 直流电流测量电路 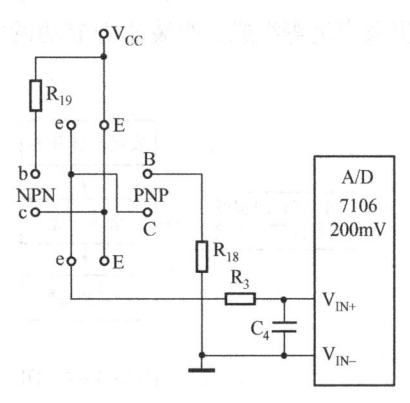　　图 8-1-6 三极管 h_{FE} 测量电路

7. 电阻测量和二极管测量

电阻和直流电路电压测量共用一套电阻，分五挡测量电阻和一挡测量二极管。测量电阻分 200Ω、2kΩ、20kΩ、200kΩ、2MΩ，采用比例测量。由 V_+ 的 3V 稳定电压经 R_7、R_{11} 分别向被测电阻提供测试电压，在测量高阻时提供 1/10 的 V_+ 电压值，而当测量低电阻值和二极管时，由于提供二极管单相导通电压和反向电池的关系，所以提供的测量电压提高至 2.73V 的稳定电压，这时电流的功耗也相应提高，如图 8-1-7 所示。

8. 基准电压的选取

在测量直流电压、交流电压、直流电流及三极管 h_{FE} 时，A/D 转换器的基准电压由 V_+ 和 COM 间的 3V 电压通过 R_7、R_6、VR_1、R_4 分压后得到，如图 8-1-8 所示。

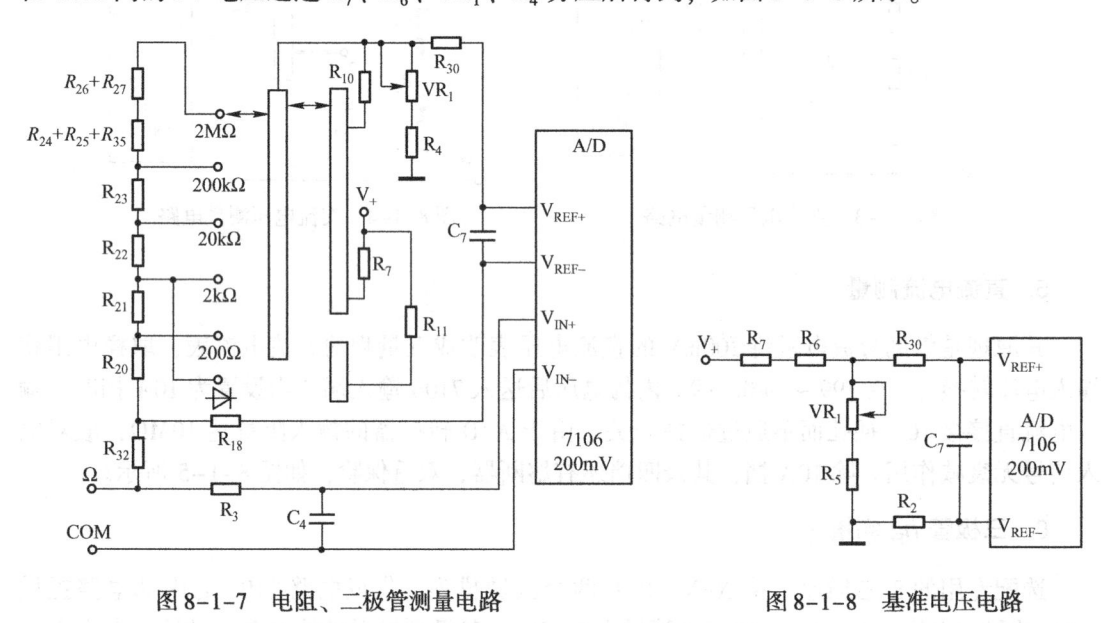

图 8-1-7　电阻、二极管测量电路

图 8-1-8　基准电压电路

8.1.3　DT830B 数字式万用表的组装

DT830B 数字式万用表由机壳塑料件（包括上下盖、转换旋钮开关）、印制板部件、液晶屏及表笔等组成，组装能否成功的关键是装配印制板部件。整机组装流程如图 8-1-9 所示。

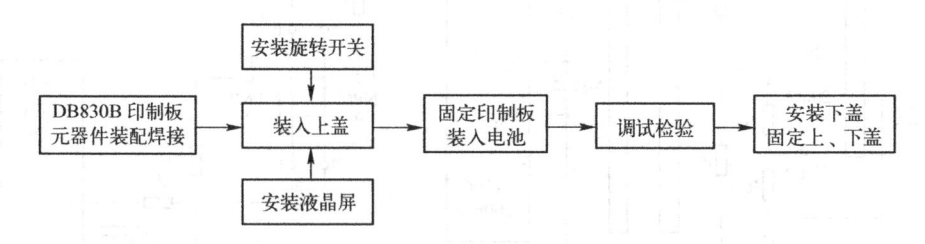

图 8-1-9　DB830B 数字式万用表组装流程图

安装前对照元件清单（见表 8-1-1 和表 8-1-2）仔细检查数字式万用表组件是否齐

全，认识电阻、电容、二极管等所用电子元件并进行测试，看元件精度是否达到要求，标明各元件参数。

表 8-1-1 DT830B 数字式万用表的结构件清单

机壳部分			线路板部分		
序 号	名 称	数 量	序 号	名 称	数 量
1	底、面壳	各1个	1	IC：7106（已装）	1个
2	液晶片	1片	2	线路板	1块
3	液晶压框架	1个	袋装部分		
4	旋钮开关	1个	序号	名称	数量
5	功能面板	1张	1	保险管座	1套
6	导电胶条	1件	2	h_{FE}座	1个
7	滚珠	2个	3	V形弹片	6个
8	定位弹簧	2个	4	9V电池	1个
9	2×6自攻螺钉	3个	5	电池扣	1个
10	2.5×9自攻螺钉	2个	附件		
11	输入插孔柱（已装）	3个	1	表笔	1副
12	接地弹簧 4×13.5mm	1个	2	清单及电路图	1份

表 8-1-2 DT830B 数字式万用表的元器件清单

代 号	参 数	精 度	代 号	参 数	精 度
R_1	150kΩ	±5%	R_{22}	9kΩ	0.3%
R_2	470kΩ	±5%	R_{23}	90kΩ	0.3%
R_3	1MΩ	±5%	R_{24}	117kΩ	0.3%
R_4	100kΩ	±5%	R_{25}	117kΩ	0.3%
R_5	1kΩ	±1%	R_{26}	274kΩ	0.3%
R_6	3kΩ	±1%	R_{27}	274kΩ	0.3%
R_7	30kΩ	±1%	R_{30}	100kΩ	±5%
R_8	9Ω	0.3%	R_{32}	2kΩ	±5%
R_9	锰铜丝分流器 0.01Ω		R_{35}	117kΩ	0.3%
R_{10}	0.99Ω	0.5%	C_1	100pF	瓷片101
R_{12}	220kΩ	±5%	C_2	100nF	独石104
R_{13}	220kΩ	±5%	C_3	100nF	独石104
R_{14}	220kΩ	±5%	C_4	100nF	独石104
R_{15}	220kΩ	±5%	C_5	100nF	涤纶104
R_{18}	220kΩ	±5%	VR_1	可调电位器201	
R_{19}	220kΩ	±5%	Q_1	9013H	
R_{20}	100Ω	0.3%	D_3	1N4007	
R_{21}	900Ω	0.3%			

1. 印制板的装配

印制板是双面板,板的 A 面 (有圆形印制铜导线) 是焊接面,如图 8-1-10 所示,中间的圆形印制铜导线是万用表的功能、量程转换开关电路,如果被划伤或有污迹,则对整机的性能会影响很大,必须小心加以保护。

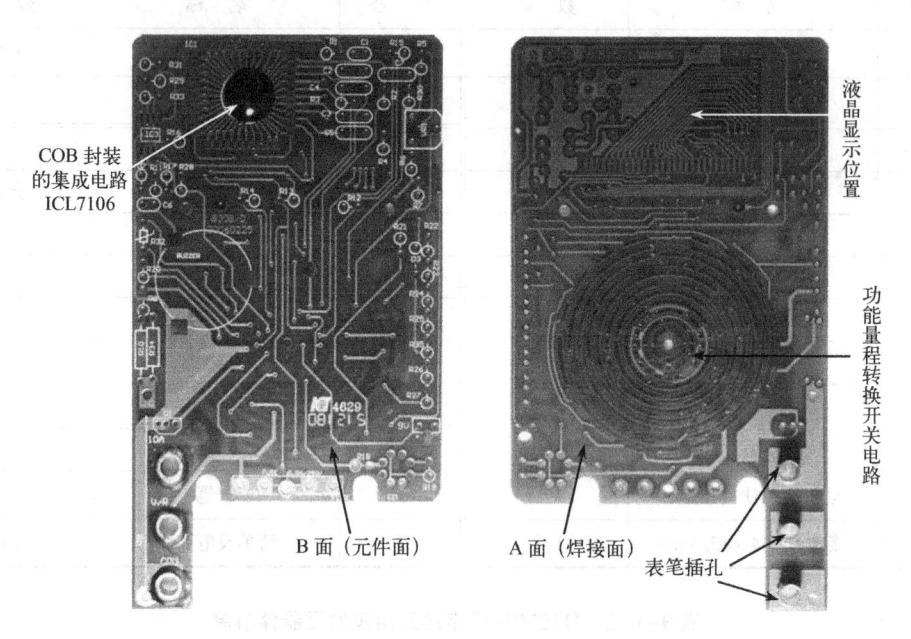

图 8-1-10 DB830B 数字式万用表的 PCB

其安装步骤如下所述。

(1) 将"DT830B 元件清单"上的所有元件按顺序插到印制电路板相应位置上。

① 安装电阻、电容、二极管时,如果安装孔距大于 8mm (如 R_{10}、R_{34} 等,印制板图上画有电阻符号的) 则采用卧式安装,如果安装孔距小于 5mm (如印制板图上画有"O"的其他电阻等) 则进行立式安装。

② 一般额定功率在 1/4W 以下的电阻可贴板安装,立装电阻和电容与 PCB 距离一般为 0~3mm。

③ 安装二极管、电解电容时要注意它们的极性;安装晶体管时应注意引脚不要插错。

(2) 安装电位器、三极管插座 (h_{FE} 座)。

注意安装方向:三极管插座装在 A 面,而且应使定位凸点与外壳凹口对准,在 B 面焊接。

(3) 安装保险座、弹簧、锰铜分流丝。焊接点大,注意预焊和焊接时间。

(4) 安装电池线。电池线由 A 面穿到 B 面再插入焊孔,在 A 面焊接。红线接"+",黑线接"-"。

请注意:印制电路板上的焊点较小、较密,焊接元器件时应该注意防止焊点间搭焊短路;焊接时间不能太长,以免损坏元器件或使铜箔从印制板上剥离,也不能太短,以免造成虚焊。

2. 液晶屏组件安装

液晶屏组件由液晶片、支架、导电胶条组成。

液晶片镜面为正面（显示字符），白色面为背面，透明条上可见条状引线为引出线，通过导电胶条与印制板上的镀金印制导线实现电连接。由于这种连接靠表面接触导电，因此导电面被污染或接触不良都会引起电路故障，表现为显示缺笔画或显示乱字符。因此安装时务必要保持清洁并仔细对准引线位置。支架用来固定液晶片和导电胶条。

其安装步骤如下。

（1）将液晶片放入支架，液晶片镜面向下（从正面看液晶片侧面凸起点在左侧）。

（2）安放导电胶条。导电胶条的中间是导电体，安放时必须小心保护，用镊子轻轻夹持并准确放置。

（3）将液晶屏组件安装到 PCB 上。

① 将液晶屏组件放到平整的台面上，注意保护液晶面，准备好印制板。

② 印制板 A 面向上，将 4 个安装孔和 1 个槽对准液晶屏组件的相应安装爪。

③ 均匀施力将液晶屏组件插入印制板。

④ 安装好液晶屏组件的印制板。

3. 组装转换旋钮开关

（1）转换开关由塑壳和弹片组成。用镊子将弹片倒扣装到塑壳内的横梁上并卡紧。V 形弹片装到旋钮上，共 6 个。注意：弹片易变形，用力要轻。

（2）装完弹片后把旋钮翻转，将两个小弹簧蘸少许凡士林放入旋钮的两个圆孔，再把两滚珠放在表壳合适的位置上。

（3）将装好弹簧的旋钮按正确的方向放入表壳。

4. 总装

（1）安装转换开关/前盖。

① 将弹簧、滚珠依次装入转换开关两侧的孔里。

② 将转换开关用左手托起。

③ 右手拿前盖板对准转换开关孔位。

④ 将转换开关贴放到前盖相应位置。

（2）左手按住转换开关，双手翻转使面板向下，将装好的印制板组件对准前盖位置装入机壳，注意对准螺孔和转换开关轴定位孔。

（3）安装三个螺钉，固定转换开关，务必拧紧。

（4）安装保险管（0.2A）。

（5）安装电池。

（6）贴屏蔽膜。将屏蔽膜上的保护纸揭去，露出不干胶面，贴到后盖内。

（7）贴面板图。将面板图上的保护纸揭去，露出不干胶面，贴到前盖表面。

5. 检测

校准的检测原理：以集成电路 7106 为核心的数字式万用表基本量程为 200mV 挡，其他量程和功能通过相应转换电路转换为基本量程。故校准时只须对参考电压 100mV 进行校准即可保证精度。检测仪表时应先检查该挡工作是否正常。直流电压基本挡不回零，一般是由于分压电阻附近较脏所致，应擦干净电阻周围使之回零，然后由直流电压源输入 1V 电压进行校准，校准时调直流电位器。其他功能及量程的精度由相应元器件的精度和正确安装来保证。

数字式万用表的功能和性能指标由集成电路的指标和合理选择外围元器件得到保证，只要安装无误，仅作简单调整即可达到设计指标。

① 调整方法 1：在装后盖前将转换开关置于 200mV 电压挡，插入表笔，测量集成电路 35、36 引脚之间的电压（具体操作时可将表笔接到电阻 R_4 和 C_5 引线上测量），调节表内的电位器 VR_1，使表显示 100mV 即可。

② 调整方法 2：在装后盖前将转换开关置于 2V 电压挡（注意防止开关转动时滚珠滑出），此时用待调整表和另一个数字表（已校准，或 4 位半以上数字表）测量同一电压值（例如，测量一节电池的电压），调节表内电位器 VR1 使两表显示一致即可。盖上后盖，安装后盖上的两个螺钉。至此安装全部完毕，安装完整的 DB830B 数字式万用表如图 8-1-11 所示。

图 8-1-11 DB830B 数字式万用表

8.1.4 DT830B 数字式万用表的调试

1. 调试的基本顺序

（1）先调零点，后调功能。首先作零点检查或零点调整，然后转入功能调试。
（2）先直流、后交流。首先调试直流挡，然后再调交流挡。
（3）先电压、后电流。先调电压挡，再检查电流挡。
（4）先低挡，后高挡。从最低量程开始调，逐渐增大量程。
（5）先基本挡，后附加挡。DT830B 数字式万用表共设 16 个基本挡，其余为附加挡（测量二极管、h_{FE}、电路通断 OFF、三极管及 10A 插孔）。附加挡是由基本挡的电路扩展而成的。只要调好基本挡，附加挡的调试工作就很容易完成。

2. 零点调试

把两支表笔短接，将量程转换开关依次拨至直流电压各挡（从小到大）、交流电压各挡（从小到大）、直流电流各挡（从小到大），显示应为 0。

各电阻挡在开路时应显示"1"，将表笔短路时（除 200 挡）其他各挡应显示"0"。

3. 直流电压测量的调试

将红表笔插入"VΩmA"插孔，黑表笔插入"COM"插孔。将功能量程开关置于 DCV 量程范围，并将测试笔连接到待测电源或负载上。注意：如果显示屏只显示"1"，则表示已经过量程，功能开关应置于更高量程。测量时不要输入高于 1000V 的电压，要特别注意避免触电。

4. 直流电流测量的调试

将黑表笔插入"COM"插孔，当被测电流不超过 200mA 时红表笔插入"VΩmA"插孔；当被测电流为 200mA～10A 时将红表笔插入"10A"插孔。

将功能量程开关置于 DCA 量程范围，并将测试笔串联接入到待测负载上。注意：如果显示屏只显示"1"或"-1"，则表示已经过量程，功能开关应置于更高量程。过量的电流将烧坏保险管，10A 量程无保险管保护。

5. 交流电压测量的调试

将红表笔插入"VΩmA"插孔，黑表笔插入"COM"插孔。将功能量程开关置于 ACV 量程范围，并将测试笔连接到待测电源或负载上。其注意事项同直流电压测量。

6. 电阻测量的调试

将红表笔插入"VΩmA"插孔，黑表笔插入"COM"插孔。将功能量程开关置于所需的 Ω 挡位置，将测试笔接到被测电阻上，从显示屏上读取测量结果。注意：检查在线电阻时，必须先将被测线路的电源关断，并将线路内的电容充分放电。在测量 1MΩ 以上电阻时，可能需要几秒钟后读数才会稳定，这是正常现象。

7. 二极管的测试

将红表笔插入"VΩmA"插孔，黑表笔插入"COM"插孔。将功能量程开关置于二极管位置，将测试笔接到被测二极管上，由显示屏上读取被测二极管的近似正向压降值。

8. 三极管的测试

将功能量程开关置于 h_{FE} 位置。判断三极管是 NPN 或 PNP 型，将基极、发射极和集电极分别插入仪表面板上三极管测试插座的相应孔内。由显示屏上读取 h_{FE} 近似值。测试条件是：$I_b = 10\mu A$，$V_{ce} = 3V$。

8.2 HX118-2 超外差式收音机的组装实训

超外差式晶体管收音机具有灵敏度高、选择性好、保真度高、音质优美等特点。因此，它获得了广泛的应用，并已成为分立元件收音机的"主流"。本次实训的主要目的是在熟悉超外差式收音机工作原理的基础上，对照原理图和印制电路板图，掌握无线电整机装配工艺，以及收音机的调试技巧和维修方法。

8.2.1 超外差式收音机简介

1. 超外差式收音机的组成结构

超外差式晶体管收音机的电路形式很多，但大体上都是由输入回路、变频级、中频放大级、检波级、低频放大级、功放级和扬声器组成的,其结构框图如图8-2-1所示。

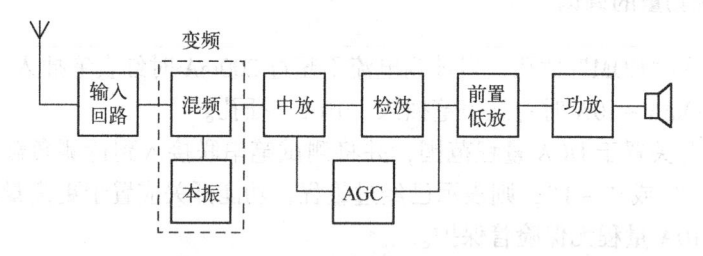

图 8-2-1　超外差式收音机的结构框图

把接收到的电台信号与本机振荡信号同时送入变频管进行混频,并始终保持本机振荡频率比外来信号频率高465kHz,通过选频电路,取两个信号的"差额"进行中频放大,这种电路叫做超外差式电路,采用超外差式电路的收音机叫做超外差式收音机。

2. 超外差式收音机的工作原理

由接收天线把空中无线电波转变成高频信号,再由输入调谐回路选择一个后送入变频级。变频级包括混频器和本机振荡器两部分。本机振荡器产生的振荡信号,其频率比输入的高频信号频率高465kHz,这两个信号同时送入混频器进行混频,混频后产生一系列新的频率信号,其中除输入的高频信号及本机振荡信号外,还有频率为两者之和的和频信号及为两者之差的差频信号等。这些信号经过接在混频器输出端的调谐回路选择后,只允许差频信号通过。由于本机振荡信号与输入高频信号的频率差为465kHz,并且本机振荡器的振荡与输出回路、输入回路的调谐电容器是同轴联调的,所以不管如何调节,都使差频为465kHz。也就是说,不论接收哪一个电台的信号,经变频级送到中频放大器的信号总是一个固定的频率,即465kHz。这个固定的中频信号再经过中频放大器(一般为两级)放大到一定程度后,送入检波器进行检波,将音频信号选出来。检波输出的音频信号,经过低频放大器放大和功率放大,最后推动扬声器发出声音。

3. HX118-2 超外差式收音机的主要性能指标

① 频率范围:525~1605kHz。

② 中频频率:465kHz。

③ 灵敏度:≤2mV/ms/N 20dB。

④ 选择性:>20dB±9kHz。

⑤ 输出功率:>180mW。

⑥ 扬声器:Φ57mm,8Ω。

⑦ 电源:3V(2节5号电池)。

4. HX118-2 超外差式收音机整机电路图

图8-2-2所示为HX118-2七晶体管超外差式收音机电路原理图,其装配图如图8-2-3所示。

该机采用全硅管标准二级中放电路,由3V直流电压供电。为了提高功放的输出功率,3V直流电压经滤波电容C_{15}去耦滤波后,直接给低频功率放大器供电。而前面各级电

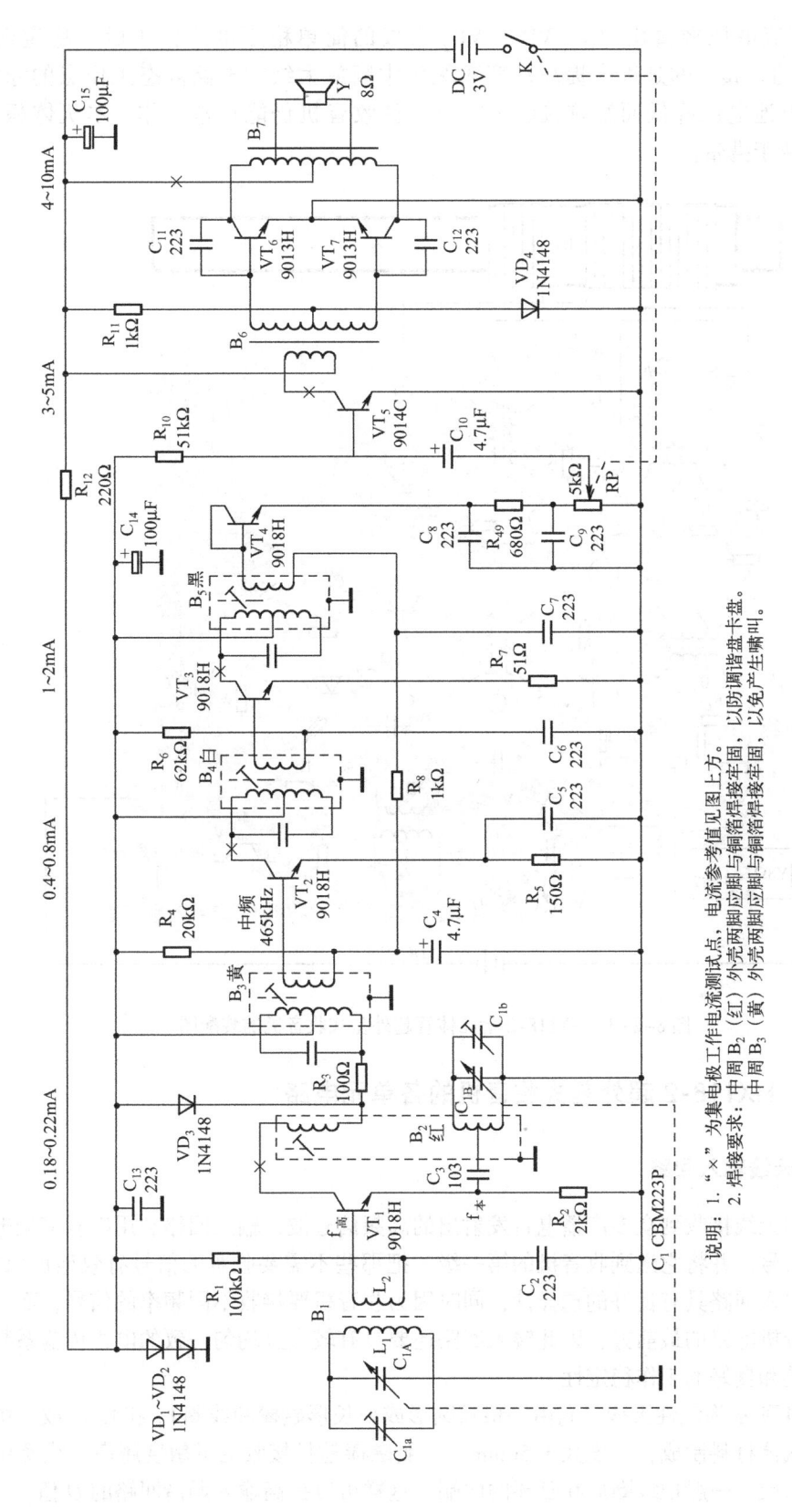

图 8-2-2 HX118-2 七晶体管超外差式收音机电路原理图

说明：1. "×"为集电极工作电流测试点，电流参考值见图上方。
2. 焊接要求：中周 B_2（红）外壳两脚应脚与铜箔焊接牢固，以防调谐盘卡盘。
中周 B_3（黄）外壳两脚应脚与铜箔焊接牢固，以免产生啸叫。

路是用3V直流电压经过由 R_{12}、VD_1、VD_2 组成的简单稳压电路稳压后（稳定电压为1.4V）供电的。其目的是用来提高从变频级到中频放大级的电路静态工作点的稳定性，使之不会因电池电压降低而影响接收灵敏度，使收音机仍能正常工作。本机体积小巧，外观精致，便于携带。

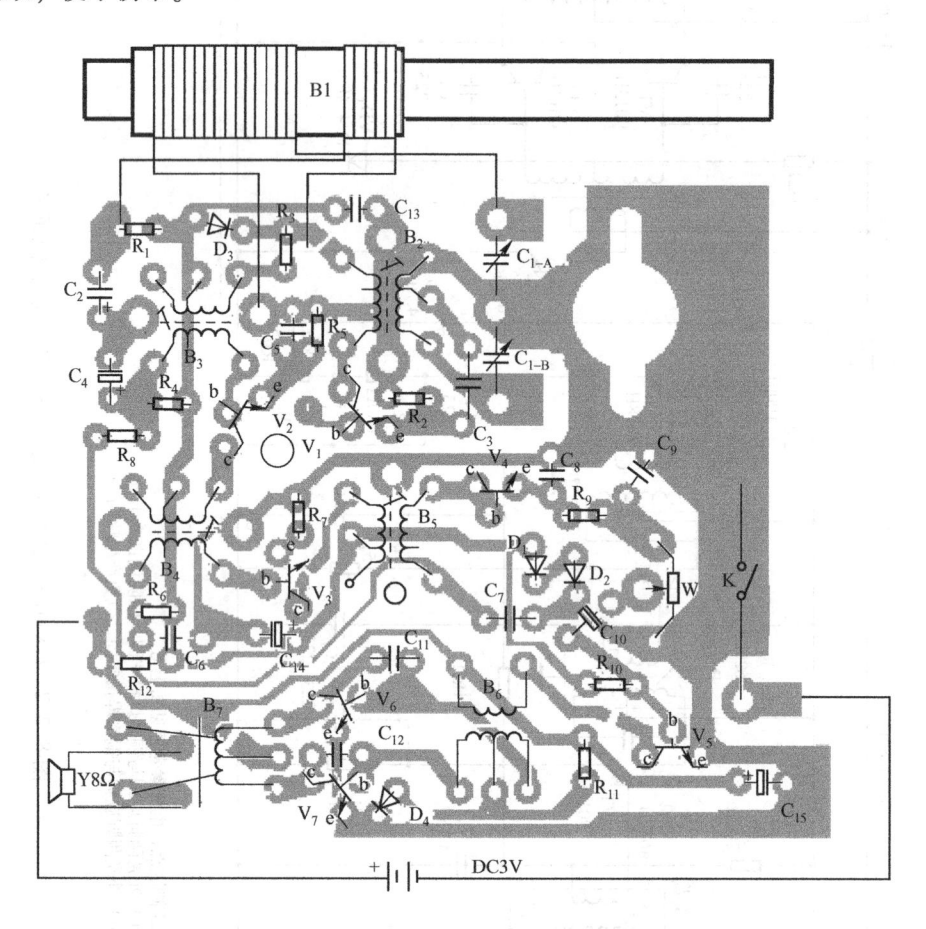

图 8-2-3　HX118-2 七晶体管超外差式收音机的装配图

8.2.2　HX118-2 超外差式收音机的各单元电路

1. 磁性天线输入回路

收音机的天线接收到众多广播电台发射出的高频信号波，输入回路利用串联谐振电路选出所需要的信号，并将它送到收音机的第一级，把那些不需要收听的信号有效地加以抑制。因此，要求输入回路具有良好的选择性，同时因为收音机要接收不同频率的信号，而且输入回路处在收音机电路的最前方，因此输入回路还要具有较大且均匀一致的电力传输系数、正确的频率覆盖和良好的工作稳定性。

图 8-2-4 所示为磁性天线，它由一根长圆形或扁长形磁棒和线圈 L_1 和 L_2 组成。中波磁棒用锰锌铁氧体材料制成，长度大于 50mm。一般磁棒越长接收的灵敏度越高。线圈用多股纱包线绕制而成，一般把线圈放在磁棒的两端，这样可以提高输入调谐回路的 Q 值。

磁性天线输入回路如图 8-2-5 所示，由可调电容 C_{1A}、天线线圈 L_1 和天线微调电容

C_{1a} 构成，又称为输入调谐电路，改变 C_{1A} 可以改变谐振频率，使之与某一高频载波发生谐振，在 L_1 上感应出的电动势最强，L_1 与 L_2 发生互感，由 L_2 将感应信号送入变频管 VT_1 的基极。

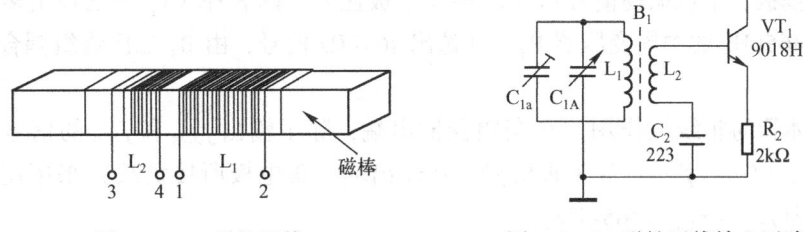

图 8-2-4 磁性天线

图 8-2-5 磁性天线输入回路

2. 变频级电路

变频级电路如图 8-2-6 所示。变频级电路是超外差式收音机中较关键的部分，其质量对收音机的灵敏度和信噪比都有很大的影响。它的作用是把天线接收下来的信号变成一个固定频率（465kHz）的中频信号，送到中频放大级放大。对变频级电路，要求在变频过程中，原有的低频成分不能有任何畸变，并且要有一定的变频增益；噪声系数要非常小；工作要稳定；本机振荡信号频率要始终比输入回路选择的广播电台高频信号频率高 465kHz。

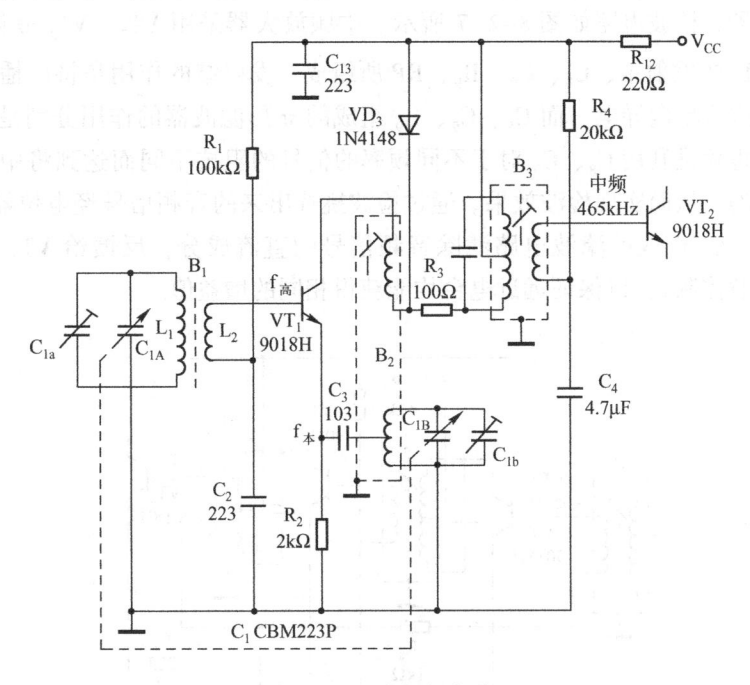

图 8-2-6 变频级电路

为了达到这个目的，在变频级中要有能产生本机振荡的部分（本机振荡器），然后把本机振荡信号和接收的输入信号加以混频，以产生中频信号。

（1）本机振荡电路

该电路是共基极调整式振荡电路，由 R_1、R_2 和 VT_1 共同组成分压式电流负反馈偏置电路；C_2、C_3 提供高频通路，并起隔直作用；B_2 的 L_2 与 C_{1B} 构成本机振荡回路，产生的本机

振荡信号由 B_2 的 L_2 中间抽头经 C_3 耦合到 VT_1 的发射级。

(2) 变频电路

该电路是典型的发射极注入式变频电路，输入调谐回路选出高频信号，经过 B_1 的 L_2 耦合到 VT_1 的基极，本机振荡信号从 VT_1 的发射极注入，两者在 VT_1 中混频出多种频率信号送入谐振在 465kHz 的中周变压器 B_3，并选出 465kHz 信号，由 B_3 二次绕组耦合到下一级中放电路。

由于晶体管的非线性作用，在变频器输出端，除了输出 $f_{本振}$ 和 $f_{高频}$ 的信号外，还输出 $(f_{本振} - f_{高频})$、$(f_{本振} + f_{高频})$ 等多种信号。在输出端（集电极所接负载）采用调谐回路，并使谐振频率为 $f_{本振} - f_{高频} = 465kHz$。

不论广播电台高频载波的频率如何变化，都必须使本机振荡频率比高频信号频率高 465kHz，这就是"跟踪"。一般超外差式收音机在输入回路和本机振荡回路采用电容量同步变化的双联电容器，就是为了达到该目的。然而，中波段高端频率为 1605kHz，低端频率为 535kHz。要想在整个波段范围内都同步是很难实现的，一般采用"三点跟踪"，即在 600kHz、1000kHz、1500kHz 三个频率点实现同步，其余各点近似跟踪。具体的做法是在本机振荡电路中并联一个数值较小的补偿电容器，在天线的输入回路中也并联一只微调电容，作为补偿电容器。

3. 中频放大器、检波电路

中频放大器、检波电路如图 8-2-7 所示。中频放大器采用 VT_2、VT_3 晶体管两级放大，检波电路由 VT_4 的发射结、C_8、C_9、R_9、RP 所组成。发射结的作用是将广播电台发送的双边带调幅信号进行单向导电。而 C_8、C_9、R_9 组成的 π 形滤波器的作用分别是通过中频电流和低频电流，也就是利用 C_8、C_9 对于不同频率的信号的阻抗不同而达到将中频信号和音频信号分离的目的，从而实现检波效果。通过检波挑选出来的音频信号经电位器 RP 送到后级低放电路。R_8、C_7 组成的滤波电路滤除音频信号的直流成分，反馈给 VT_2 的基极，构成 AGC（自动增益控制），以保证远近电台均能获得相同的增益值。

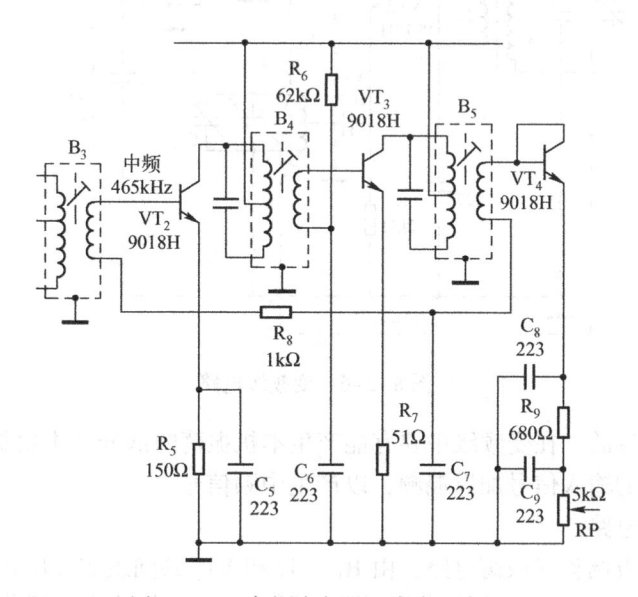

图 8-2-7 中频放大器、检波电路图

4. 低放、功放电路

低放、功放电路如图 8-2-8 所示。经检波输出的音频信号经 C_{10} 耦合送入 VT_5 基极，由 VT_5 组成共射极单管前置放大器放大后，由 VT_5 集电极输出，其输出采用变压器耦合，获得较大的功率增益。同时为了适应推挽功率级的需要，变压器 B_6 的二次侧有中心抽头，把低放的输出信号对中心抽头分成大小相等、相位相反的两个信号，分别耦合送到由 VT_6、VT_7 组成的推挽式甲乙类功率放大器中进行功率放大，经输出变压器 B_7 使扬声器发出声音。

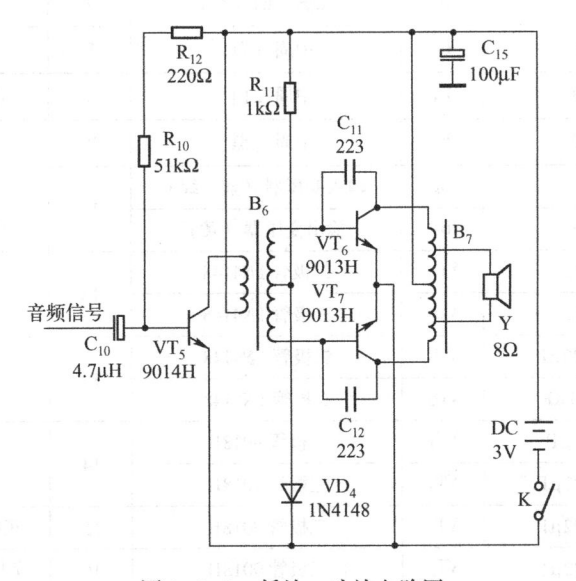

图 8-2-8 低放、功放电路图

R_{10}、R_{11} 分别为前置低放 VT_5 及功放 VT_6、VT_7 的偏置电阻器，调整 R_{10} 和 R_{11} 可分别调整各级直流工作点。

为了提高电路工作的稳定性，改善电池电压下降对放大器工作状态的影响，VT_5 的基极偏置电压由二极管 VD_1、VD_2 组成的稳压器提供。此外，当温度升高时，VD_1、VD_2 的正向压降也随之减小，有补偿 VT_5 的 U_{be} 变化的作用。R_{12}、C_{15} 组成退耦电路，C_{13}、C_{14} 为电源退耦电容，C_{11}、C_{12} 为反馈电容，起改善音质的作用。

8.2.3 HX118-2 超外差式收音机的装配

1. 检查并测试元器件性能

HX118-2 超外差式收音机的元器件及结构件清单见表 8-2-1。

表 8-2-1 HX118-2 超外差式收音机的元器件及结构件清单

元器件位号清单				结构件清单		
位号	名称规格	位号	名称规格	序号	名称规格	数量
R_1	电阻 100kΩ	C_{12}	圆片电容 0.022μF	1	前框	1
R_2	电阻 2kΩ	C_{13}	圆片电容 0.022μF	2	后盖	1

续表

元器件位号清单				结构件清单		
位号	名称规格	位号	名称规格	序号	名称规格	数量
R_3	电阻 100Ω	C_{14}	电解电容 4.7μF	3	周板率	1
R_4	电阻 20kΩ	C_{15}	电解电容 4.7μF	4	调谐盘	1
R_5	电阻 150Ω	B_1	磁棒 B5×13×55	5	电位器	1
R_6	电阻 62kΩ	T	天线线圈	6	磁棒支架	1
R_7	电阻 51Ω	B_2	振荡线圈（红）	7	印制板	1
R_8	电阻 1kΩ	B_3	中周（黄）	8	电池正极片	2
R_9	电阻 680Ω	B_4	中周（白）	9	电池负极弹簧	2
R_{10}	电阻 51kΩ	B_5	中周（黑）	10	拎带	1
R_{11}	电阻 1kΩ	B_6	输入变压器（蓝、绿）	11	调谐盘螺钉 沉头 M2.5×4	1
R_{12}	电阻 220Ω	B_7	输出变压器（黄）			
RP	电位器 5kΩ	VD_1	二极管 1N4148	12	双联螺钉 M2.5×5	2
C_1	双联 CBM223P	VD_2	二极管 1N4148			
C_2	圆片电容 0.022μF	VD_3	二极管 1N4148	13	机芯螺钉 自攻 M2.5×5	1
C_3	圆片电容 0.01μF	VD_4	二极管 1N4148			
C_4	电解电容 4.7μF	VT_1	三极管 9018H	14	电位器螺钉 M1.7×4	1
C_5	圆片电容 0.022μF	VT_2	三极管 9018H			
C_6	圆片电容 0.022μF	VT_3	三极管 9018H	15	正极导线（9cm）	1
C_7	圆片电容 0.022μF	VT_4	三极管 9018H	16	负极导线（10cm）	1
C_8	圆片电容 0.022μF	VT_5	三极管 9014C	17	扬声器导线（10cm）	2
C_9	圆片电容 0.022μF	VT_6	三极管 9013H			
C_{10}	电解电容 4.7μF	VT_7	三极管 9013H			
C_{11}	圆片电容 0.022μF	Y	扬声器 8Ω			

（1）电阻器。用万用表适当的电阻挡测量其阻值，误差应小于±20%。

（2）电容器。对电解电容器，除了检测容量及漏电现象，还要注意其极性。安装时极性不能接反。

（3）中周变压器。用万用表电阻挡测量其一次绕组、二次绕组及抽头，不应断路，也不应和屏蔽铁体外壳短路。

（4）晶体管。用万用表电阻挡测试出基极、管型（NPN 型或 PNP 型），再测出集电极和发射极，最后测出 I_C 和 I_B，验证晶体管放大倍数 β 值。

（5）扬声器。用万用表 R×1 挡测量其直流电阻，测量值比标称阻抗小些是正常的，当表笔接触其两个接线端时，还应发出"喀喀"声。

（6）输入、输出变压器。用万用表 R×1 挡测量。输入变压器 B_6 的输入端绕组，不应有开路现象。测输出变压器 B_7 时，由于它是自耦变压器，故其输入、输出绕组是一个绕组而不应该开路。在安装时 B_6、B_7 不能装错。

2. 焊接前准备

(1) 对照电路图检查印制电路板，在安装、焊接元器件之前，对照电路图"读"印制电路板，并且检查是否有落线、连线、断线的地方，应及时发现、及时修整，同时熟悉各个元器件安装位置。

(2) 将所有的元器件引脚上的漆膜、氧化膜清楚干净，并将电阻器、二极管等引脚进行整形加工。

(3) 将电位器拨盘装在电位器上，用螺钉固定。

(4) 将磁棒套入天线线圈和磁棒支架上。

(5) 要求能熟练使用三步焊接法，焊点要达到如下要求：具有良好的导电性；具有一定的机械强度；焊点上的焊料要适中；焊点表面应具有良好的光泽且表面光滑，无毛刺。

3. 插件焊接

(1) 焊接时应注意的问题

① 按照装配图正确插入元器件，其高低、极向应符合图纸规定。一般来说，插装顺序是由小到大，先装矮小元器件，后装高大元器件。

② 焊点要光滑，大小最好不要超出焊盘，不能有虚焊、搭焊和漏焊。

③ 注意二极管、晶体管的极性。焊接的时间要掌握好，时间不宜过长，否则会烫坏晶体管。每个焊点一般以 3s 比较合适。如果一次不成，则可待冷却后再焊一次。

④ 输入（绿色或红色）、输出（黄色）变压器不能调换位置。

⑤ 红中周变压器 B_2 插件外壳应弯脚焊牢，否则会卡住调谐盘。

(2) 元器件焊接步骤

① 电阻器、二极管。

② 圆片电容器、晶体管。

③ 中周变压器、输入/输出变压器。

④ 双联可调电容器、天线线圈。

⑤ 电池夹引线、扬声器引线。

提示：每次焊接完一部分元器件，均应检查一遍焊接质量及是否有错误、漏焊，发现问题应及时纠正。这样可保证焊接收音机的一次成功而进入下一道工序。

4. 装大件

(1) 装双联可调电容器

将双联可调电容器 CBM-223P 安装在印制电路板正面，将天线组合件上的支架装在印制电路板反面的双联可调电容器上，然后用两只 M2.5mm×5mm 螺钉固定，并将双联可调电容器引脚超出电路板的部分弯脚后焊牢。

(2) 装天线线圈

① 天线线圈的 1 端焊接于双联可调电容器 C_{A1} 端；

② 2 端焊接于双联可调电容器中点地线上；

③ 3 端焊接于 VT_1 基极（b）上；

④ 4 端焊接于 R_1、C_2 公共点。

(3) 焊电位器组合件

将电位器组合件焊接在电路板指定位置。

5. 开口检查与试听

收音机装配焊接完成后，检查元器件有无装错位置，焊点是否脱焊、虚焊、漏焊。所焊元器件有无短路或损坏。发现问题要及时修理、更正。用万用表进行整机工作点、工作电流测量，若检查都满足要求即可进行收台试听。

6. 前框准备

（1）将电池负极弹簧、正极片安装在塑壳上。同时焊好连接点及黑色、红色引线。

（2）将周率板反面双面胶保护纸去掉，然后贴于前框，注意要贴装到位，并撕去周率板正面保护膜。

（3）将 YD57 扬声器安装于前框，用一把"一"字的小螺丝刀导入带钩压脚，再用电烙铁热铆三只固定脚，如图 8-2-9 所示。

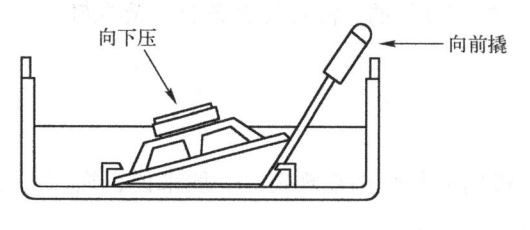

图 8-2-9 扬声器安装图

（4）将拎带套在前框内。

（5）将调谐盘安装在双联电容器轴上，用 M2.5mm×5mm 螺钉固定。注意调谐盘指示方向。

（6）根据装配图，分别将两根白色或黄色导线焊接在扬声器与印制电路板上。

（7）将正极（红色）、负极（黑色）电源线分别焊在印制电路板指定位置。

（8）将组装完毕的机芯装入前框，一定要到位，完成整机组装。

8.2.4 HX118-2 超外差式收音机的调试

对新装的和严重失调的收音机，为急于收台，不讲顺序乱捅、乱调一气，势必适得其反，所以应认真合理地调试。

调试所需的仪器设备有稳压电源（200mA、3V）、XFG-7 高频信号发生器、示波器（一般示波器即可）、毫伏表、无感应螺丝刀。

调试的步骤有通电前的检查、静态工作点调整和动态调试。

1. 通电前的检查

调试前应在以下几个方面进行仔细检查。

（1）各级不同型号的晶体管是否有误装的情况，各晶体管的引脚装接是否正确。

（2）三级中频变压器前后顺序装接是否有误。

（3）线路的连接和元器件的安装是否有误，各焊点是否存在虚焊、漏焊和碰焊的情况，电解电容器的正负极性装接是否有误。

（4）将歪斜的元器件扶直排齐，并着重排除元器件和裸线相碰之处。

（5）应注意把滴落在机内的锡珠、线头等清理干净。

以上情况经过仔细检查无误后，方可接通电源，进行电路调试工作。

2. 静态工作点调整

通过改变晶体管的基极偏置电阻获得合适的静态工作点,静态工作电流可通过电流表串联在集电极支路中测得。其测试参考点及数据如表8-2-2所示。

表8-2-2 测试点及数据(参考)

测 试 点	调节元件	电流范围	电压值
电源			$V_{CC}=3V$
三极管 VT_1	R_1	$I_{C1}=0.18\sim0.22\text{mA}$	$U_{C1}=1.35V$
三极管 VT_2	R_4	$I_{C2}=0.4\sim0.8\text{mA}$	$U_{C2}=1.35V$
三极管 VT_3	R_6	$I_{C3}=1\sim2\text{mA}$	$U_{C3}=1.35V$
三极管 VT_4			$U_{C4}=1.4V$
三极管 VT_5	R_{10}	$I_{C5}=2\sim4\text{mA}$	$U_{C5}=2.4V$
三极管 VT_6、VT_7	R_{11}	I_{C6}、$I_{C7}=4\sim10\text{mA}$	U_{C6}、$U_{C7}=3V$

调整偏置电流时应当注意以下几点。

(1) 调整时先不要连接天线线圈和 C_3,以免有信号输入而误将动态电流作为静态电流。调整从后级开始,向前进行。

(2) 调整集电极电流,换上固定电阻器之后,还应重新检查一下电流,并且不要忘记接通集电极电流的检测点。

(3) 在调整过程中,保持电池电压充足。

3. 动态调试

调试仪器连接方框图如图8-2-10所示。

(1) 中频调试

中频调试就是调整中频频率,即调整中周变压器改变其电感量使其谐振在465kHz的中频频率上。首先将双联可调电容器旋至最低频率点(即全部旋入),再将XFG-7高频信号发生器置于465kHz频率处,输出场强为10mV/M,调制频率为1000Hz,调幅度为30%。收音机收到信号后,示波器应该有

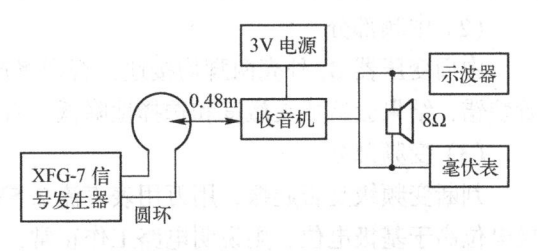

图8-2-10 调试仪器连接方框图

1000Hz的信号波形,用无感应螺丝刀依次调节黑(B_5)、白(B_4)、黄(B_3)三个中周变压器,且反复调节,使其输出最大。此时465kHz中频调节好,之后就不需要再动了。

(2) 调整频率范围(对刻度)

调整频率范围就是旋动可变电容器,从全部旋进的最低频率到全部旋出的最高频率之间,恰好包括了整个接收波段(535~1605kHz)。

将XFG-7高频信号发生器置于520kHz,输出场强为5mV/M,调制频率为1000kHz,调幅度为30%。双联可调电容器调至最低端,用无感应螺丝刀调节红中周变压器(振荡线圈 B_2),调到收到信号使声音最响、幅度最大为止。再将双联旋至最高端,XFG-7高频信号发生器置于

1620kHz，调节双联可调电容器的微调电容 C_{1b}（图 8-2-11 所示为双联示意图），使收到信号的声音最大。再将双联可调电容器调至最低端，调红中周变压器，高低端反复调整，直至低端频率为 520kHz、高端频率为 1620kHz 为止，频率覆盖调节到此结束。

（3）统调（调整整机灵敏度）

利用调整频率范围是收到的低端电台，移动磁棒上的线圈使声音最响，以达到低端统调；利用调整频率范围是收到的高端电台，调节与磁棒线圈并联的微调电容器，使声音最响，以达到高端统调。高低端的调整反复进行几次，直到达到满意为止。

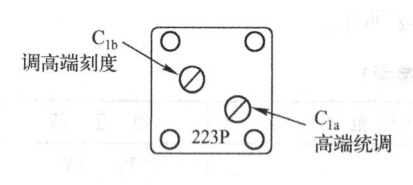

图 8-2-11 双联示意图

方法是：将 XFG-7 高频信号发生器置于 600kHz，输出场强为 5mV/M 左右，调节收音机调谐旋钮，收到 600kHz 信号后，调节中波磁棒线圈位置，使输出最大；然后将 XFG-7 高频信号发生器旋至 1400kHz，调节收音机，直到收到 1400kHz 信号后，调双联微调电容 C_{1a}（见图 8-2-11），使输出为最大，重复调节 600kHz 和 1400kHz 统调点，直至两点均为最大为止，至此统调结束。

在中频调试、频率范围、统调结束后，收音机即可收到高、中、低端的电台，且频率与刻度基本相符。放入 2 节 5 号电池进行试听，在高、中、低端都能收到电台后，即可将后盖盖好。

8.2.5 HX118-2 超外差式收音机的故障分析与检修

1. 检查要领

一般由后级向前检测，先检查低功放级，再看中放和变频级。

（1）低频部分

若输入、输出变压器位置装错，则虽然工作电流正常，但音量很低；若 VT_6、VT_7 集电极（c）和发射极（e）装错，则工作电流调不上，音量极低。

（2）中频部分

中周变压器 B_3 外壳两脚均接地，否则将产生啸叫，收不到电台。若中频变压器序号位置装错，结果会造成灵敏度和选择性降低，有时还会产生自激现象。

（3）变频部分

判断变频级是否起振，用万用表直流 2.5V 挡测 VT_1 的基极电位和发射极电位。若发射极电位高于基极电位，则说明电路工作正常，否则说明电路有故障。变频级工作电流不宜太大，否则噪声大。

2. 检测修理方法

（1）整机静态总电流测量

本机静态总电流小于等于 25mA，无信号时，若大于 25mA，则该机出现短路或局部短路；若无电流，则电源未接上。

（2）工作电压测量

总电压为 3V。正常情况下，VD_1、VD_2 两二极管电压为 $1.3 \pm 0.1V$，此电压大于 1.4V 或小于 1.2V 时，该机均不能正常工作。大于 1.4V 时二极管 1N4148 可能极性接反或已损坏，检查二极管。

小于 1.3V 或无电压时应检查：

① 电源 3V 有无接上；

② R_{12} 电阻（220Ω）是否接对或接好；

③ 中周（特别是白中周和黄中周）初级与其外壳是否短路。

(3) 变频级无工作电流

检查点：

① 天线线圈次级未接好；

② VT_1（9018）三极管已坏或未按要求接好；

③ 本振线圈（红色）次级不通，R_3（100Ω）虚焊或错焊接了大阻值电阻；

④ 电阻 R_1（100kΩ）和 R_2（2kΩ）接错或虚焊。

(4) 第一中放无工作电流

检查点：

① VT_2 晶体管坏，或 VT_2 管引脚（e、b、c 脚）插错；

② R_4（20kΩ）电阻未接好；

③ 黄中周次级绕组开路；

④ C_4（4.7μF）电解电容短路；

⑤ R_5（150Ω）开路或虚焊。

(5) 第一中放工作电流大，为 1.5~2mA（标准是 0.4~0.8mA，见原理图）

检查点：

① R_8（1kΩ）电阻未接好或连接 1kΩ 电阻的铜箔里有断裂现象；

② C_5（233）电容短路或 R_5（150Ω）电阻错接成 51Ω；

③ 电位器坏，测量不出阻值，R_9（680Ω）电阻未接好；

④ 检波管 VT_4（9018）坏，或引脚插错。

(6) 第二中放无工作电流

检查点：

① 黑中周初级开路；

② 白中周次级开路；

③ 晶体管 VT_3 坏或引脚接错；

④ R_7（51Ω）电阻未接上；

⑤ R_6（62kΩ）电阻未接上。

(7) 第二中放电流太大（大于 2mA）

检查点：R_6（62kΩ）接错，阻值远小于 62kΩ。

(8) 低放级无工作电流

检查点：

① 输入变压器（蓝色）初级开路；

② VT_5 晶体管坏或接错引脚；

③ 电阻 R_{10}（51kΩ）未焊好。

(9) 低放级电流太大（大于 6mA）

检查点：R_{10}（51kΩ）电阻装错，阻值太小。

(10) 功放级无电流（VT_6、VT_7 管）

检查点：

① 输入变压器次级不通；

② 输出变压器绕组不通；

③ VT_6、VT_7 晶体管坏或接错引脚；

④ R_{11}（1kΩ）电阻未接好。

(11) 功放级电流太大（大于 20mA）

检查点：

① 二极管 VD_4 坏或极性接反，引脚未焊好；

② R_{11}(1kΩ)电阻装错了，用了小电阻（远小于 1kΩ）。

(12) 整机无声

检查点：

① 检查电源有无加上；

② 检查 VD_1、VD_2（1N4148）两端是否为 1.3V±0.1V；

③ 检查有无静态电流（大于 25mA）；

④ 检查各级电流是否正常（说明，15mA 左右属正常），变频级 0.2mA±0.02mA；第一中放级 0.6mA±0.2mA；第二中放级 1.5mA±0.5mA；低放级 3mA±1 mA；功放 4mA~10mA；

⑤ 用万用表 R×1 挡检查扬声器，应有 8Ω 左右的电阻，表棒接触扬声器引出接头时，应有"喀喀"声，若无阻值或无"喀喀"声则说明扬声器已坏（测量时应将扬声器焊下，不可连机测量）；

⑥ B_3 中周（黄色）外壳未焊好；

⑦ 音量电位器未打开。

整机无声时用万用表检查故障方法：用万用表 R×10 挡黑表棒接地，红表棒从后级向前级寻找，对照原理图，从扬声器开始顺着信号传播方向逐级往前碰触，扬声器应发出"喀喀"声。当碰触到哪级无声时，则故障就在该级，测量工作点是否正常，并检查各元器件有无接错、焊错、搭焊、虚焊等。若在整机上无法查出该元件好坏，则可拆下检查。

思 考 题

1. 了解 DT830B 数字式万用表的基本原理与结构。
2. 简述双积分 A/D 转换器的工作原理。
3. 简述 DT830B 数字式万用表直流电压挡的工作原理。
4. 简述 DT830B 数字式万用表直流电流挡的工作原理。
5. 数字式万用表液晶片下的导电胶条被污染或接触不良，会出现什么现象？应怎样清洁？
6. 调整超外差式收音机中周时应该注意什么？如果没有示波器应该怎样调节？
7. 以超外差式收音机为例，说明静态工作点的调试方法。
8. 以超外差式收音机为例，说明整机动态工作特性的调试方法。

第三篇 现代电子线路设计技术指导

第 9 章 Multisim 2001 仿真软件

9.1 Multisim 2001 概述

Multisim 2001 是新版 EDA 软件，它的虚拟仪器界面和数字电路仿真能力在各种电路仿真软件之上，很多在实验室难以解决的问题如果合理应用该软件就可顺利完成。本章主要概述了 Multisim 2001 的各项主要功能，指导读者逐步建立一个基本电路，并进行仿真、分析，以及产生报告。本章所描述的大多数功能，各种版本的 Multisim 都具备。

Multisim 是加拿大 Interactive Image Technologies 公司出品的板级电路仿真软件，适用于模拟和数字电路设计。Multisim 2001 是一个完整的设计工具系统，提供一个非常大的元件数据库，包含了电路图输入、SPICE 仿真、VHDL 设计输入和仿真、可编程逻辑综合及其他设计能力。Multisim 2001 是在电子爱好者熟悉的 EWB 5.0 的基础上发展起来的。EWB 是最早将 SPICE 仿真器集成在原理图输入和波形显示器界面中的电路仿真软件，使用户免于编写烦琐的 SPICE 网络文件。很多电子爱好者正是通过 EWB 了解和掌握电路仿真技术的。Multisim 2001 提供全部先进的设计功能，满足从参数到产品的设计要求。因为程序将原理图输入、仿真和可编程逻辑紧密集成，所以用户可以放心地进行设计工作，不必顾及不同供应商的应用程序之间传递数据时经常出现的问题。

Multisim 2001 的特点之一是交互式仿真。用户可以在仿真运行中改变电路参数，并且立即得到结果。例如，可以在仿真时改变可变电容器和可变电感器的值、调整电位器等。此时连接在电路中的仪表将实时做出反应。

Multisim 2001 的特点之二是为有源和无源器件提供大量的 SPICE 仿真模型库，包括二极管、三极管及运算放大器。每个模型都符合一定的质量和精度要求。例如，虚拟电阻有一阶和二阶两个温度系数，双极型晶体管模型包括了它的全部 SPICE 等效模型参数。

Multisim 2001 的特点之三是分析手段完备。Multisim 2001 除了 11 种常用测试仪器仪表外，还提供了直流工作点分析、瞬态分析、傅里叶分析等 15 种常用的电路分析手段。这些分析方法基本能满足设计仿真要求，而且 Multisim 2001 具备数模混合仿真能力。

Multisim 2001 的另一个特点是系统高度集成、形象直观、操作方便。Multisim 2001 将原理图、电路分析测试和结果的显示等都集成到一个软件窗口中。其操作界面就像实际的实验台，有元件库、仪器仪表库，以及各种仿真分析的命令。在 Multisim 2001 中，元器件模型非常丰富，而且与现实元件对应，所以实用性强，甚至可以自己创建和修改元件模型。元件连接方式方法灵活，而且允许把子电路当作一个元器件使用，这样可使电路的仿真规模大大增大。特别是使用 Multisim2001 的虚拟测试设备就如同在实验室做实验一样。用鼠标选取虚拟测试设备，将它们连接到原理电路中。运行仿真后就能在打开的虚拟仪器界面上观察电路的响应波形或其他测量值。仪器界面上有各种调整按钮，其使用方法如同真实的仪器，由使用者进行实时调整。因而该软件简单易学、操作方便。

9.2　Mutisim 2001 的主窗口

启动 Multisim 2001 后，可以看到如图 9-2-1 所示的主窗口，主窗口中包括如下基本元素：菜单栏、系统工具栏、设计工具栏、元器件库栏、仪表工具栏、电路窗口等。下面对上述各部分分别进行介绍。

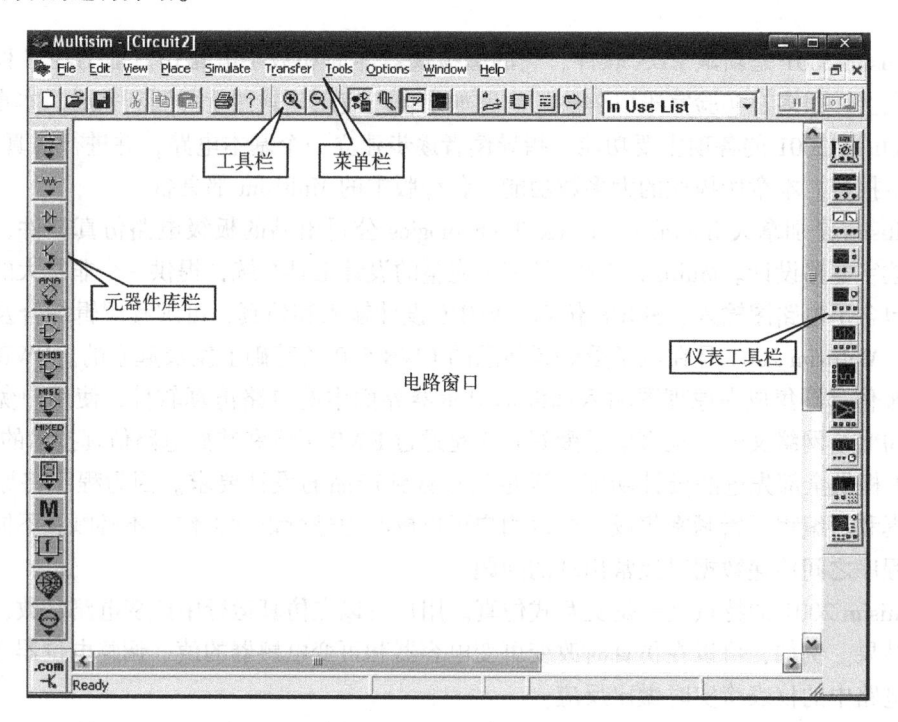

图 9-2-1　Multisim 2001 的主窗口

9.2.1　菜单栏

菜单栏位于主窗口的上方，为下拉式菜单，包括 9 个菜单项。

1. File（文件）

File 主要用于管理创建的电路文件和项目。File（文件）菜单如图 9-2-2 所示。

2. Edit（编辑）

Edit 主要是最基本的编辑操作命令。Edit（编辑）菜单如图 9-2-3 所示。

图 9-2-2 File 菜单

图 9-2-3 Edit 菜单

3. View（显示）

View 主要包括调整窗口视图的命令，View（显示）菜单如图 9-2-4 所示。

4. Place（放置）

Place 主要用于在窗口中放置电路对象。Place（放置）菜单如图 9-2-5 所示。

图 9-2-4 View 菜单

图 9-2-5 Place 菜单

5. Simulate（仿真）

Simulate 主要包含仿真所需的各种设备和方法。Simulate（仿真）菜单如图 9-2-6 所示。

6. Transfer（文件输出）

Transfer 主要用于将电路及分析结果传输给其他应用程序。Transfer（文件输出）菜单如

图 9-2-7 所示。

```
Run                F5        运行
Pause              F6        暂停
Default Instrument Settings...    默认仪表设置
Digital Simulation Settings...    数字电路仿真设置
Instruments        ▶        选择仿真仪表
Analyses           ▶        选择仿真分析方法
Postprocess...              后处理器
VHDL Simulation             VHDL 仿真
Verilog HDL Simulation      Verilog HDL 仿真
Auto Fault Option...        自动设置电路故障
Global Component Tolerances...   全局元件容差设置
```

图 9-2-6　Simulate 菜单

```
Transfer to Ultiboard           电路图传送到 Utiboard
Transfer to other PCB Layout    电路图传送到其他 PCB
Backannotate from Ultiboard     Utiboard 回传
VHDL Synthesis                  VHDL 分析
Export Simulation Results to MathCAD   仿真结果输出到 MathCAD
Export Simulation Results to Excel     仿真结果输出到 Excel
Export Netlist                  输出网络表
```

图 9-2-7　Transfer 菜单

7. Tools（工具）

Tools 主要用于元件的操作和元件库的管理。Tools（工具）菜单如图 9-2-8 所示。

8. Options（选项）

Options 主要用于程序的运行和进行界面的设置。Options（选项）菜单如图 9-2-9 所示。

```
Create Component...        创建元件
Edit Component...          编辑元件
Copy Component...          拷贝元件
Delete Component...        删除元件
Database Management...     元件库管理
Update Components          升级元件
Remote Control / Design Sharing   远程控制/设计共享
EDAparts.com               连接 EDAparts.com 网站
```

图 9-2-8　Tool 菜单

```
Preferences...             参数设置
Modify Title Block...      修改标题栏内容
Global Restrictions...     全局限制设置密码
Circuit Restrictions...    电路限制设置
```

图 9-2-9　Options 菜单

9. Help（帮助）

Help 主要包括了 Multisim 2001 的帮助信息。Help（帮助）菜单如图 9-2-10 所示。

```
Multisim Help       F1     打开 Multisim 2001 帮助文件
Multisim Reference         打开 Multisim 2001 帮助索引
Release Notes              打开版本注释文件
About Multisim...          打开 Multisim 的说明对话框
```

图 9-2-10　Help 菜单

9.2.2　工具栏

工具栏位于菜单栏的下方，分为左半部分的系统工具栏和右半部分的设计工具栏，如图 9-2-11 所示。系统工具栏中包含最基本的常用功能按钮，与 Windows 中的同类按钮类似，所以不再详述。工具栏右边为启停开关栏，依次为暂停仿真和启动/关闭仿真按钮。

图 9-2-11 工具栏

缩放工具后面为设计工具栏，从左至右介绍如下：
- 元件编辑器（Component Editor）按钮：用以调整或增加元件。
- 仪表（Instruments）按钮：用以给电路添加仪表或观察仿真结果。
- 仿真（Simulate）按钮：用以开始、暂停或结束电路仿真。
- 分析（Analysis）按钮：用以选择要进行的分析。
- 后分析器（Postprocessor）按钮：用以进行对仿真结果的进一步操作。
- VHDL/Verilog 按钮：用以使用 VHDL 模型进行设计。
- 报告（Reports）按钮：用以打印相关电路的报告。
- 传输（Transfer）按钮：用以与其他程序（如 Ultiboard）进行通信，也可将仿真结果输出到像 MathCAD 和 Excel 这样的应用程序。
- In Use List：用以记录用户在进行电路仿真中最近用过的元件（不包含仪器），单击列表中的某元件，可以快速向电路中复制该元件。

9.2.3 元器件库栏

在窗口的最左边是元器件库栏，可以任意移动，如图 9-2-12 所示，提供了用户在电路仿真中需用到的所有元件。用鼠标单击元器件库图标，将弹出元器件分类库。每个元器件分类库中又含有 3~30 个元件箱（又称之为 Family），各种仿真元件分门别类地放在这些元件箱中供用户随意调用。每一元件箱用一个按钮表示。用鼠标单击元件箱，该元件箱打开。

图 9-2-12 元器件库栏

元器件库从左到右分别为电源库（Sources）、基本元件库（Basic）、二极管库（Diodes Components）、晶体管库（Transistors Components）、模拟元件库（Analog Components）、TTL 器件库（TTL）、CMOS 器件库（CMOS）、其他数字元件库（Misc Digital Components）、混合器件库（Mixed Components）、指示器件库（Indicators Components）、其他器件库（Misc Components）、控制器件库（Controls Components）、射频器件库（RF Components）和机电类器件库（Elector-Mechanical Components）。

9.2.4 仪表工具栏

窗口最右边是仪表工具栏，提供了用户在电路仿真中需用的仪器仪表，如图 9-2-13 所示。仪表工具栏从左到右分别为数字式万用表、函数信号发生器、示波器、波特图仪、数字信号发生器、逻辑分析仪、瓦特表、逻辑转换仪、失真分析仪、网络分析仪和频谱分析仪。

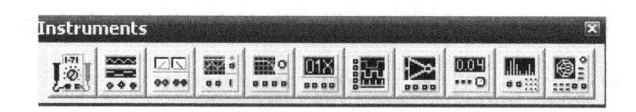

图 9-2-13　仪表工具栏

9.2.5　电路窗口

电路窗口为用户的主要工作区域，所有的元器件、仪器仪表的输入，以及电路的连接和测试仿真都在此窗口中完成。

9.2.6　快捷菜单

在使用 Multisim 2001 时，有时通过快捷菜单进行操作比较方便。在 Multisim 2001 中有右击元器件或仪器、右击导线、右击工作区空白处、右击工作区窗口垂直滚动条区域和右击工作区水平滚动条区域产生的快捷菜单五种。下面对 Multisim 2001 中的快捷菜单分别进行介绍。

（1）右击元器件或仪器产生的快捷菜单。其中很多菜单项在菜单栏中有同名菜单，这里不再一一介绍，仅介绍 Color…菜单项。选定该项，则会弹出一个 Window 颜色选择对话框，选定的颜色就是元器件或仪器的颜色。

（2）右击导线产生的快捷菜单，只有三项，且比较简单。其中 Delete 菜单项的功能是删除该导线，Color…是设置该导线的颜色。

（3）右击工作区空白处产生如图 9-2-14 所示的快捷菜单。该快捷菜单中包含了 6 组菜单项，第一组为放置元器件、节点、总线等菜单项，第二组为复制、粘贴等菜单项，第三组为控制是否显示栅格等菜单项，第四组为控制缩放等菜单项，第五组菜单项是参数选择（Preferences）对话框中的部分功能，第六组是帮助菜单项。

（4）右击工作区窗口垂直滚动条区域和水平滚动条区域产生的快捷菜单可控制滚动条。其快捷菜单比较简单，且为中文显示，这里不再介绍。

图 9-2-14　右击工作区空白处的快捷菜单

9.3　Multisim 2001 的元器件库和仪器仪表库

9.3.1　Multisim 2001 的元器件库

Multisim 2001 提供了丰富的元器件，元件模型分为 14 大类，共有 16000 余种。调用元件时采用按钮和列表相结合，既直观又方便。如果安装了元件补丁，就会有更多的元件可供选择。

在大部分情况下，不需要设置元件的属性参数。只有电源和虚拟元件，除了采用默认值外，还可自行设置参数。为了教学训练的目的还可以设置元件的失效参数。下面对各个元器件库逐一介绍。

1. 电源库

电源库中共有 30 个电源器件，包括功率电源、各种信号源、受控源，以及 1 个模拟电路接地端和 1 个数字电路接地端。在 Multisim 2001 中电源类的器件都当作虚拟器件，所以不能使用 Multisim 2001 中的元件编辑工具对其模型及符号等进行重新创建和修改，只能通过属性对话框对相关参数进行设置。电源库中的元件如图 9-3-1 所示。

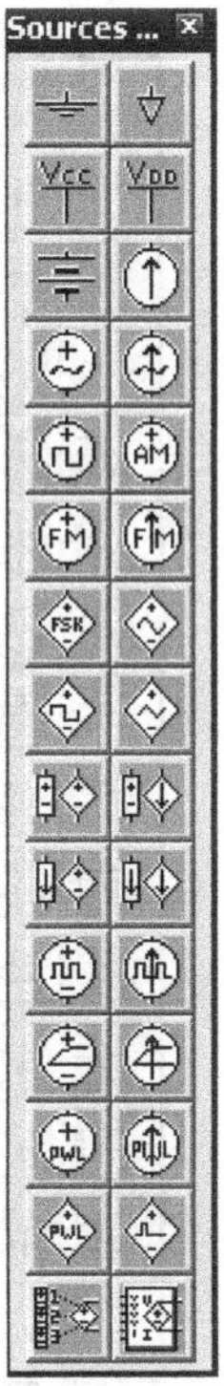

图 9-3-1 中的各电源器件从左到右、从上到下依次为：

① 接地端； ② 数字接地端；
③ V_{CC} 电压源； ④ V_{DD} 数字电压源；
⑤ 直流电压源； ⑥ 直流电流源；
⑦ 交流电压源； ⑧ 交流电流源；
⑨ 时钟源； ⑩ AM 调幅信号源；
⑪ FM 调频电压源； ⑫ FM 调频电流源；
⑬ FSK 信号源； ⑭ 压控正弦波电压源；
⑮ 压控方波电压源； ⑯ 压控三角波电压源；
⑰ 压控电压源； ⑱ 压控电流源；
⑲ 流控电压源； ⑳ 流控电流源；
㉑ 脉冲电压源； ㉒ 脉冲电流源；
㉓ 指数电压源； ㉔ 指数电流源；
㉕ 分段线性电压源； ㉖ 分段线性电流源；
㉗ 压控分段线性电压源； ㉘ 受控单脉冲；
㉙ 多项式信号源； ㉚ 非线性相关信号源。

图 9-3-1 电源库

2. 基本元件库

基本元件库中包含现实元件箱（灰底图标）22 个、虚拟元件箱（绿底图标）7 个，如图 9-3-2 所示。虚拟元件箱中的元件不需要选择，而且直接调用，然后再通过其属性对话框设置参数值。在选择元件时建议应尽量到现实元件箱中去选取，这样不仅能使仿真更接近于现实情况，而且现实元件都有元件封装标准，可将仿真后的电路原理图直接转换成 PCB 文件。但在选取不到这些参数，或者要进行温度扫描或参数扫描等分析时，就需选用虚拟元件。

图 9-3-2 中的各元件箱从左到右、从上到下依次为：

① 实际电阻； ② 虚拟电阻；
③ 实际电容； ④ 虚拟电容；
⑤ 电解电容； ⑥ 上拉电阻；
⑦ 实际电感； ⑧ 虚拟电感；
⑧ 实际电位器； ⑩ 虚拟电位器；
⑪ 实际可变电容； ⑫ 虚拟可变电容；
⑬ 实际可变电感； ⑭ 虚拟可变电感；

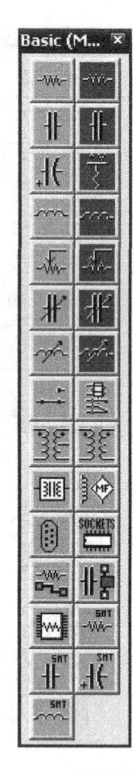

⑮ 继电开关；　　　　　　　　⑯ 开关；
⑰ 变压器（有抽头）；　　　　⑱ 变压器；
⑲ 磁芯；　　　　　　　　　　⑳ 空芯线圈；
㉑ 连接器；　　　　　　　　　㉒ 插座；
㉓ 半导体电阻；　　　　　　　㉔ 半导体电容；
㉕ 封装电阻；　　　　　　　　㉖ SMT 电阻；
㉗ SMT 电容；　　　　　　　　㉘ SMT 电解电容；
㉙ SMT 电感。

基本元件库中的元件均可通过其属性对话框进行参数设置。其中电位器为可调节电阻。单击电位器按钮，选择一个可变电阻。可变电阻符号旁所显示的数值指两个固定端子之间的阻值，而百分比则表示滑动点下方电阻值占总电阻值的百分比。电位器滑动点的移动通过按键盘上的某个字母进行，小写字母为减小百分比，大写字母为增大百分比。字母的设定可在该元件属性对话框中进行，可选择 A～Z 之间的任何字母。

3. 二极管库

二极管库中包含 11 个元件箱，如图 9-3-3 所示。该图中有 1 个虚拟元件箱，但发光二极管元件箱中存放的是交互式元件，其处理方式基本等同于虚拟元件，不允许进行编辑处理。

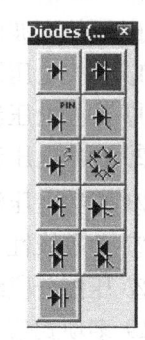

图 9-3-2　基本元件库

图 9-3-3 中各元件箱从左到右、从上到下依次为：
① 实际二极管；　　　　　　　② 虚拟二极管；
③ PIN 二极管；　　　　　　　④ 齐纳二极管；
⑤ 发光二极管；　　　　　　　⑥ 全波桥式整流器；
⑦ 肖特基二极管；　　　　　　⑧ 单向晶闸管；
⑨ 双向二极管；　　　　　　　⑩ 双向晶闸管；
⑪ 变容二极管。

图 9-3-3　二极管库

其中发光二极管共有 6 种不同的颜色，该元件有正向电流流过时才产生可见光，其正向压降比普通二极管大，且各种颜色压降不同。

4. 晶体管库

晶体管库中共有 33 个元件箱，如图 9-3-4 所示。其中，17 个现实元件箱中存放着 Zetex 等世界著名晶体管制造厂家的众多晶体管元器件模型，这些模型以 SPICE 格式编写，精度较高；另外 16 个虚拟元件箱中存放着 16 种虚拟晶体管，虚拟晶体管相当于理想的晶体管，其模型参数都用默认值。通过打开晶体管属性对话框，单击"Edit Model"按钮，可在"Edit Model"对话框中对其模型参数进行修改。

图 9-3-4 中各元件从左到右、从上到下依次为：
① NPN 晶体管；　　　　　　　② 虚拟 NPN 晶体管；
③ PNP 晶体管；　　　　　　　④ 虚拟 PNP 晶体管；

⑤ 虚拟四端式 NPN 晶体管；　⑥ 虚拟四端式 PNP 晶体管；
⑦ 达林顿 NPN 晶体管；　⑧ 达林顿 PNP 晶体管；
⑨ NPN 型 RES 晶体管；　⑩ PNP 型 RES 晶体管；
⑪ BJT 晶体管阵列；　⑫ MES 门控制功率开关；
⑬ 三端 N 沟道耗尽型 MOS 管；
⑭ 虚拟三端 N 沟道耗尽型 MOS 管；
⑮ 三端 P 沟道耗尽型 MOS 管；
⑯ 虚拟三端 P 沟道耗尽型 MOS 管；
⑰ 三端 N 沟道增强型 MOS 管；
⑱ 虚拟三端 N 沟道增强型 MOS 管；
⑲ 三端 P 沟道增强型 MOS 管；
⑳ 虚拟三端 P 沟道增强型 MOS 管；
㉑ 虚拟四端 N 沟道耗尽型 MOS 管；
㉒ 虚拟四端 P 沟道耗尽型 MOS 管；
㉓ 虚拟四端 P 沟道增强型 MOS 管；
㉔ 虚拟四端 N 沟道增强型 MOS 管；
㉕ N 沟道 JFET；　㉖ 虚拟 N 沟道 JFET；
㉗ P 沟道 JFET；　㉘ 虚拟 P 沟道 JFET；
㉙ 虚拟 N 沟道砷化镓 FET；　㉚ 虚拟 P 沟道砷化镓 FET；
㉛ N 沟道功率 MOS 管；　㉜ P 沟道功率 MOS 管；
㉝ P 沟道功率 MOS 管组件。

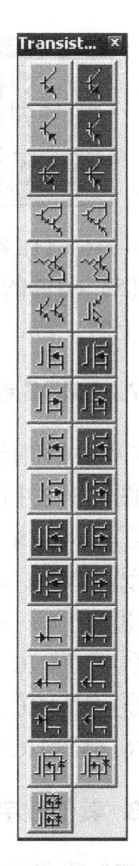

图 9-3-4　晶体管库

5. 模拟元件库

模拟元件库共有 9 类器件，其中有 4 个虚拟器件，如图 9-3-5 所示。
图 9-3-5 中各器件从左到右、从上到下依次为：
① 普通运算放大器；　② 三端虚拟运放；
③ 诺顿运放；　④ 五端虚拟运放；
⑤ 宽频带运放；　⑥ 七端虚拟运放；
⑦ 实际比较器；　⑧ 虚拟比较器；
⑨ 特殊功能运放。

其中，特殊功能运放包括测试运放、视频运放、乘法器/除法器、前置放大器和有源滤波器。宽频带运放工作频率可达 100MHz。

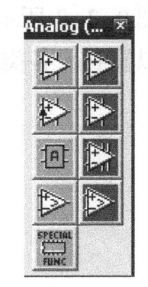

图 9-3-5　模拟元件库

6. TTL 器件库

TTL 器件库包含 74 系列和 74LS 系列的 TTL 数字集成逻辑器件，如图 9-3-6 所示。74 系列是普通型的集成电路，又称标准型 74STD，包括 7400N～7493N。74LS 系列是低功耗肖特基型集成电路，包括 74LS00N～74LS93N；74LS 系列元件的功能、引脚可从属性对话框中读取。

使用 TTL 器件库时应注意如下几点。
（1）使用时应根据具体要求选择标准型 74STD 或低功耗肖特基型 74LS。
（2）有些器件是复合型结构，如 7400N，在同一个封装里存在 4 个相互独立的二端与非

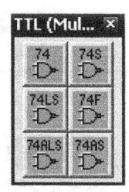

门，这4个二端与非门功能完全一样。

（3）若同一个器件有多种封装形式，如74LS00D和74LS00N，则当仅用于仿真分析时可任选其一；当要把仿真的结果传送给其他软件时，要区分选用。

（4）含有TTL数字元件的电路进行仿真时，电路窗口中要有数字电源符号和相应的数字接地端，通常电源电压V_{CC}为5V。

图9-3-6 TTL器件库

（5）器件的某些电气参数，如上升延迟时间和下降延迟时间等，可通过单击其属性对话框上的"Edit Model"按钮，在打开的"Edit Model"对话框中读取。

7. CMOS器件库

CMOS器件库含有74HC系列和4×××系列的CMOS数字集成逻辑器件，如图9-3-7所示。图9-3-7中的CMOS器件库中各元件从上到下、从左到右依次为：

① 5V4×××系列CMOS逻辑器件；
② 10V4×××系列CMOS逻辑器件；
③ 15V4×××系列CMOS逻辑器件；
④ 2V74HC系列低电压高速CMOS逻辑器件；
⑤ 4V74HC系列低电压高速CMOS逻辑器件；
⑥ 6V74HC系列低电压高速CMOS逻辑器件。

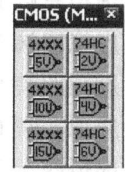

图9-3-7 CMOS器件库

8. 其他数字元件库

其他数字元件库中的元件箱是把常用的数字元件按照其功能存放的，它们多是虚拟元件，不能转换成版图文件，主要包括各种单元门电路和触发器电路及可编程逻辑器件。因为按照型号存放的TTL和CMOS数字元件给初学者调用元件带来不便，如按照其功能存放，则调用起来将会方便得多。

图9-3-8所示为其他数字元件库对话框。从该对话框中最左边的Component Name List中可以看到，各类功能相同的元件存放在一起，如AND2～AND8。

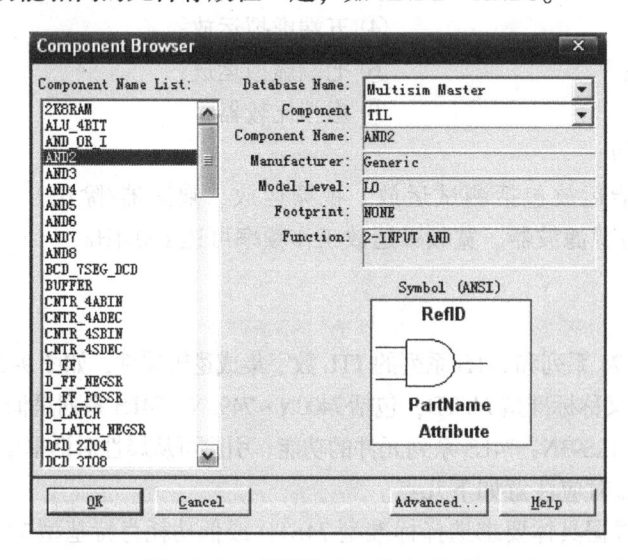

图9-3-8 其他数字元件库对话框

9. 混合器件库

混合器件库中存放着 6 个元件箱，其中 ADC-DAC 元件箱虽然没有绿色衬底，但却属于虚拟元件，如图 9-3-9 所示。

图 9-3-9 中各元件箱从左到右、从上到下依次为：
① 数/模、模/数转换器；　　　② 555 定时器；
③ 实际模拟开关；　　　　　　④ 虚拟模拟开关；
⑤ 单稳态触发器；　　　　　　⑥ 锁相环。

10. 指示器件库

指示器件库中有 7 种可用来显示电路仿真结果的显示器件，都为交互式元件，如图 9-3-10 所示。Multisim 2001 不允许用户从模型上进行编辑修改，只能在其属性对话框中对某些参数进行设置。

图 9-3-10 中各元件从左到右、从上到下依次为：
① 电压表；　　　　　　　　　② 电流表；
③ 电平探测器；　　　　　　　④ 实际灯泡；
⑤ 数码管；　　　　　　　　　⑥ 条形电压指示器；
⑦ 蜂鸣器。

11. 其他器件库

其他器件库如图 9-3-11 所示，用以存放不便划归在某一类型元件库中的元件，所以也称之为杂散器件库。

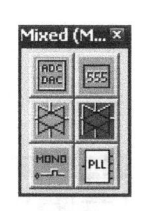

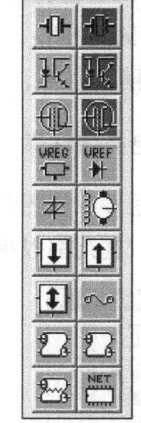

图 9-3-9 混合器件库　　图 9-3-10 指示器件库　　图 9-3-11 其他器件库

图 9-3-11 中各元件从左到右、从上到下依次为：
① 晶体振荡器（简称晶振）；　② 虚拟晶体振荡器；
③ 光耦合器；　　　　　　　　④ 虚拟光耦合器；
⑤ 真空管；　　　　　　　　　⑥ 虚拟真空管；
⑦ 三端稳压电源；　　　　　　⑧ 精密参考电压器件；

⑨ 瞬态抑制二极管；
⑩ 直流励磁电动机；
⑪ 开关电源降压转换器；
⑫ 开关电源升压转换器；
⑬ 开关电源升降压转换器；
⑭ 熔断器；
⑮ 无损传输线类型；
⑯ 无损传输线类型2；
⑰ 有损传输线；
⑱ 熔断器网络。

12. 控制器件库

控制器件库中共有12个常用的控制模型，如图9-3-12所示，都属模拟元件，不能改动其模型，只能在其属性对话框中设置相关参数。

图9-3-12中各控制模块从左到右、从上到下依次为：
① 乘法器模型；
② 除法器模型；
③ 传递函数模型；
④ 电压增益模型；
⑤ 电压微分模型；
⑥ 电压积分模型；
⑦ 电压磁滞模型；
⑧ 电压限幅器模型；
⑨ 电流限幅器模型；
⑩ 电压控制限制器模型；
⑪ 电压回转率模型；
⑫ 三输入电压加法器模型。

13. 射频器件库

当信号处于高频率工作状态时，电路中元件的模型会产生质的改变，射频器件库中提供7种能在高频电路工作的元器件，如图9-3-13所示。

图9-3-13中各元件从左到右、从上到下依次为：
① 射频电容；
② 射频电感；
③ 射频NPN晶体管；
④ 射频PNP晶体管；
⑤ 射频MOSFET；
⑥ 射频隧道二极管。
⑦ 射频耦合电感。

14. 机电类器件库

机电类器件库如图9-3-14所示，共包含8个元件箱，主要包含一些电工类器件。除线型变压器外，其余都以虚拟元件处理。

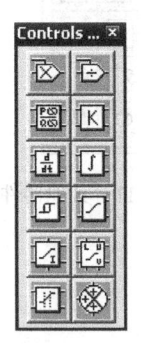

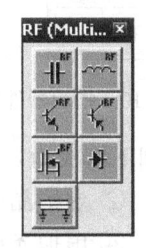

图9-3-12 控制器件库　　图9-3-13 射频器件库　　图9-3-14 机电类器件库

图9-3-14中各元件箱从左到右、从上到下依次为：

① 感测开关；　　　　　　　　② 开关；
③ 接触器；　　　　　　　　　④ 计时接点；
⑤ 线圈与继电器；　　　　　　⑥ 线型变压器；
⑦ 过载保护装置；　　　　　　⑧ 输出设备。

9.3.2　Multisim 2001 的仪器仪表库

1. 虚拟仿真仪器简介

Multisim 2001 的 Instruments（仪表库）中共有 11 种虚拟仪器。数字式万用表用于测量交直流电压、电流、电阻。函数发生器用于产生正弦波信号、三角波信号和方波信号。瓦特表用于测量电路的功率和功率因数。示波器用于分析电路的时域特性。波特图仪用于分析相频和幅频特性。失真度仪用于测量正弦信号的失真度。字信号发生器用于为逻辑电路提供数字激励源。逻辑分析仪用于同时观察多路数字信号。逻辑转换器用于转变逻辑电路的表达方式。频谱分析仪用于对信号进行傅里叶分析。网络分析仪用于分析射频网络参数。这些仪器可用于电路基础、模拟电路、数字电路和高频电路的测试。使用时只需拖动仪器库中所需仪器的图标，再双击图标就可以得到该仪器的控制面板。

2. 电路分析中常用的虚拟仿真仪器

数字式万用表（Multimeter）、函数信号发生器（Function Generrrator）、瓦特表（Wattmeter）和示波器（Oscilloscope）是一般电路分析中常用的四种虚拟仿真仪器。所以有必要先对这四种仪器的参数设置、面板操作等分别加以介绍。

（1）数字式万用表

数字式万用表（Multimeter）和实际使用的数字万用表一样，是一种多用途、能自动调整量程的测量仪器，它能完成交直流电压、电流和电阻的测量及显示，也可以用分贝（dB）形式显示电压和电流，其图标如图 9-3-15 所示。图标上的正（＋）、负（－）两个端子连接到所要测试的端点，使用注意事项与实际使用的万用表相同。需要注意的是测量电阻时，需打开仿真开关。

数字式万用表的面板如图 9-3-16 所示，共分四个区，从上到下、从左到右介绍如下。

图 9-3-15　数字式万用表图标　　图 9-3-16　数字式万用表的面板

① 显示区：显示万用表测量结果，测量单位由万用表自动产生。
② 功能设置区：单击面板各按钮进行相应测量与设置。单击"A"按钮，测量电流；单击"V"按钮，测量电压；单击"Ω"按钮，测量电阻；单击"dB"按钮，测量结果以分贝（dB）值表示。
③ 选择区：单击"～"按钮，表示测量交流参数，测量值为有效值。单击"—"按钮，测量直流参数。如果在直流状态下去测量交流信号，则测量值为交流信号的平均值。

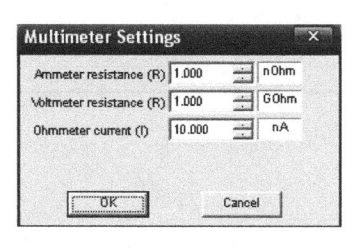

④ 参数设置区：参数设置（Set）按钮用于对数字式万用表内部的参数进行设置。单击数字式万用表面板中的"Set"按钮，就会弹出图 9-3-17 所示的对话框，其参数设置叙述如下。

- Ammeter resistance（R）：设置与电流表并联的内阻，其大小对电流测量精度有影响。
- Voltmeter resistance（R）：设置与电压表串联的内阻，其大小对电压测量精度有影响。

图 9-3-17 数字式万用表参数设置

- Ohmmeter current（I）：设置用欧姆表测量时，流过欧姆表的电流。

（2）函数信号发生器

函数信号发生器（Function Generator）是产生正弦波、三角波和矩形波信号的仪器。其图标如图 9-3-18（a）所示。图标有"+"、"Common"和"-"3 个输出端子。连接"+"和"Common"端子，输出信号为正极性信号；连接"Common"和"-"端子，输出信号为负极性信号，其输出幅值等于信号发生器的有效值。连接"+"和"-"端子，输出信号的幅度值等于信号发生器的两倍有效值。如同时连接"+"、"Common"和"-"端子，并把"Common"端子与公共地（Ground）相连，则输出两个幅值相等、极性相反的信号。

函数信号发生器面板如图 9-3-18（b）所示，共有两栏，从上到下介绍如下。

① Wave forms 栏：可选择输出信号的波形类型。函数信号发生器可以产生正弦波、三角波和矩形波 3 种周期性信号。单击各按钮即可产生相应波形信号。

② Signal Options 栏：可对 Wave forms 区中选取的波形信号进行参数设置。

Signal Options 栏共有 4 个参数设置项和一个按钮，其作用如下。

- Frequency：设置所产生信号的频率，范围在 1Hz~999MHz。
- Duty Cycle：设置所产生信号的占空比，设定范围为 1%~99%。
- Amplitude：设置所产生信号的幅值，其可选范围为 1μV~999kV。
- Offset：设置偏置电压值，即在正弦波、三角波、矩形波信号上叠加所设置电压后输出，其可选范围为 1μV~999kV。
- "Set Rise/Fall Time"按钮：设置所产生信号的上升时间与下降时间，只在产生矩形波时有效。单击该按钮后，出现图 9-3-19 所示的对话框。该对话框中以指数格式设定上升时间或下降时间，单击"Accept"按钮确认设定。单击"Default"按钮，取默认值 1.000000E-012。

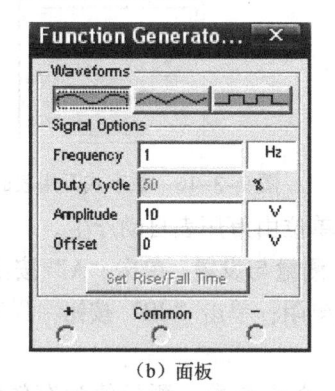

（a）图标　　　　（b）面板

图 9-3-18 函数信号发生器的图标和面板　　图 9-3-19 "Set Rise/Fall Time"对话框

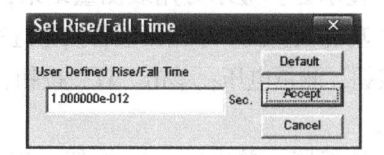

(3) 瓦特表

瓦特表（Wattmeter）是测量电路交、直流功率的仪器，即测量电压与电流的乘积。其图标如图 9-3-20（a）所示。瓦特表图标中有两组端子：左边两个端子为电压输入端，与所测电路并联；右边两个端子为电流输入端，与所测电路串联。

瓦特表面板如图 9-3-20（b）所示，其面板从上到下共分两栏。

① 显示栏：显示所测功率，为平均功率，能自动调整单位。
② Power Factor 栏：显示功率因数。

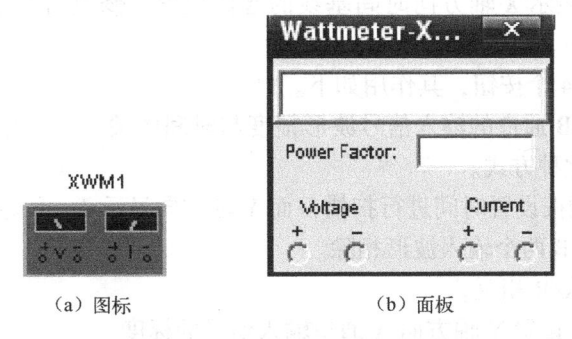

（a）图标　　　　　　（b）面板

图 9-3-20　瓦特表的图标和面板

(4) 示波器

示波器（Oscilloscope）是可观察信号波形并测量其幅度、频率及周期等参数的仪器，其图标如图 9-3-21（a）所示。该示波器有 A、B 两个通道，G 是接地端，T 是外触发端。A、B 是两个通道，可分别用一根线与被测点相连，示波器上 A、B 两通道显示的波形即为被测点与"地"之间的波形。测量时接地端 G 需接地（如电路中已有接地符号，则可不接地）。

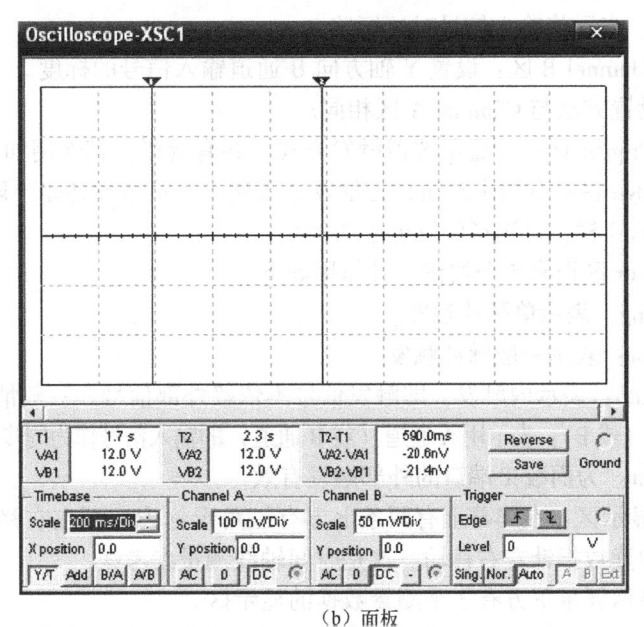

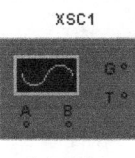

（a）图标　　　　　　　　　　　　　　　　（b）面板

图 9-3-21　示波器的图标和面板

示波器面板如图 9-3-21（b）所示。面板上可分为 6 个区，介绍如下。

① 显示区：显示 A、B 两个通道的波形。

② Time base 区：设置 X 轴方向时间基线扫描时间。

Time base 区共有两栏，其作用如下。

- Scale 栏：选择 X 轴方向每一个刻度代表的时间。单击该栏后上下翻转选择合适的数值。低频信号周期较大，当测量低频信号时，设置时间要大一些；高频信号周期较小，当测量高频信号时，设置时间要小一些，这样测量观察比较方便。
- X position 栏：表示 X 轴方向时间基线的起始位置。修改后可使时间基线左右移动，即波形左右移动。

Time base 区设有 4 个按钮，其作用如下。

- Y/T：表示 A、B 通道的输入信号波形幅度与时间的关系。当显示随时间变化的信号波形时，采用此种方式。
- Add：表示 X 轴按设置时间进行扫描，而 Y 轴方向显示 A、B 通道输入信号之和。
- A/B：表示 A、B 两个输入波形相除。
- B/A 的含义与 A/B 相反。

③ Channel A 区：设置 Y 轴方向 A 通道输入信号的标度。

Channel A 区共有两栏，其作用如下。

- Scale 栏：表示 Y 轴方向对 A 通道输入信号每格所表示的电压数值。单击该栏后根据所测信号电压的大小选择合适的值。
- Y position 栏：表示 Y 轴偏移量。当其值大于零时，时间基线在屏幕中线上侧，反之在下侧。修改其设置可使时间基线上下移动，即波形上下移动。

Channel A 区设有 3 个按钮，其作用如下。

- AC：表示显示输入信号中的交流分量。
- DC：表示将信号的交/直流分量全部显示。
- 0：表示将输入信号对地短路。

④ Channel B 区：设置 Y 轴方向 B 通道输入信号的标度。

其设置方法与 Channel A 区相同。

⑤ Trigger 区：设置示波器触发方式。共有两栏，其作用如下。

- Edge 栏：有两个按钮，为触发是采用上升沿触发还是下降沿触发。
- Level 栏：可选择触发电平的大小。

Trigger 区设有 5 个按钮，其作用如下。

- Sing：表示单脉冲触发。
- Nor：表示一般脉冲触发。
- Auto：表示内触发，即触发信号不依赖外部信号。一般情况下使用 Auto 方式。
- A（或 B）：表示用 A 通道（或 B 通道）的输入信号作为同步 X 轴时间基线扫描的触发信号。
- Ext：为面板 T 端口的外部触发有效。

⑥ 显示区：在屏幕上有两条上方有三角形标志、可左右移动的读数指针。通过鼠标左键可拖动读数指针左右移动。这是时间轴线测量参考线。

在显示屏幕下方有 3 个测量数据的显示区。

- 左侧数据显示区，显示 1 号读数指针所处的位置和所指信号波形的数据。T1 表示 1 号读数指针离开屏幕左端（时间基线零点）所对应的时间，时间单位取决于 Time

base 所设置的时间单位；VA1 和 VB1 分别表示所测位置通道 A 和 B 的信号幅度，其值为电路中测量点的实际值，与 X、Y 轴的 Scale 位置无关。
- 中间数据显示区，显示 2 号读数指针所处的位置和所指信号波形的数据。
- 右侧数据显示区中，T2-T1 显示 2 号读数指针所处位置与 1 号读数指针所处位置的时间差值，一般用来测量信号的周期、脉冲信号的宽度、上升时间及下降时间等电路参数。VA2-VA1 表示 A 通道信号两指示点测量值之差，VB2-VB1 表示 B 通道信号两指示点测量值之差。

在动态显示时，为使测量方便准确，可单击暂停（Pause）按钮使波形"暂停"，然后再进行测量。这时改变 X position 设置便可左右移动 A、B 通道的波形，利用指针拖动显示区下沿的滚动条也可以左右移动波形。改变 Y position 设置，可以上下移动 A、B 通道的波形。

示波器使用技巧：为了便于观察和区分同时显示在示波器上的 A、B 两通道的波形，快速双击连接 A、B 两通道的导线，在弹出的对话框中设置不同的导线的颜色，两路波形便以不同的颜色来显示，便于观察和测量；单击面板右下方的"Reverse"按钮，即可改变屏幕背景的颜色；如需恢复颜色，再次单击"Reverse"按钮即可；对于读数指针测量的数据，单击面板右下方"Save"按钮可将其存储，数据存储格式为 ASCII 码。

3. 模拟电路中常用的虚拟仿真仪器

模拟电路中常用的虚拟仿真仪器有波特图仪（Bode Plotter）和失真分析仪（Distortion Analyzer）。下面对这两种仪器的参数设置、面板操作等加以介绍。

（1）波特图仪

波特图仪（Bode Plotter）是用来显示和测量电路的幅频特性、相频特性的一种仪器，类似于实验室的频率特性测试仪（或扫频仪），所不同的是波特图仪需外加信号源，其图标如图 9-3-22（a）所示。共有 4 个接线端：左边两个是输入端口，其"＋"、"－"端分别接电路输入端的正、负端子；右边两个是输出端口，其"＋"、"－"端分别接电路输出端的正、负端子。在电路的输入端口接入一交流信号源（或函数信号发生器），对信号源频率设置无特殊要求，可不进行参数设置。

波特图仪面板如图 9-3-22（b）所示，共分 5 个区，从左到右、从上到下介绍如下。

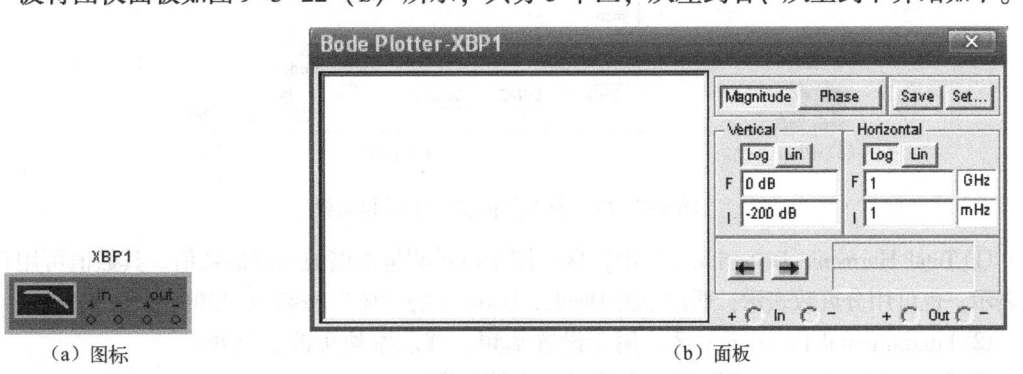

（a）图标　　　　　　　　　　　　　　　　　　　　（b）面板

图 9-3-22　波特图仪的图标和面板

① 显示区：显示波特图仪测量结果。
② 波特图仪的面板右上方有 4 个按钮，其功能如下。
- Magnitude：显示区显示幅频特性曲线。

- Phase：显示区显示相频特性曲线。
- Save：将分析结果以 BOD 格式保存。
- Set：设置波形分析精度，单击该按钮后，出现一对话框。在 Resolution 栏中选定扫描精度，数值越大精度越高，其运行时间越长，默认值为 100。

③ Vertical 区：设定 Y 轴的刻度类型。

测量幅频特性时，如单击"Log"（对数）按钮，则 Y 轴刻度的单位是 dB（分贝），标尺刻度为 $20 \text{Log} A(f) \text{dB}$，其中 $A(f) = V_o(f)/V_i(f)$；当单击"Lin"（线性）按钮后，Y 轴是线性刻度，一般情况下采用线性刻度。

测量相频特性时，Y 轴坐标表示相位，单位是度，是线性刻度。

该区下面的 F 栏设置 Y 轴刻度终值，I 栏设置 Y 轴刻度初值。

④ Horizontal 区：设定频率范围。

如单击"Log"（对数）按钮，则标尺以对数刻度表示；当单击"Lin"（线性）按钮时，标尺以线性刻度表示。当所测信号频率范围较宽时，用 Log（对数）标尺较好。

该区下面的 F 栏用于设置扫描频率的最终值，而 I 栏则用于设置扫描频率的初始值。

为了清楚显示某一频率范围的频率特性，可将 X 轴频率范围设定得小一些。

⑤ 测量区。

左右定向箭头：用以左右移动读数指针。

测量读数栏：显示读数指针所指频率点的幅值或相位。

(2) 失真分析仪

失真分析仪（Distortion Analyzer）是用于测量电路总谐波失真及电路信噪比的仪器。测量时需指定某一基频，其图标如图 9-3-23（a）所示。接线端子（Input）连接到电路的输出信号端。失真分析仪的面板如图 9-3-23（b）所示，共分 5 个区，介绍如下。

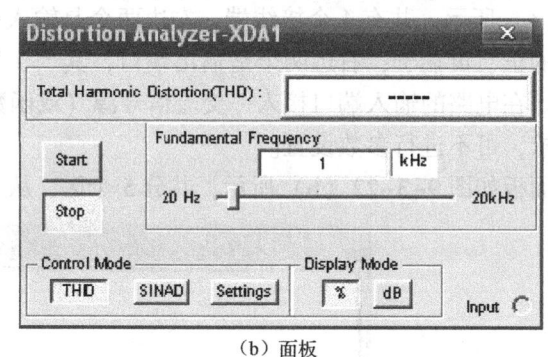

(a) 图标　　(b) 面板

图 9-3-23　失真分析仪的图标和面板

① Total Harmonic Distortion（THD）区：用于显示测量总谐波失真的数值。其数值可用百分比表示，也可用分贝数表示，通过单击 Display Mode 区的"%"按钮或"dB"按钮选择。

② Fundamental Frequency 区：用于设置基频，移动滑块可改变基频。

③ Control Mode 区：该区有 3 个按钮，介绍如下。

- 按钮 THD：测量总谐波的失真。
- 按钮 SINAD：测量信号的信噪比。
- 按钮 Settings：设置谐波失真测量参数。单击该按钮后出现图 9-3-24 所示的对话框，介绍如下。

THD Definition 区：总谐波失真定义，包括 IEEE 及 ANSI/IEC 两种定义方式。

Start Frequency 栏：起始频率。

End Frequency 栏：终止频率。

Harmonic Num. 栏：取谐波次数。

④ "Start" 按钮和 "Stop" 按钮：单击 "Start" 按钮开始测试；单击 "Stop" 按钮停止测试，读取测试结果。当电路的仿真开关打开后，"Start" 按钮会自动按下，需计算一段时间才能显示稳定的数值，这时再单击 "Stop" 按钮，读取测试结果。

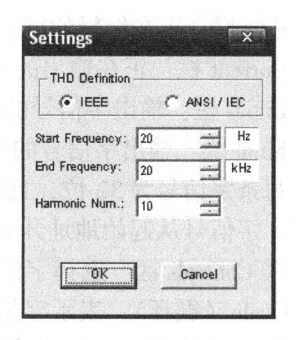

图 9-3-24 设置测试参数对话框

4. 数字电路中常用的虚拟仿真仪器

数字电路中常用的虚拟仿真仪器有字信号发生器（Word Generator）、逻辑分析仪（Logic Analyzer）和逻辑转换仪（Logic Converter）。下面分别对这三种仪器的参数设置、面板操作等加以介绍。

（1）字信号发生器

字信号发生器（Word Generator）是能产生 32 路（位）同步逻辑信号的仪器，用来对数字逻辑电路进行测试，又称为数字逻辑信号源，相当于一个可编程逻辑信号发生器。其图标如图 9-3-25（a）所示。图标左边有 16 个接线端，右边有 16 个接线端，这 32 个接线端是字信号发生器所产生信号的输出端，每一个接线端都可接到数字电路的输入端。下面有 R 和 T 两个接线端：R 为数据备用输入端，T 为外触发信号输入端。

字信号发生器面板如图 9-3-25（b）所示，共分 7 个区，从左到右、从上到下介绍如下。

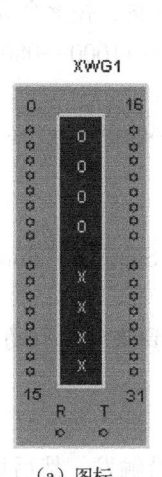

（a）图标 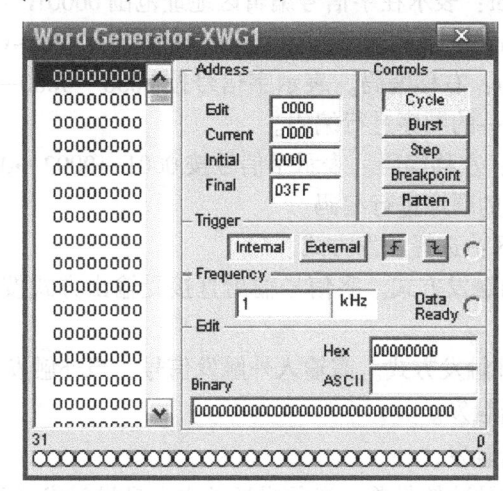　　　　　　　　　　（b）面板

图 9-3-25　字信号发生器的图标和面板

① 字信号编辑区：32 位字信号以 8 位十六进制形式编辑存放。编辑区地址范围为 0000H～03FFH，共 1K 字节信号，可写入十六进制数位 00000000～FFFFFFFF。用鼠标单击某一字信号可实现对其定位、写入和编辑，同时 Address 区的 Edit 栏即显示字信号地址编号。

② Address 区：共 4 栏，每个栏都由 4 个十六进制数组成，介绍如下。

Edit 栏：正在编辑的字信号地址。
Current 栏：正在输出的字信号地址。
Initial 栏：输出字信号的起始地址。
Final 栏：输出字信号的终止地址。

每条字信号为 32 位，且都有地址。当需要编辑字信号时，首先要指定其地址。设置完毕后，字信号从起始地址开始逐条输出。

③ Controls 区：选择字信号发生器的输出方式，介绍如下。
Cycle（循环）：表示字信号循环输出。
Burst（单帧）：表示字信号从地址初值逐条输出，直到终值时自动停止。
Cycle 和 Burst 输出方式的快慢，可通过 Frequency 输入框中设置的频率来控制。
Step（单步）：表示每单击一次鼠标输入一条字信号。
Breakpoint（断点）：断点设置。

在 Cycle 和 Burst 方式中，要想使字信号输出到某条地址后自动停止输出，只需预先设置断点即可。利用"Breakpoint"按钮可以设置多个断点。断点设置行会出现星点，当程序运行到断点行后会停下来，可单击暂停（Pause）按钮恢复输出。

Pattern（模式）：选择输出模式，单击"Pattern"按钮，弹出图 9-3-26 所示对话框，其中各项设置介绍如下。

图 9-3-26 Pre-setting patterns 设置对话框

- Clear buffer：清除字信号编辑区。
- Open：打开字信号存盘文件。
- Save：将字信号文件存盘，字信号文件的后缀为 .DP。
- Up Counter：表示在字信号编辑区地址范围 0000H~03FFH 内，按逐个加 1 递增编码。
- Down Counter：表示在字信号编辑区地址范围 0000H~03FFH 内，按逐个减 1 递减编码。
- Shift Right：右移编码。表示字信号按 8000→4000→2000→1000→0800→0400→0200→0100→…的顺序进行编码。
- Shift Left：左移编码。表示字信号按 0001→0002→0004→0008→0010→0020→0040→0080→…的顺序进行编码。

④ Trigger 区：选择触发方式。
Internal：内触发方式。字信号输出直接受输出方式按钮"Step"、"Burst"和"Cycle"的控制。
External：外触发方式。需输入外触发信号，当外触发信号到来时才启动信号输出。
⬆：上升沿触发。
⬇：下降沿触发。
接入外触发脉冲信号前，必须设置首先上升沿触发或下降沿触发，然后设置输出方式。
⑤ Frequency 区：设置输出的频率。
⑥ Edit 区：编辑 Edit 栏地址的值。可以在 Hex 栏以十六进制数输出数据；或者在 ASCII 栏以 ASCII 码输出数据；也可在 Binary 栏以二进制数输出数据。
⑦ 字信号输出区：最下面一行共 32 个圆圈，以二进制码实时显示输出字信号状态。

(2) 逻辑分析仪

逻辑分析仪（Logic Analyzer）可实时记录和显示 16 路逻辑信号，可用于对数字逻辑信号进行高速采集和时序分析。其图标如图 9-3-27（a）所示。图标的左侧从上到下有 16 个输入信号接线端，使用时连接到电路的测试点。图标下方从左到右也有 3 个端子，C 为外时钟输入端，Q 是时钟控制输入端，T 是触发控制输入端。

逻辑分析仪面板如图 9-3-27（b）所示，面板最左侧的 16 个小圆圈代表 16 个输入端，若某一路加载信号，则该小圆圈内显示一个黑点。所采集的 16 路输入信号以方波形式显示在显示区。可改变输入信号连接导线的颜色，以改变显示颜色。

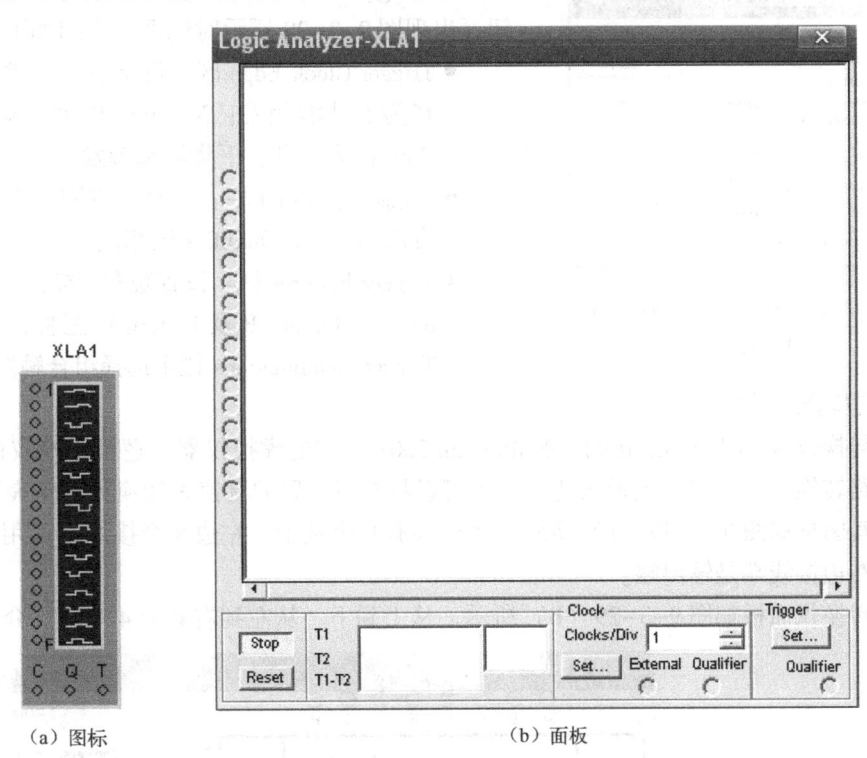

（a）图标　　　　　　　　　　　　　（b）面板

图 9-3-27　逻辑分析仪的图标和面板

逻辑分析仪面板从上到下、从左到右共分 5 个区，介绍如下。

① 显示区：上面显示时间，中间显示 16 路输入信号波形，下面分别为内部时钟脉冲、外部时钟脉冲和外部触发信号。

② 显示区下部左边有两个按钮：单击"Stop"按钮，停止仿真；单击"Reset"按钮，逻辑分析仪复位并清除显示波形，重新启动仿真。

③ 显示窗下部左边第 1 个区：移动读数指针上部的三角形可以读取所处位置波形的数据，其中 T1 和 T2 分别表示读数指针 1 和读数指针 2 离开时间基线零点的时间，T1 - T2 为两读数指针的时间差。右边的小窗口显示读数指针 1 和读数指针 2 所对应的十六进制数值。

④ Clock 区。

Clocks/Div：设置显示区每格时钟脉冲数。

"Set"按钮：设置时钟脉冲。单击该按钮后出现一对话框，其各项设置介绍如下。

- Clock Source 区：选择时钟脉冲来源。External 选项为外部时钟脉冲；Internal 选项为内部时钟脉冲。
- Clock Rate 区：设置时钟脉冲频率。

- Sampling Setting 区：设置时钟取样方式。Pre-trigger Sample 栏设置上升沿触发取样数；Post-trigger Samples 栏设置下降沿触发取样数；Threshold Voltage（V）栏设置门限电压。
- Clock Qualifier 区：设置时钟限制。设置设为 1，则时钟控制输入为 1 时开放时钟，逻辑分析仪可以进行波形采集；设置设为 0，表示时钟控制输入为 0 时开放时钟；设置设为 X，表示时钟控制一直开放，不受时钟控制输入的限制。该栏与 External 选项配合使用。

⑤ Trigger 区：设置触发方式。单击"Set"按钮，出现图 9-3-28 所示对话框，介绍如下。
- Trigger Clock Edge 区：设定触发方式。Positive 栏为上升沿触发；Negative 栏为下降沿触发；Both 栏为上升、下降沿都触发。
- Trigger Qualifier 栏：选择触发限定字。其设置方法与 Clock Qualifier 区相同。
- Trigger Patterns 区：设置触发的样板，共有 Pattern A、Pattern B 及 Pattern C 三种，也可以在 Trigger Combinations 栏中选择组合触发方式。

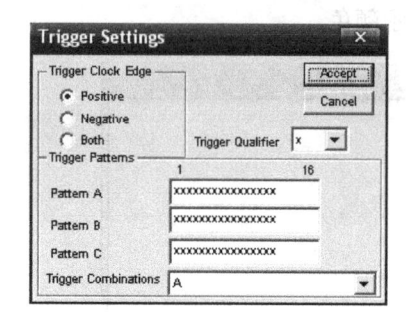

图 9-3-28　Trigger Settings 参数设置对话框

（3）逻辑转换仪

逻辑转换仪（Logic Converter）是 Multisim 2001 特有的虚拟仪器。逻辑转换仪的功能是将逻辑电路转换为真值表和逻辑表达式，也可以将自行设置的真值表转换为逻辑表达式和逻辑电路，其图标如图 9-3-29（a）所示。图标共有 9 个端子。左边 8 个接线端可用来输入 8 个变量，右边接线端是输出端。

逻辑转换仪面板如图 9-3-29（b）所示。从上到下、从左到右共分 4 个区，介绍如下。

（a）图标　　　　　　　　　　　　　　（b）面板

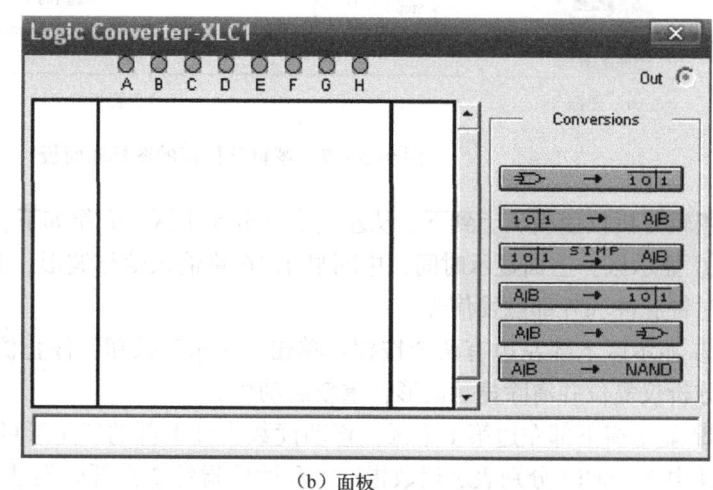

图 9-3-29　逻辑转换仪的图标和面板

① 最上面的 A～H：为 8 个变量的输入端。
② 中间左边显示区：共分 3 个显示栏。左边显示输入变量取值组合所对应的八进制数码，中间显示输入变量的各种二进制取值组合，右边显示逻辑函数值。
③ Conversions 区：逻辑转换方式选择。该区有 6 个按钮，从上到下介绍如下。
- 逻辑电路转换成真值表。将逻辑电路转换成真值表时，必须将逻辑电路的的输入端接

到逻辑转换仪的输入端，输出端接到逻辑转换仪的输出端。

- 真值表转换成逻辑表达式。将真值表转化成逻辑表达式，必须在真值表栏中输入真值表。输入方法有两种：已知逻辑电路结构，采用上面介绍的"逻辑电路转换成真值表"自动产生；未知逻辑电路结构则直接在真值表栏中输入真值表，并根据输入变量的个数用鼠标单击逻辑转换仪面板顶部代表输入端的小圆圈（A～H），选定输入变量。变量被选中后与之对应的小圆圈会泛白。同时，在真值表栏将自动出现输入变量的所有组合，而右侧逻辑函数值输出列的初始值全部为"?"。然后根据所要求的逻辑关系修改真值表的输出值（0、1 或 X），用鼠标多次单击真值表栏右面输出列的输出值，输出值会自动在 0、1 或 X 中转换。设置完成后单击该转换按钮，这时在面板底部的逻辑表达式栏将出现相应的逻辑表达式（标准的与或式），其表达式中的 $\overline{A}$，表示逻辑变量 A 的"非"。
- 真值表转换成简化逻辑表达式。若要将已得到的逻辑表达式进一步简化，则只需单击该转换按钮即可在面板底部得到简化的逻辑表达式（最简的与或式）。
- 逻辑表达式转换成真值表。在面板底部的逻辑表达式栏中输入与或逻辑表达式，其中逻辑"非"用单引号表示，然后单击该转换按钮，即可得到对应的真值表。
- 逻辑表达式转换成由与、或、非门组成的逻辑电路。在面板底部的逻辑表达式栏中输入逻辑表达式，单击该按钮，得到由与、或、非门组成的逻辑电路。
- 逻辑表达式转换成只有与非门组成的逻辑电路。在面板底部的逻辑表达式栏中输入逻辑表达式，单击该按钮，得到由与非门组成的逻辑电路。

④ 逻辑表达式栏：显示或输出逻辑表达式。

5. 高频电路中常用的虚拟仿真仪器

高频电路中常用的虚拟仿真仪器有频谱分析仪（Spectrum Analyzer）和网络分析仪（Network Analyzer）。

（1）频谱分析仪

频谱分析仪（Spectrum Analyzer）用于分析电路中所包含的各种频率成分及频率所对应的幅度大小。其图标如图 9-3-30（a）所示。图标的 IN 是输入端，T 是外触发输入端。

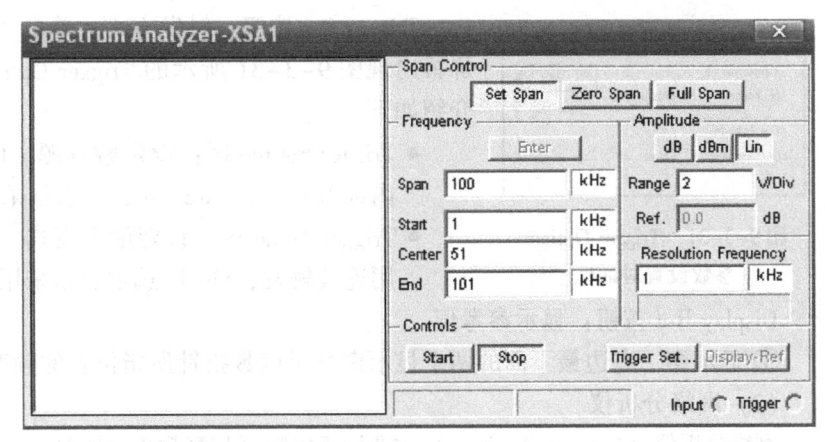

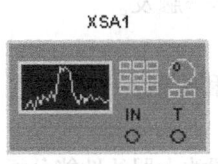

(a) 图标　　　　　　　　　　　　　　　　(b) 面板

图 9-3-30　频谱分析仪的图标和面板

频谱分析仪面板如图 9-3-30 (b) 所示，从左到右、从上到下共分 7 个区，介绍如下。

① 显示区：面板左边的显示区显示相应的频谱。

② Span Control 区：设置频率变动范围的方式。从左到右有 3 个按钮，介绍如下。

Set Span 按钮：采用 Frequency 区所设置的频率范围。

Zero Span 按钮：采用 Center 定义的频率为中心频率，结果是以该频率为中心的曲线。

Full Span 按钮：采用全频范围，即 0~4GHz。频率由程序自动给定。

③ Frequency 区：设置频率范围。该区从上到下有 4 个栏，介绍如下。

Span 栏：设置频率变化范围的大小。

Start 栏：设置开始频率。

Center 栏：用于设置中心频率。

End 栏：用于设置结束频率。

这 4 项频率只需设置中心频率和频率变化范围两个参数，另外两个参数在单击"Enter"按钮后程序会自动确定。

④ Amplitude 区：设置频谱纵坐标的刻度。该区有 3 个按钮和 2 个设置栏，分别介绍如下。

dB 按钮：以分贝数，即 20lgV 为刻度。以电压 dB 为刻度比例在频谱分析仪右下角显示。

dBm 按钮：纵轴以 10lg（V/0.775）为刻度。以功率 dB 为刻度比例显示。

Lin 按钮：纵轴以线性刻度来显示。

Range 栏：频谱分析仪左边频谱显示窗口纵向每格代表的幅值大小。

Ref 栏：参考标准，即确定被显示窗口中的信号频谱的某一幅值所对应的频率范围大小。通常，该栏与 Controls 区的"Display-Ref"按钮配合使用。单击此按钮，可在频谱分析仪左侧频谱显示窗口中出现 -3dB 横线，这时拖动滑块，能非常容易地找到带宽上下限。

⑤ Resolution Frequency 区：频率的分辨率。默认为最大值，其值为结束频率除以 1024，数值越小，显示的谱线越细。若仿真时间较长，则该项上下两个数值趋于一致表示仿真完成。

⑥ Controls 区：控制频谱分析仪的运行。该区设有 4 个按钮，介绍如下。

Start 按钮：开始分析。

Stop 按钮：停止分析。

Trigger Set 按钮：触发方式。单击"Trigger Set"按钮后，屏幕出现图 9-3-31 所示的 Trigger Options 参数设置对话框，介绍如下。

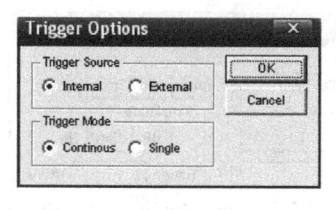

图 9-3-31 Trigger-Options 参数设置对话框

- Trigger Source 区：设定触发源。Internal 选项表示采用内部触发源；External 选项表示采用外部触发源。
- Trigger Mode 区：设定触发模式。Continous 选项表示采用连续触发；Single 选项表示采用单一触发。

Display-Ref 按钮：显示参考值。

⑦ 显示窗：右边最下面的两个显示窗显示读数指针所指位置的频率和幅值。

(2) 网络分析仪

网络分析仪（Network Analyzer）主要用于射频（超高频 0~10GHz）范围放大器的性能分析，可测量电路的 S、H、Y、Z 参数和稳定因子，并还可辅助设计电路的输入、输出匹配网络。现实中的网络分析仪是一种测试双端口高频电路的 S 参数的仪器。其图标如图 9-3-32 (a) 所示。图标中两个接线端 P1、P2 分别用来连接电路的输入端及输出端。

网络分析仪面板如图 9-3-32（b）所示，从左到右、从上到下共分 6 个区，介绍如下。

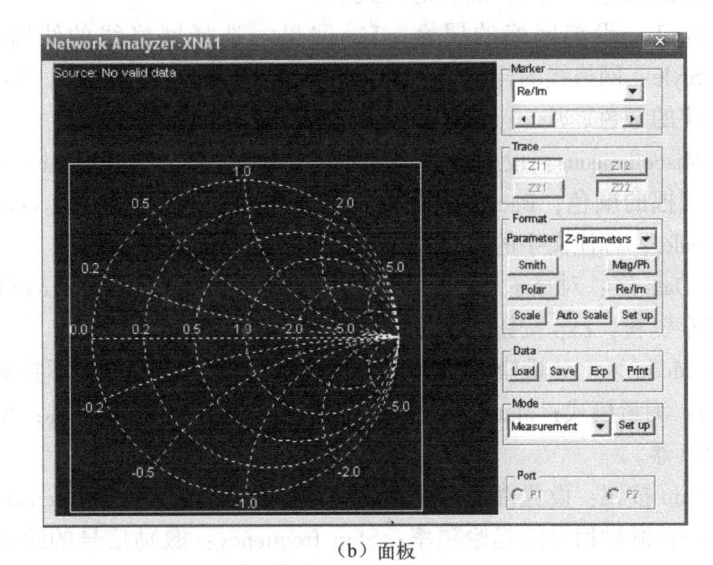

(a) 图标　　　　　　　　　　　　　　(b) 面板

图 9-3-32　网络分析仪的图标和面板

① 显示区：显示电路的 4 种参数、曲线及图形。

② Marker 区：选择左边显示屏中所显示资料的模式。单击下拉菜单，有 3 个选项。该区还有一个拖动滑块，介绍如下。

Re/Im（实部/虚部）：以直角坐标模式显示参数。

Mag/Ph（Degs）（幅度/相位）：以极坐标模式显示参数。

dB Mag/Ph（Degs）（dB 数/相位）：以分贝的极坐标模式显示参数。

拖动滑块可以改变频率，其频率的大小出现在显示屏的右上方。

③ Trace 区：确定要显示的参数。根据显示需要单击 4 个按钮：Z11、Z12、Z21 和 Z22。

④ Format 区：选择所要分析的参数种类。该区有 1 个栏和 7 个按钮，介绍如下。

Parameter 栏：单击下拉菜单，有 4 个选项，可选择测量电路的 S、H、Y 或 Z 参数。

Smith 按钮：以史密斯格式显示。

Mag/Ph 按钮：显示增益、相位的频率响应曲线（波特图）。

Polar 按钮：显示极化图。

Re/Im 按钮：以实数/虚数显示。

Scale 按钮：选择纵轴刻度。

Auto Scale 按钮：由程序自动调整刻度。

Set up 按钮：选择左侧显示屏上显示的模式。单击该按钮后，将出现图 9-3-33 所示的 References 参

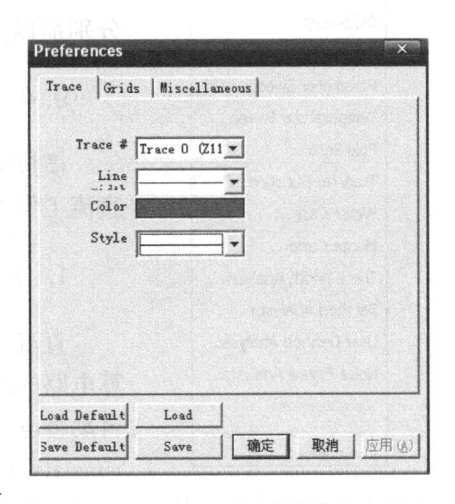

图 9-3-33　Preferences 参数设置对话框

数设置对话框。共 3 个选项卡，介绍如下。
- Trace：设置曲线的属性。Trace：显示的参数曲线；Linewidth：曲线宽度；Color：曲线的颜色；Style：曲线的样式。
- Grids：设置网格的属性。Linewidth：选择网格线的线宽；Color：网格线的颜色；Style：网格线的样式；Ticklabelcolor：刻度文字的颜色；Axisddecolor：刻度轴标题文字的颜色。
- Miscellaneous：设置绘图区域和文本的属性。Frame width：图框的线宽；Frame color：图框的颜色；Background Color：背景颜色；Graph area color：绘图区的颜色；Label color：标注文字的颜色；Data color：数据文字的颜色。

⑤ Data 区：对显示屏里的数据进行处理。有 4 个按钮，Load 按钮：加载数据；Save 按钮：保存资料；Exp 按钮：输出资料；Print 按钮：打印。

⑥ Mode 区：分析模式。有一个菜单和一个按钮，单击下拉菜单，有 3 个选项。Measurement：测量模式；Match Net. Designer：高频电路的设计工具；RF Characterizer：射频电路特性分析器。

Set up 按钮：设置待分析的参数，单击此按钮，将出现 Measurement Setup 对话框。Start frequency：激励信号的起始频率；Stop frequency：激励信号的终止频率；Sweep type：设置扫描的方式；Number of points per decade 栏：用于设置每 10 倍频率取样点数。

9.4 Multisim 2001 的仿真分析方法

Multisim 2001 提供了 18 种基本仿真分析方法。启动 Simulate 菜单中的 Analysis 命令，或单击设计工具栏中的按钮，即可弹出图 9-4-1 所示的菜单项。从上至下各分析法分别为直流工作点分析、交流分析、瞬态分析、傅里叶分析、噪声分析、失真度分析、直流扫描分析、灵敏度分析、参数扫描分析、温度扫描分析、极点-零点分析、传递函数分析、最坏情况分析、蒙特卡罗分析、布线宽度分析、批处理分析、自定义分析、噪声系数分析和射频分析。下面针对这些方法分别加以介绍。

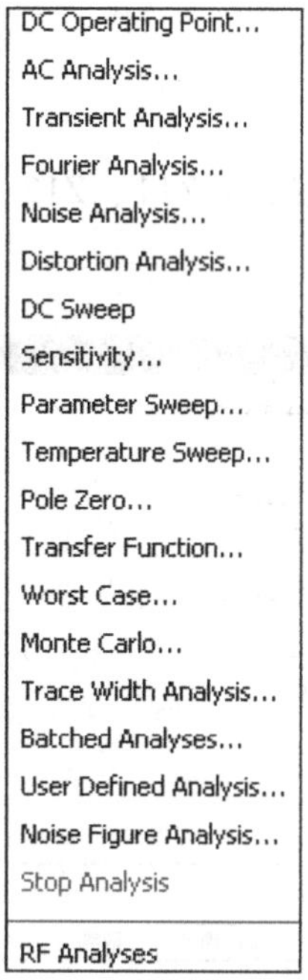

9.4.1 基本仿真分析法

模拟电路分析与设计中经常用到的几种基本仿真分析法是直流工作点分析、瞬态分析和交流分析。

1. 直流工作点分析

直流工作点分析（DC Operating Point Analysis）主要用来计算电路的静态工作点。进行直流工作点分析时，Multisim 2001 自动将电路的电感短路、电容开路、交流电压源短路。单击 Simulate 菜单中的 Analysis 命令下的 DC Operating Point 命令项，弹出一对话框，有 3 个选项卡。

图 9-4-1 分析方法菜单项

（1） Output variables：设置所要分析的节点或变量，如图 9-4-2 所示。

图 9-4-2 Output variables 选项卡

Variables in circuit 栏：列出电路中可供分析的节点、流过电压源的电流等变量。若不需要分析这么多变量，则可以从 Variables in circuit 的下拉列表中选择所需要的变量，若还需显示其他参数变量，可单击"Filter Unselected Variables"按钮，选择程序没有自动选中的变量。其中 Display internal node 为显示内部节点；Display submodules 为显示子模型节点；Display open pins 为显示包括开路的引脚。

Selected variables for 栏：确定需要分析的节点或变量。默认为空，可从 Variables in circuit 栏内选择。选择的方法是：首先选中 Variables in circuit 栏内需要分析的节点或变量，然后单击"Plot during simulation"按钮，即加入需分析的节点或变量。若不想分析其中已选择的某个节点或变量，则可以在 Select Variables for 栏内选中该变量，再单击"Remove"按钮，即可将其移除。

单击按钮"More"，弹出一对话框，如图 9-4-3 所示，有 3 个按钮。Add device/model parameter：添加元件参数或模型参数。Filter Selected Variables：过滤选择的变量。Delete selected variables：删除已选的变量。

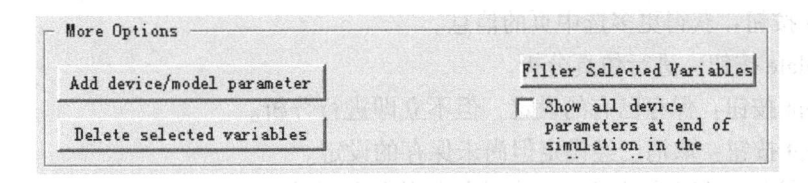

图 9-4-3 More 选项对话框

（2） Miscellaneous Options：设置与仿真分析有关的其他分析选项，如图 9-4-4 所示。

Use this custom analysis：选择程序是否采用用户所设定的分析选项。可供选取的设定选项在下栏中，大部分项目应该采用默认值。若要改变某一分析选项，则选中该项后，再选下面的 Use this option 选项，此时在其右边会出现一栏，可在该栏中指定新的参数。

（3） Summary：对分析设置汇总确认。前两个选项卡设置后，再在本选项卡页内确认，单击"Simulate"按钮即进行直流工作点分析，如图 9-4-5 所示。

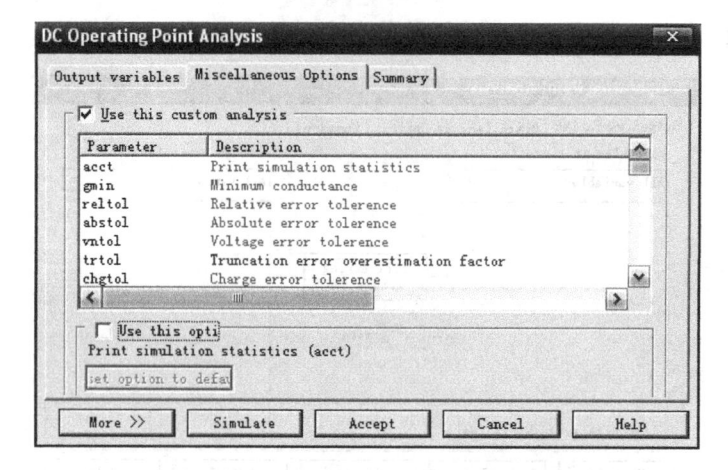

图 9-4-4　Miscellaneous Options 选项卡

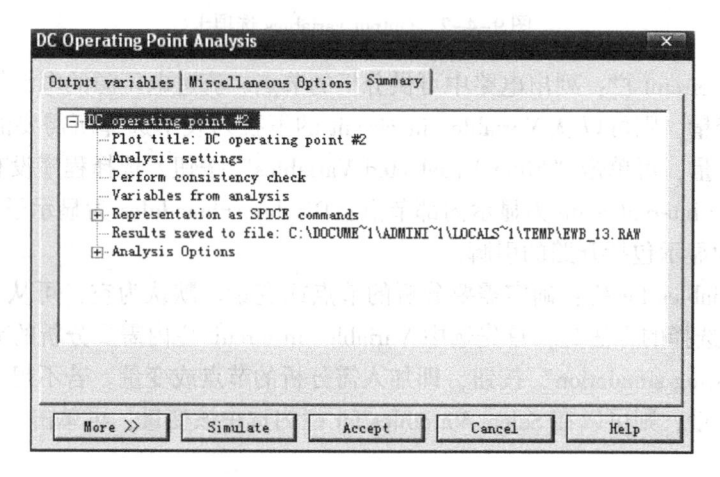

图 9-4-5　Summary 选项卡

在 DC Operating Point Analysis 对话框中，每一选项卡的最下方都有 More、Simulate、Accept、Cancel 和 Help 5 个按钮，各按钮的功能如下。

① More 按钮：获得更多选中页的信息。
② Simulate 按钮：进行仿真分析。
③ Accept 按钮：保存已有的设定，但不立即进行分析。
④ Cancel 按钮：取消已经设定但尚未保存的设定。
⑤ Help 按钮：获得与直流工作点分析相关的帮助信息。

在后续各种分析方法对话框中，以上 5 个按钮功能基本相同，不再一一介绍。

2. 交流分析

交流分析（AC Analysis）主要是分析模拟电路的交流频率响应，即分析模拟电路的幅频特性和相频特性。其作用相当于波特图仪。进行交流小信号分析时，Multisim 2001 自动将电路的直流电压源短路、耦合电容短路。进行交流分析前，Multisim 2001 会自动进行直流工作点分析，获得交流分析时非线性元件的线性小信号模型。同时，在交流分析中，所有输入源都被认为是正弦信号。启动 Simulate 菜单中的 Analysis 命令下的 AC Analysis 命令项，即可弹出图9-4-6所示的对话框。共有4个选项卡，后3个选项卡的设置方法与直流工作点分析中的设置相同，这里仅介绍 Frequency Parameters 选项卡。

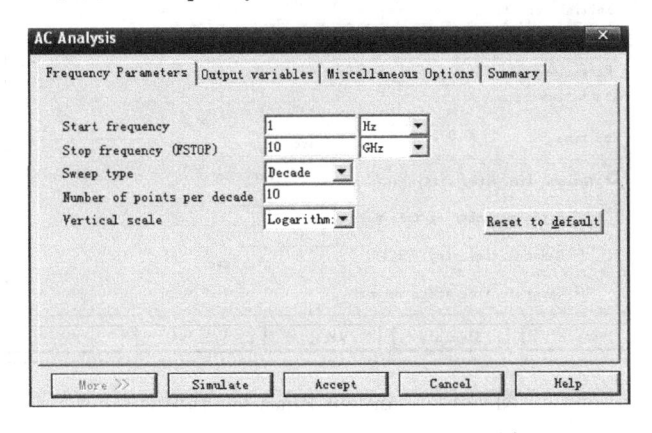

图 9-4-6　Frequency Parameters 选项卡

Frequency Parameters：设置交流分析的频率参数。

（1）Start frequency：起始频率。

（2）Stop frequency：终止频率。

（3）Sweep type：扫描方式。下拉菜单中，Liner 表示线性；Decade 表示10倍频；Octave 表示8倍频。

（4）Number of points per decade：每10倍频中计算的频率点数。

（5）Vertical scale：纵坐标取值刻度。在其下拉菜单中，Liner 表示线性；Decibel 表示分贝；Logarithmic 表示对数；Octave 表示8倍频。

（6）"Reset to default"按钮：所有参数设置为默认值。

按选项即可得到幅频特性和相频特性分析结果。

3. 瞬态分析

瞬态分析（Transient Analysis）主要用来分析非线性时域，分析在激励信号作用下电路的时域响应，以分析节点电压波形作为瞬态分析的结果，其作用相当于示波器。启动 Simulate 菜单中的 Analysis 命令下的 Transient Analysis 命令项，即可弹出图9-4-7所示的对话框。共有4个选项卡，后3个选项卡的设置方法与直流工作点分析中的设置相同，这里仅介绍 Analysis Parameters 选项卡。

Analysis Parameters 标签页共有两个区和一个按钮，分别介绍如下。

（1）Initial Conditions 区：设置初始条件。下拉菜单中，Automatically determine initial conditions：自动设置初始值；Set to zero：初始值为0；Use define：用户自己定义初始值；Calculate DC operating point：直流工作点作为初始值。

（2）Parameters 区：设置分析时间参数。

Start time：起始时间。

End time：终止时间。

Maximum time step settings：最大时间步长。选择该项后，从下面3项中选取一种。Minimum number of time points：以单位时间内取样点数作为分析步长，该项后右边栏内设定单位

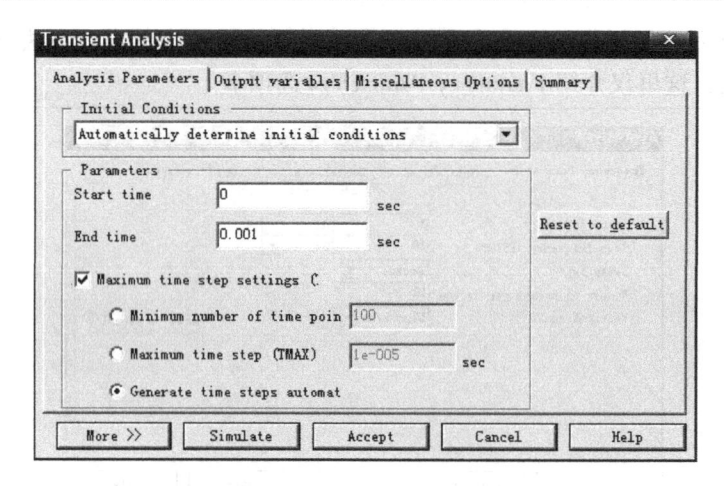

图 9-4-7　Analysis Parameters 选项卡

时间内最少需要的取样点数；Maximum time step（TMAX）：以时间间距设置分析步长，在该项后的右边栏内设定时间间距；Generate time steps automat：自动设置分析步长。

（3）"Reset to default"按钮：将所有设置恢复为默认值，并可在输出波形窗口中单击"显示/隐藏指针"按钮进行具体的数据分析。

9.4.2　扫描分析法

使用扫描分析法可以直观地看到扫描参数的变化对仿真输出的影响。Multisim 2001 共有直流扫描分析、参数扫描分析和温度扫描分析三种扫描分析法。

1. 直流扫描分析

直流扫描（DC Sweep）分析用于计算电路中某一个或两个直流电压源数值发生变化时电路某一节点直流工作点变化的情况。使用直流扫描分析，可很快根据直流电源的变化范围来确定电路的直流工作点。启动 Simulate 菜单中的 Analysis 命令下的 DC Sweep 命令项，即可弹出如图 9-4-8 所示的对话框。共有 4 个选项卡，后 3 个选项卡的设置方法与直流工作点分析中的设置相同，这里仅介绍 Analysis Parameters 选项卡。

图 9-4-8　Analysis Parameters 选项卡

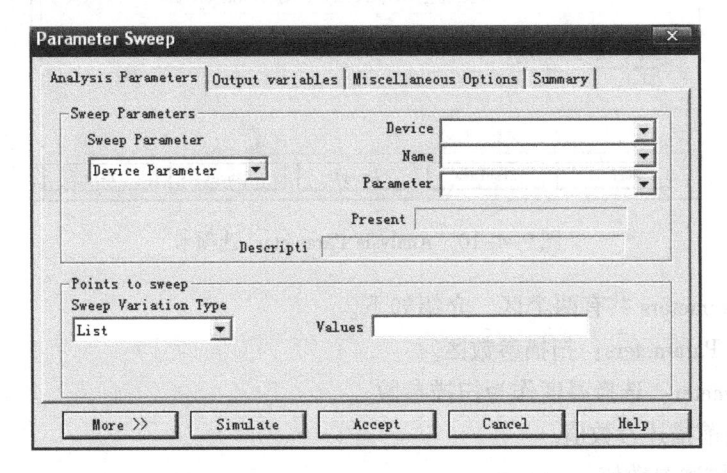

Analysis Parameters 选项卡共有 2 个区，提供 2 个可供选择的电压源，其参数设置方法相同。但 Source 2 区各参数必须首先选中 Source 2 区右边的 Use source 2 后才能设置。

Source：选择要扫描的直流电压源。

Start value：扫描电压源起始值。

Stop value：扫描电压源终止值。

Increment：扫描的电压增量值。

一般取 Source 1 作为扫描分析的横坐标，然后分析在 Source 2 取不同值时，得到需分析节点的电压值。同样可在输出波形窗口单击"显示/隐藏指针"按钮进行具体的数据分析。

2. 参数扫描分析

参数扫描分析（Parameter Sweep Analysis）是用于电路中某一元件的参数在一定取值范围内发生变化时，对电路直流工作点、瞬态特性、交流频率特性的影响，以便优化电路的某些指标。启动 Simulate 菜单中的 Analysis 命令下的 Parameter Sweep Analysis 命令项，即可弹出图 9-4-9 所示的对话框。共有 4 个选项卡，后 3 个选项卡的设置方法与直流工作点分析中的设置相同，这里仅介绍 Analysis Parameters 选项卡。

图 9-4-9　Analysis Parameters 选项卡

Analysis Parameters 选项卡共有 3 个区，介绍如下。

（1）Sweep Parameters：设置扫描元件和参数。

下拉菜单中有元件参数（Device Parameter）和模型参数（Model Parameter）可供选择。选择元件参数后，再选择右边的模型参数。

Device：选择需扫描元件的种类。

Name：选择需扫描元件的序号。

Parameter：选择需扫描元件的参数。

Present：当前描述参数值。

Descripti：描述参数。

（2）Points to sweep：选择扫描方式。

Sweep Variation Type：选择变量扫描方式。选择扫描类型后，在 Point to Sweep 右部设定扫描的起始值（Start）、终值（Stop）、扫描次数（# of）和扫描时间间隔（Increment）。

(3) 单击"More"按钮可选择不同的分析类型。Multisim 提供了三种分析类型：直流工作点分析、交流分析和瞬态分析。选定分析类型后单击"Edit Analysis"按钮设置分析参数。

3. 温度扫描分析

温度扫描分析（Temperature Sweep Analysis）分析当温度变化时对电路性能的影响，分析电路的静态漂移及动态变化，相当于在不同工作温度下分别对电路进行仿真，但仅能随一些半导体器件和虚拟电阻仿真。启动 Simulate 菜单中 Analysis 命令下的 Temperature Sweep Analysis 命令项，可弹出图 9-4-10 所示对话框。共有 4 个选项卡，后 3 个选项卡的设置方法与直流工作点分析中的设置相同，这里仅介绍 Analysis Parameters 选项卡。

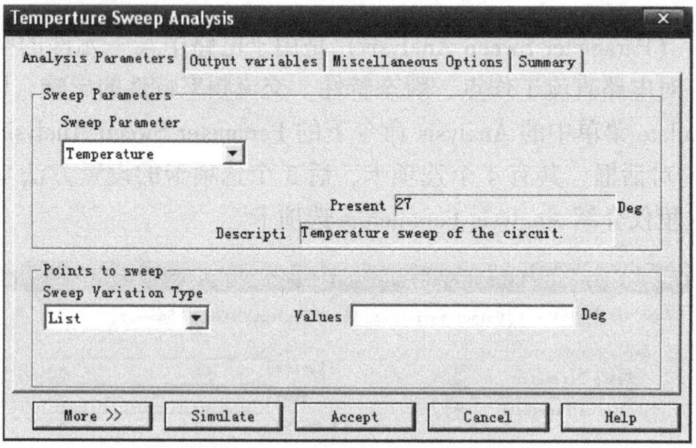

图 9-4-10　Analysis Parameters 选项卡

Analysis Parameters 共有两个区，介绍如下。
（1）Sweep Parameters：扫描参数区。
Sweep Parameter：选择温度作为扫描参数。
Present：当前描述参数值。
Descripti：描述参数值。
（2）Points to sweep：选择扫描方式。
Sweep Variation Type：选择扫描变量类型。
Values：设置扫描温度。
（3）单击"More"按钮可选择扫描分析类型。

9.4.3　统计分析法

统计分析是根据某些参数变化的统计规律，分析参数变化对电路的影响。Multisim 2001 有最坏情况分析和蒙特卡罗分析两种统计分析方法。

1. 最坏情况分析

最坏情况是指电路中的元件参数在其容差边界点上取值时对电路性能的影响，而最坏情况分析（Worst Case Analysis）是在给定电路元件参数容差时，估算出电路性能相对于标称值时的最大偏差。启动 Simulate 菜单中的 Analysis 命令下的 Worst Case Analysis 命令项，即可弹出图 9-4-11 所示的对话框。共有 4 个选项卡，后 2 个选项卡的设置方法与直流工作点分析中的设置相同，这里仅介绍 Model tolerance list 和 Analysis Parameters 选项卡。

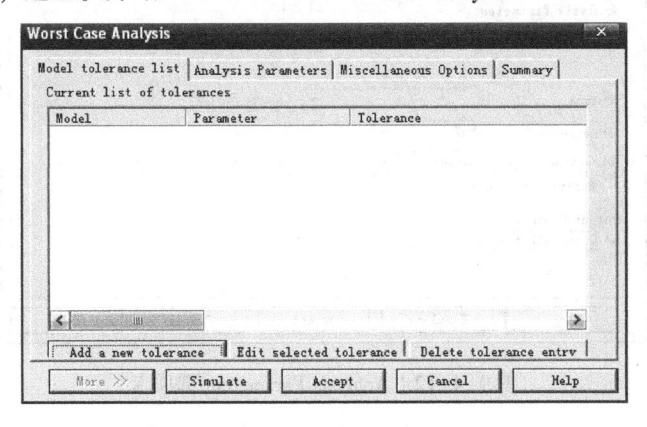

图 9-4-11　Model tolerance list 选项卡

（1）Model tolerance list：模型容差列表，介绍如下。

Current list of tolerances：列出目前的元件模型误差。若需添加误差设置，则单击下方的"Add a new tolerance"按钮，弹出图 9-4-11 所示对话框，该对话框中各参数设置如下。

Parameter Type：参数类型。在下拉菜单中选择元件模型参数（Model Parameter）或器件参数（Devices Parameter）。

① Parameter：模型的设置。

Device Type：器件种类。在下拉菜单中选择，如三极管类（Triode）、电容器类（Capacitor）、二极管类（Diode）、电阻类（Resistor）和电压源类（Source）等。

Name：设定器件的名称序号。

Parameter：当前描述参数。

Descripti：描述参数。

② Tolerance：容差的设置。

Distribution：容差分布类型。在下拉菜单中选择，如 Guassian（高斯分布）和 Uniform（均匀分布）。

Lot number：容差随机数出现方式。在下拉菜单中选择，如 Lot 表示各元件参数具有相同的随机产生的容差，而 Unique 表示每一个元件参数随机产生的容差率各不相同。

Tolerance Type：容差类型。在下拉菜单中选择，如 Absolute（绝对值）和 Percent（百分比）。

Tolerance：容差的大小。

"Edit selected tolerance"按钮：对所选的误差项目进行重新设置。

"Delete tolerance entry"按钮：删除所选误差项目。

（2）Analysis Parameters：设定分析参数。该选项卡如图 9-4-12 所示。

Analysis Parameters 选项卡从上到下共有两个区，介绍如下。

① Analysis Parameters：分析参数。

Analysis：选择分析类型。

Output：选择所要分析的节点。

Function：选择比较函数，下拉菜单中的 MAX、MIN 分别表示在直流工作点分析时 Y 轴

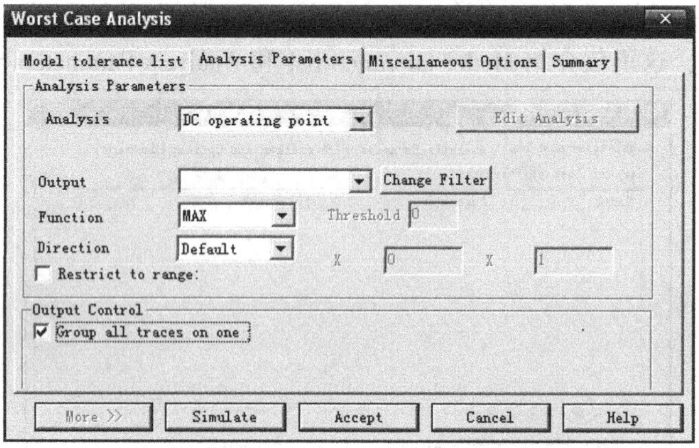

图 9-4-12 Analysis Parameters 选项卡

的最大、最小值；RISE-EDGE、FALL-EDGE 分别表示第一次 Y 轴出现大于、小于所设定的门限时的 X 值，在右边的 Threshold 栏输入其门限值。

Direction：选择容差变化方向。

Restrict to range：限定 X 轴的显示范围，并在右面的两个输入框中输入 X 轴的最小值和 X 轴的最大值，默认值分别为 0 和 1。

② Output Control：输出控制。

Group all traces on one plot：选中则表示将标称值仿真、最坏情况仿真和 RunLogDescriptions 显示在一个图形中，否则分别输出显示。

2. 蒙特卡罗分析

蒙特卡罗分析（Monte Carlo）用于电路统计分析，对于电路中一批元器件的误差或某一只元件的误差对电路性能的影响进行随机抽查，误差方向叠加随机。若抽查结果吻合，则说明误差对电路性能影响不大，反之则说明受影响，并且可从分离的范围得知电路性能的中心值和方差、电路合格率及成本等。启动 Simulate 菜单中的 Analysis 命令下的 Monte Carlo 命令项，即可弹出图 9-4-13 所示的对话框。除 Analysis Parameters 选项卡外，其他 3 项的设置方法与最坏情况分析中的设置方法相同，下面仅介绍 Analysis Parameters 选项卡。

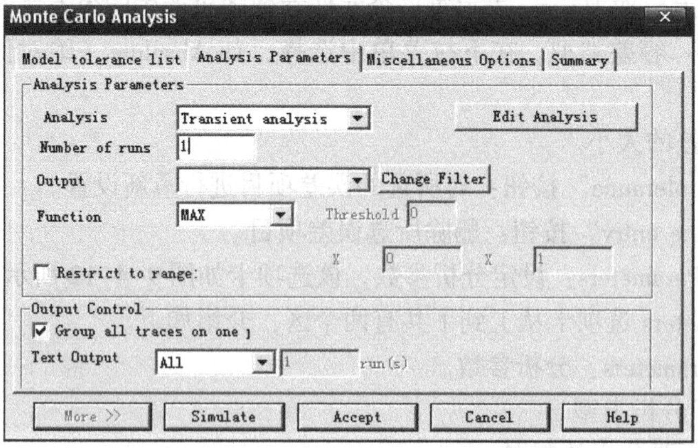

图 9-4-13 Analysis Parameters 选项卡

Analysis Parameters：分析参数设置，共有两个区，介绍如下。

（1）Analysis Parameters 区：设定分析参数。

Analysis：选择分析类型。有直流工作点分析、交流分析和瞬态分析 3 种。选择后，单击右边的"Edit Analysis"按钮，可对选定类型进行参数设置。

Number of runs：设置运行次数（必须不小于 2）。

Output：选择输出节点。

Function 和 Restrict to range 的设置方法与最坏情况分析相同。

（2）Output Control：输出控制。其设置方法与最坏情况分析相同。

9.4.4 电路性能分析

Multisim 2001 中有噪声分析、失真分析、极—零点分析和传递函数分析 4 种分析电路性能的仿真分析法。

1. 噪声分析

噪声分析（Noise Analysis）用于分析输入的噪声及元器件引起的噪声对电路性能的影响。噪声分析提供的噪声模型有热噪声、散弹噪声和闪烁噪声 3 种。分析时，假定电路中各个噪声源互不相关，总噪声为每个噪声源对指定的输出节点产生的噪声均方根的和。启动 Simulate 菜单中的 Analysis 命令下的 Noise Analysis 命令项，弹出图 9-4-14 所示的对话框。该对话框中，除 Analysis Parameters 选项卡外，其他 4 个选项卡的设置方法与直流工作点分析中的设置方法相同。

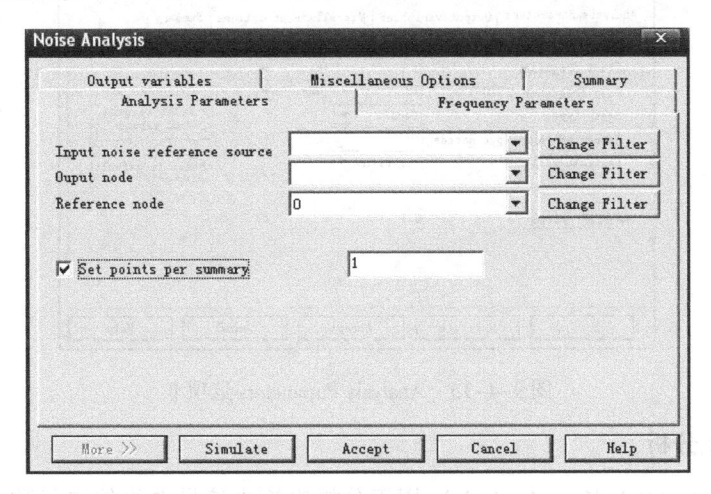

图 9-4-14 Analysis Parameters 选项卡

Analysis Parameters 选项卡介绍如下。

（1）Input noise reference source：输入噪声的参考交流信号源。

（2）Output node：噪声输出节点，将所有噪声在该节点的影响求和。

（3）Reference node：参考电压的节点，即地，通常取 0。

（4）Set points per summary：每个汇总的取样点数。选中时，将产生所选噪声量曲线，在右边栏内输入频率步进数，其值越大则输出曲线的解析度越低，一般选择 1。

2. 失真分析

失真分析（Distortion Analysis）用于分析在一段频率范围内电路中存在的谐波失真所引起的幅频失真及元器件的电抗引起的相频失真。若电路中只有一个交流源，则将分析电路中每一点的二、三次谐波造成的失真。若电路中有两个交流源 F1 和 F2，则失真分析将求出电路变量在三个不同频率点（F1 + F2、F1 ~ F2、2F1 − F2）的复数值。失真分析主要用于对小信号模拟电路的分析，对于瞬态分析不易观察到的较小失真比较有效。启动 Simulate 菜单中的 Analysis 命令下的 Distortion Analysis 命令项，即可弹出图 9-4-15 所示的对话框。共有 4 个选项卡，后 3 个选项卡的设置方法与直流工作点分析中的设置相同，这里仅介绍 Analysis Parameters 选项卡。

（1）Start frequency：起始频率。

（2）Stop frequency（FSTOP）：终止频率。

（3）Sweep type：扫描类型。

（4）Number of point per decade：扫描点数。

（5）Vertical scale：纵坐标取值刻度。下拉菜单中，Liner 表示线性；Decibel 表示分贝；Logarithmic 表示对数；Octave 表示 8 倍频程。

（6）F2/F1 ratio：在分析电路内部互调失真时，设置 F1、n 的比值，其值在 0~1 之间。其中 F1 不是电路中的交流电压源的频率，而是对话框中设定的频率；F2 是 "F2/F1 ratio" 的值与对话框中设定的 F1 的起始频率的乘积。

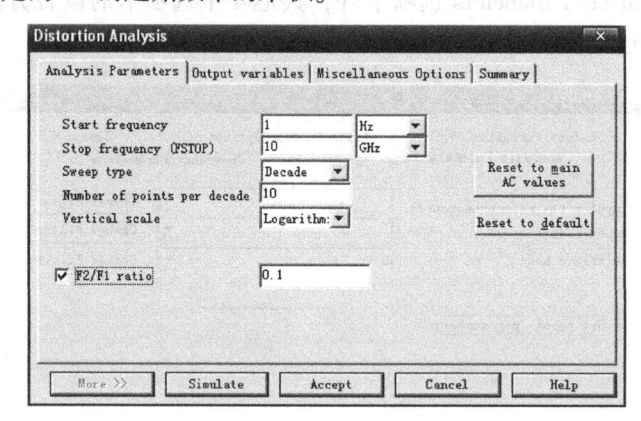

图 9-4-15 Analysis Parameters 选项卡

3. 极 − 零点分析

极 − 零点分析（Pole-Zero Analysis）用于分析交流小信号电路传递函数的极点、零点的个数和数值，从另一个角度来反映电路的稳定性，是一个分析负反馈放大器和自动控制系统稳定性的很好的工具。在分析时，系统会自动计算电路的静态工作点，求得非线性元件在交流小信号条件下的线性化模型。启动 Simulate 菜单中 Analysis 命令下的 Pole-Zero Analysis 命令项，即可弹出图 9-4-16 所示的对话框。共有 3 个选项卡，后 2 个选项卡的设置方法与直流工作点分析中的设置相同，这里仅介绍 Analysis Parameters 选项卡。

在 Analysis Parameters 选项卡中有两个区，介绍如下。

（1）Analysis Type：分析类型。

Gain Analysis（output voltage/input voltage）：增益分析（输出电压/输入电压），求电压

增益表达式中的极-零点。

Impedance Analysis（output voltage/input current）：互阻阻抗分析（输出电压/输入电流），求互阻表达式中的极-零点。

Input Impedance：输入阻抗分析（输入电压/输入电流），求输入阻抗表达式中的极-零点。

Output Impedance：输出阻抗分析（输出电压/输出电流），求输出阻抗表达式中的极-零点。

(2) Nodes：输入、输出节点。

Input（+）：选择节点作为输入信号的正端。

Input（-）：选择节点作为输入信号的负端，通常取0。

Output（+）：选择节点作为输出信号的正端。

Output（-）：选择节点作为输出信号的负端，通常取0。

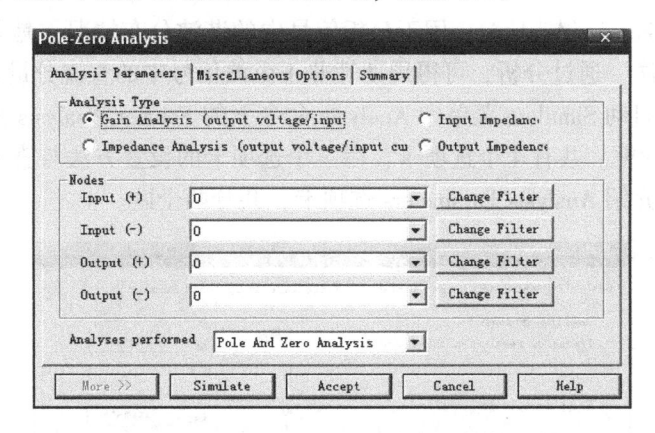

图 9-4-16　Analysis Parameters 选项卡

4. 传递函数分析

传递函数分析（Transfer Function Analysis）用于分析电路的输入和输出阻抗，还可分析在直流小信号状态下，电路中一个输入源与两个节点输出电压之间，或一个输入源和一个输出电流变量之间的传递函数。分析结果以表格形式显示输入阻抗、输出阻抗和传递函数。启动 Simulate 菜单中的 Analysis 命令下的 Transfer Function Analysis 命令项，即可弹出图 9-4-17 所示的对话框。共有 3 个选项卡，后两个选项卡的设置方法与直流工作点分析中的设置相同，这里仅介绍 Analysis Parameters 选项卡。

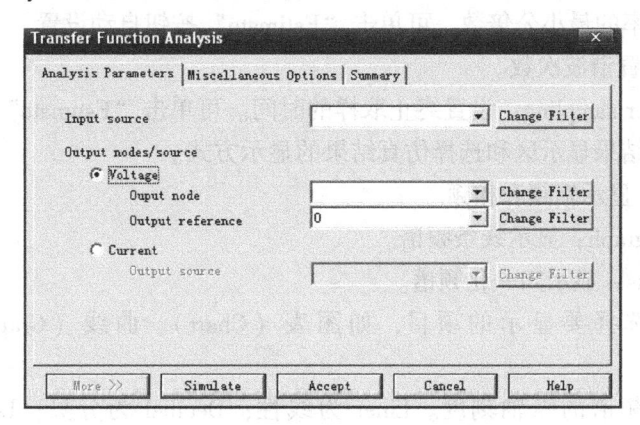

图 9-4-17　Analysis Parameters 选项卡

(1) Input source：输入信号源，必须为独立源。

(2) Output nodes/source：输出节点/变量。Voltage：以电压作为输出变量。Output node：电压输出节点。Output reference：输出参考点。Current：以电流作为输出变量。Output source：选择输出电流的支路。

9.4.5 其他分析法

Multisim 2001 中还有傅里叶分析、灵敏度分析、批处理分析、用户自定义分析 4 种其他分析法。

1. 傅里叶分析

傅里叶分析（Fourier Analysis）用于分析信号中的谐波分布情况，是分析周期性非正弦信号的一种数学方法。通过分析，可得周期性非正弦波信号中的直流分量、基波分量和各次谐波分量的大小。启动 Simulate 菜单中 Analysis 命令下的 Fourier Analysis 命令项，即可弹出图 9-4-18 所示对话框。共有 4 个选项卡，后三个选项卡的设置方法与直流工作点分析中的设置相同，这里仅介绍 Analysis Parameters 选项卡，共分两个区。

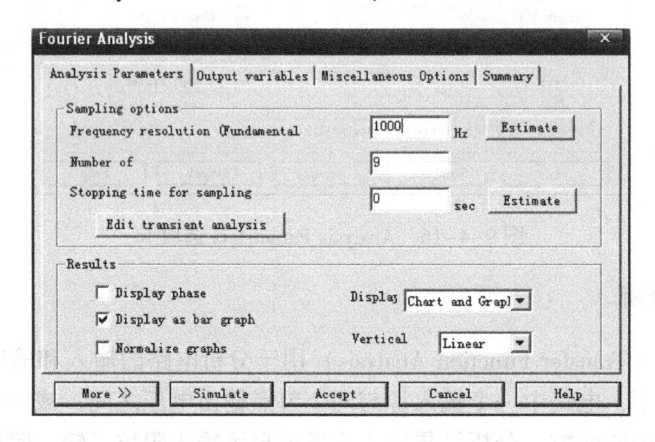

图 9-4-18　Analysis Parameters 选项卡

（1）Sampling options：参数设置区。

Frequency resolution（Fundamental Frequency）：设置基波频率。若电路中有多个信号源，则取各自信号源频率的最小公倍数。可单击"Estimate"按钮自动设置。

Number of：设置谐波次数。

Stopping time for sampling：设置终止取样的时间。可单击"Estimate"按钮自动设置。

（2）Results：结果显示区和选择仿真结果的显示方式。

Display phase：显示幅频和相频。

Display as bar graph：显示线条频谱。

Normalize graphs：显示归一化频谱。

Display：可以选择要显示的项目，如图表（Chart）、曲线（Graph）、图表和曲线（Chart and Graph）。

Vertical：设置频谱的纵轴刻度。Liner 为线性；Decibel 为分贝；Logarithmic 为对数；Octave 为 8 倍频程。

2. 灵敏度分析

灵敏度分析（Sensitivity Analysis）是研究电路中各个元件参数值变化时，对电路中节点电压、电流的影响，分为直流灵敏度分析和交流灵敏度分析，并可同时对多个参数进行灵敏度分析。启动 Simulate 菜单中 Analysis 命令下的 Sensitivity 命令项，即可弹出如图 9-4-19 所示的对话框。共有 4 个选项卡，后 3 个选项卡的设置方法与直流工作点分析中的设置相同。这里仅介绍 Analysis Parameters 选项卡。

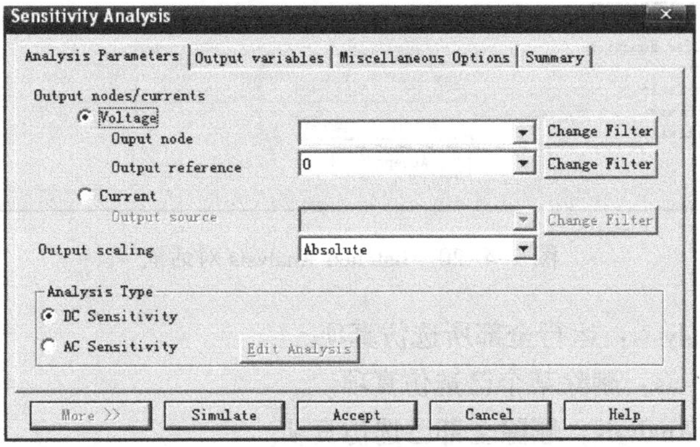

图 9-4-19 Analysis Parameters 选项卡

Voltage：电压灵敏度分析。
Output node：电压输出节点。
Output reference：输出参考点。
Current：电流灵敏度分析。
Output source：选择输出源。只能对信号源的电流进行分析。
Output scaling：灵敏度输出格式。Absolute：绝对灵敏度；Relative：相对灵敏度。
Analysis Type：分析类型。DC Sensitivity：直流灵敏度；AC Sensitivity：交流灵敏度。分析时，可根据需要对交流灵敏度分析法进行编辑。

3. 批处理分析

前面的仿真分析基本上都是单项进行的，若要对电路性能进行多项分析，则可使用批处理分析（Batched Analysis）。启动 Simulate 菜单中 Analysis 下的 Batched Analysis 命令，即可弹出图 9-4-20 所示对话框。对话框中左边 Available 区提供 Multisim 2001 的 14 种仿真分析法。选取所要执行的仿真分析法，单击"Add analysis"按钮，则弹出所选仿真分析方法的参数设置对话框，可进行参数设置。与前面不同的是各种仿真分析法对话框中的"Simulate"按钮换成"Add to list"按钮。设置完成后，单击"Add to list"按钮，回到批处理分析对话框，在右边的 Analysis To 区中将出现选取的仿真分析法。单击分析法左侧的"+"，显示该分析总结信息。继续添加所需进行的分析方法后，单击"Run All Analysis"按钮，即可执行所选定的全部仿真分析方法，仿真的结果依次出现在 Analysis Graphs 中，对话框中其他按钮介绍如下。

(1) Edit Analysis：编辑已选仿真项的设置。
(2) Run Selected Analysis：运行所选仿真。

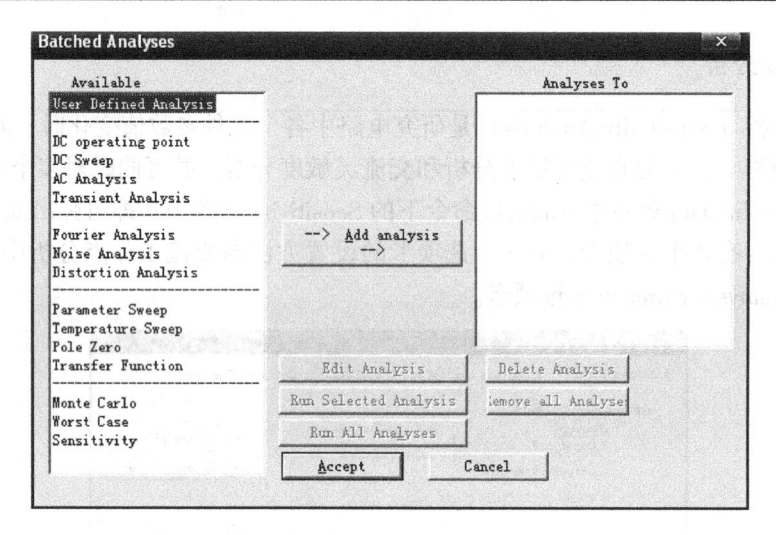

图 9-4-20 Batched Analysis 对话框

（3）Run All Analysis：运行全部所选仿真项。
（4）Delete Analysis：删除某个已选仿真项。
（5）Remove all Analysis：删除全部已选仿真项。
（6）Accept：保留批处理分析对话框中的设置。

4. 用户自定义分析

用户自定义分析（User Defined Analysis）是 Multisim 2001 提供给用户扩充仿真分析功能的一个途径，给通晓 SPICE 仿真的用户以更大的自由度和编辑自定义的分析方法。启动 Simulate 菜单中 Analysis 下的 User Defined Analysis 命令，即可弹出如图 9-4-21 所示对话框。共有 3 个选项卡，用户在 Commands 选项卡的输入框中输入可执行的 Spice 命令。最后，单击"Simulate"按钮即可执行仿真分析。

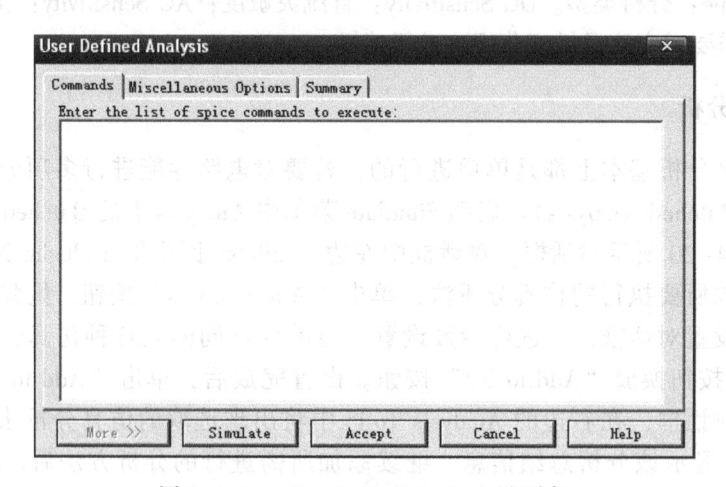

图 9-4-21 User Defined Analysis 选项卡

9.4.6 后处理器

Multisim 2001 提供的后处理器（Postprocessor）是用来对仿真结果进行进一步数学处理

的工具，能对仿真所得的曲线和数据单个化处理（如平方、开方等），还可以对多个曲线或数据彼此之间进行运算处理。处理的结果仍以曲线或数据表的形式显示出来。启动 Simulate 菜单中的 Postprocessor 命令，即可弹出图 9-4-22 所示后处理器对话框。

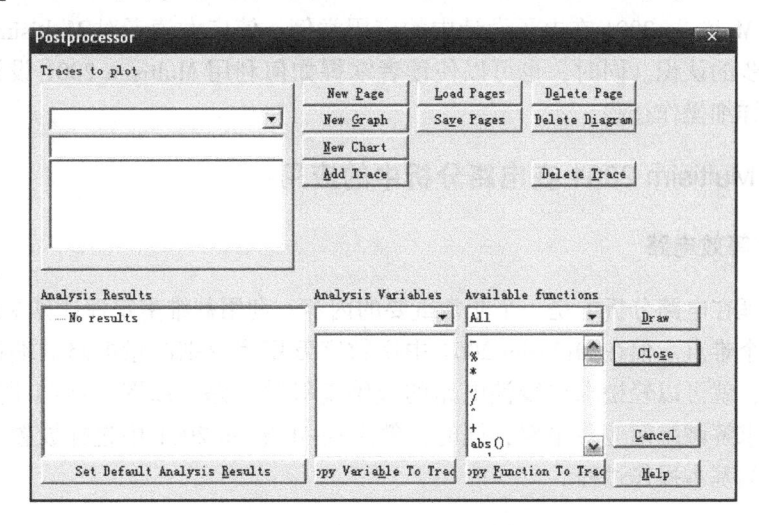

图 9-4-22 后处理器对话框

（1）Analysis Results：存放电路已经进行过的仿真分析结果。每个选项左边有个"+"或"-"，若为"+"，用鼠标左键单击"+"号，即展开这个"+"号所对应进行过的仿真分析，选取其中一项分析，则分析中的所有变量出现在右边的 Analysis Variables 区中。若单击 Analysis Results 区下方的 Set Default Analysis Results 按钮，则恢复预置的分析结果。

（2）Trace to plot 区：用来放置所要描绘的波形曲线（Graph）或图表（Chart）的变量或函数。

（3）Analysis Variables 区：显示 Analysis Results 区选取所分析项目中的所有变量。需先选中要处理的变量，再单击 Analysis Variables 区下方的 Copy Variable Totrace 按钮，把该变量放入 Trace to plot 区。

（4）Available functions 区：存放 Multisim 2001 提供的主要数学运算函数。

（5）按钮功能介绍如下：

New Page：在 Trace to plot 中新增一页。

New Graph：新增一页波形图。

New Chart：新增一页图表。

Add Trace：在所编辑页中新增一曲线或图表。

Load Pages：加载指定的页。

Delete Page：删除当前编辑页。

Delete Diagram：删除当前编辑图表或曲线。

Delete Trace：删除当前编辑结果。

Draw：绘出 Trace to plot 中当前编辑的曲线或图表。

Close：关闭后处理器对话框。

Cancel：取消当前的编辑，并关闭后处理器对话框。

9.5 Multisim 2001 在电子设计中的应用

本节通过 Multisim 2001 在电子设计中的应用举例，使广大读者对 Multisim 2001 的具体应用有一个初步的认识。同时，也可以使读者掌握如何利用 Multisim 2001 设计、创建及仿真一个电路的详细操作过程。

9.5.1 Multisim 2001 在电路分析中的应用

1. 戴维南等效电路

戴维南定理在电路分析中是一个非常重要的内容，利用戴维南定理计算求解线性电路的等效电路是一个难点。但在 Multisim 2001 中用数字万用表分别测量电路的端口开路电压和端口短路电流，就可以轻松求出线性电路的戴维南等效电路。以图 9-5-1 所示电路为例，利用上述方法求解戴维南等效电路，同时，熟悉在 Multisim 2001 中选样放置元件、连接电路、测量数据的基本操作过程。

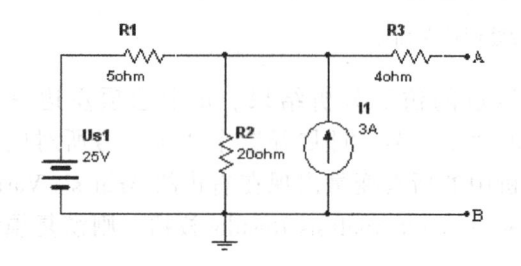

图 9-5-1 戴维南定理电路　　图 9-5-2 测量开路电压短路电流电路

（1）首先从元件库中选取电源和电阻，建立图 9-5-1 所示电路。

（2）启动 Place 菜单中的 Place Text 命令，在端点的边上单击鼠标，输入文字 A、B。在右边仪表库中选取数字万用表，连接至端点 A、B，其中万用表图标的"＋"端与 A 连接，"－"端与 B 连接。如图 9-5-2 所示，双击数字万用表 XMM1，在数字万用表面板上选择"V"和"DC"。启动仿真开关，万用表读数为 32.000V，如图 9-5-3 所示，即 A、B 两端开路电压值为 32.0V。

（3）单击暂停按钮，在面板上选择"A"和"DC"，启动仿真开关，万用表读数为 4.000A，如图 9-5-4 所示，即 A、B 两端短路电流值为 4.0A。

（4）戴维南等效电阻等于端口开路电压和端口短路电流的比值。$R_{OC} = 32/4 = 8$（Ω）。

（5）画出戴维南等效电路，如图 9-5-5 所示。

图 9-5-3 开路电压　　图 9-5-4 短路电流　　图 9-5-5 戴维南等效电路

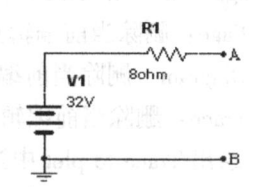

2. 串联谐振电路

谐振是正弦电路中可能发生的一种电路现象。在实际应用中，对它进行频率分析不很直观、准确。但在 Multisim 2001 中，利用波特图仪可很容易地测出电路在谐振时的频率特性。如图 9-5-6 所示是由电阻、电容和电感组成的串联谐振电路，其中 XBP1 为波特图仪。

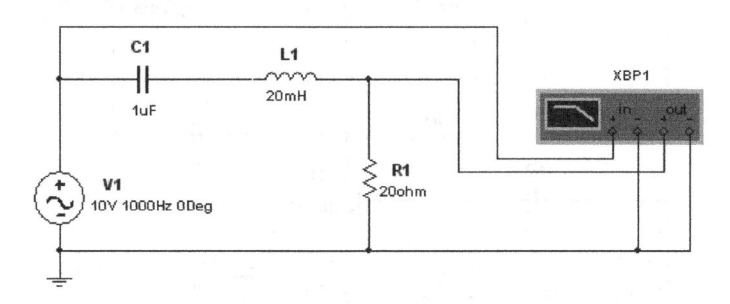

图 9-5-6　串联谐振电路

（1）建立图 9-5-6 所示电路，双击波特图仪图标，运行仿真开关。这时在波特图仪的显示区显示出图 9-5-7 所示的幅频特性曲线。

（2）由图 9-5-7 所示幅频特性曲线可以看出，谐振频率 $w_0 = 1.202\text{kHz}$。用鼠标拖动波特图仪面板上的红色读数指针，可读出任意频率时的幅值。单击波特图仪面板上的"Phase"，则可以看到电路的相频特性。

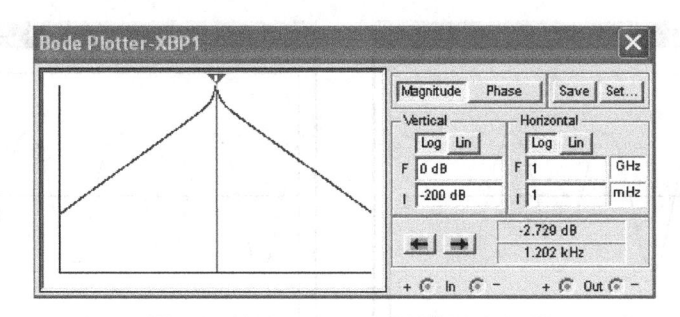

图 9-5-7　幅频特性曲线

9.5.2　Multisim2001 在模拟电路分析中的应用

1. 单管共射放大电路

单管共射放大电路是放大电路的基本形式。只有通过改变放大电路的偏置电压，设置合适的静态工作点，才能得到不失真的放大输出。静态工作点设置过高或过低都会引起输出信号的失真。单管共射放大电路是一个低频、小信号放大电路。设置合适的静态工作点后，若输入信号的幅度过大，则同样会出现失真。通过调整输入信号的幅值可得到最大不失真输出电压。其中放大电路的输入电阻、输出电阻是衡量放大器性能的重要参数。下面介绍如何利用 Multisim2001 为放大电路选择合适的静态工作点，以及如何测量放大电路的性能参数。

（1）设置静态工作点。建立如图 9-5-8 所示电路，运行后，双击示波器图标，可看到图 9-5-9 所示的输出波形。

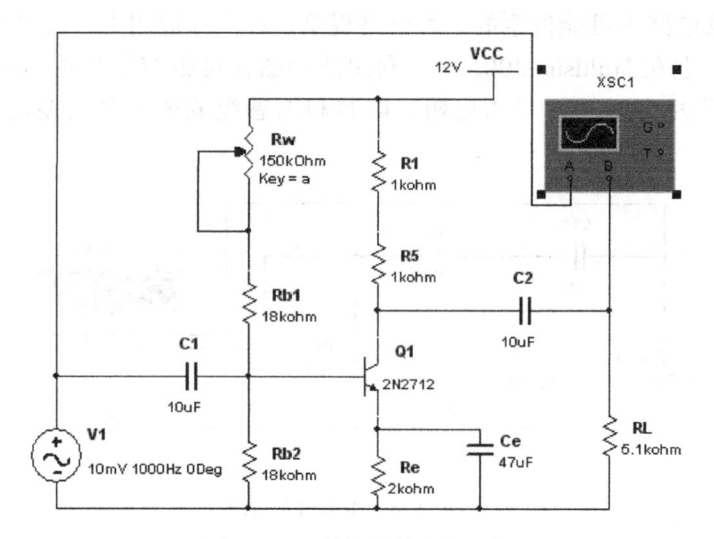

图 9-5-8 单管共射放大电路

然后，单击电位器 R_W 图标，改变电位器电阻百分比为 90%，可看到如图 9-5-10 所示的输出波形。显然，由于 $R_W + R_{b1}$ 减小，三极管基极偏压增大，致使基极电流、集电极电流增大，工作点上移，输出波形出现饱和失真。若基极电流、集电极电流减小，则可看到截止失真。

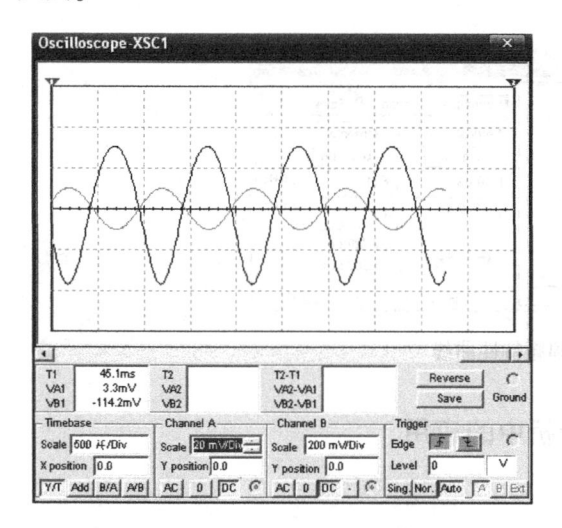

图 9-5-9 放大电路不失真波形

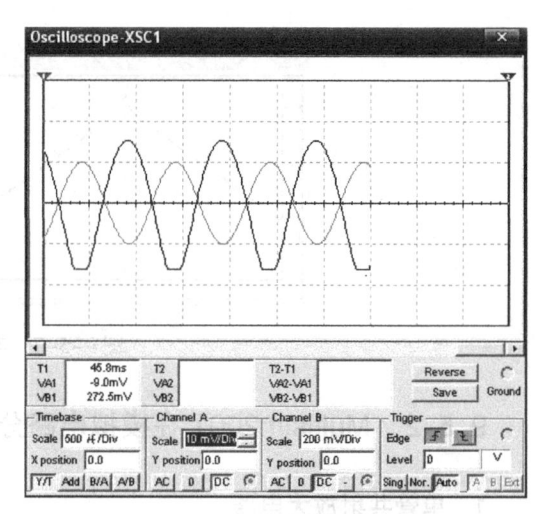

图 9-5-10 放大电路饱和失真波形

还原 R_W 短路电阻百分比为 50%，在电路窗口单击鼠标右键，在弹出的快捷菜单中单击第五菜单项的 show 命令，选择 show node names。启动 Simulate 菜单中 Analysis 下的 DC Operating Point 命令，在弹出的对话框中的 Output variables 页将靠近三极管三引脚的节点作为仿真分析节点。单击"Simulate"按钮，可获得仿真结果如下：$V_e = 1.26647V$，$V_b = 1.85922V$，$V_c = 10.74504V$。

（2）输入信号的变化对放大电路输出的影响。当图 9-5-8 所示电路的输入信号幅值为

10mV 时，测得输出波形如图 9-5-9 所示。增大输入信号幅值，输出将非线性失真，即输出波形为上宽下窄。图 9-5-11 所示为输入信号幅值为 30mV 时电路的输出失真状态。可得到如下结论：由于三极管的非线性，图 9-5-8 所示共射放大电路仅适合于小信号放大，当输入信号放大时，将出现非线性失真。

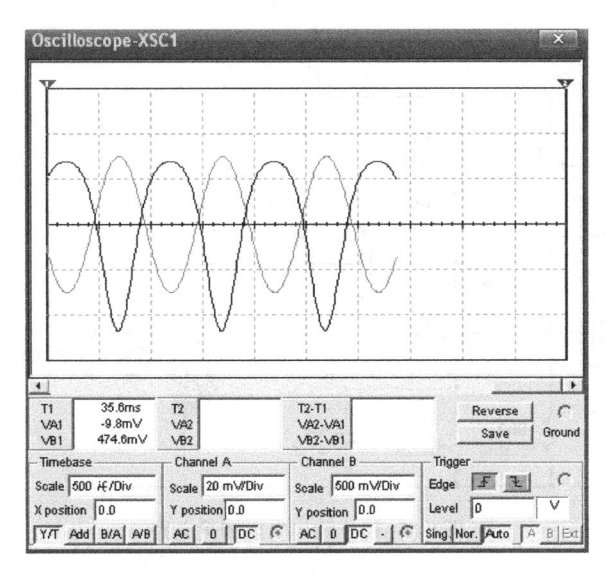

图 9-5-11　放大电路非线性失真波形

(3) 测量放大电路的放大倍数、输入电阻和输出电阻。单管共射放大电路的放大倍数、输入电阻和输出电阻是放大电路的重要性能参数，可分别用示波器和数字万用表对它们进行测量。

① 测量放大倍数。在图 9-5-8 所示电路中，双击示波器图标，从示波器上观测到输入、输出电压值。计算电压放大倍数 $A_V = V_0/V_1 = 237\text{mV}/7\text{mV} = 34$。

② 测量输入电阻。在输入回路中接入数字万用表分别作为电流表和电压表，设置为"AC"，如图 9-5-12 所示。运行仿真开关，分别从数字万用表 XMM1 和数字式万用表 XMM2 上读取电流和电压，得到频率为 1kHz 时的输入电阻 $R_{if} = U_i/I_i = 3.86\text{k}\Omega$。

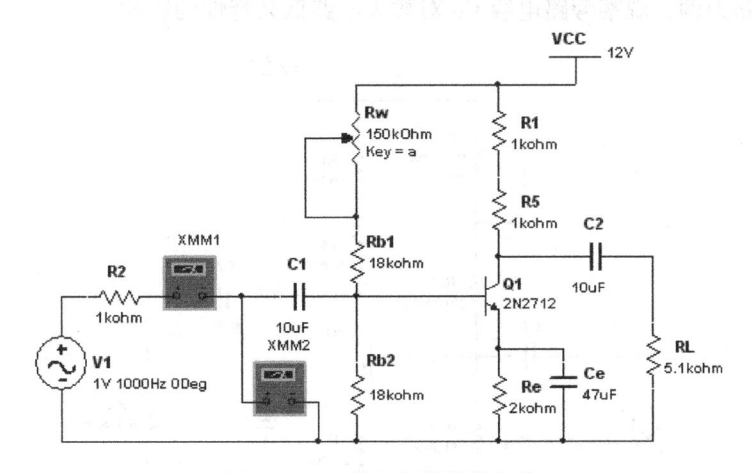

图 9-5-12　输入电阻测量电路

③ 测量输出电阻。根据输出电阻的计算方法，将负载开路、信号源短路，在输出回路中接入数字万用表分别作为电流表和电压表，同样设置为交流（AC），如图 9-5-13 所示，分别从电压表 XMM1 和电流表 XMM2 上读取电流和电压，得到频率为 1kHz 时的输出电阻 $R_{of} = U_o/I_o = 1.96\text{k}\Omega$。

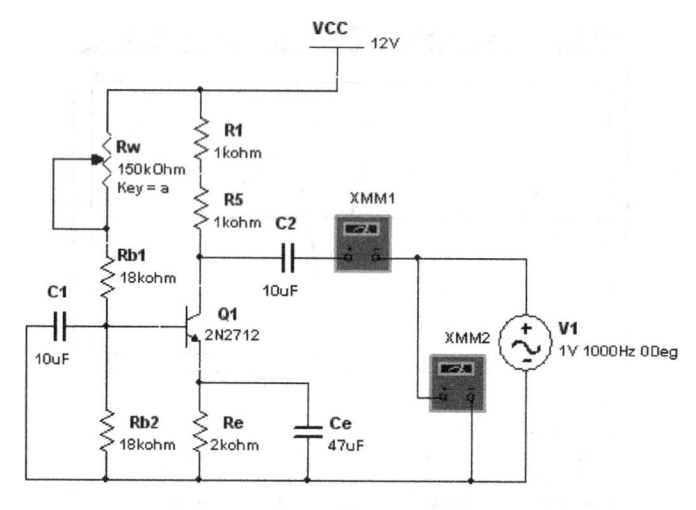

图 9-5-13 输出电阻测量电路

2. 共射放大电路频率特性

在放大电路中，由于耦合电容、旁路电容、极间电容的影响，以及三极管的共射电流放大系数 β 随频率变化的特性，放大电路的放大倍数、输入电阻、输出电阻等性能参数都与频率有关。共射放大电路在低频区时，由于耦合电容、旁路电容的影响，电路增益随频率的下降而下降；在高频区时，由于极间电容的影响，电路增益随频率的增大而下降；在中频区时，极间电容、耦合电容、旁路电容都是短路，故中频区电路增益基本不随频率变化。本节将采用交流分析方法来观测电容的变化对放大电路频率特性的影响。

（1）测试放大电路的低频频率特性。建立如图 9-5-14 所示电路。在输入信号频率较低时，放大电路的耦合电容 C1、旁路电容 Ce 对放大电路的频率特性有影响。以图 9-5-14 所示共射放大电路为例，观察旁路电容 Ce 对放大电路低频特性的影响。

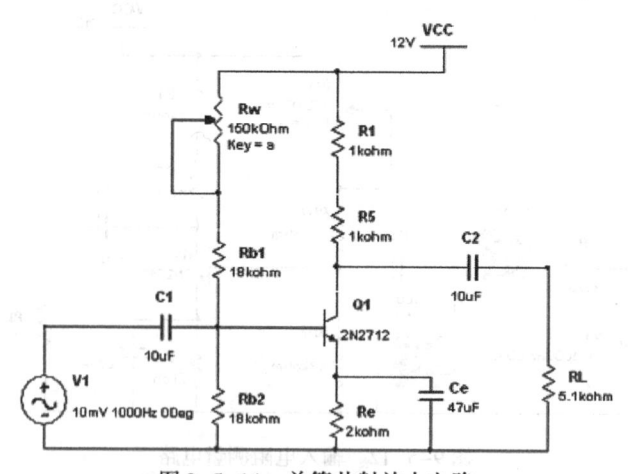

图 9-5-14 单管共射放大电路

① 启动 Simulate 菜单中 Analysis 命令下的 AC Analysis 命令项，在弹出的 AC Analysis 对话框中进行如下设置：Frequency Parameters 页选择默认设置，Output variables 页选择节点 4 作为输出节点。单击"Simulate"，即可得到如图 9-5-15 所示的仿真结果。

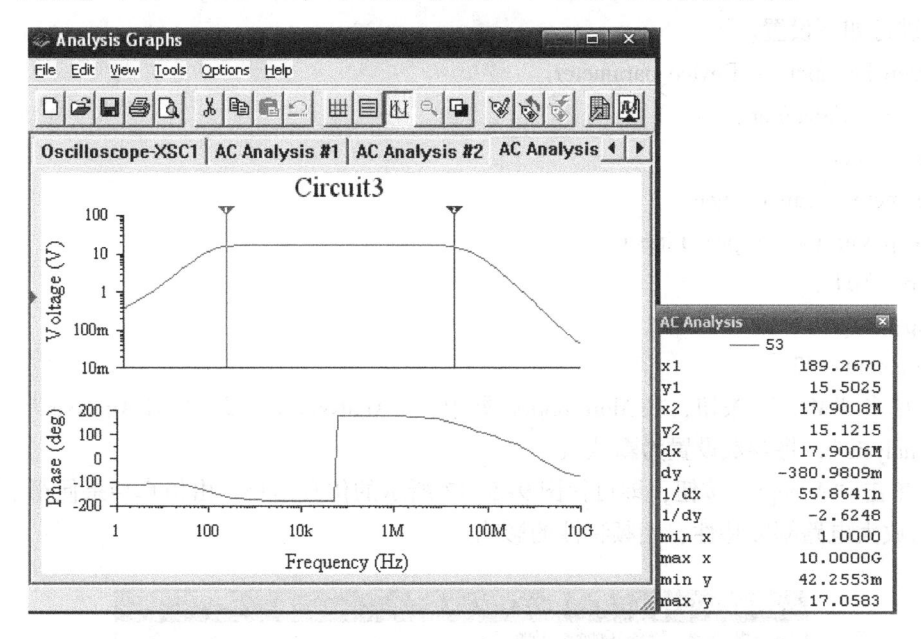

图 9-5-15　$C_e = 47\mu F$ 时仿真结果

② 双击图 9-5-14 中电容 Ce 图标，使电容 Ce 取值为 $5\mu F$，重复操作①，即可得到图 9-5-16 所示的仿真结果。

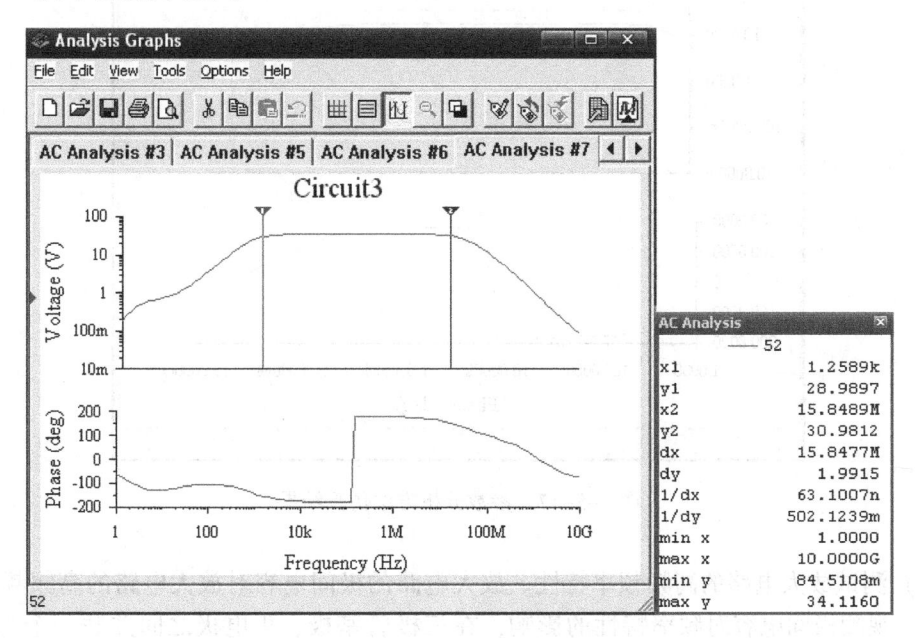

图 9-5-16　$C_e = 5\mu F$ 时仿真结果

从仿真结果可以看到，旁路电容 Ce 越大，下限频率越低、上限频率越高。

以上是采用交流分析法进行的仿真分析，若采用参数扫描分析，则能将 $C_e = 5\mu F$、

47μF 时的频率特性描绘在同一坐标系中，更方便地观测电容的变化对放大电路频率特性的影响，以便选择合适的电容值。

① 启动 Simulate 菜单中 Analysis 命令下的 Parameters Sweep Analysis 命令项，在弹出的对话框中进行如下设置。

Sweep Parameter：Device parameter。

Device：Capacitor。

Name：cce。

Parameter：capacitance。

Sweep Variation Type：Linear。

Start：5μF。

Stop：47μF。

Increment：42。

② 单击"More"按钮，在 More option 页中，"Analysis to"选"AC Analysis"，再单击"Edit Analysis"，将参数设置为默认值。

③ 单击"Accept"按钮，即可得图 9-5-17 所示的仿真结果。由仿真结果便很清楚地看到 Ce 对放大电路幅频特性、相频特性的影响。

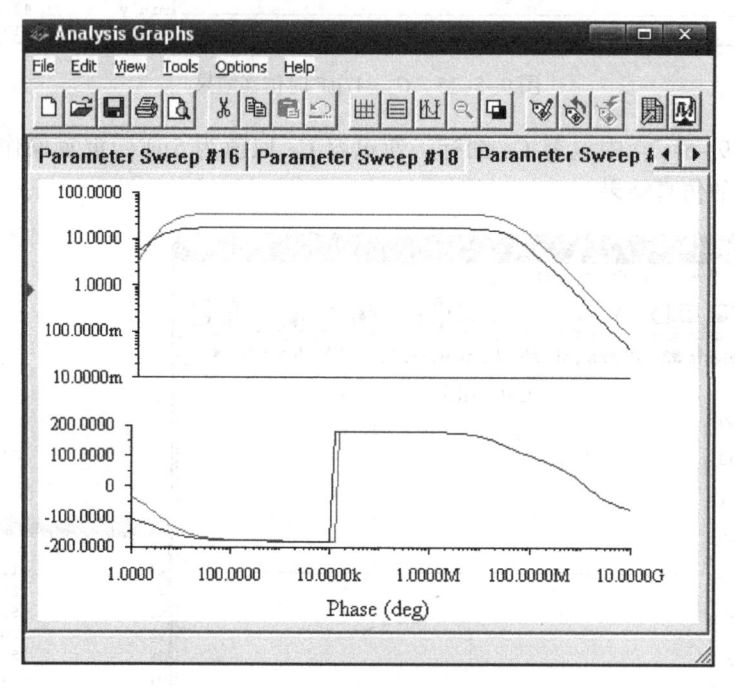

图 9-5-17 参数分析方法仿真结果

（2）测试放大电路的高频频率特性。放大电路的极间电容对放大电路的高频频率特性有影响。观测极间电容对频率特性的影响，在三极管基极、集电极之间并联一个电容 C_3，按照低频频率特性分析步骤，分别观测 $C_3 = 500pF$、$2000pF$ 时的输出波形，可得到极间电容越大、上限频率越低的结论。

9.5.3 Multisim2001 在数字电路分析中的应用

1. 建立数字逻辑电路

在组合逻辑电路分析与设计中，经常需要实现真值表、逻辑函数表达式及逻辑电路之间的转换。用逻辑转换仪可以方便地进行上述转换，对变量比较多的逻辑函数，用卡诺图化简很不方便，但在逻辑转换仪中，只需要输入逻辑函数真值表即可得到其最小项表达式、最简表达式和逻辑电路等。

(1) 在元器件库中单击"TTL"，再单击"74 系列"，选择或门 7432 芯片，单击"OK"按钮确认。这时会出现图 9-5-18 所示窗口，该窗口表示 7432N 芯片里有四个功能完全相同的或门，可以选用 Section A、Section B、Section C、Section D 四个或门中的任何一个。

(2) 同理，选择与非门 7410N 芯片和非门 7404 芯片。

(3) 在仪器库中选择逻辑转换仪，拖到指定位置单击即可。

(4) 三个输入信号接到逻辑转换仪的输入端 A、B、C、输出信号接逻辑转换仪的输出端。连接电路如图 9-5-19 所示。

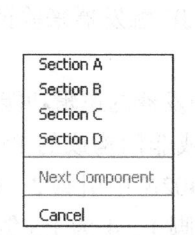

图 9-5-18　7432N 芯片窗口　　　　图 9-5-19　数字逻辑电路

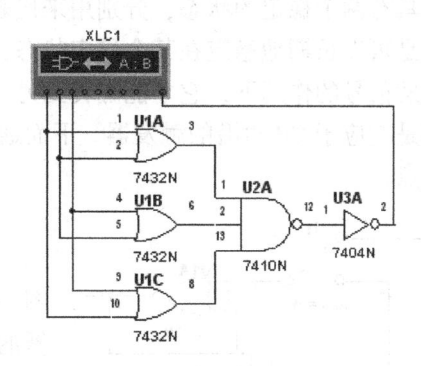

(5) 由逻辑电路转换到真值表。双击逻辑转换仪，单击 ⊃→ 101 按钮，由逻辑电路得到逻辑电路的真值表如图 9-5-20 所示。

(6) 由真值表转换到最简表达式。双击逻辑转换仪，单击 101 SIMP AIB 按钮，由真值表得到电路的最简表达式，如图 9-5-21 所示。

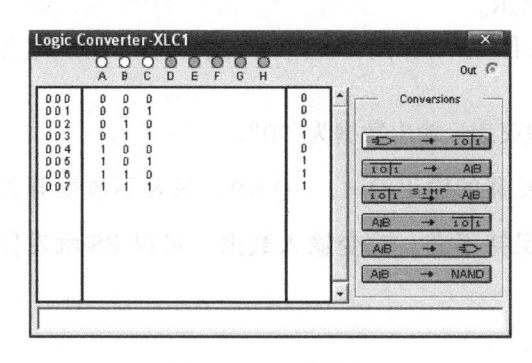

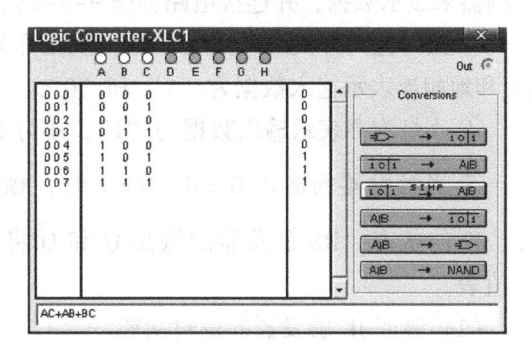

图 9-5-20　真值表　　　　图 9-5-21　最简表达式

(7) 由表达式转换到用与非门构成的电路。双击逻辑转换仪，单击 AIB → NAND 按钮，由表达式转换到用与非门构成的电路，如图 9-5-22 所示。

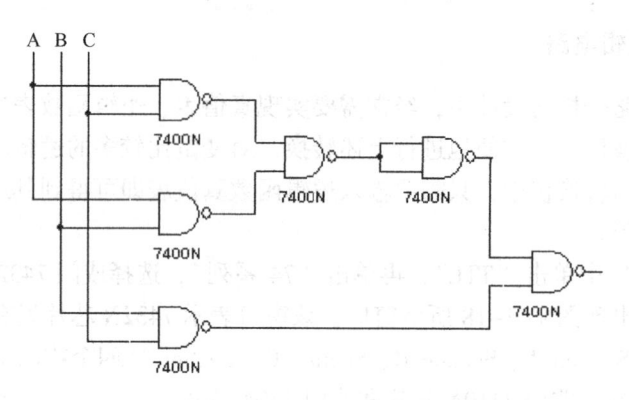

图 9-5-22 与非门构成的电路

2. 触发器

触发器具有两个稳定的状态，分别用来代表所存储的二进制数码 1 和 0。触发器具有两个特点：一是可以长期地稳定在某个稳定状态，即长期地保持所存储的信息；二是只有在一定的外加触发信号的作用下，它才能翻转到另一个稳定的状态，即存入新的数码。大多数集成触发器都是响应于 CP 边沿的触发器。下面通过 RS 触发器、JK 触发器来验证触发器的逻辑功能和特点。

(1) 验证 RS 触发器的逻辑功能

① 建立由两个或非门构成的 RS 触发器，如图 9-5-23 所示。7402N 中引脚 2、6 为 RS 触发器的输入 R、S；引脚 1、4 为 RS 触发器的输出 Q、$\overline{Q}$。

② 在 TTL 元件库中单击 74 系列，选取与非门 7402N。在工作区放置两个或非门，在基本元件库选取两个开关 J1、J2。设置 Key 分别为 A、

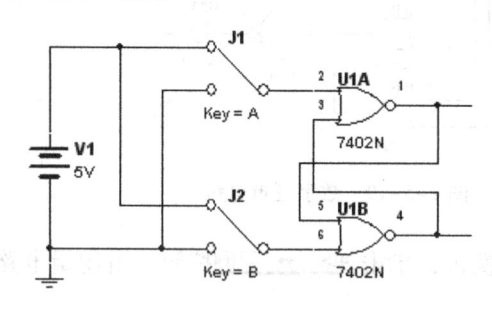

图 9-5-23 RS 触发器

B；在电源库中选取一个直流电源 V1 和地，直流电源 V1 设置为 5V；在指示器件库中选取探测器来显示数据，并连接电路如图 9-5-23 所示。

③ 按对应的开关的开关键符号，改变开关位置，从而改变输入数据，开关、直流电源 V1 和地相连表示输入数据为 "1" 和 "0"。

④ 小灯泡亮表示输出数据为 "1"，小灯泡灭表示输出数据为 "0"。

⑤ 当触发器的输入 R=0、S=1 时，触发器的输出 Q=1、$\overline{Q}$=0。只要不改变开关 J1、J2 的状态，RS 触发器的输出 Q 和 $\overline{Q}$ 将保持不变。改变输入数据，可得 RS 触发器真值表。

(2) 验证 JK 触发器的逻辑功能

① 连接 7476N 的 JK 触发器，如图 9-5-24 所示。

② 在 TTL 元件库中单击 74 系列，选取 JK 触发器 7476N，在电源库中选取时钟电压源

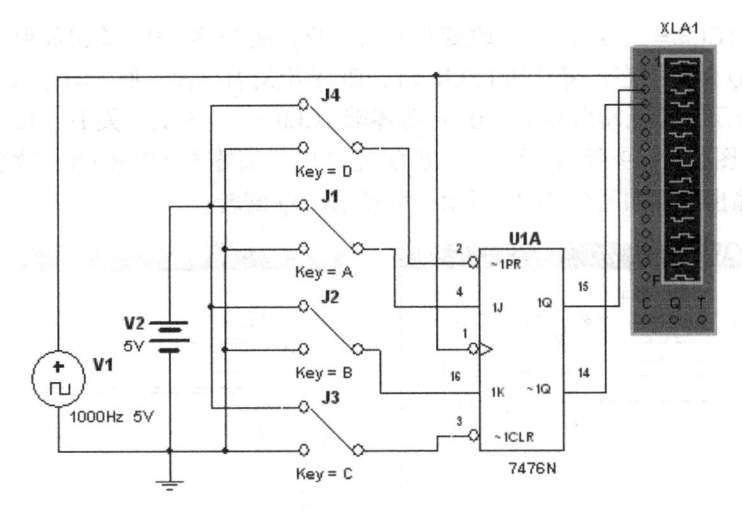

图 9-5-24 JK 触发器

V1、直流电源 V2 和地。时钟电压源 V1 设置电压为 5V，频率为 1kHz。直流电源 V2 设置电压为 5V；基本元件库选取四个开关 J1～J4，并设置开关的开关键分别为 A、B、C、D；在仪器库中选取逻辑分析仪，将时钟信号 1CLK、JK 触发器输出信号 Q 和 $\overline{Q}$ 分别接逻辑分析仪的输入端 1、2、3。

③ 在图 9-5-24 中，JK 触发器的输入端 1J、1K，清零端 1CLR，置数端 1PR 分别由开关 J1、J2、J3、J4 控制。CLR 是清零端，低电平有效；PR 是置数端，低电平有效。时钟信号由时钟电压源 V1 提供。

④ 按对应开关的开关键符号，改变开关位置，从而改变输入数据，直流电源 V2 和地分别表示输入数据为"1"和"0"。

⑤ 改变开关 J3，使 1CLR = 0、1PR = 1，输出波形如图 9-5-25 所示，可看到输出 Q 清零；改变开关 J4，使 1CLR = 1、1PR = 0，输出波形如图 9-5-26 所示，可看到输出 Q 置为"1"。

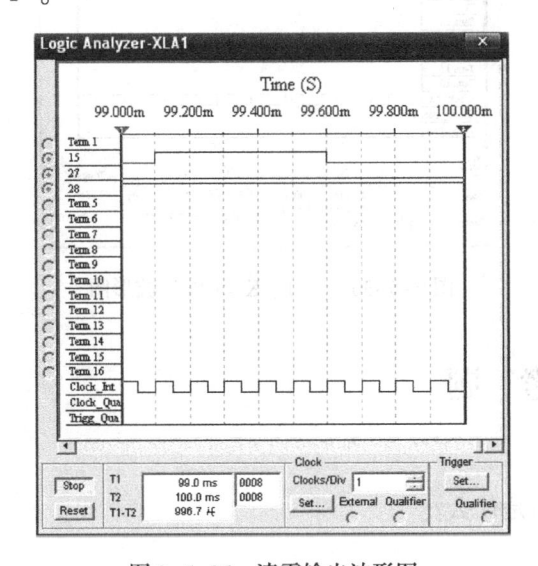

图 9-5-25 清零输出波形图　　　　　图 9-5-26 置"1"输出波形图

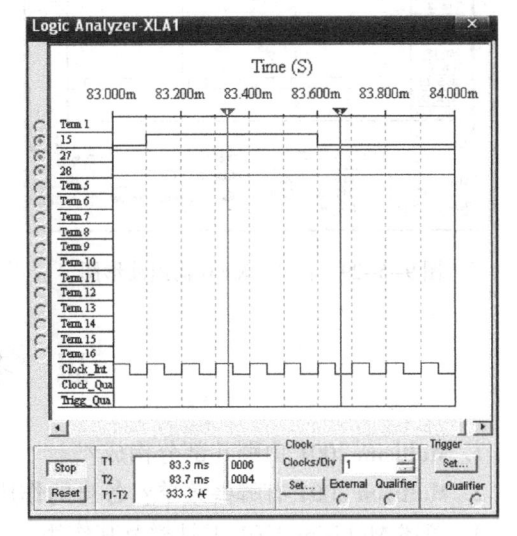

⑥ 清零端 1CLR = 1、1PR = 1，改变开关 J1、J2，使 J = K = 0，输出波形如图 9-5-27 所示，可见输出 Q 保持原态；清零端 1CLR = 1，改变开关 J1、J2，使 J = 0、K = 1，输出波形如图 9-5-28 所示，可见输出 Q 置 "0"；清零端 1CLR = 1，改变开关 J1、J2，使 J = 1、K = 0，输出波形如图 9-5-29 所示，可见输出 Q 置 "1"；清零端 1CLR = 1，改变开关 J1、J2，使 J = K = 1，输出波形如图 9-5-30 所示，可见输出 Q 翻转。

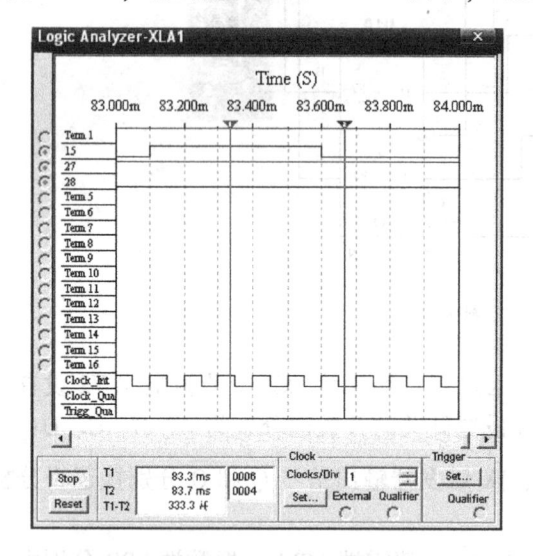

图 9-5-27　J = 0、K = 0 输出波形图

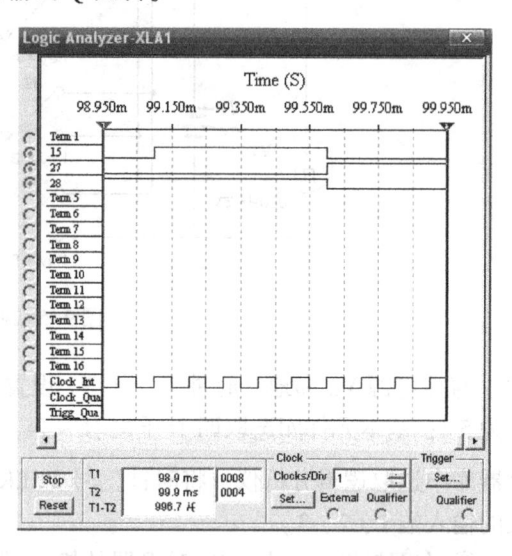

图 9-5-28　J = 0、K = 1 输出波形图

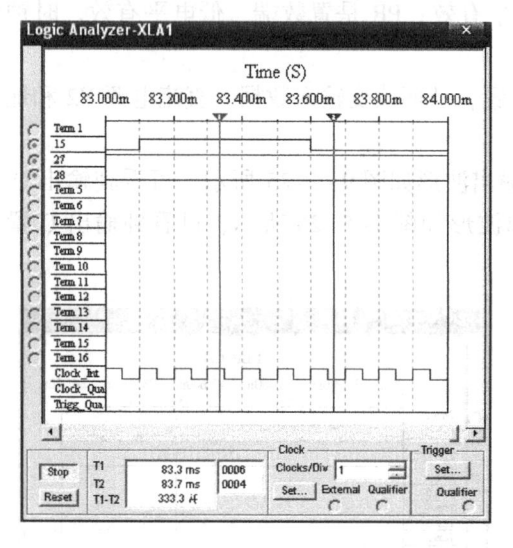

图 9-5-29　J = 1、K = 0 输出波形图

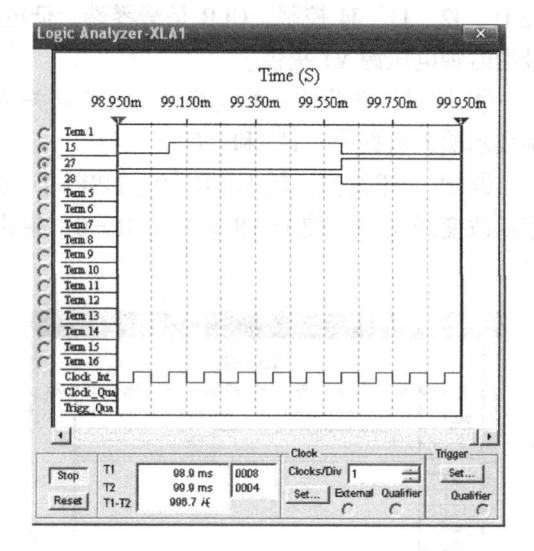

图 9-5-30　J = 1、K = 1 输出波形图

思 考 题

1. Multisim 2001 由哪几部分构成？
2. Multisim 2001 有哪些菜单？各自的作用是什么？
3. 简述 Multisim 2001 工具栏及其作用。
4. Multisim 2001 有哪些元器件库？各有什么元件？

5. 简述 Multisim 2001 有哪些虚拟仪器？并熟悉其用法。
6. 简述 Multisim 2001 有哪些分析方法？并熟悉其用法。
7. 自己设计一个电路验证欧姆定律。
8. 创建一个放大电路，用批处理分析法对电路进行直流工作点分析、交流分析、瞬态分析、直流扫描分析和参数扫描分析。

第 10 章　MAX + plus II 仿真软件

10.1　MAX + plus II 概述

Altera 公司的 MAX + plus II 仿真软件是一个完全集成化、易学易用的可编程逻辑设计环境，可以在多种平台上运行，其全称是 Multiple Array Matrix And Programmable Logic User System。它具有原理图输入、文本输入、波形输入等多种输入方式，利用所配备的编辑、编译、仿真、综合、芯片编程等功能，可以完成数字电路从设计、检查、仿真到下载的全过程，是 EDA 设计中不可缺少的一种有用工具。

MAX + plus II 仿真软件具有很多突出的特点，使它深受用户的青睐。

(1) 开放式的界面

MAX + plus II 仿真软件可与其他工业标准的设计输入、综合与校验工具相连接。设计人员可以使用 Altera 或标准 EDA 设计输入工具来建立逻辑设计，使用 MAX + plus II 编译器 (Compiler) 对 Altera 器件设计进行编译，并使用 Altera 或其他 EDA 校验工具进行器件或板级仿真。当前 MAX + plus II 开发系统提供多种与第三方 EDA 工具的接口。

(2) 设计与结构无关

MAX + plus II 仿真软件的核心 Compiler 支持 Altera 公司的 FLEX10K、FLEX8000、FLEX6000、MAX9000、MAX7000、MAX5000 和 Classic 等系列可编程逻辑器件系列，提供了一个真正与结构无关的可编程逻辑设计环境。MAX + plus II 的编译器还提供了强大的逻辑综合与优化功能，使用户比较容易地将其设计集成到器件中，减轻了用户的设计负担。

(3) 可在多种平台上运行

MAX + plus II 仿真软件可在基于 PC 的 Windows NT 3.51 或 4.0、Windows 9x、Windows 2000、XP 等操作系统下运行，也可在 Sun SPARC Stations、HP9000 Series 700/800 和 IBM R1SC System/6000 等工作站上运行。

(4) 完全集成化

MAX + plus II 的设计输入、处理与校验功能完全集成于可编程逻辑开发工具内，从而可以加快动态调试，缩短开发周期。

(5) 丰富的设计库

MAX + plus II 提供丰富的库单元供设计者调用，其中包括 74 系列的全部器件、多种特殊的逻辑宏功能（Macro-Function）及新型的参数化兆功能（Mage-Function）。调用库单元进行设计，可以大大减轻设计人员的工作量，也可成倍地缩短设计周期。

(6) 模块化工具

设计者可以从各种设计输入、编辑、校验和器件编辑工具中进行选择，从而使设计环境用户化，必要时还可根据需要添加新功能。由于 MAX + plus II 支持各种器件系列，所以设计人员不必学习新工具即可支持新结构。

(7) 支持硬件描述语言（HDL）

MAX + plus Ⅱ 软件支持各种 HDL 设计输入选项，包括 VHDL、Verilog HDL 和 Altera 自己的硬件描述语言 AHDL。

(8) Megacore 功能

Megacore 功能是为复杂的系统级功能所提供的。经校验的 HDL 网表文件，能使 FLEX l0K、FLEX 8000、FLEX 6000、MAX 9000 和 MAX 7000 等系列器件实现最优化设计。充分利用这些 Megacore 功能，会大大减轻设计人员的设计任务，可使他们将更多的精力投入到改进各种设计和最终的产品上。

(9) OpenCore 特点

MAX + plus Ⅱ 软件具有开放性内核的特点，允许设计人员添加自己认为有价值的宏函数。此外，OpenCore 可供设计人员在购买产品前对自己的设计进行评估。

10.2　MAX + plus Ⅱ 主窗口

启动 MAX + plus Ⅱ 软件的方法非常简单，与一般应用程序的启动操作没有什么区别，只需执行 MAX + plus Ⅱ 的执行程序就可以了。

(1) 如图 10-2-1 所示，双击 Windows 桌面上的"MAX + plusⅡ 10.0"快捷方式，即可启动 MAX + plus Ⅱ；

图 10-2-1　Windows 界面

(2) 启动 MAX + plus Ⅱ 时会出现图 10-2-2 所示界面；

(3) 接着便进入图 10-2-3 所示的 MAX + plus Ⅱ 管理器窗口。

MAX + plus Ⅱ 的管理器是用户启动 MAX + plus Ⅱ 软件时打开的最终窗口，它对所有的 MAX + plus Ⅱ 应用功能进行控制。进入 MAX + plus Ⅱ 管理器窗口后，发现其环境完全是 Windows 风格的，这对于广大 Windows 操作系统的用户来说非常方便。下面对 MAX + plus Ⅱ 管理器窗口的各部分功能（如菜单栏、工具栏、编辑器）做一个全面介绍，使用户对 MAX + plus Ⅱ 仿真软件有一个综合的了解。

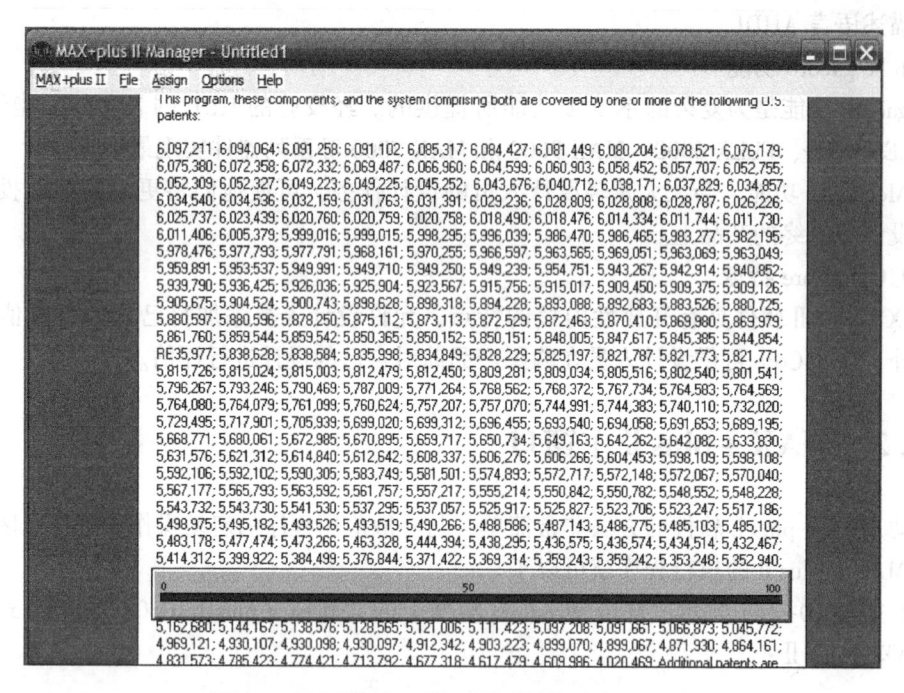

图 10-2-2　MAX + plus Ⅱ 管理器窗口启动界面

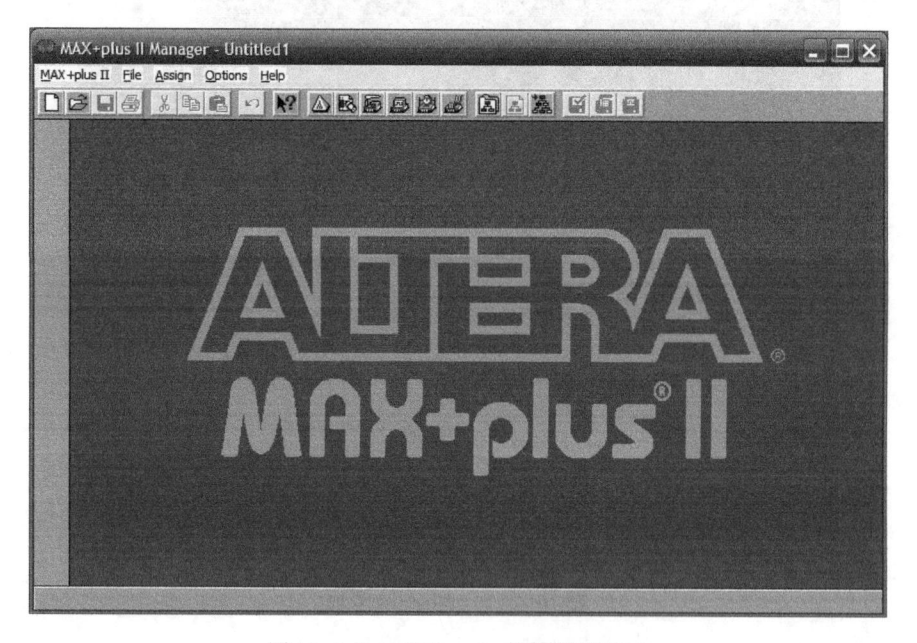

图 10-2-3　MAX + plus Ⅱ 管理器窗口

10.2.1　菜单栏

MAX + plus Ⅱ 的菜单栏包括各种命令操作和参数设置，主要有 MAX + plus Ⅱ、File、Assign、Options 和 Help 共 5 个下拉主菜单。

1. MAX + plus II 菜单

MAX + plus II 菜单用于启动各种应用功能并可相互切换使用，如图 10-2-4 所示。

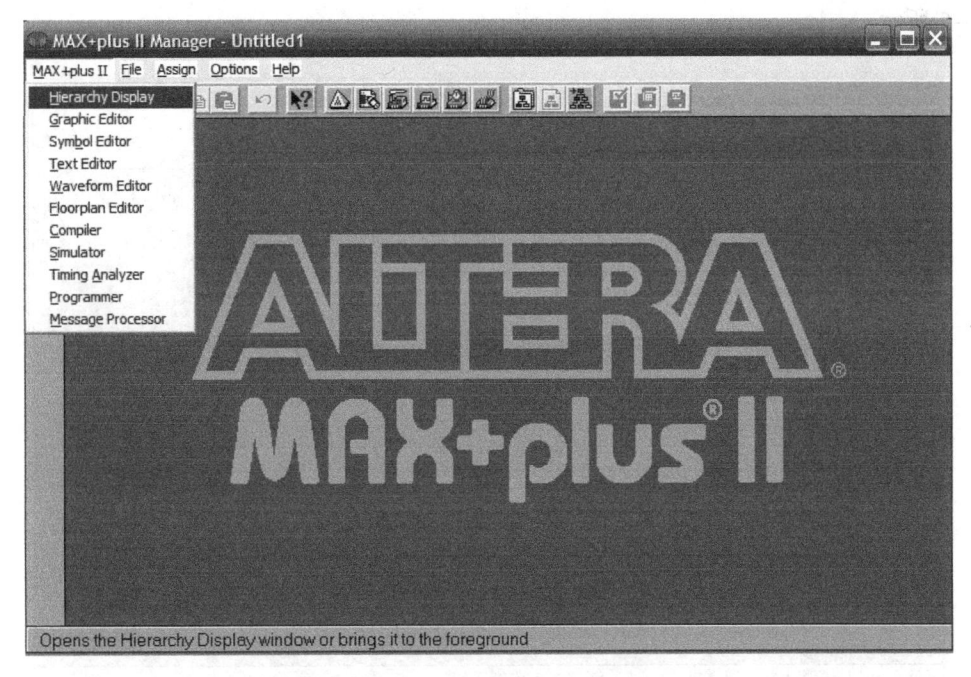

图 10-2-4　MAX + plus II 菜单

（1）Hierarchy Display 选项：打开层次显示窗口，显示当前文件的层次，并提供层次内各文件的快速启动与移动操作。

（2）Graphic Editor 选项：打开图形编辑器窗口，创建或编辑文件后缀名为".gdf"的图形文件。

（3）Symbol Editor 选项：打开符号编辑器窗口，创建或编辑文件后缀名为".sym"的符号文件。

（4）Text Editor 选项：打开文本编辑器窗口，可创建或编辑文本格式的设计文本，文件后缀名主要为".VHD"。

（5）Waveform Editor 选项：打开波形编辑器窗口，提供了一个图形化的环境，用以创建或编辑文件后缀名为".scf"的波形文件。

（6）Floorplan Editor 选项：打开平面图编辑器窗口，在其中可以查看和分配当前工程的芯片引脚和逻辑单元。

（7）Compiler 选项：打开编译器窗口，用以综合逻辑、适配工程、生成网表文件。

（8）Simulator 选项：打开仿真器窗口，用以在写入硬件之前对工程做逻辑和时序特性的仿真。

（9）Timing Analyzer 选项：打开时序分析窗口，对此工程进行时序特性的分析。

（10）Programmer 选项：打开编程器窗口，以便对 Altera 的器件进行下载编程。

（11）Message Processor 选项：打开消息处理器窗口，其中显示运行其他 MAX + plus II 应用功能时发生的错误、警告消息。

2. File 菜单

MAX + plus Ⅱ 的 File 菜单除了具有文件管理的功能外，还有许多其他功能选项，如图 10-2-5 所示。

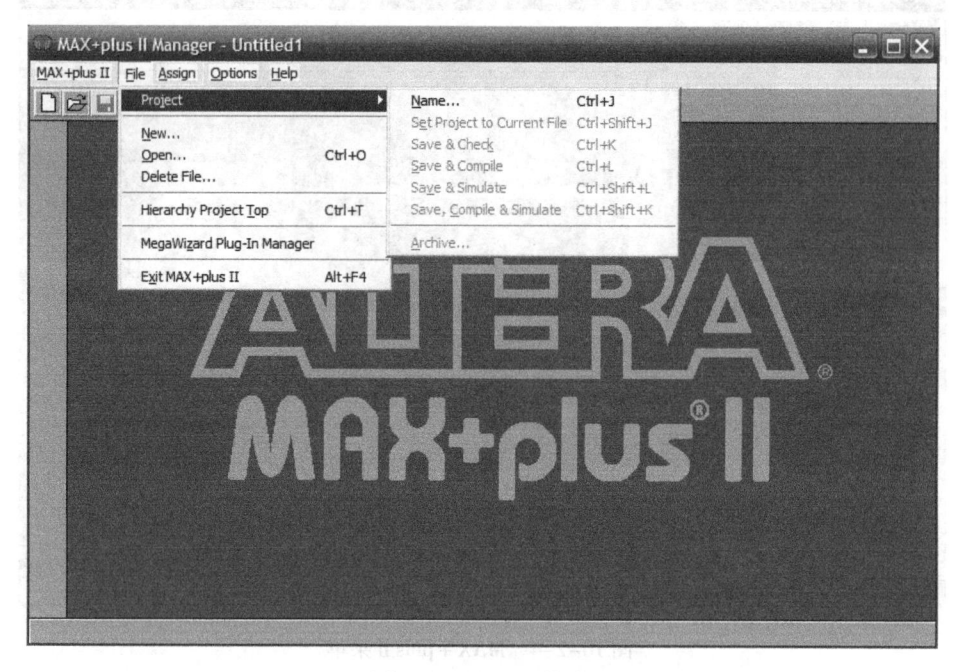

图 10-2-5　File 菜单

（1）Project 选项：包括 Name、Set Project to Current File、Save & Check、Save & Compile、Save & Simulate、Save，Compile & Simulate 和 Archive 7 个子菜单，具体分析如下。

- Name 选项：给工程命名，工程名是顶层设计文件或编程文件的名字，没有文件扩展名。工程包括设计中用到和产生的所有文件。
- Set Project to Current File 选项：为当前所打开文件创建同名的工程。
- Save & Check 选项：保存所有打开的编译器输入文件并检查它们的基本错误。
- Save & Compile 选项：保存所有打开的编译器输入文件，启动 MAX + plus Ⅱ 编译器编译当前工程。
- Save & Simulate 选项：保存当前工程的测试向量文件或波形文件，启动 MAX + plus Ⅱ 仿真器仿真当前工程。
- Save，Compile & Simulate 选项：保存所有打开的编译器输入文件、测试向量文件和波形文件，启动 MAX + plus Ⅱ 编译器编译当前工程，然后启动 MAX + plus Ⅱ 仿真器仿真当前工程。
- Archive 选项：将当前工程下的所有文件复制到一个存档目录下备份。

注意：如果当前文件未命名，则上述 Set Project to Current File、Save & Check、Save & Compile、Save & Simulate、Save，Compile & Simulate 和 Archive 等命令无效。

（2）New 选项：创建新的设计文件，文件类型可以是图形、符号、文本和波形 4 种中的一种。

(3) Open 选项：MAX+plusⅡ自动使用适当的编辑器打开某个文件，并使该文件成为当前层次的顶层文件。

(4) Delete File 选项：从计算机中删除一个或多个文件。

(5) Hierarchy Project Top 选项：打开当前工程的顶层设计文件。

(6) MegaWizard Plug-In Manager 选项：帮助用户一步步创建或修改兆功能模块。

(7) Exit MAX+plus Ⅱ 选项：关闭所有文件，退出 MAX+plus Ⅱ。

3. Assign 菜单

MAX+plusⅡ的 Assign 菜单如图 10-2-6 所示。

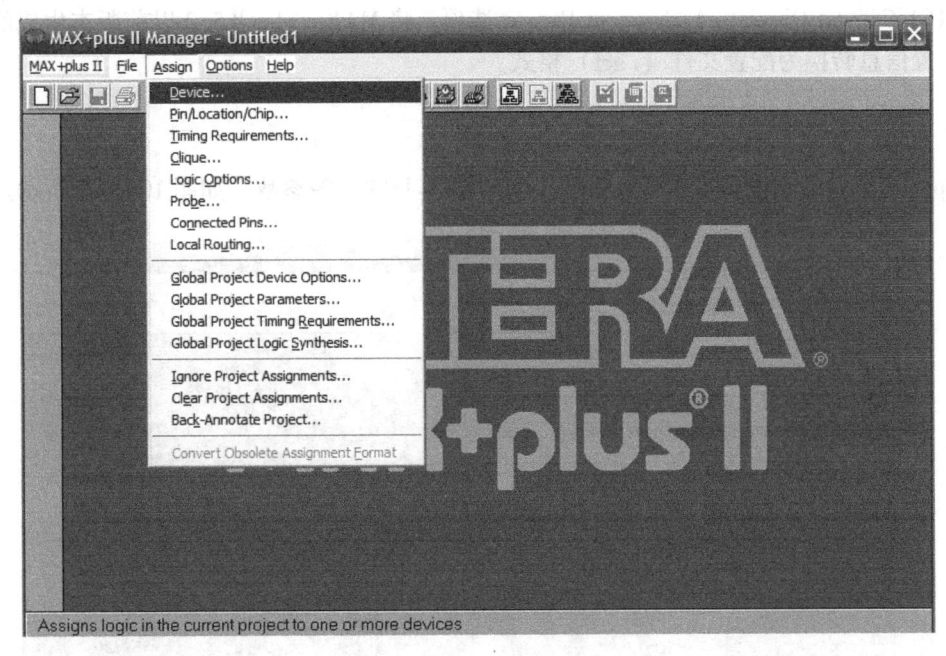

图 10-2-6　Assign 菜单

(1) Device 选项：为当前的设计文件选择目标芯片。

(2) Pin/Location/Chip 选项：为当前的设计文件分配芯片、芯片内的位置或芯片引脚号。

(3) Timing Requirements 选项：为当前设计的 tpd、tco、tsu、fmax 等时间参数设置时序要求。

(4) Clique 选项：定义一个或多个选中的逻辑功能块为某个单元的组成部分，该单元将被适配进相同的 LAB、row 或芯片内。

(5) Logic Options 选项：设定编译器对当前节点、总线等的逻辑综合类型或者逻辑选项。

(6) Probe 选项：为输入、输出节点配置唯一的探针名。

(7) Connected Pins 选项：将当前层次树的一个或多个引脚分配到要使用的引脚组中。

(8) Local Routing 选项：将局部布线的扇出目的地分配到当前层次树的一个或多个节点。

(9) Global Project Device Options 选项：为当前工程使用的所有器件指定局部默认器件选项。

(10) Global Project Parameters 选项：为当前工程指定全局默认参数值。

(11) Global Project Timing Requirements 选项：为当前工程指定全局默认时序要求。

(12) Global Project Logic Synthesis 选项：为当前工程指定默认逻辑综合类型和其他的逻辑设置。

(13) Ignore Project Assignments 选项：设置编辑器忽略工程的某些资源或器件分配。

(14) Clear Project Assignments 选项：清除扩展名为".acf"的当前工程设置文件中某些已指定的配置选项。

(15) Back-Annotate Project 选项：将器件、引脚、逻辑单元等分配信息复制到适配文件中（文件扩展名为".fit"）。

(16) Convert Obsolete Assignment Format 选项：将 MAX+plus Ⅱ 5.0 以前版本生成的工程分配设置信息转换为配置文件（.acf）格式。

4. Options 菜单

Options 菜单的功能是设置 MAX+plus Ⅱ 软件本身的一些参数，如图 10-2-7 所示。

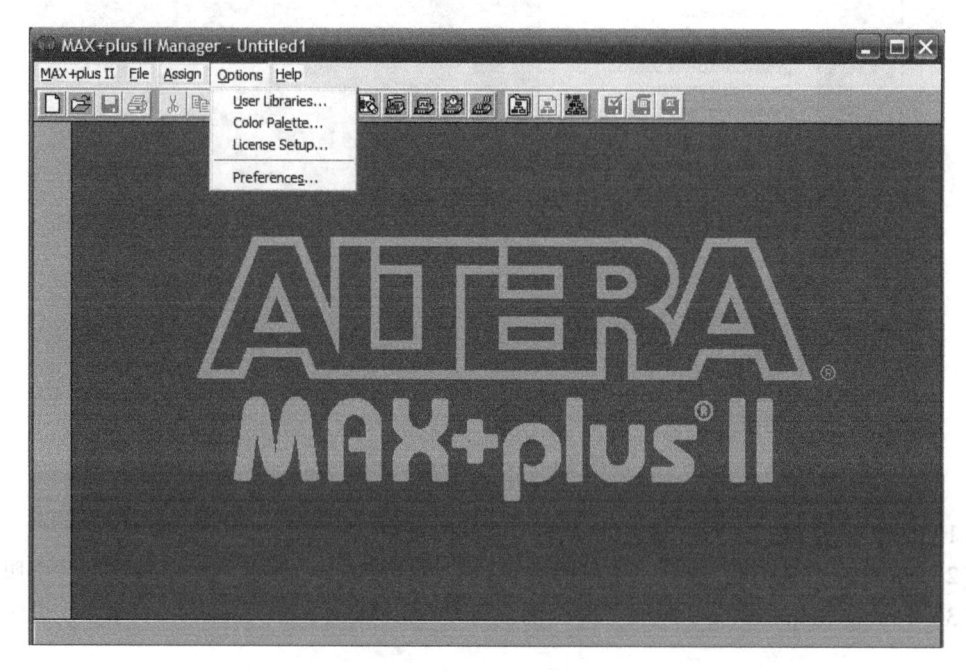

图 10-2-7 Options 菜单

(1) User Libraries 选项：定义用户库的路径。用户库包括用户自己的兆功能块与宏功能块中的符号文件、设计文件及 AHDL 包含的文件。

(2) Color Palette 选项：更改 MAX+plus Ⅱ 的各种显示颜色。

(3) License Setup 选项：设置授权许可文件的路径。

(4) Preferences 选项：设置 MAX+plus Ⅱ 软件的常规参数。

5. Help 菜单

Help 菜单用于打开各种帮助或说明文件，如图 10-2-8 所示，此处不再详述。

第 10 章 MAX + plus Ⅱ 仿真软件

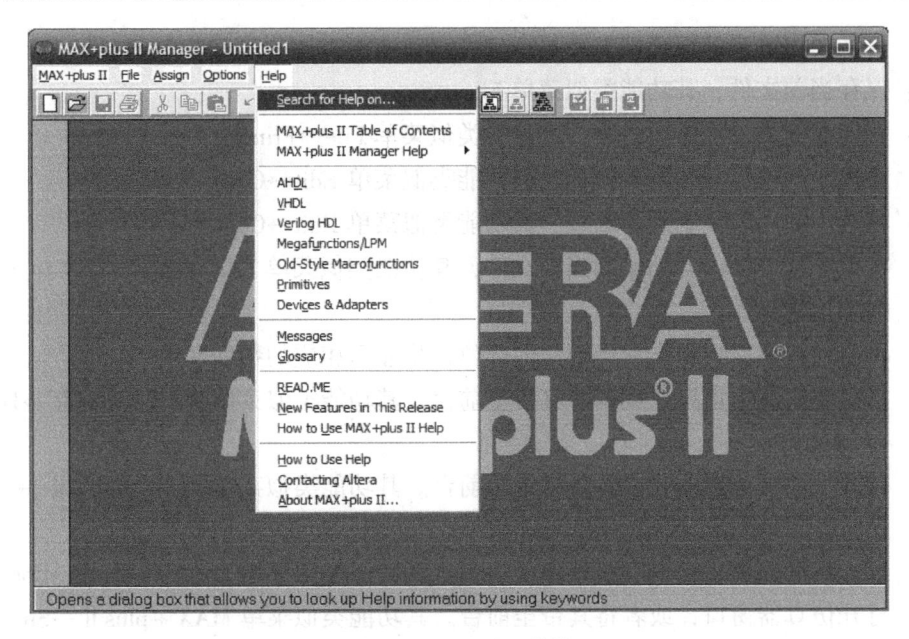

图 10-2-8 Help 菜单

10.2.2 工具栏

MAX + plus Ⅱ 软件的工具栏紧邻"菜单栏"的下方，如图 10-2-9 所示，其实它是某些菜单功能的快捷按钮组合区。

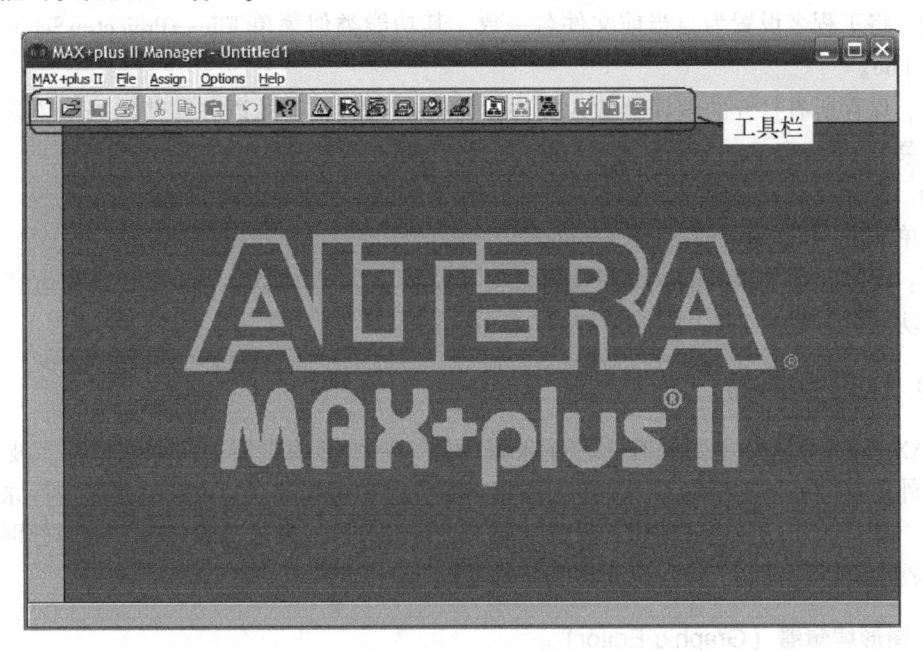

图 10-2-9 工具栏

各按钮的基本功能如下所述。

▢：创建新的设计文件，文件类型可以是图形、符号、文本和波形 4 种中的一种，其功能类似菜单 File→New。

☐：自动使用适当的编辑器打开某个文件，其功能类似菜单 File→Open。

☐：保存当前文件，其功能类似菜单 File→Save。

☐：打印当前文件或窗口内容，其功能类似菜单 File→Print。

☐：将选中的内容剪切到剪贴板，其功能类似菜单 Edit→Cut。

☐：将选中的内容复制到剪贴板，其功能类似菜单 Edit→Copy。

☐：将剪贴板中的内容粘贴到当前文件，其功能类似菜单 Edit→Paste。

☐：撤销上次操作。

☐：单击此按钮后再单击窗口的任何部位，将显示相应的帮助文件。

☐：打开层次显示窗口，或者将其带至前台。其功能类似菜单 MAX + plus II→Hierarchy Display。

☐：打开平面图编辑器，或者将其带至前台。其功能类似菜单 MAX + plus II→Floorplan Editor。

☐：打开编译器窗口，或者将其带至前台。其功能类似菜单 MAX + plus II→Compiler。

☐：打开仿真器窗口，或者将其带至前台。其功能类似菜单 MAX + plus II→Simulator。

☐：打开时序分析器窗口，或者将其带至前台。其功能类似菜单 MAX + plus II→Timing Analyzer。

☐：打开编程器窗口，或者将其带至前台。其功能类似菜单 MAX + plus II→Programmer。

☐：指定工程名，其功能类似菜单 File→Project→Name。

☐：将工程名设置为与当前文件名一致，其功能类似菜单 File→Project→Set Project to Current File。

☐：保存所有打开的编译器输入文件，并检查当前工程的语法和其他基本错误。其功能类似菜单 File→Project→Save & Check。

☐：保存所有打开的编译器输入文件，启动 MAX + plus II 编译器编译当前工程。其功能类似菜单 File→Project→Save & Compiler。

☐：保存当前工程的测试向量文件或波形文件，启动 MAX + plus II 仿真器仿真当前工程。其功能类似菜单 File→Project→Save & Simulator。

10.2.3 编辑器

MAX + plus II 软件主要具有 3 种输入编辑器——图形编辑器、文本编辑器、波形编辑器，另外还有两种辅助编辑器——平面图编辑器与符号编辑器。使用它们可以进行原理图输入设计、文本输入设计、波形输入设计及层次输入设计、底层输入设计等。下面分别介绍图形编辑器、文本编辑器、波形编辑器和符号编辑器。

1. 图形编辑器 (Graphic Editor)

使用 MAX + plus II 提供的各种原理图库进行设计是一种最直接的输入方式。采用这种方式时利用自顶向下的设计方法，将整个电路划分为若干相对独立的模块来分别设计。当设计大系统中对时间特性要求较高的部分时，可以采用原理图输入的方法。图形编辑器界面如图 10-2-10 所示。

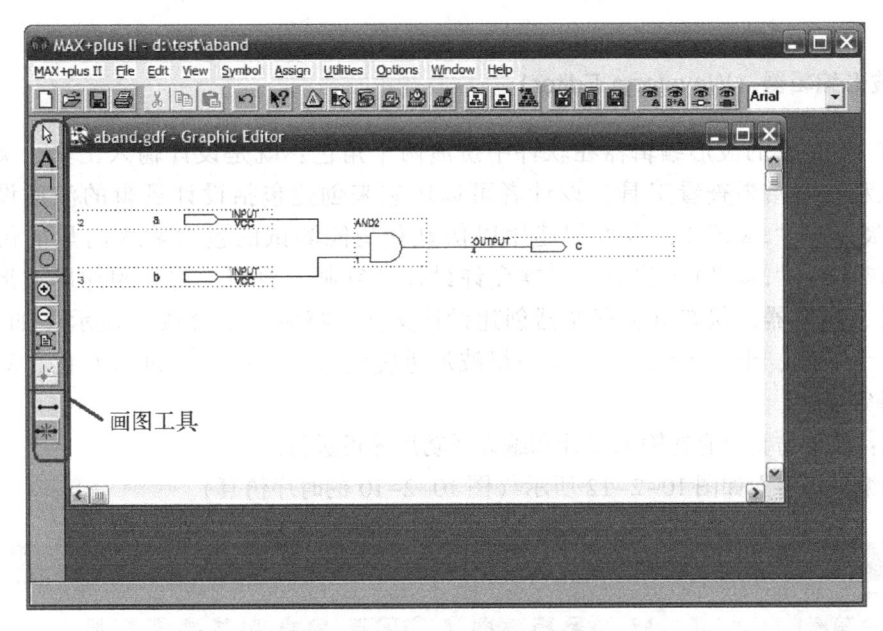

图 10-2-10　图形编辑器界面

2. 文本编辑器（Text Editor）

MAX + plus Ⅱ 的文本编辑器是用来输入和编辑硬件描述语言（HDL）设计文件的理想工具，它兼容 VHDL 1987、VHDL 1993、Verilog HDL 和 AHDL 等语言。硬件描述语言可实现状态机、真值表、条件逻辑、布尔方程和算术操作（包括加法、减法、大小比较等），使得复杂的工程容易通过简练的、高层次的描述得以实现。MAX + plus Ⅱ 的编译器可以对这些语言编写的逻辑进行综合，并将其装配到各系列 Altera 器件中。文本编辑器界面如图 10-2-11 所示。

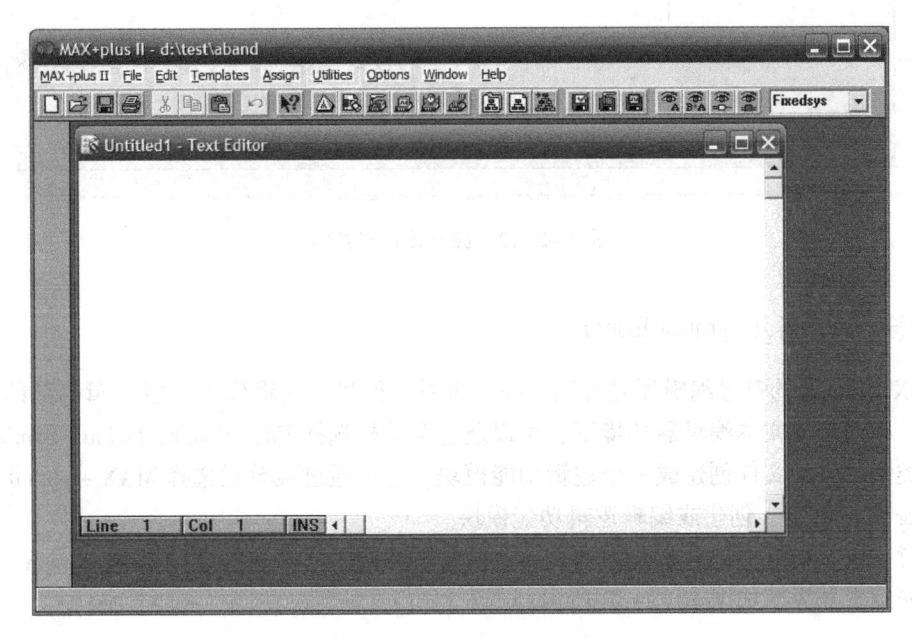

图 10-2-11　文本编辑器界面

3. 波形编辑器 (Waveform Editor)

MAX+plusⅡ的波形编辑器在软件中扮演两个角色：既是设计输入工具，又是测试向量输入和仿真结果查看工具。设计者可以用它来创建包括设计逻辑的波形设计文件（文件扩展名为".wdf"），也可创建用以仿真和功能测试的包含输入向量的仿真文件（文件扩展名为".scf"）。波形编辑器允许设计者复制、剪切、重复和伸展波形，使用内部节点、触发器、状态机和存储器创建设计文件，将波形组合成组显示（如二进制、八进制、十进制、十六进制等），将一组波形重叠到另一组波形上进行对比，对波形文件做注释等。

注意：波形仿真只有在输入设计和编译成功后才可进行。

波形编辑器界面如图 10-2-12 所示（图 10-2-10 的时序仿真）。

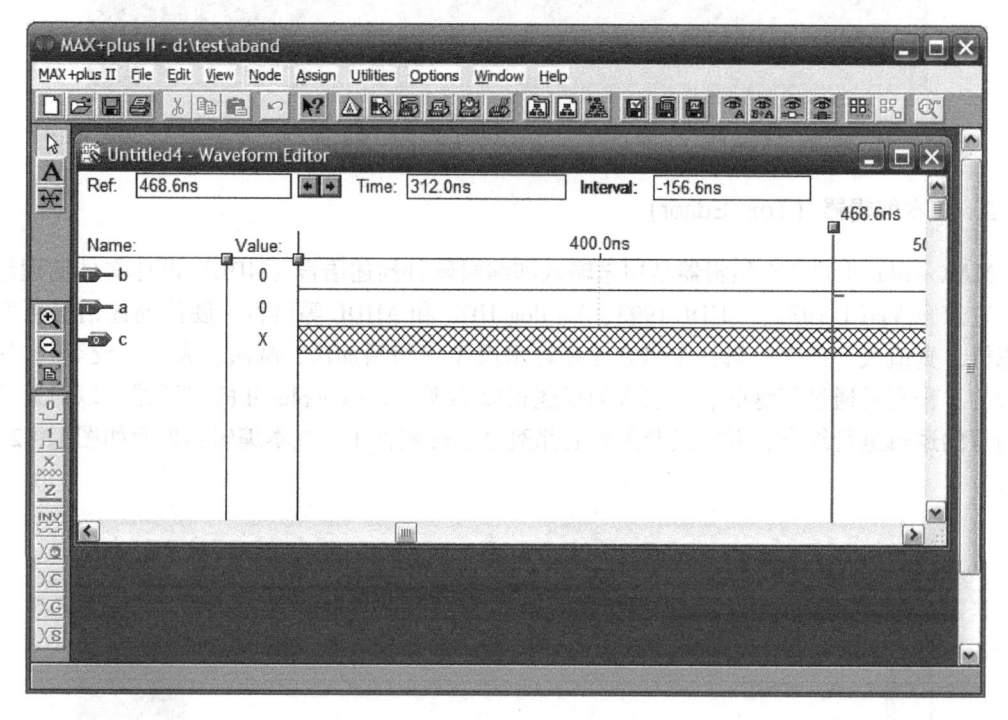

图 10-2-12 波形编辑器界面

4. 符号编辑器 (Symbol Editor)

MAX+plusⅡ的符号编辑器允许用户在线查看、创建或编辑代表一定逻辑电路的逻辑功能模块。在图形或文本编辑器环境下，可以通过菜单栏选择 File→Create Default Symbol 命令将任何类型的设计文件创建成一个逻辑功能模块。也可通过菜单栏选择 MAX+plusⅡ→Symbol Editor 命令查看、创建或编辑逻辑功能模块。

注意：逻辑功能文件与其代表的设计文件具有相同的文件名，扩展名为".sym"。

符号编辑器界面如图 10-2-13 所示。

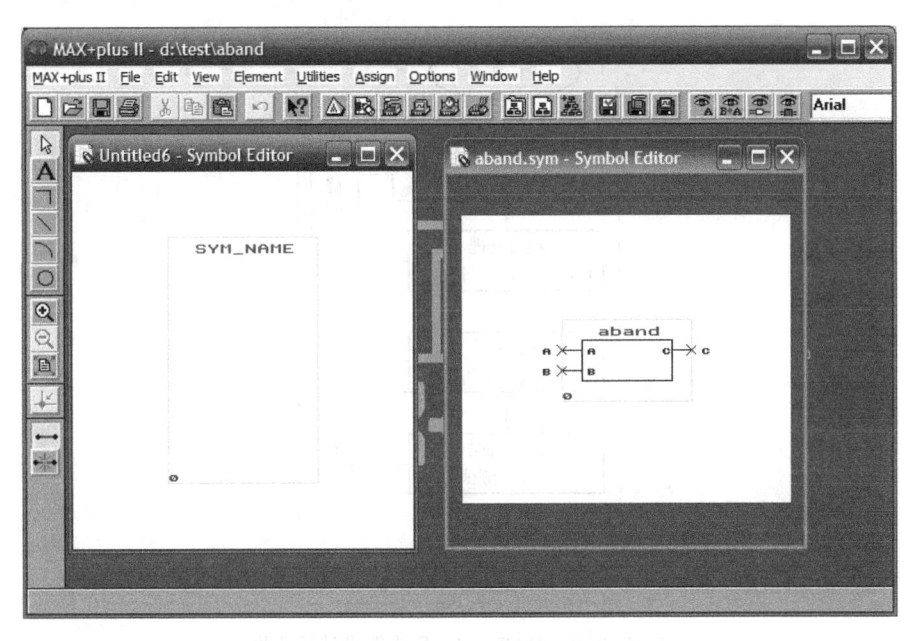

图 10-2-13　符号编辑器界面

10.3　MAX + plus II 软件设计流程

如图 10-3-1 所示是 MAX + plus II 软件的组成模块图，其开发流程也相应地分为 4 个设计步骤，设计流程如图 10-3-2 所示。

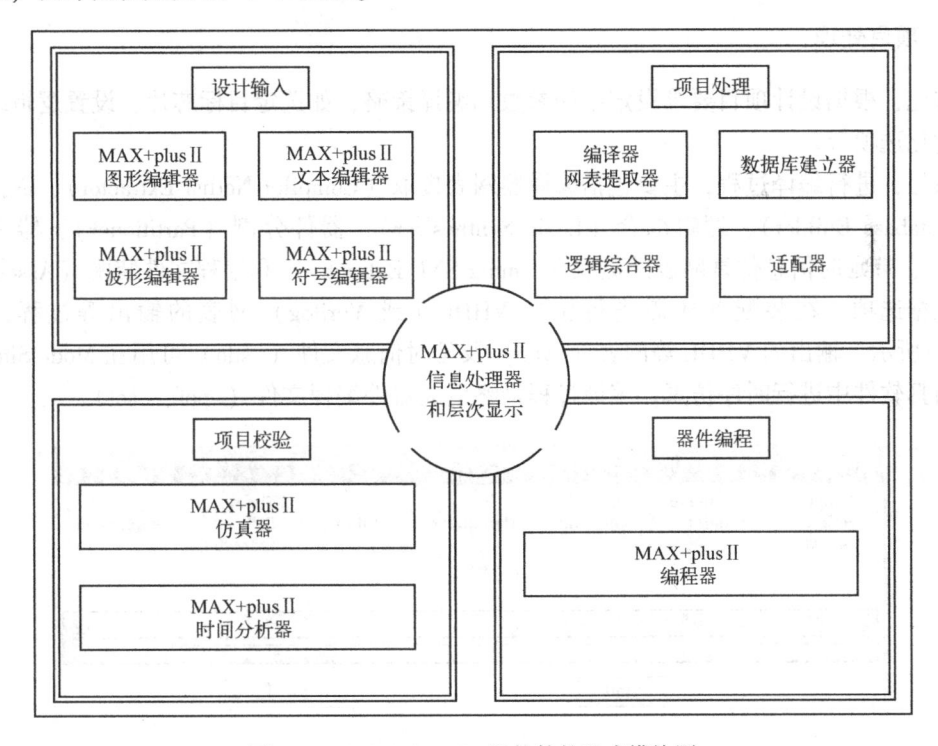

图 10-3-1　MAX + plus II 软件的组成模块图

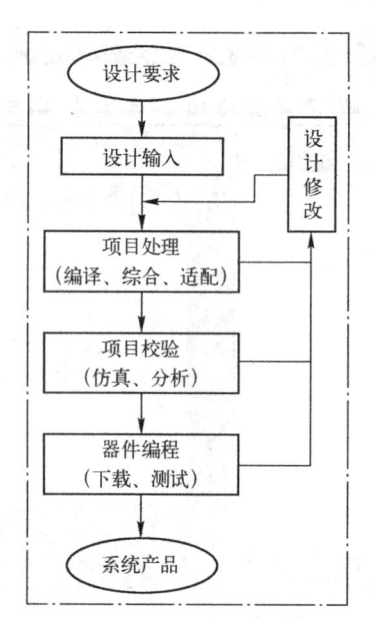

图 10-3-2　MAX+plusⅡ软件设计流程图

1. 设计输入

MAX+plusⅡ软件支持的设计输入方法有图形输入（.gdf）、文本输入（硬件描述语言 AHDL、VHDL、Verilog，对应文件后缀名分别为".tdf"、".vhd"、".v"）、波形输入（.wdf），以及第三方 EDA 工具生成的网表文件输入（如.edf、.xnf 等），并支持这些设计文件的混合输入（具体内容见 10.2.3 节）。

2. 项目处理

首先，根据设计项目要求设定编译参数和编译策略，如选定目标芯片、设置逻辑综合方式和优化选项等。

然后，进行编译过程，主要包括编译器网表提取（Compiler Netlist Extractor）、数据库建立（Database Builder）、逻辑综合（Logic Synthesizer）、器件分割（Partitioner）、器件适配（Filter）、带延时信息仿真网表的提取（Timing SNF Extractor）和编程文件装配（Assembler）等。根据选项，在装配前还需进行包括 VHDL（或 Verilog）网表的输出等过程，如图 10-3-3 所示。输出的 VHDL 等网表（.vho）及延时信息文件（.sdo）可用在 ModelSim 等第三方仿真软件中进行时序仿真。编译过程最终生成器件编程文件（.pof、.sof）。

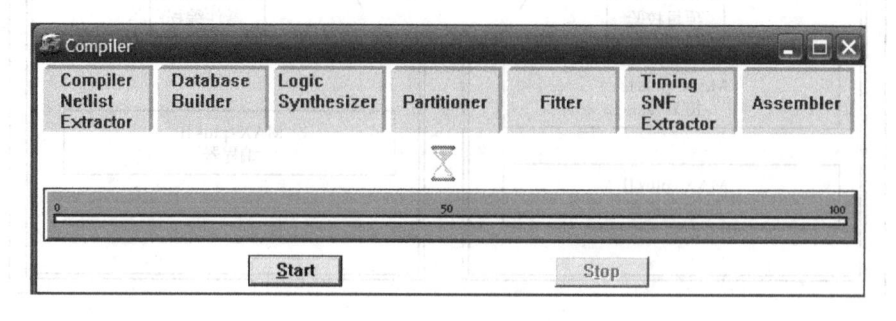

图 10-3-3　MAX+plusⅡ的编译界面

3. 项目校验

设计项目的校验主要包括功能仿真、时序仿真和定时分析。

功能仿真是在不考虑器件延时的理想情况下对设计项目所实现的逻辑功能的一种验证方法，也称为"前仿真"。

时序仿真是在考虑设计项目具体的目标器件，并根据器件资料库加入延时信息的情况下对设计项目实际时序进行仿真的一种验证方法，也称为"后仿真"。时序仿真不仅测试逻辑功能，还可模拟实际情况测试各信号时间上的关系。通过时序仿真，在设计项目编程到器件之前对其实际功能进行全面检测，以确保最终设计能达到设计要求。

定时分析用来分析器件引脚及内部节点之间的传输路径延时、时序逻辑的性能（如最高工作频率、最小时钟周期等），以及器件内部各种寄存器的建立保持时间。

4. 器件编程

仿真验证通过后，首先进行引脚锁定（引脚锁定后再重新编译），然后 MAX+plusⅡ编程器使用编译器生成的编译文件（.pof）对 Altera 器件进行下载编程。它可用来进行器件编程、检查、探测空白及功能测试。

10.4 MAX+plusⅡ操作示例

MAX+plusⅡ仿真软件可应用于数字电路的设计分析，数字电路主要分为数字组合逻辑电路和数字时序逻辑电路。下面分别以原理图输入和文本输入设计方法加以举例分析：1 位全加器原理图输入设计向导（组合逻辑电路）和数据锁存器文本输入设计向导（时序逻辑电路）。

10.4.1 MAX+plusⅡ在数字组合逻辑电路设计中的应用

MAX+plusⅡ提供了功能强大、直观便捷和操作灵活的原理图输入设计功能，同时还配备了适用于各种需要的元件库，其中包含基本逻辑元件库（如与非门、反向器、D 触发器等）、宏功能元件（包含了几乎所有 74 系列的器件），以及功能强大、性能良好的类似于 IP Core 的巨功能块 LPM 库。但更为重要的是，MAX+plusⅡ还提供了原理图输入多层次设计功能，使得用户能设计更大规模的电路系统，以及使用方便、精度良好的时序仿真器。与传统的数字电路实验相比，MAX+plusⅡ提供的原理图输入设计功能具有显著的优势。

- 能进行任意层次的数字系统设计。传统的数字电路实验只能完成单一层次的设计，使得设计者无法了解和实现多层次的硬件数字系统设计。
- 对系统中的任一层次或任一元件的功能能进行精确的时序仿真，精度达 0.1ns，因此能发现一切对系统可能产生不良影响的竞争冒险现象。
- 通过时序仿真，能迅速定位电路系统的错误所在，并随时纠正。
- 能对设计方案作随时更改，并储存入档设计过程中所有的电路和测试文件。
- 通过编译和编程下载，能在 FPGA 或 CPLD 上对设计项目随时进行硬件测试验证。
- 如果使用 FPGA 和配置编程方式，将不会有任何器件损坏和损耗。

- 符合现代电子设计技术规范。传统的数字电路实验利用手工连线的方法完成元件连接，容易对学习者产生误导，以为只要将元件间的引脚用引线按电路图连上即可，而不必顾及引线的长短、粗细、弯曲方式、可能产生的分布电感和电容效应，以及电磁兼容性等十分重要的问题。

以下将详细介绍 1 位全加器原理图输入设计，但读者应该更多地关注设计流程，因为除了最初的图形编辑输入外，其他处理流程都与文本（如 VHDL 文件）输入设计完全一致。

1 位全加器可以用两个半加器及一个或门连接而成，因此需要首先完成半加器的设计。以下将给出使用原理图输入的方法进行底层元件设计和层次化设计的完整步骤，其主要流程与数字系统设计的一般流程基本一致，设计步骤如下。

1. 步骤 1：为本项工程设计建立文件夹

任何一项设计都是一项工程（Project），都必须首先为此工程建立一个放置与此工程相关的所有文件的文件夹，此文件夹将被 EDA 软件默认为工作库（Work Library）。一般不同的设计项目最好放在不同的文件夹中，注意，一个设计项目可以包含多个设计文件，如频率计。

假设本项设计的文件夹取名为 MY_PRJCT，在 E 盘中，路径为 E:\MY_PRJCT。

注意：在实验中，文件夹不能用中文。

2. 步骤 2：输入设计项目与存盘

（1）打开 MAX+plus Ⅱ，选择 File→New，如图 10-4-1 所示，在弹出的"New"对话框中选择"File Type"为 Graphic Editor file（原理图编辑输入项），按"OK"后将打开原理图编辑窗。

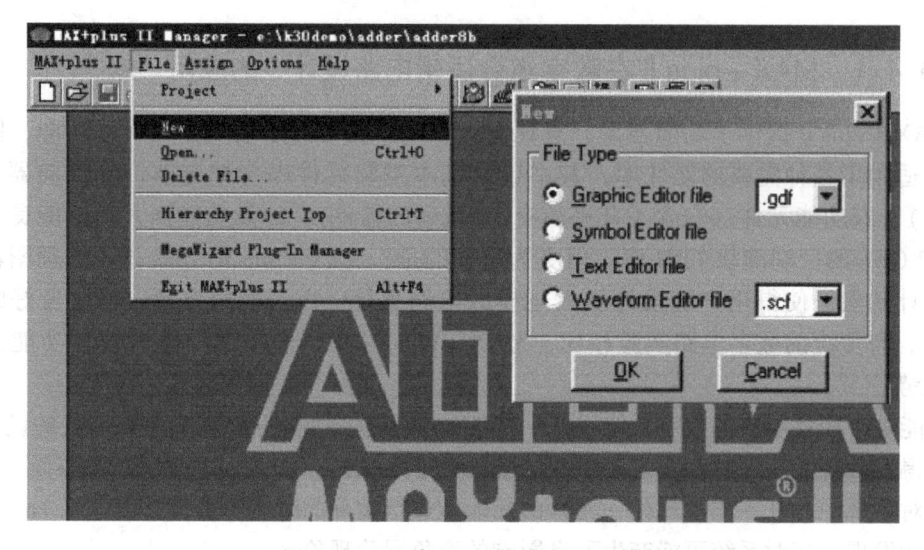

图 10-4-1 建立一个新的设计文件

（2）在原理图编辑窗中的任何一个位置上单击鼠标右键，将跳出如图 10-4-2 所示的"Enter Symbol"输入元件选择窗；在"Symbol Library"框中，可看到 MAX+plus Ⅱ 为用户实现不同逻辑功能提供了大量的库文件，具体见表 10-4-1。

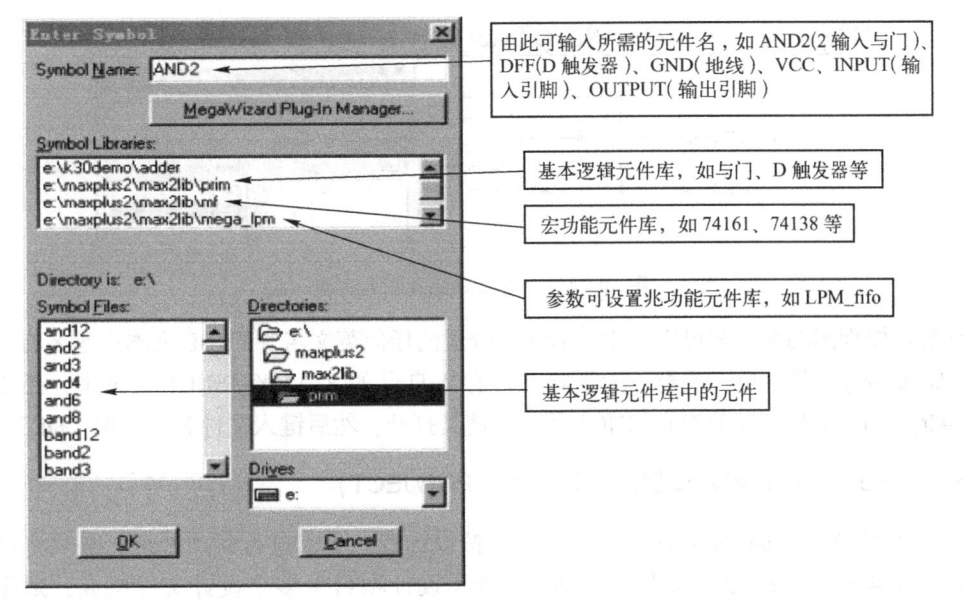

图 10-4-2 元件输入选窗

表 10-4-1 库文件的功能

库　名	内　容
用户库	放入用户自建的元器件，即一些底层文件
Prim（基本库）	基本的逻辑块器件，如各种门、触发器
mf（宏功能库）	包括所有的 74 系列逻辑器件，如 74161
Meg_lpm 可调参数库	包括参数化模块、功能复杂的高级功能模块及可调模值的计数器
edit	与 mf 库类似

（3）用鼠标双击文件库"Symbol Libraries"中的 e:\maxplu2\max2lib\prim 项（假设 MAX+PlusⅡ 安装在 E 盘上），在"Symbol Files"窗中即可看到基本逻辑元件库 prim 中的所有元件，可以在"Symbol Name"窗中直接键入所需元件名，再按"OK"键，即可将元件调入原理图编辑窗中。例如，设计半加器，分别需调入元件 and2、not、xnor、input 和 output（如图 10-4-3 所示）并连接好，然后用鼠标分别在 input 和 output 的 PIN-NAME 上双击使其变黑色，再用键盘分别输入各引脚名：a、b、co 和 so。

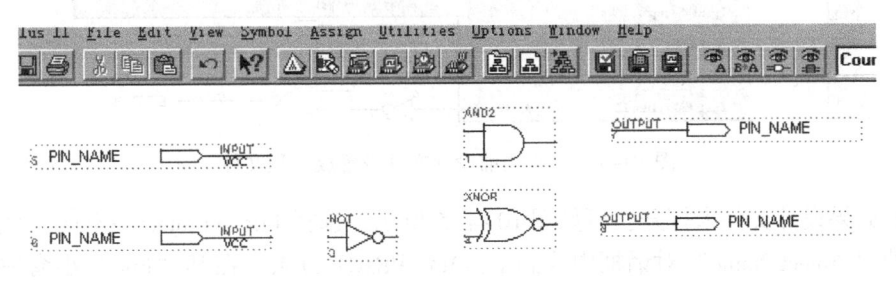

图 10-4-3 将所需元件全部调入原理图编辑窗

（4）单击菜单 File→Save As，选择刚才为自己的工程新建的目录 E:\MY_PRJCT，将已设计好的图形文件取名为 h_adder.gdf（注意后缀是 .gdf），并存在此目录内，如图 10-4-4 所示。

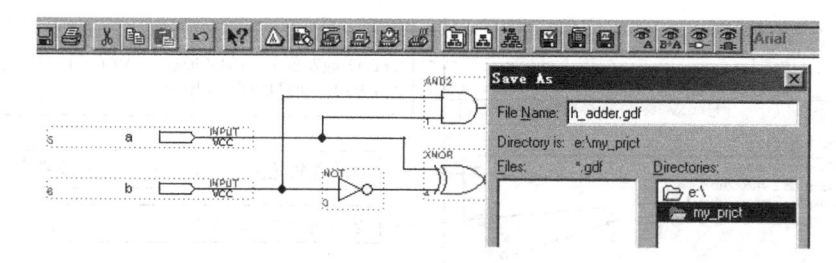

图 10-4-4　连接好原理图并存盘

注意：原理图的文件名可以用设计者认为合适的任何英文名（VHDL 文本存盘名有特殊要求），如 adder.gdf 等。还应注意，为了将文件存入自己的 E:\MY_PRJCT 目录中，必须在图 10-4-4 的 Save As 窗中双击 MY_PRJCT 目录，使其打开，然后键入文件名，并按"OK"键。

3. 步骤 3：将设计项目设置成工程文件（PROJECT）

为了使 MAX+plusII 能对输入的设计项目按设计者的要求进行各项处理，必须将设计文件，如半加器 h_adder.gdf，设置成 Project。如果设计项目由多个设计文件组成，则应该将它们的主文件，即顶层文件设置成 Project。如果要对其中某一底层文件进行单独编译、仿真和测试，也必须首先将其设置成 Projcet。

将设计项目（如 h_adder.gdf）设定为工程文件 Project 有两个途径。

（1）如图 10-4-5 所示，选择菜单 File→Project→Set Project to Current File 命令，即将当前设计文件设置成 Project。选择此项后可以看到图 10-4-5 所示的窗口左上角显示出所设文件的路径。这一点特别重要，此后设计中都应特别关注此路径的指向是否正确！

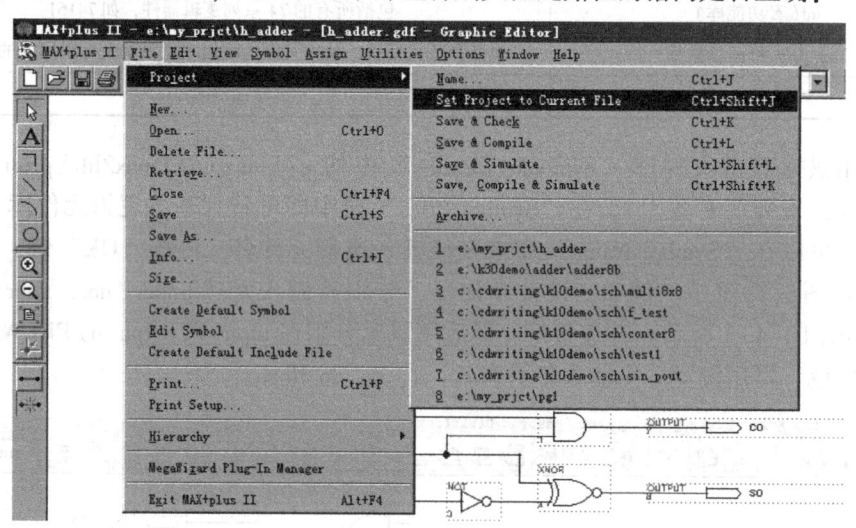

图 10-4-5　将当前设计文件设置成工程文件

（2）如果设计文件未打开，可如图 10-4-5 所示，选择 File→Project→Name 命令，然后在弹出的"Project Name"对话框中找到 E:\MY_PRJCT 目录，在其"File"小窗中双击 h_adder.gdf 文件，此时即选定此文件为本次设计的工程文件（即顶层文件）了。

4. 步骤 4：选择目标器件并编译

为了获得与目标器件对应的、精确的时序仿真文件，在对文件编译前必须选定最后实现本项目的目标器件，在 MAX+plus II 环境中选择 Altera 公司的 FPGA 或 CPLD。

首先在"Assign"菜单中选择器件"Device"项，其对话框如图 10-4-6 所示。在下拉列表框"Device Family"中选择器件序列，首先应该在此框中选定目标器件对应的序列名，如 EPM7128S 对应的是 MAX7000S 系列、EPF10K10 对应的是 FLEX10K 系列等。为了选择 EPF10K10LC84-4 器件，应将此栏下方标有"Show Only Fastest Speed Grades"的勾消去，以便显示出所有速度级别的器件。完成器件选择后，按"OK"键。

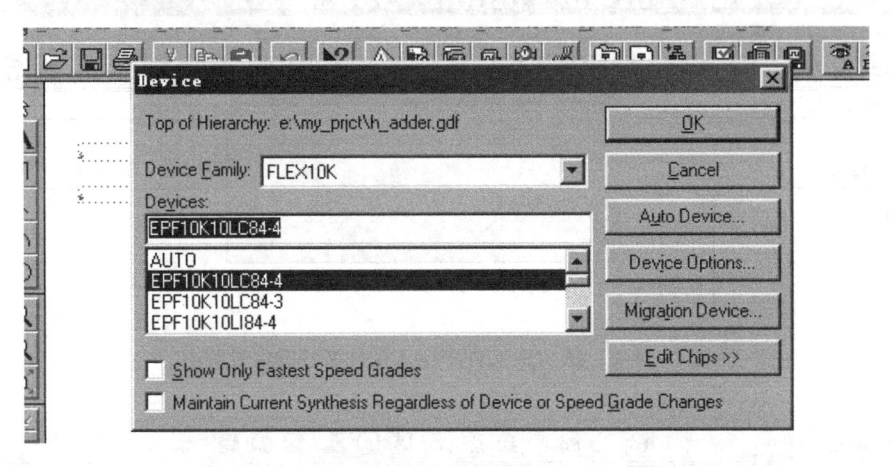

图 10-4-6　选择最后实现本项目设计的目标器件

最后启动编译器，首先选择左上角的"MAX+plus II"主菜单，在其下拉菜单中选择编译器项"Compiler"，如图 10-4-7 所示，此编译器的功能包括网表文件提取、设计文件排错、逻辑综合、逻辑分配、适配（结构综合）、时序仿真文件提取和编程下载文件装配等。

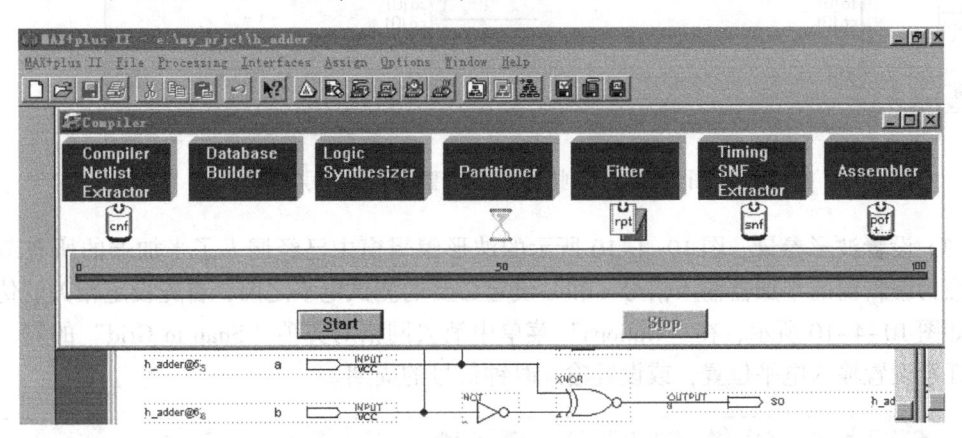

图 10-4-7　对工程文件进行编译、综合和适配等操作

单击"Start"开始编译！如果发现有错，则排除错误后再次编译。

5. 步骤 5：时序仿真

接下来应该测试设计项目的正确性，即逻辑仿真，具体步骤如下。

（1）建立波形文件。按照以上"步骤 2"，为此设计建立一个波形测试文件。选择菜单 File→New，再选择图 10-4-1 中右侧"New"对话框中的"Waveform Editor file"项，打开波形编辑窗。

（2）输入信号节点。在图 10-4-8 所示的波形编辑窗的上方选择菜单"Node"，在下拉菜单中选择输入信号节点项"Enter Nodes from SNF..."。在弹出的窗口（如图 10-4-9 所示）中首先单击"List"键，这时左窗口将列出该项设计所有的信号节点。由于设计者有时只需观察其中部分信号的波形，所以可利用中间的"=>"键将需要观察的信号选到右栏中，然后单击"OK"键即可。

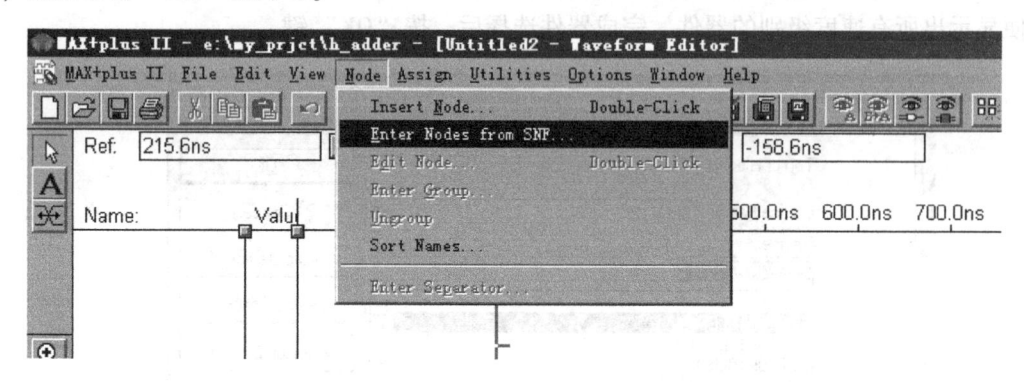

图 10-4-8　从 SNF 文件中输入设计文件的信号节点

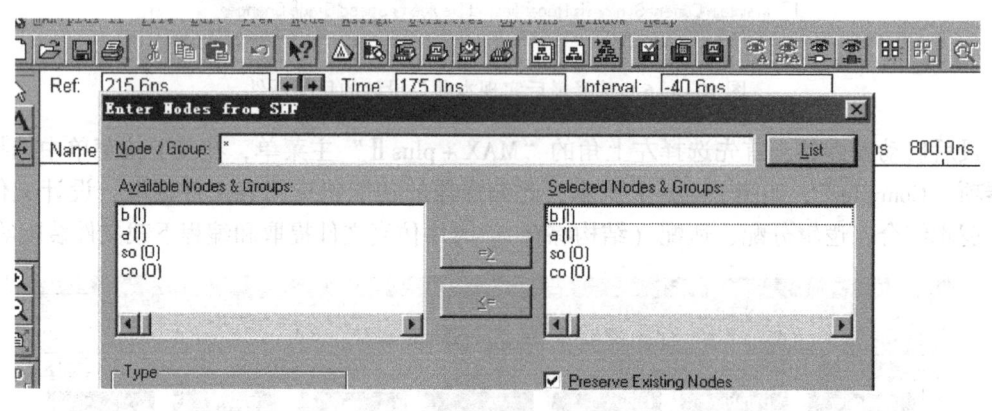

图 10-4-9　列出并选择需要观察的信号节点

（3）设置波形参量。图 10-4-10 所示的波形编辑窗中已经调入了半加器的所有节点信号，在为编辑窗的半加器输入信号 a 和 b 设定必要的测试电平之前，首先设定相关的仿真参数。如图 10-4-10 所示，在"Options"菜单中消去网格对齐项"Snap to Grid"的勾，以便能够任意设置输入电平位置，或设置输入时钟信号的周期。

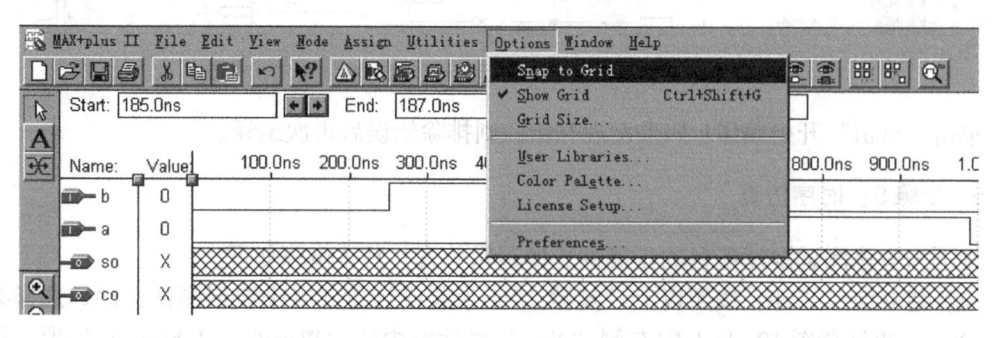

图 10-4-10　在 Options 选项中消去网格对齐 Snap to Grid 的选择（消去勾）

(4) 设定仿真时间宽度。如图 10-4-11 所示，选择 File→End Time..., 在 "End Time" 对话框中选择适当的仿真时间域，如可选 34μs（34 微秒），以便有足够长的观察时间。

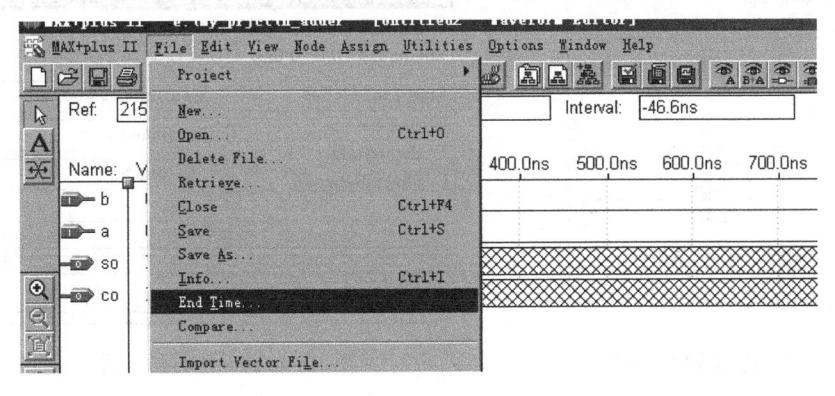

图 10-4-11　设定仿真时间宽度

(5) 加上输入信号。为输入信号 a 和 b 设定测试电平，如图 10-4-12 所标注，可利用必要的功能键为 a 和 b 加上适当的电平，以便仿真后能测试 so 和 co 输出信号。

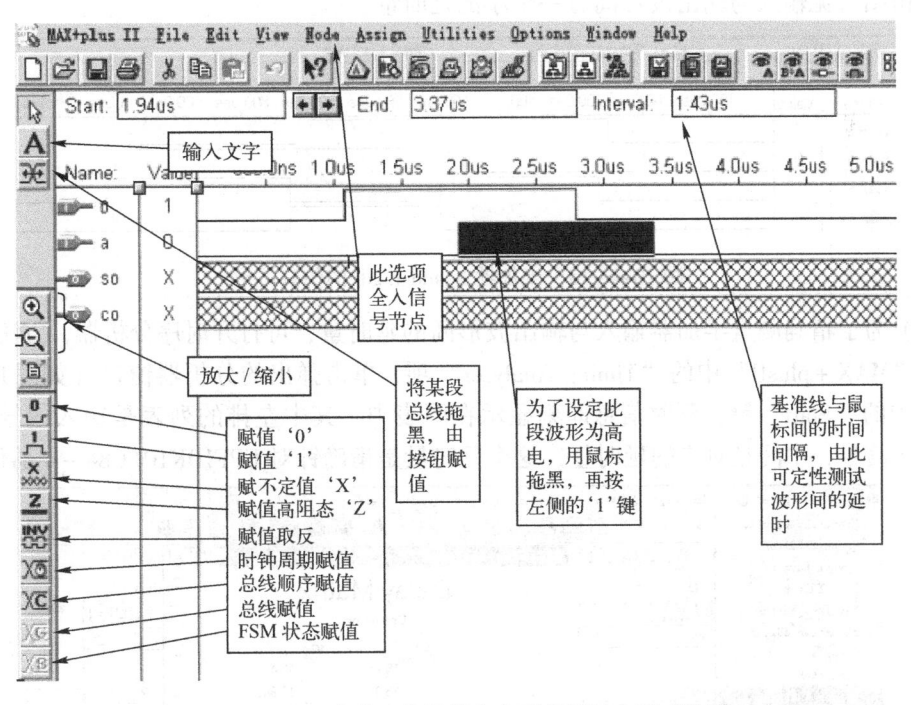

图 10-4-12　为输入信号设定必要的测试电平或数据

(6) 波形文件存盘。选择菜单 File→Save as，按 "OK" 键即可。由于图 10-4-13 所示的存盘窗中的波形文件名是默认的（这里是 h_adder.scf），所以直接存盘即可。

(7) 运行仿真器。选择主菜单 MAX + plus II →Simulator，单击弹出的仿真器对话框（如图 10-4-14 所示）中的 "Start" 按钮。

注意：刚进入图 10-4-15 所示窗口时，应将最下方的滑标拖向最左侧，以便可观察到初始波形。

图 10-4-13 仿真波形文件存盘　　　图 10-4-14 运行仿真器

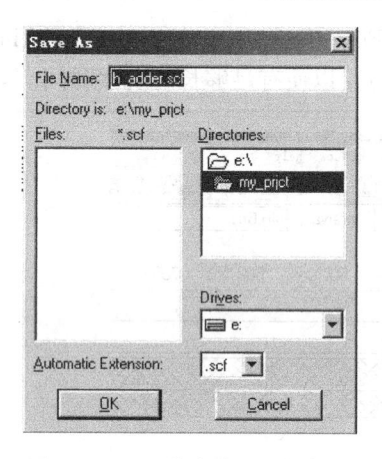

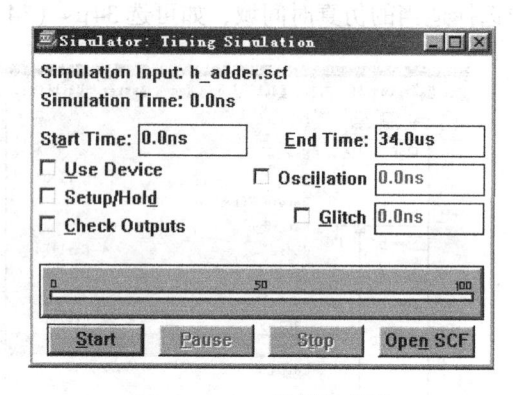

(8) 观察分析波形。根据半加器真值表，图 10-4-15 显示的半加器的时序波形是正确的。还可以进一步了解信号的延时情况，图 10-4-15 右侧的竖线是测试参考线，其上方标出的 991.0ns 是此线所在的位置，它与鼠标箭头间的时间差显示在窗口上方的"Interval"小窗中。由图可见输入与输出波形间有一个小的延时量。

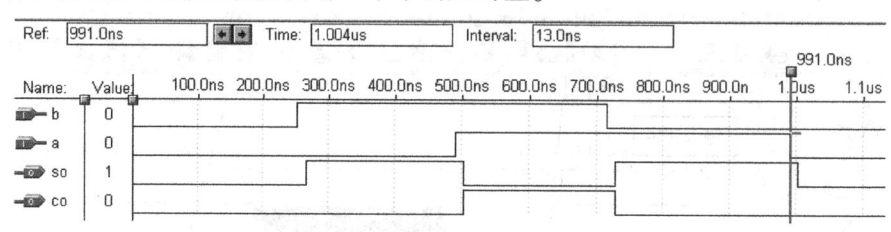

图 10-4-15 半加器 h_adder.gdf 的仿真波形

(9) 为了精确测量半加器输入与输出波形间的延时量，可打开时序分析器，方法是选择主菜单"MAX+plusII"中的"Timing Analyzer"项，单击弹出的分析器窗口（如图 10-4-16 所示）中的"Start"键，延时信息即刻显示在图表中。其中左排的列表是输入信号，上排列出输出信号，中间是对应的延时量，这个延时量是精确针对 EPF10K10LC84-4 器件的。

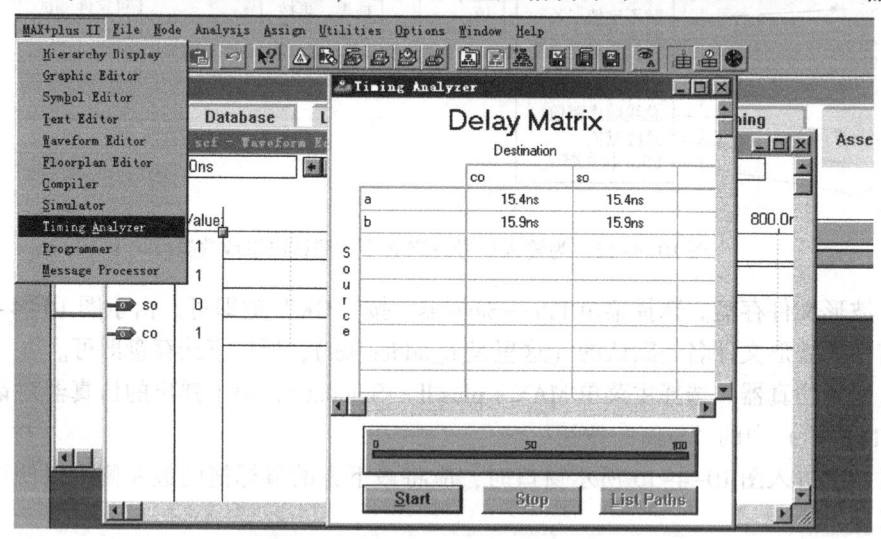

图 10-4-16 打开延时时序分析窗口

（10）包装元件入库。选择菜单 File→Open 项，在"Open"对话框中选择原理图编辑文件项"Graphic Editor Files"，然后选择 h_adder.gdf，重新打开半加器设计文件，然后选择图 10-4-5 所示的菜单 File→Create Default Symbol 项，就将当前文件变成了一个包装好的单一元件（Symbol）了，并被放置在工程路径指定的目录中以备后用。

6. 步骤6：引脚锁定

如果以上的仿真测试正确无误，就应该将设计编程下载到选定的目标器件（如 EPF10K10）作进一步的硬件测试，以便最终了解设计项目的正确性。这就必须根据评估板、开发电路系统或 EDA 实验板的要求对设计项目输入、输出引脚赋予确定的引脚，以便能够对其进行实测。这里假设根据实际需要，选择"模式5实验电路结构图"，将半加器的4个引脚 a、b、co 和 so 分别与目标器件 EPF10K10 的第 5、6、17 和 18 脚相接（a 锁定为实验箱的键 1；b 锁定为实验箱的键 2；co 锁定为实验箱的指示灯 1；so 锁定为实验箱的指示灯 2），操作过程如下。

（1）选择菜单"Assign"中的引脚定位"Pin \ Location \ Chip"选项，在弹出的对话框（如图 10-4-17 所示）中的"Node Name"栏中用键盘输入半加器的端口名，如 a、b 等。如果输入的端口名正确，则在右侧的"Pin Type"栏中将显示该信号的属性。

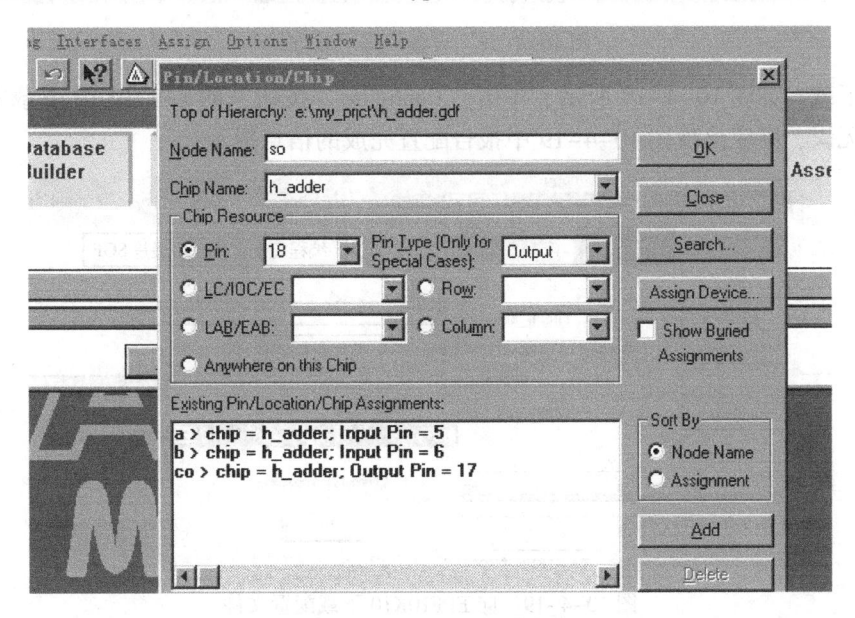

图 10-4-17　半加器引脚锁定

（2）在左侧的"Pin"下拉列表中输入该信号对应的引脚编号，如 5、6、17 等，然后单击"Add"按钮。如图 10-4-17 所示分别将 4 个信号锁定在对应的引脚上，按"OK"键结束。

（3）特别注意：在锁定引脚后必须再通过 MAX+plusII 的编译器"Compiler"，对文件重新编译一次，以便将引脚信息编入下载文件中。

7. 步骤7：编程下载

首先用下载线把计算机的打印机口与目标板（如实验板）连接好，打开电源。

（1）下载方式设定。选择主菜单"MAX+plusII"中的"Programmer"选项，跳出如

图 10-4-18 左侧所示的编程器窗口；然后选择"Options"菜单的"Hardware Setup"硬件设置选项，其对话框如图 10-4-18 右侧所示，在其下拉菜单中选择 ByteBlaster(MV) 编程方式。此编程方式对应计算机的并行口下载通道，"MV"是混合电压的意思，主要指对 ALTERA 的各类芯核电压（如 5V、3.3V、2.5V 与 1.8V 等）的 FPGA/CPLD 都能由此下载（此项设置只在初次装软件后的第一次编程前进行，设置确定后就不必重复设置了）。

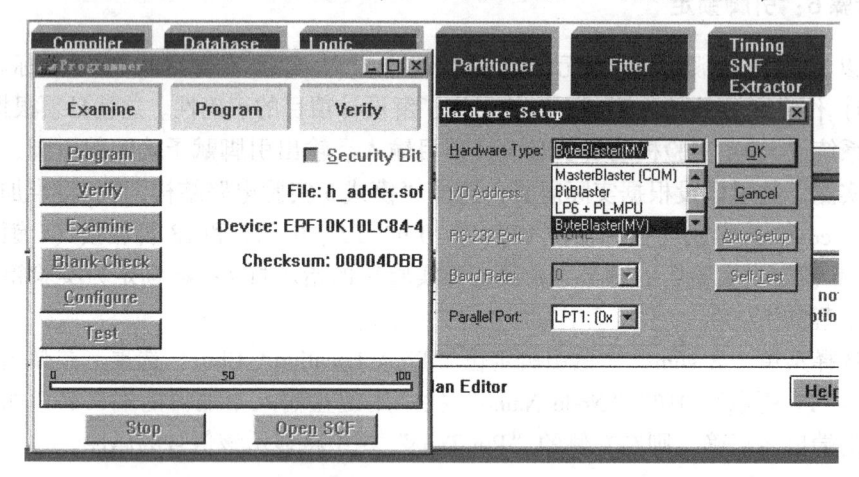

图 10-4-18 设置编程下载方式

（2）下载。如图 10-4-19 所示，单击"Configure"按钮，向 EPF10K10 下载配置文件，如果连线无误，则应出现图 10-4-19 中报告配置完成的信息提示。

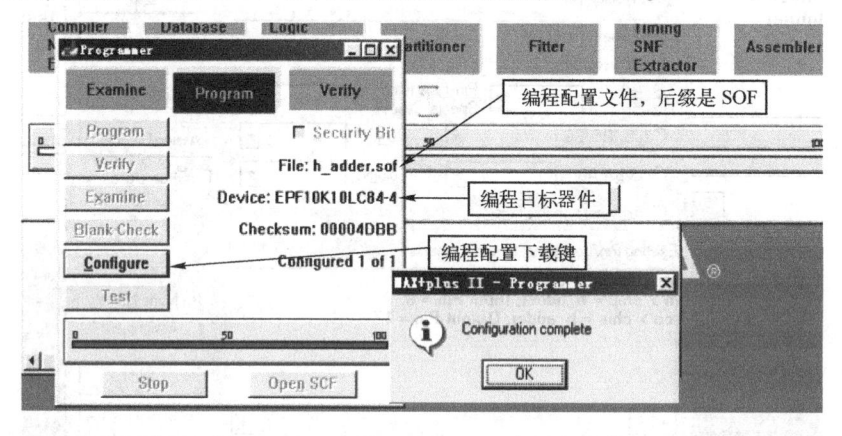

图 10-4-19 向 EPF10K10 下载配置文件

（3）硬件测试。

到此为止，完整的半加器设计流程已经结束。

8. 步骤 8：设计顶层文件

可以将前面的工作看成是完成了一个底层元件的设计，并被包装入库。现在利用已设计好的半加器，完成顶层项目全加器的设计，详细步骤可参考以上设计流程。

（1）仿照前面的"步骤 2"，打开一个新的原理图编辑窗，然后在图 10-4-20 所示的元件输入窗的本工程目录中找到已包装好的半加器元件 h_adder，并将它调入原理图编辑窗中。这时如果对编辑窗中的半加器元件 h_adder 双击，即弹出此元件内部的原理图。

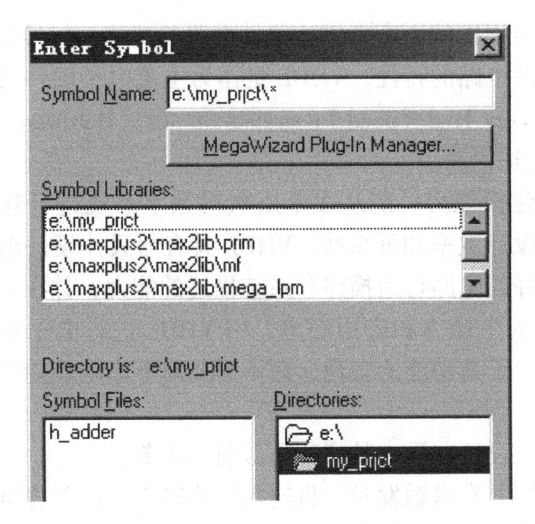

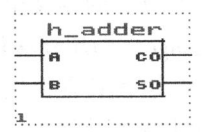

图 10-4-20 在顶层编辑窗中调出已设计好的半加器元件

（2）完成全加器原理图设计，如图 10-4-21 所示，并以文件名 f_adder.gdf 存在同一目录中。

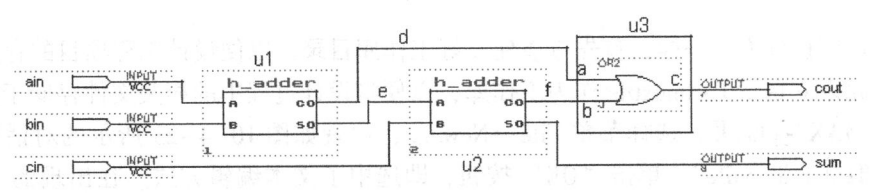

图 10-4-21 在顶层编辑窗中设计好全加器

（3）将当前文件设置成 Project，并选择目标器件为 EPF10K10LC84_4。
（4）编译此顶层文件 f_adder.gdf，然后建立波形仿真文件。
（5）对应 f_adder.gdf 的波形仿真文件如图 10-4-22 所示，参考图中输入信号 cin、bin 和 ain 输入信号电平的设置，启动仿真器 Simulator，观察输出波形的情况。

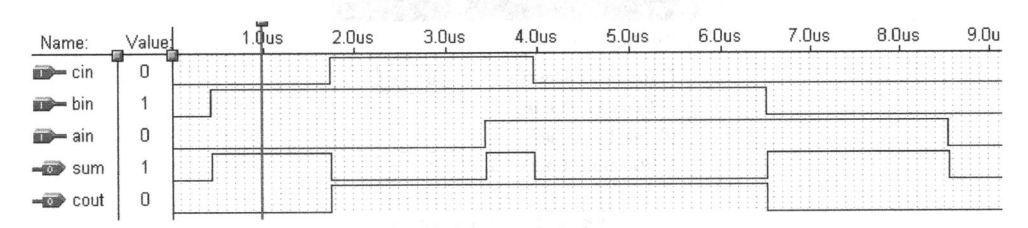

图 10-4-22 1 位全加器的时序仿真波形

（6）锁定引脚（将全加器的 5 个引脚 ain、bin、cin、sum 和 cout 分别与目标器件 EPF10K10 的第 5、6、7、17 和 18 脚相接，即 ain 锁定为实验箱的键 1，bin 锁定为实验箱的键 2，cin 锁定为实验箱的键 3，sum 锁定为实验箱的指示灯 1，cout 锁定为实验箱的指示灯 2），编译并编程下载，硬件实测此全加器的逻辑功能。

10.4.2 MAX+plusⅡ在数字时序逻辑电路设计中的应用

MAX+plusⅡ的硬件描述语言（HDL，Hardware Description Language）是 EDA 技术的重

要组成部分,其利用一种人和计算机都能识别的语言来描述硬件电路的功能、信号连接关系及定时关系,比电路原理图更能表示硬件电路的特性。VHDL 是作为主流电子硬件设计的描述语言。VHDL 的英文全称是 VHSIC（Very High Speed Integrated Circuit）Hardware Description Language,即超高速集成电路硬件描述语言。

VHDL 语言具有很强的电路描述和建模能力,能从多个层次对数字系统进行建模和描述,从而大大简化硬件设计任务,提高设计效率和可靠性。VHDL 具有与具体硬件电路无关和与设计平台无关的特性,并且具有良好的电路行为描述和系统描述的能力,并在语言易读性和层次化结构化设计方面,表现强大的生命力和应用潜力。用 VHDL 进行电子系统设计的一个很大的优点是设计者可以专心致力于其功能的实现,而不需要对不影响功能的与工艺有关的因素花费过多的时间和精力。

以下将详细介绍数据锁存器文本输入设计向导,其流程类似前一小节。

本文设计的数据锁存器,当时钟信号上升沿触发时,将输入赋给输出。以下将给出使用文本输入的方法进行设计的完整步骤,其主要流程与数字系统设计的一般流程基本一致,设计步骤如下。

1. 步骤1：编辑并存盘 VHDL 源文件

与原理图设计方法一样,首先应该建立好工作库目录,以便设计工程项目的存储。作为示例,在此设立目录 E:\muxfile 作为工作库,以便将设计过程中的相关文件存储于此。

打开 MAX+plus Ⅱ,选择菜单 File→New...,出现如图 10-4-23 所示的对话框,在框中选中"Text Editor file",单击"OK"按钮,即选中了文本编辑方式。在出现的"Untitled Text Editor"文本编辑窗（如图 10-4-24 所示）中输入 VHDL 程序,输入完毕后,选择菜单 File→Save,即出现图 10-4-24 所示的"Save As"对话框。首先在"Directories"目录框中选择自己已建立好的存放本文件的目录 E:\muxfile(用鼠标双击此目录,使其打开),然后在"File Name"框中输入文件名"REG4B.VHD",单击"OK"按钮,即把输入的文件放在目录 E:\muxfile 中了。

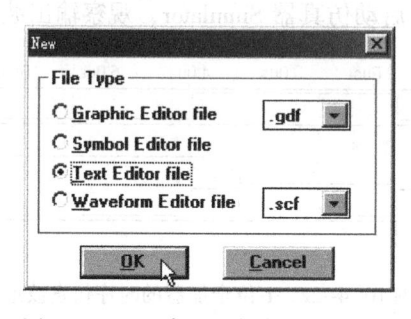

图 10-4-23 建立文本编辑器对话框

注意：

(1) 原理图输入设计方法中,存盘的原理图文件名可以是任意的,但 VHDL 程序文本存盘的文件名必须与文件的实体名一致,如 REG4B（不分大小写）。

(2) 文件后缀将决定使用的语言形式,在 MAX+plus Ⅱ 中,后缀为.VHD 表示 VHDL 文件,后缀为.TDF 表示 AHDL 文件,后缀为.V 表示 Verilog 文件。如果后缀正确,则存盘后对应该语言的文件中的主要关键词都会改变颜色。

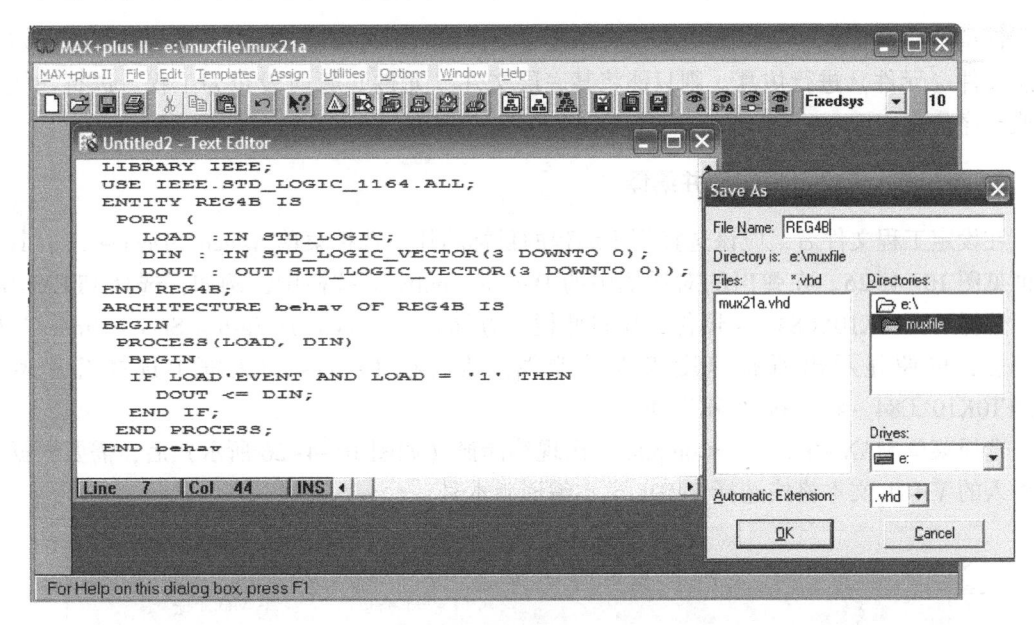

图 10-4-24 在文本编辑窗中输入 VHDL 文件并存盘

2. 步骤 2：将当前设计设定为工程

需要特别注意的是，在编译/综合 REG4B.VHD 之前，需要设置此文件为顶层文件（最上层文件），或称工程文件 Project，或者说将此项设计设置成工程。选择菜单 File→Project→Set Project to Current File，当前的设计工程即被指定为 REG4B。也可以通过选择菜单 File→Project→Name，在跳出的"Project Name"窗口中指定 E:\muxfile 下的 REG4B.VHD 为当前的工程。设定后可以看见 MAX + plus II 主窗左上方（如图 10-4-25 所示）的工程项目路径指向为"e:\muxfile\reg4b"。这个路径指向很重要。

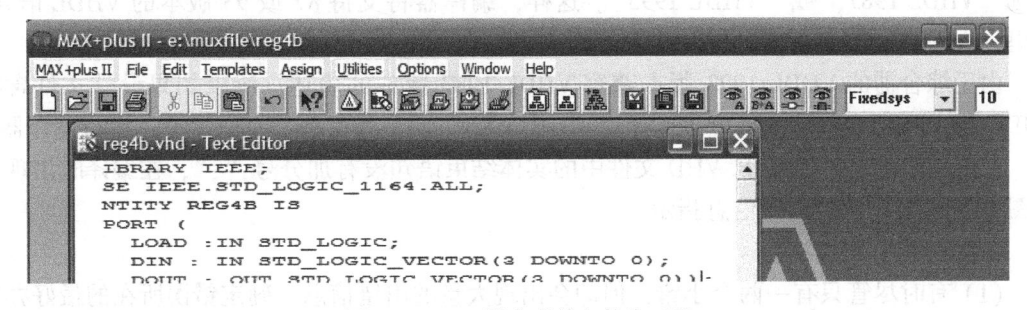

图 10-4-25 设定当前文件为工程

在设计中，设定某项 VHDL 设计为工程时应该注意以下 3 方面的问题。

（1）如果设计项目由多个 VHDL 文件组成，则应先对低层次文件，如或门或半加器分别进行编辑、设置成工程、编译、综合乃至仿真测试，通过后以备后用。

（2）最后将顶层文件（存在同一目录中）设置为工程，统一处理，这时顶层文件能根据例化语句自动调用底层设计文件。

（3）在设定顶层文件为工程后，底层设计文件原来设定的元件型号和引脚锁定信息自动失效。元件型号的选定和引脚锁定情况始终以工程文件（顶层文件）的设定为准。同样，仿真结果也是针对工程文件的。所以在对最后的顶层文件进行处理时，仍然应该对它重新设定元件型号和引脚锁定（引脚锁定只有在最后硬件测试时才是必须的）。如果需要对特定的底层文件（元件）进行仿真，则只能将某底层文件（元件）暂时设定为工程，进行功能测试或时序仿真。

3. 步骤3：选择目标器件并编译

在设定工程文件后，应该选择用于编程的目标芯片。选择菜单 Assign→Device...，其对话框见图10-4-26。在弹出的对话框中 Device Family 下拉栏中，例如，选择 FLEX10K；为了选择 EPF10K10LC84-4 器件，应将此栏下方标有"Show only Fastest Speed Grades"的勾消去，以便显示出所有速度级别的器件；然后在 Devices 列表框中选择芯片型号"EPF10K10LC84-4"，按"OK"键。

选择菜单 MAX+plusⅡ→Compiler，出现编译窗（如图10-4-26所示）后，需要根据自己输入的 VHDL 文本格式选择 VHDL 文本编译版本号。

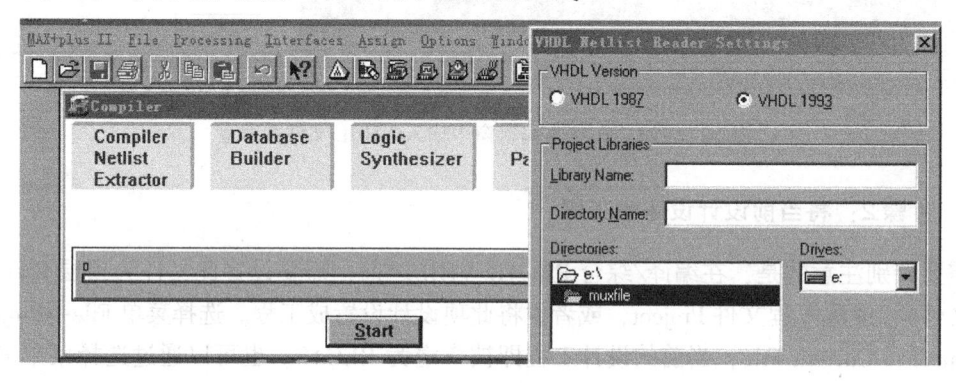

图10-4-26　设定 VHDL 编译版本号

选择图10-4-26所示界面上方的 Interfaces→VHDL Netlist Reader Settings，在弹出的窗口中选"VHDL 1987"或"VHDL 1993"。这样，编译器将支持87或93版本的 VHDL 语言。这里，文件 MUX21A.VHD 属于93版本的表述。

由于综合器的 VHDL 1993 版本兼容 VHDL 1987 版本的表述，所以如果设计文件含有 VHDL 1987 或混合表述，都应该选择"VHDL 1993"项。最后按"Start"键，运行编译器。

见图10-4-24，REG4B.VHD 文件中的实体结束语句没有加分号"；"，在编译时出现了如图10-4-27所示的出错信息指示。

注意：

（1）有时尽管只有一两个小错，但却会出现大量的出错信息，确定错误所在的最好办法是找到最上一排错误信息指示，用鼠标点成黑色，然后单击图10-4-27所示窗口左下方的"Locate"错误定位钮，就能发现在文本编译窗中闪动的光标附近可找到错误所在。纠正后再次编译，直至排除所有错误。

（2）闪动的光标指示错误所在只是相对的，有的错误比较复杂，很难用此定位。

（3）VHDL 文本编辑中还可能出现许多其他错误，如下所述。

① 错将设计文件存入了根目录，并将其设定成工程，由于没有了工作库，故报错信息如下：Error：Can't open VHDL "WORK"。

② 错将设计文件的后缀写成.tdf 而非.vhd，在设定工程后编译时，报错信息如下：Error：Line1, File e:\muxfile\reg4b.tdf: TDF syntax error：...

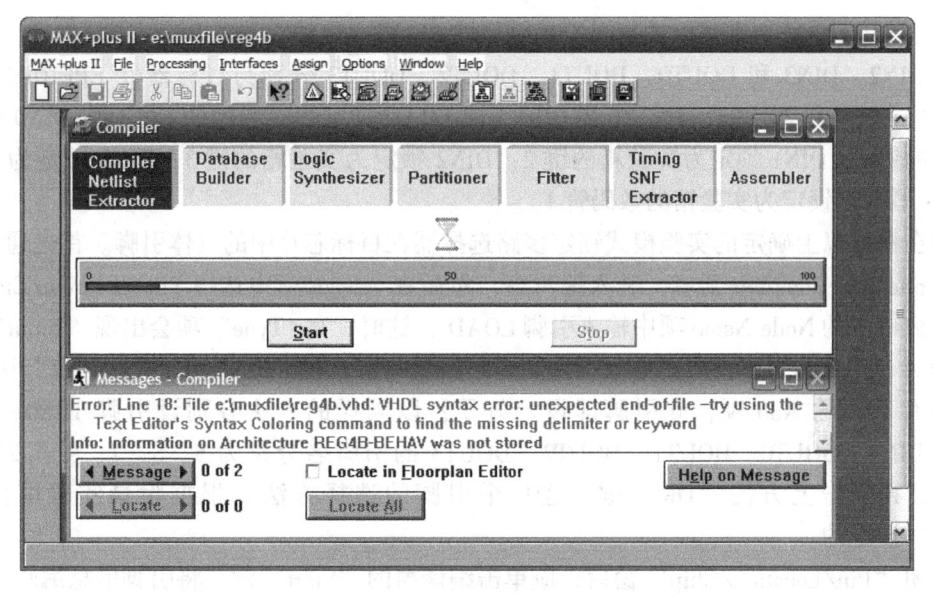

图10-4-27 确定设计文件中的错误

③ 未将设计文件名存为其实体名，如错写为 reg4.vhd。设定工程编译时，报错信息如下：Error :Line1,... VHDL Design File "reb4.vhd" must contain...

4. 步骤4：时序仿真

时序仿真的详细步骤可参考前一小节。

首先选择菜单 File→New...，打开图 10-4-1 所示的对话框，选择 "Waveform Editor File"，单击 "OK" 按钮后进入仿真波形编辑窗。

接着选择菜单 Node→Enter Nodes from SNF，进入仿真文件信号接点输入窗，单击右上角 "List" 键后，将测试信号 LOAD(I)、DIN(I) 和 DOUT(O) 输入仿真波形编辑窗。

选择 Options 菜单，将 Snap to Grid 的钩去掉；选择 File→End Time，设定仿真时间区域，如设为 30μs。给出输入信号后，选择 MAX+plus Ⅱ 菜单 Simulator 进行仿真运算，仿真波形如图 10-4-28 所示。

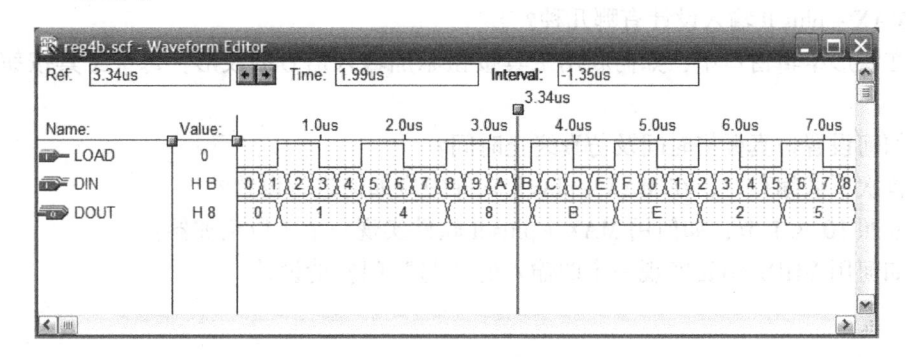

图 10-4-28 mux21a 仿真波形

5. 步骤5：硬件测试

根据上一节介绍的方法，在 EDA 实验箱上验证设计的正确性，完成硬件测试。如果目标器件是 EPF10K10，则建议选择实验电路模式 5，将 4 位锁存器的 9 个引脚 LOAD、DIN0、DIN1、DIN2、DIN3 和 DOUT0、DOUT1、DOUT2、DOUT3 分别与目标器件 EPF10K10 的第 2、5、6、7、8 和 27、28、29、30 脚相接（即 LOAD 锁定为实验箱的 Clock0；DIN0 锁定为实验箱的键 1；DIN1 锁定为实验箱的键 2；DIN2 锁定为实验箱的键 3；DIN3 锁定为实验箱的键 4；DOUT 锁定为实验箱的数码管 1）。

现在根据以上确定的实验模式锁定多路选择器在目标芯片中的具体引脚。首先通过选择 MAX+plusⅡ→Compiler 菜单，进入编辑窗，然后在 Assign 项中选择 Pin/Location/Chip，在跳出的窗口中的 Node Name 项中输入引脚 LOAD，这时"Pin Type"项会出现"Input"指示字，表明 LOAD 的引脚性质是输入，否则将不出现此字。在"PIN"项内输入"2"引脚名，再单击右下方的 Add 项，此引脚即设定好了；以同样的方法分别设引脚 DIN0、DIN1、DIN2、DIN3、DOUT0、DOUT1、DOUT2、DOUT3 的引脚名分别为 5、6、7、8 和 27、28、29、30，再单击上方的"OK"键。这 9 个引脚的选择方法是根据附录实验电路模式"NO.5"设定的。

关闭"Pin/Location/Chip"窗后，应单击编译窗的"Start"键，将引脚信息编辑进去。
编程下载和硬件测试的步骤如下。

（1）选 MAX+plusⅡ项中的 Programmer 项，跳出 Programmer 窗后，选 Options 项中的硬件设置项"Hardware Setup"，在此窗的下拉窗中选"ByteBlaster(MV)"项，单击"OK"按钮即可。

（2）将实验板连接好，接好电源，单击"Configure"，即进行编程下载。

（3）选实验电路模式"NO.5"后，用短路帽设定 clock0 的频率分别为 1Hz。当用键 1、2、3、4 均输入低电平时，数码管显示为 0；当用键 1、2、3 输入低电平，键 4 输入高电平时，数码管显示为 8。

思 考 题

1. 在使用中小规模集成电路进行数字电路设计时，如何利用 MAX+plusⅡ软件进行辅助设计？
2. MAX+plusⅡ输入设计有哪几种？
3. 在波形编辑窗口中，如何利用工具按钮添加输入信号的波形？每个工具按钮的作用是什么？
4. 如何设置仿真栅格时间及仿真终止时间？
5. 首次下载编程时，在 MAX+plusⅡ软件中应如何进行设置？
6. 参照 10.4.1 节，如何用 MAX+plusⅡ软件实现一个 4 位全加器？
7. 如何用 VHDL 语言实现一个四输入的"与"门？请设计。

第 11 章　Protel 99 SE 软件

11.1　Protel 99 SE 简介

11.1.1　Protel 99 SE 的三大技术

Protel 99 SE 是桌面环境下，以独特的设计管理和协作技术（PDM）为核心的全方位印制板设计系统。它是基于 Windows95/98/2000/NT 的完全 32 位 EDA 设计系统。Protel 99 SE 采用的三大技术是 Smart DOC 技术、Smart Tool 技术和 Smart Team 技术。

1. Smart DOC 技术

所有文件都存储在一个综合设计数据库中。从原理图、印制板、输出文件到材料清单及其他设计文件都存储在一个综合设计数据库中，以便对它们进行有效管理。

2. Smart Tool 技术

把所有设计工具（原理图设计、电路仿真、PLD 设计、PCB 设计及文件管理）都集中到一个独立、直观的设计管理界面上。

3. Smart Team 技术

设计组的所有成员可同时访问同一个数据库的综合信息，更改通告及文件锁定保护，确保整个设计组的工作协调配合。

上述这些技术把产品开发的三个方面（人、由人建立的文件和建立文件的工具三个方面）结合在一起。

11.1.2　Protel 99 SE 的三大功能模块

1. 用于原理图设计的 Advanced Schematic 99 SE

这个模块主要包括设计原理图的原理图编辑器，用于修改、生成零件的零件库编辑器，各种报表的生成器，原理图电路的仿真器（Advanced SIM 99）等。

2. 用于印制电路板设计的 Advanced PCB 99 SE

这个模块主要包括用于设计印制电路板的电路板编辑器，用于修改、生成零件封装的零件封装编辑器，印制板组件管理软件，PCB 自动布线软件（Advanced Route 99），PCB 的辅助分析。

3. 用于可编程逻辑器件设计的 Advanced PLD 99

这个模块主要包括具有语法意识的文本编辑器，用于编译和仿真设计结果的 PLD 及用来观察仿真波形的 Wave。

Protel 99 SE 具有强大的功能，限于篇幅，本教材仅介绍其中的主要部分：原理图的绘制与印制电路板的制作。

11.1.3 Protel 99 SE 的常用命令及操作方法

1. Protel 99 SE 的启动及操作

进入 Protel 99 SE 系统，只要运行 Protel 99 SE 即可。打开 Protel 99 SE 的方法如图 11-1-1 所示。

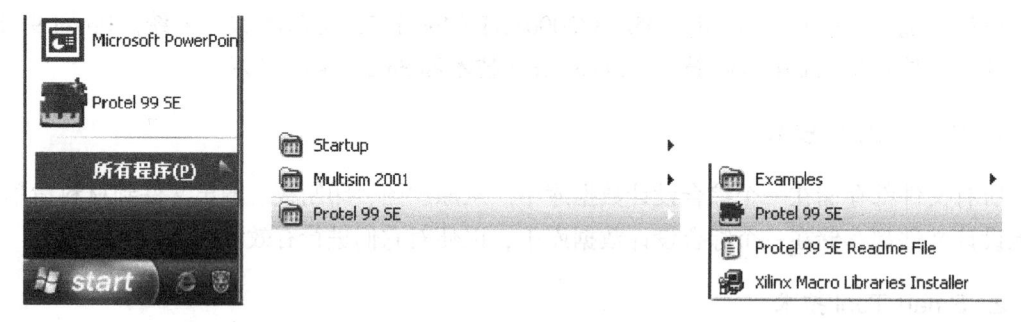

图 11-1-1 启动 Protel 99 SE

启动 Protel 99 SE 后，将出现 Protel 99 SE 的启动界面，如图 11-1-2 所示。接着就会进入 Protel 99 SE 的主设计窗口 Design Explorer，如图 11-1-3 所示。

图 11-1-2 Protel 99 SE 启动界面

2. 创建项目数据库

Protel 99 SE 提供了一个集成的设计工作环境，用户必须首先创建一个扩展名为 .ddb 的数据库（项目数据库）。用户以后创建的所有文件都将存储在该数据库中。

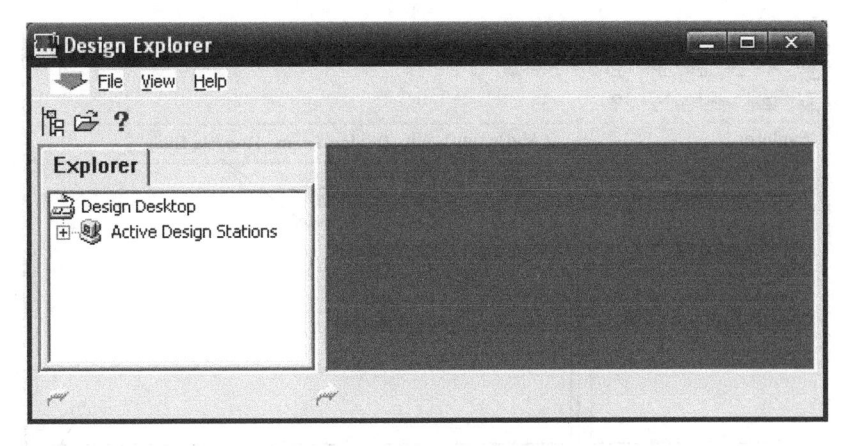

图 11-1-3 主设计窗口

用户创建项目数据库时，只需执行菜单命令 File→New，就会弹出如图 11-1-4 所示的 New Design Database 对话框。用户只需输入文件名及文件的存储位置即可。

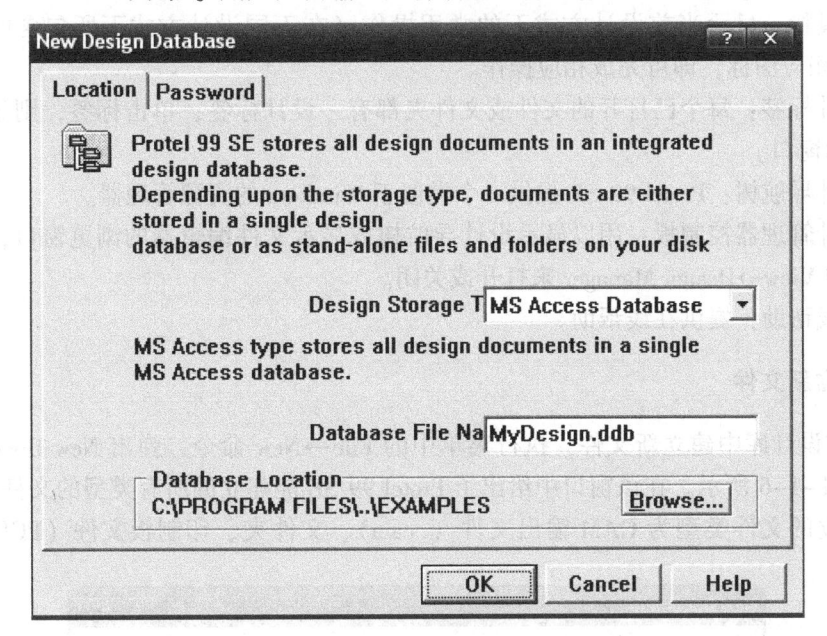

图 11-1-4 New Design Database 对话框

（1）设置文件类型。文件的存储类型有 MS Access Database（MS ACCESS 数据库）和 Windows File System（Windows 文件系统）两种可选择。

（2）设置文件名及存储路径。文件名可在 Database File Name 项中直接填入，此文件名的扩展名为 .ddb，存储路径可以通过 Browse 命令修改（方法与 Windows 其他软件操作类似）。完成上述操作后，用鼠标（左键）单击"OK"按钮。

（3）进入设计窗口。完成上述操作后，进入设计窗口，如图 11-1-5 所示。设计窗口由以下几部分组成。

① 主设计窗口：显示已打开的文件及文件夹。

② 主菜单条：显示当前设计方式下的菜单，在不同的设计方式下，主菜单条包含的内容不一样。

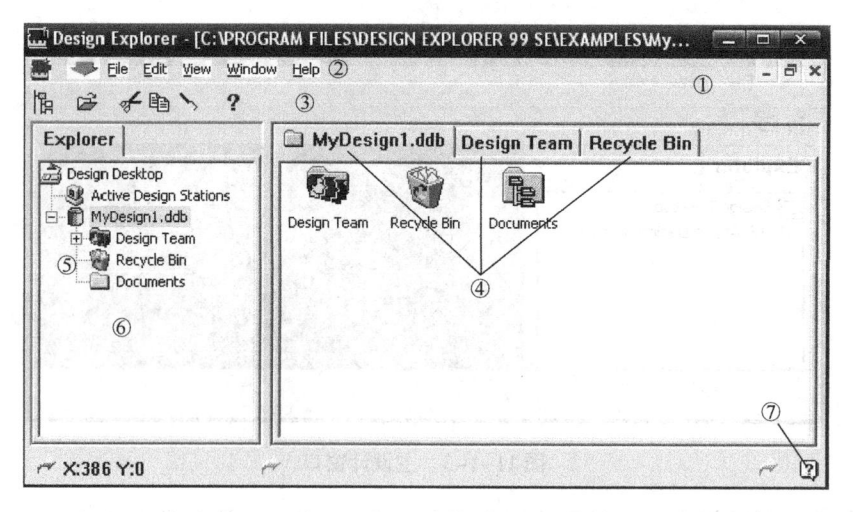

图 11-1-5 设计窗口

③ 工具栏：显示当前设计方式下的常用操作（在不同设计方式下所包含的内容不相同）。单击相应图标，即可完成相应操作。

④ 设计标签：每个已打开的文件或文件夹都有一设计标签，单击标签，则该窗口将成为当前活动窗口。

⑤ 设计导航树：Protel 99 SE 提供一个类似于 Windows 的资源管理器。

⑥ 设计管理器控制板：用以显示设计导航树或显示文件编辑器的浏览窗口，其可以通过菜单中的 View→Design Manager 来打开或关闭。

⑦ 在线帮助：提供在线帮助。

3. 建立新文件

在当前设计库中建立新文件，执行菜单中的 File→New 命令，弹出 New Document 对话框，如图 11-1-6 所示。在该窗口中给出了 Protel 99 SE 能建立的所有类型的文件，Protel 99 SE 所能建立的文件类型为 CAM 输出文件（.cam）、文件夹、印制板文件（PCB 文件，扩

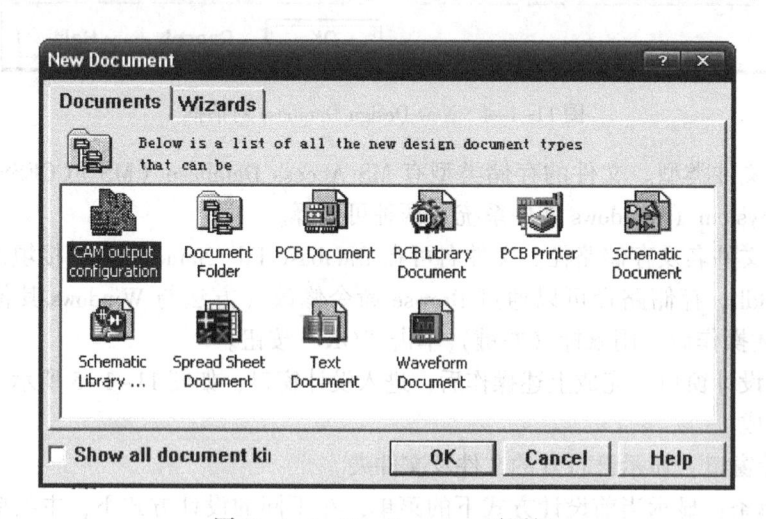

图 11-1-6 New Document 对话框

展名为.pcb)、PCB 库文件（.lib）、PCB 打印输出（.ppr）、原理图文件（.sch）、原理图库文件（.lib）、电子图表文件（.spd）、文本文件（.txt）及波形文件（.wvf）等。

在对话框中选择相应的文件类型图标，单击"OK"按钮，该类型的文件包含在设计项目数据库中，可以在设计管理器中修改文件的文件名（注意：文件扩展名不可改变）。单击此文件系统将进入相应的编辑器，可对该文件进行编辑。

4. Toolbars（工具栏）的打开/关闭

Toolbars（工具栏）对于不同的文件编辑器来讲，所包含的内容不完全相同，但它们打开与关闭方法相同，都可以通过 View→Toolbars 来打开/关闭其中所包含的工具栏。工具栏开关是一种乒乓开关，在菜单中单击一次为开，再单击一次为关，通过这种方法可对工具栏的状态（开/关）进行设置，如图 11-1-7 所示。

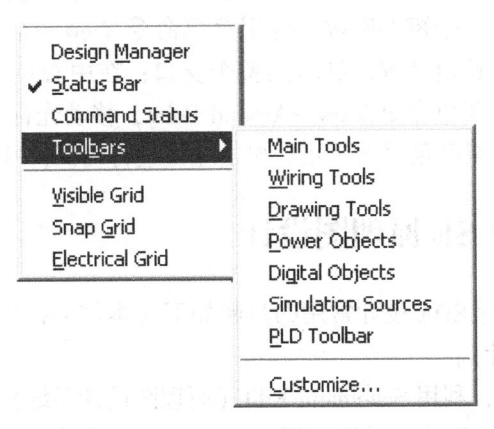

图 11-1-7 "工具栏"菜单

5. 画面显示状态的放大与缩小

电路设计人员在绘图过程中，常要查看整张图或只看某一局部，所以需经常改变显示状态，使用绘图区来完成放大或缩小。

（1）命令状态下的放大与缩小

当处于其他绘图命令下时，无法用鼠标执行缩放命令，此时要放大或缩小显示状态，必须采用功能热键来实现。

① 放大。按键盘上的 PageUp 键，绘图区将放大。

② 缩小。按键盘上的 PageDown 键，绘图区将缩小。

③ 移位。按键盘上的 Home 键，当前光标下的显示位置会移位到工作区中心位置进行显示。

④ 更新。按键盘上的 End 键，给绘图区的图形进行更新，恢复正确的显示状态。

（2）空闲状态下的放大与缩小

当未执行其他命令而处于空闲状态时，可以用 View 菜单下的命令或主工具栏中的按钮及功能热键来进行显示状态的放大与缩小。

① 放大。用鼠标单击主工具栏中的 ♀ 按钮或执行下拉菜单命令 View→Zoom In，如图 11-1-8 所示。

② 缩小。用鼠标单击主工具栏中的 按钮或执行下拉菜单命令 View→Zoom Out。

③ 用不同的比例显示。View 菜单命令提供了几种显示比例供用户选择，如图 11-1-8 所示。

④ 绘图区显示整个文档。用鼠标单击主工具栏中 按钮或执行下拉菜单命令 View→Fit Document。

⑤ 移动显示位置。在设计电路时，经常需要移动位置，可利用 View→Pan 来实现，View→Pan 功能是将当前光标位置的图纸及器件移至窗口的中心，以便操作，而显示的比例不变。

⑥ 新画面。当显示画面出现问题时，可以通过菜单命令 View→Refresh 来更新画面。

⑦ 放大某一区域。Protel 99 SE 提供了两种方式：用对角选定一个矩形区域，再用菜单命令 View→Area，执行后利用鼠标拖拽选定区域，显示到整个窗口；在中心点加一个选定矩形区域，用菜单命令 View→Around Point，移动光标到目标区的中心位，单击

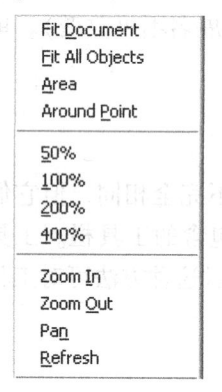

图 11-1-8 缩放命令

左键，移动鼠标使矩形框至满足要求为止，单击左键进行确认，所选区域放大至整个窗口。

11.2 Protel 99 SE 原理图设计

利用 Protel 99 SE 进行 EDA 设计常用的步骤如下（本部分仅讨论利用 Protel 99 SE 进行原理图设计和 PCB 图设计）。

第一步：设计原理图，利用 Schematic Edit（原理图设计系统）绘制原理图。
第二步：生成网络表，网络表是原理图与 PCB 图之间联系的纽带。
第三步：设计 PCB 图，印制电路板（PCB）图是 Protel 99 SE 的另一重要功能。
下面以小功率直流稳压电源和充电器的制作为例讲解 Protel 99 SE 的设计过程。
电路原理图设计是整个电路设计的第一步，同时也是电路设计的根基，由于以后的设计工作都是以此为基础，因此电路原理图设计的好坏直接影响到以后的工作。原理图的设计可以按图 11-2-1 所示的流程图进行。

（1）设置图纸大小。进入 Protel 99 SE/Schematic 后，首先构思好零件图，再设置图纸大小。图纸的大小是根据电路图的规模和复杂程度而定的，设置合适的图纸大小是设计好原理图的第一步。

（2）设计环境。设置 Protel 99 SE/Schematic 设计环境包括设置网格点的大小、光标类型等。这些参数经过设置之后，符合个人习惯，以后无需再作修改。其实，大多数参数都可以采用系统默认值。

（3）放置元件。在这一阶段，用户根据电路图的需要，将零件从零件库中取出并放置到图纸上，然后对放置零件的参数、零件的封装形式进行设定。零件的序号有多种方法进行设定：手工设定、利用 Protel 99 SE/Schematic 提供的工具进行设定，同时还需要对放置的零件位置进行调整。

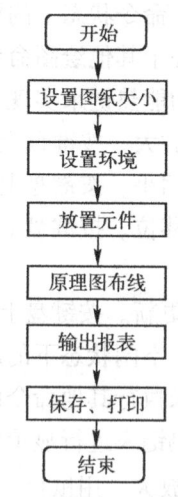

图 11-2-1 原理图设计流程图

(4) 原理图布线。原理图布线就是利用 Protel 99 SE/Schematic 提供的各种工具,将图纸上的元件用具有电气意义的导线、符号连接起来,构成一个完整的原理图。

(5) 调整电路。调整电路就是将最初绘制好的电路图作进一步调整和修改,使原理图更加美观。

(6) 输出报表。在这一阶段,用户通过 Protel 99 SE/Schematic 提供的各种报表工具生成各类报表,其中最重要的报表是网络表,通过网络表为后续的电路板设计作准备。

(7) 保存、打印。将文件保存并打印输出。

11.2.1 建立 Schematic 文档、设置图纸

1. 建立 Schematic 文档

在当前项目设计数据库中,执行 File→New 菜单命令;在对话窗口中选择原理图设计图标,单击 "OK" 按钮,就建立了原理图设计文档,用户可以修改文档名;再双击原理图文档图标,就进入原理图设计的界面,如图 11-2-2 所示。

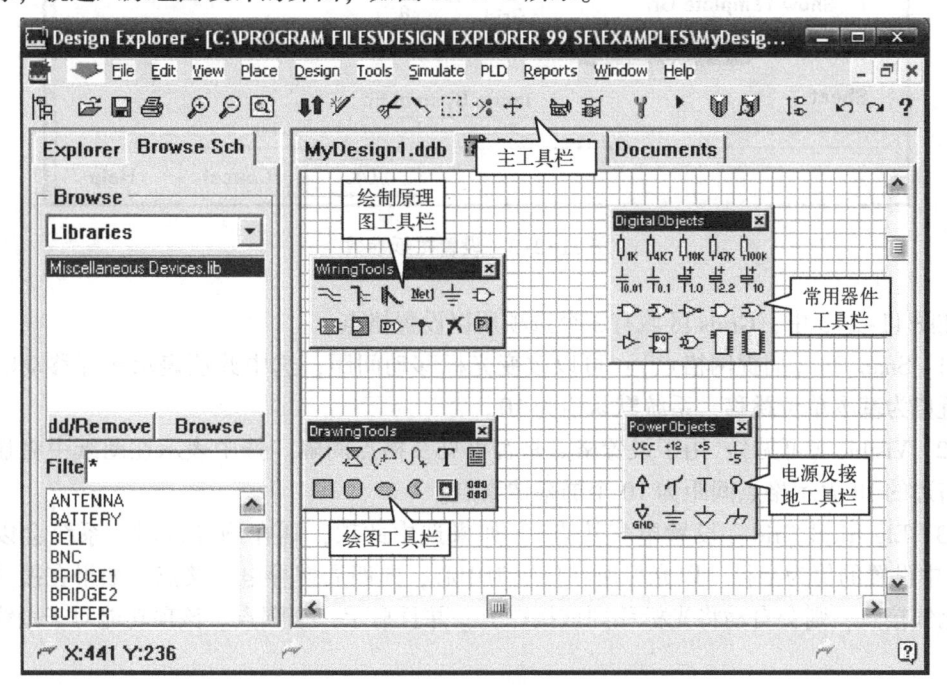

图 11-2-2 Schematic 文档编辑窗口

2. 设置图纸

可使用菜单命令 Design→Option 进行图纸的设置,执行命令后系统将弹出 Document Options 对话框窗口,在其中选择 Sheet Options 选项卡进行设置,如图 11-2-3 所示。

Schematic 允许电路图绘图页在显示及打印时选择 Landscape(横向)或 Protrait(纵向)格式。具体设置可在 Orientation 栏中的右下拉列表框中选取。通常情况下,绘制及显示时设置为横向。

Protel 提供了两种预先定义好的标题栏,分别是 Standard(标准)形式和 ANSI 形式,同时提供是否显示标题栏的选择。具体设置可在 Title Block 栏左边选中(打勾,表示显示标题

栏），至于标题栏的格式可在右边的下拉列表框中选取。

Show Reference Zones 选项负责设置是否在边框中显示参考坐标，通常情况下选中该项。

Show Border 选项负责设置是否显示边框。

Show Template Graphics 选项负责是否显示画在样板内的图形、文字及专用字符串等。

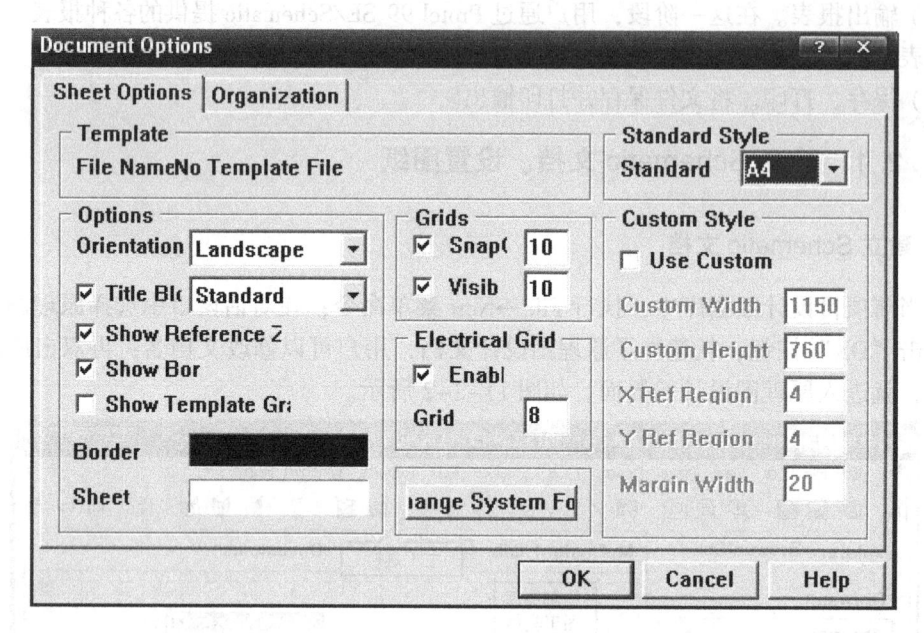

图 11-2-3 设置图纸参数

在图 11-2-3 中，Grids 区域有 3 个选项用以设置格点。

（1）Snap On（捕捉网格点）：可以改变光标移动间距，选中此项表示光标移动时以右边设置值为基本单位跳移，系统默认值为 10。

（2）Visible（可见）：用于设置格点是否可见及格点间隔。选中表示在图纸中将显示格点，右边的 10 表示格点间距为 10 个屏幕像素点。

（3）Electrical Grid（设置电气接点）：如果选中此项，则在画导线时，系统会以 Grid Range 中设置的值为半径，以光标所在位置为中心，向四周搜寻电气接点。如果在搜寻半径内有电气接点，则会自动将光标移到该接点上，并且显示一个圆点。该项功能对于画线非常有用。

3. 图纸大小的设置

Protel 提供了多种规格的标准图纸及自定义图纸供选择。使用者可根据原理图的复杂程度选择图纸的规格。图 11-2-3 中选用了 A4 图纸。

11.2.2 放置元器件

1. 添加元件库

在向电路图中放置元件之前，必须先将该元件所在的元件库载入内存。添加元件库的步骤如下。

(1) 单击设计管理器中的 Browse Sch 选项卡，如图 11-2-4 所示。然后单击"Add/Remove"按钮，屏幕将出现如图 11-2-5 所示的"元件库添加/删除"对话框。也可以选取菜单命令 Design→Add→Remove Library 来打开此对话框。

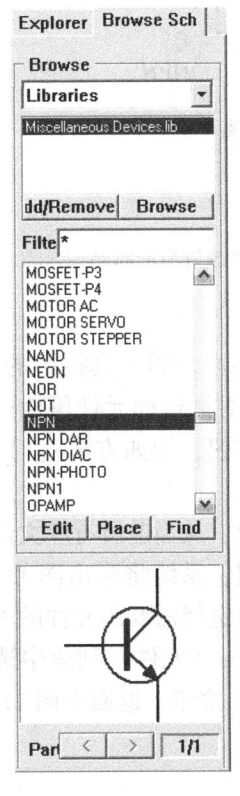

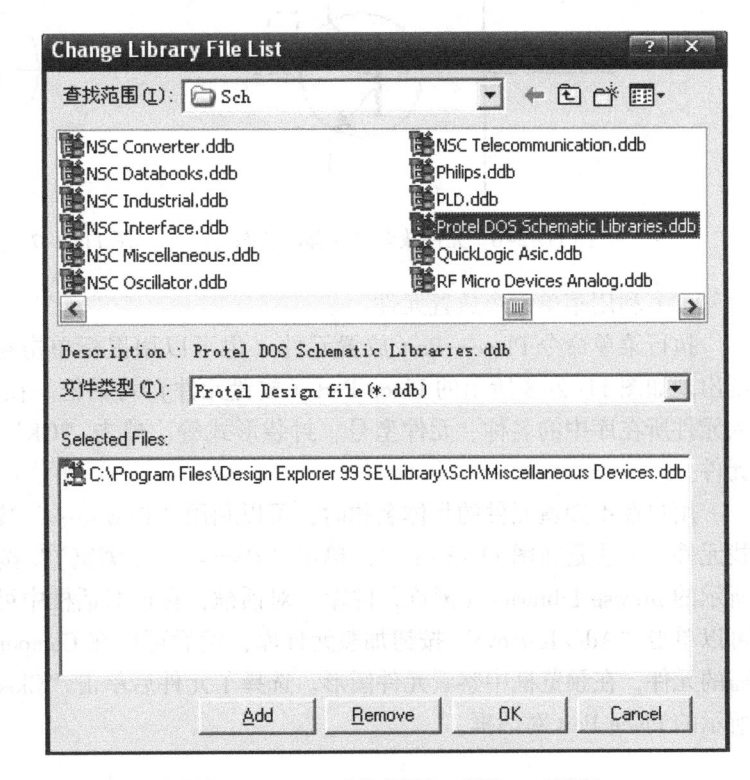

图 11-2-4　元件库管理浏览器　　　图 11-2-5　"元件库添加/删除"对话框

(2) 在"查找范围 (I):"中选择文件夹 Design Explorer 99 SE \ library \ Sch，在该文件夹中选取元件库文件，然后双击鼠标或单击"Add"按钮，此元件库文件就会出现在 Selected Files 框中。用户也可以将 Selected Files 框中已有的库文件移出，方法是先单击该文件，再按下"Remove"按钮，则将该库文件从当前库文件列表中移走。库文件有两种类型，它们的扩展名分别为".ddb"和".lib"。

(3) 单击"OK"按钮，完成该元件库的添加/删除。

2. 添加元件

电路原理图设计就是先将元件从库中取出，然后编辑器件的属性，最后将元器件之间进行电气连接。

从库中取出元件常用的方法有两种。

(1) 利用元件库管理浏览器放置元件

元件库管理浏览器与设计管理器集成在一起。用户只需打开或关闭设计管理器即可。元件库管理浏览器见图 11-2-4。由于所需元件库已在上一步中加载至库清单中，所以这里只要选择相应的库文件，其中所包含的元件清单显示于元件表之中，从列表中选择元件（在下方的预览框中可以观察元件图形），单击"Place"按钮，则该元件放置于图纸上，如

图 11-2-6 所示。元件放置时处于移动状态，选择相应的位置，单击鼠标左键则放置于图纸，如图 11-2-7 所示为元件放置后的状态。

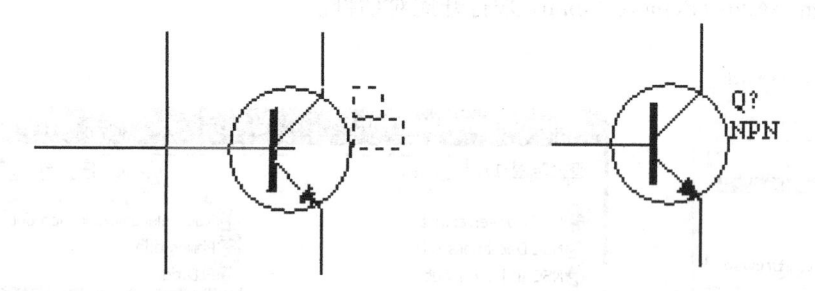

图 11-2-6　元件放置时的移动状态　　　图 11-2-7　元件放置后的状态

(2) 利用菜单命令放置元件

执行菜单命令 Place→Part 放置元件（也可以用鼠标单击绘制原理图工具栏中的 ），则出现如图 11-2-8 所示的 Place Part（放置元件）对话框。在该对话框的元件属性栏中输入元件所在库中的名称、元件型号、封装形式等。单击"OK"按钮，则如方法（1）放置元件。

用户在不知道元件的具体名称时，可以利用"Browse…"按钮，从当前所有库文件中查找元件。方法是在图 11-2-8 中，单击"Browse…（浏览）"按钮，系统将弹出图 11-2-9 所示的 Browse Libraries（浏览元件库）对话框，在该对话框中可以选择需要的元件的库，也可以单击"Add/Remove"按钮加载元件库，然后可以在 Components（元件）列表中选择所需的元件，在预览框中察看元件图形。选择了元件后单击"Close"按钮，返回至图 11-2-8 所示的 Place Part 对话框。

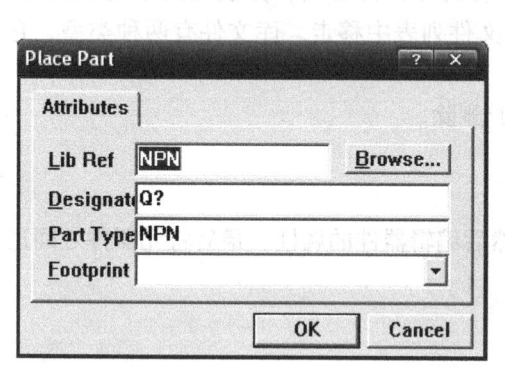

图 11-2-8　Place Part（放置元件）对话框 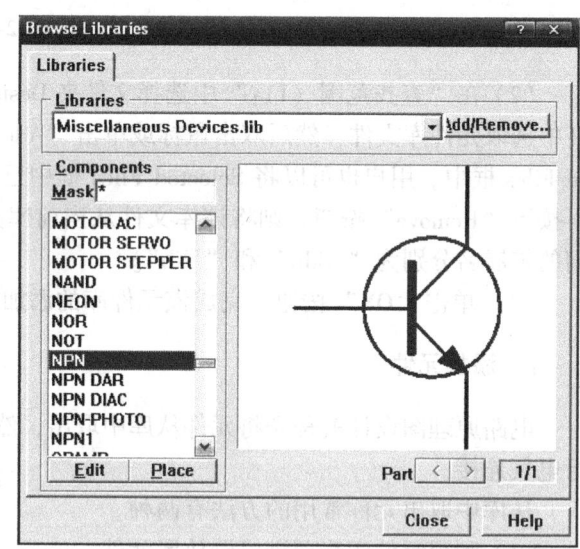　　　图 11-2-9　Browse Libraries（浏览元件库）对话框

按照上述任一方法，将所设计原理图中所有的元件放置到图纸上，本实例的原理图如图 11-2-10 所示。

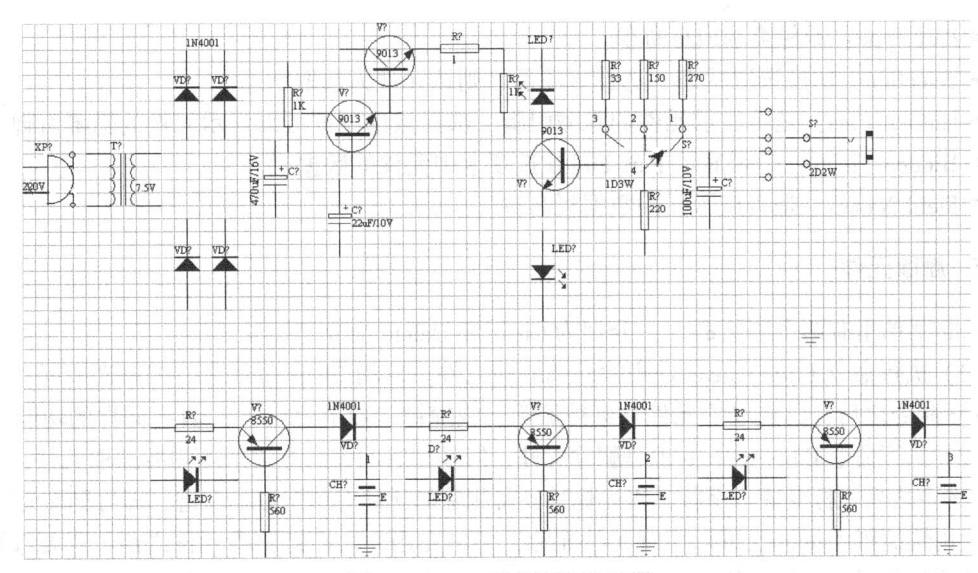

图 11-2-10 原理图设计实例

3. 元件位置的调整

（1）单个元件的移动

① 选中物体。用鼠标单击元件并按住左键不放，这时物体效果如图 11-2-6 所示，此时不仅可以调整元件的位置，而且可以通过热键对所选对象进行旋转：利用键盘上的 Space（空格）键，逆时针转过 90°；Y 键上下镜像；X 键左右镜像。

② 移动目标。将目标拖拽至目的位置，松开鼠标左键可实现移动任务。

（2）多个元件的移动

① 选中多个物体。执行菜单 Edit→Toggle Selection 命令，逐个选择待移对象；或利用主工具栏中的 □，选择矩形块内的物体；或利用快捷键选择多个元件。

② 移动目标。用鼠标单击已选物体中的任一个，用鼠标将目标元件拖拽至目的位置，松开鼠标左键即可实现移动任务。

③ 元件选择的消除。已被选择元件可利用菜单命令 Edit→Deselect→All 来消除。

4. 编辑元器件

图中所有元器件的属性都可以进行编辑修改，编辑元件的方法比较简单，利用鼠标双击待编辑对象，或执行菜单命令 Edit→Change，出现如图 11-2-11 所示的 Attributes（元件属性编辑）选项卡。

元件属性对话框中各栏的内容如下。

- Lib Ref：元件名称（不允许修改）。
- Footprint：器件封装形式。
- Designator：元件标号（可以不作考虑，可利用工具软件 Annotate 完成元件的自动编号）。

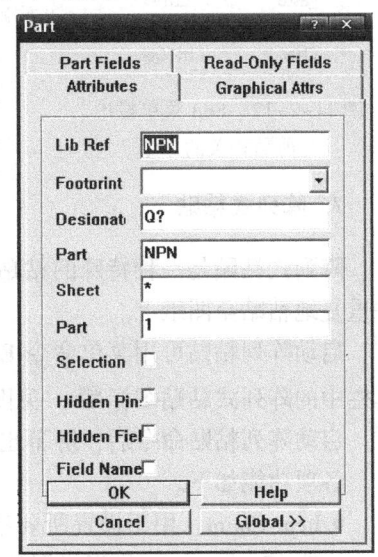

图 11-2-11 Attributes（元件属性编辑）选项卡

- Part Type：器件类别或标称值。
- Selection：切换选取状态，选择该项后，则该元件为选取状态。
- Hidden Pins：是否显示元件的隐藏引脚，选择该选项则可以显示元件的隐藏引脚。
- Hidden Fields：是否显示 Part Fields 选项卡中元件的数据栏。
- Field Names：是否显示元件数据栏名称。

5. 删除元件

Edit 菜单里有两个删除命令，分别为 Clear 和 Delete 命令。

（1）执行命令 Edit→Clear 是删除已选取的元件。启动 Clear 命令之前需要选取元件，启动 Clear 命令之后，已选取的元件立刻被删除。快捷键"Ctrl + Delete"具有同样的功能。

（2）执行命令 Edit→Delete 也是删除元件，但是在启动该命令之前不需要选取元件，启动 Delete 命令之后光标变成十字状，将光标移到待删除的元件上单击鼠标左键，即可删除元件。

使用快捷键 Delete 也可以实现元件删除，但是在用此快捷键删除元件之前，先要选取元件。选取元件后，元件周围会出现虚框，按下此快捷键即可实现删除功能。

6. 元件的剪贴

"剪贴"是 Windows 系统的基本操作之一，包括 Copy（复制）、Cut（剪切）、Paste（粘贴）。Protel 99 SE 具有同样的"剪贴"操作，此操作通过操作系统的"剪贴板"来实现资源的共享。

- Cut 命令：将选取的元件移入剪贴板中，同时将它从图纸上删除。
- Copy 命令：将选择的元件作为副本，放入剪贴板中。
- Paste 命令：将剪贴板中的内容作为副本，放置到图纸上。

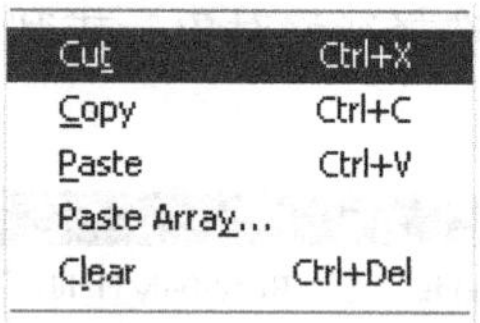

"剪贴"命令主要集中在 Edit 菜单中，如图 11-2-12 所示，在主工具栏中也有相应的图标 ✂ （剪切）、 ▶ （粘贴）。"剪贴"命令的功能热键如下：

- Cut 命令：Shift + Delete 键或 Ctrl + X 键。
- Copy 命令：Ctrl + Insert 键或 Ctrl + C 键。
- Paste 命令：Shift + Insert 键或 Ctrl + V 键。

图 11-2-12　Edit 菜单栏中与剪贴相关的命令

7. 阵列式粘贴

阵列式粘贴是一种特殊的粘贴方式，它粘贴一次可以按指定间距将同一个元件或一组元件重复地粘贴至图纸上。

启动阵列粘贴可用菜单命令 Edit→Paste Array，如图 11-2-12 所示，也可以单击绘图工具栏中的阵列式粘贴图标 ▦ ，见图 11-2-2。

启动阵列粘贴命令后，屏幕出现"设置阵列粘贴"对话框。

各项功能如下：

- Item Count：用于设置所要粘贴的重复次数。
- Text Increment：用于设置所要粘贴元件序号的增量值。
- Horizintal：用于设置所要粘贴的元件间的水平间距。
- Vertical：用于设置所要粘贴的元件间的垂直间距。

8. 取消操作

Protel 99 SE 提供了"取消操作"功能，在编辑工程中出现误操作时，可以通过此功能恢复至操作之前的状态。此项功能也可以通过菜单命令 Edit→Undo 来实现。

通过上述各种方法，放置好元件及编辑元件的属性。

11.2.3 原理图布线

通过上一步的操作已将原理图中所需的元件都放置到位，这一步进行元件之间的电气连接。Protel 99 SE 为电气连接提供了多种电气连接的方法，这里仅介绍两种：导线连接法和网络标号连接法。

1. 导线连接

导线连接是用导线将两元件的两个引脚连接起来。步骤如下（以 R7 的引脚与 LED3 的阳极连接为例讲解）。

（1）执行画导线命令，方法有两种。

① 利用"绘制原理图工具栏"里的图标 ≈。

② 执行菜单命令 Place→Wire。

（2）执行画导线命令。执行画导线命令后，光标变成了十字形状，移到 R7 引脚处，光标中心出现圆点（电气接点），单击鼠标左键，以确定导线起点，如图 11-2-13（a）所示。

（3）导线的绘制。移动鼠标的位置拖动线头，在转折处单击鼠标左键确定导线位置，每转折一次都要单击一次。到导线的末端（LED3 的阳极）时，单击鼠标左键，确定导线终点，如图 11-2-13（b）所示。单击鼠标右键或按 Esc 键，完成一条导线的绘制，如图 11-2-13（c）所示。

（4）按上述步骤，连接好其他元件间的导线。

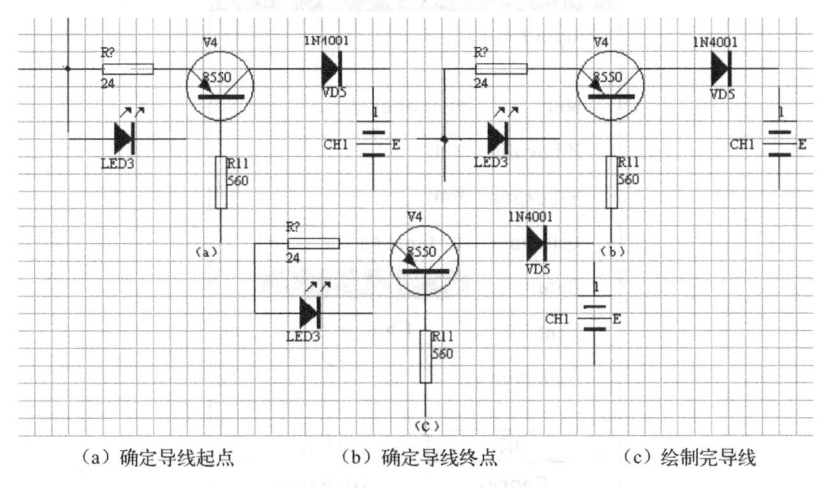

(a) 确定导线起点　　(b) 确定导线终点　　(c) 绘制完导线

图 11-2-13　绘制导线过程图

2. 网络标号连接

若导线连接过程中出现频繁交叉，则会使整个图纸阅读变得更加困难。在这种情况下，Protel 99 SE 提供了另一种电气连接方式"网络标号"，在 Protel 99 SE 中具有相同网络标号的接点认为电气上是连接在一起的，它与导线具有同样的作用。采用"网络标号"会使图纸面简捷。放置"网络标号"的步骤如下。

（1）执行放置"网络标号"命令。放置"网络标号"的方法有两种。

① 利用"绘制原理图工具栏"里的图标 Net。

② 执行菜单命令 Place→Net Label。

（2）执行放置"网络标号"命令。执行放置"网络标号"命令后，光标变成十字形且光标跟随着 NetLabel22 字符串，移动光标至欲放置的电气接点，光标中心变成圆点（电气接点），如图 11-2-14（b）所示。单击鼠标左键放置网络标号于该处，如图 11-2-14（c）所示。

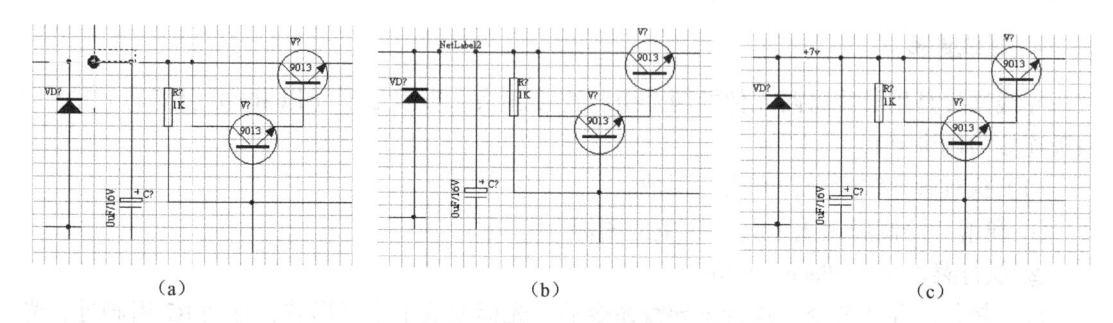

（a）　　　　　　　　　　（b）　　　　　　　　　　（c）

图 11-2-14　放置网络标号过程图

（3）修改网络标号。双击欲修改的网络标号字符串 Net Label22，则进入 Net Label 的 Properties（属性）选项卡，如图 11-2-15 所示，将 Net 项修改为"+7V"，单击"OK"按钮退出。

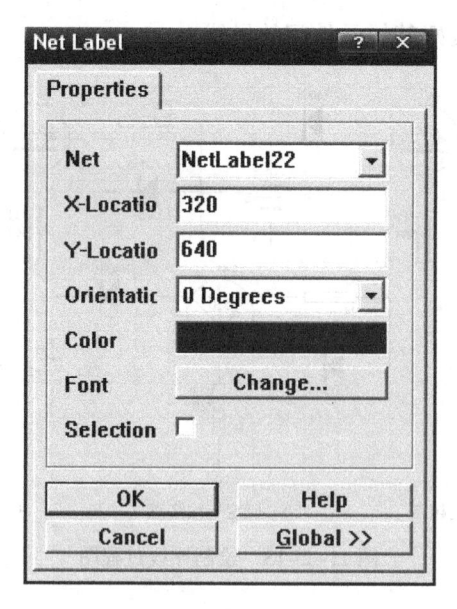

图 11-2-15　Net Label 的 Properties（属性）选项卡

（4）重复上述操作编辑另一网络标号，并修改为"+7 V"，表示这两个接点在电气上是连接在一起的，如图 11-2-16 所示。

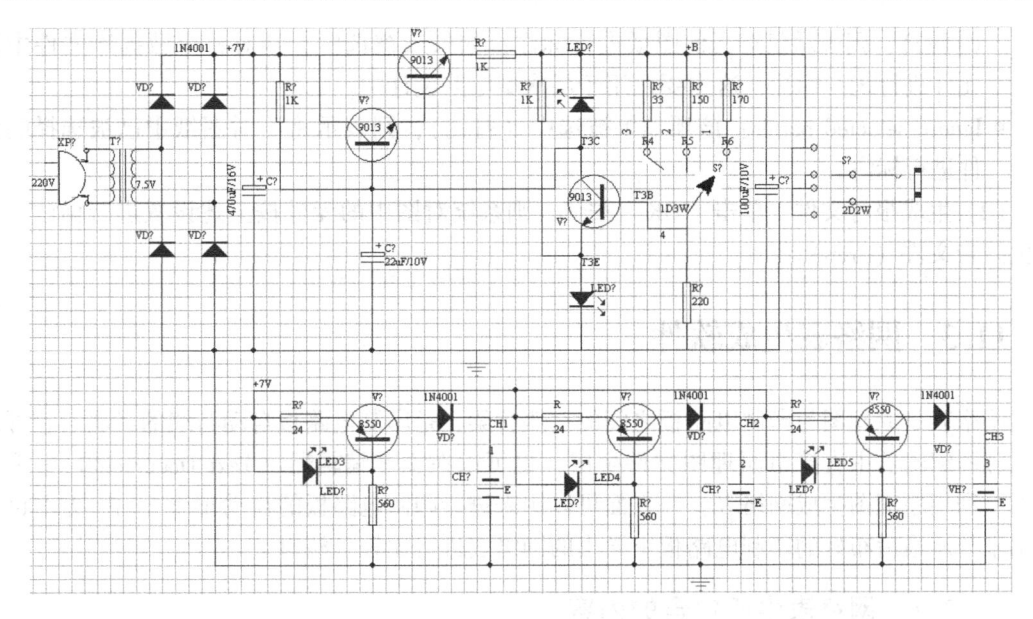

图 11-2-16　电气原理图绘制实例

11.2.4　常用工具软件的使用方法及原理图的输出

Protel 99 SE 提供的原理图设计系统除生成原理图外，还提供一些原题图设计的辅助功能软件，使原理图设计更为方便、快捷，这里仅介绍几种常用的。

当原理图设计完成时，图中所有元件都必须有唯一一个标号（流水号），在前面讲解时都是用"?"取代的，给元件标注的方法可以采用手工编辑元件的方法进行，这里介绍如何利用 Protel 99 SE 的 Annotate 命令进行标注。

通过执行菜单命令 Tools→Annotate 启动该功能，启动后进入 Options（选项）选项卡，如图 11-2-17 所示。在该选项卡中包含以下几方面的设置。

（1）设置被标注对象及范围。被标注对象可以通过窗口中的下拉列表进行选择，下拉列表的内容及作用如下。

- All Parts：对所有对象重新标注，原有的标号在重新标注后不再存在。
- ? Parts：仅给带有"?"的元件以标注，如 R?、C?、U? 等。
- Reset Designators：将所有元件的标号重新设置成 R?、C?、U? 等，这一功能主要适用于对所有元件重新进行标注。

两个可选项如下。

- Current sheet only：该项如果被选中

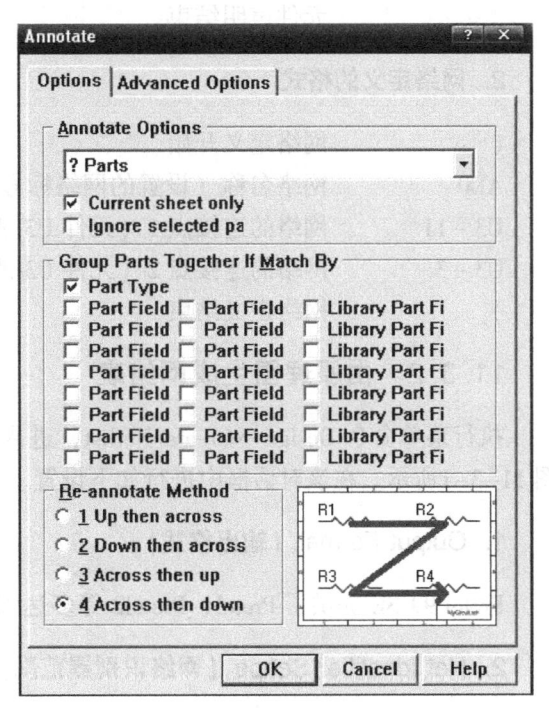

图 11-2-17　Options（选项）选项卡

（打钩），则表示仅对当前图纸进行标注；如果未被选中，则对整个数据库文件中的元件进行统一标注，这主要适用于层次型电路设计中。

- Ignore selected partes：该项如果被选中（打钩），则表示将不对图纸中已被选择的元件进行标注。

（2）生成报告文件。单击"OK"按钮，则系统对图中的元件按上述设置进行标注，并产生报告文件（.rep）。

11.3 网络表生成软件

网络表是原理图与印制电路板之间的一座桥梁，是印制电路板自动布线的灵魂。它可以在原理图编辑器中直接由原理图文件生成，也可以在文本编辑器（Text Document）中手动编辑。利用原理图生成网络表，一方面可以用来进行印制电路板的自动布线，另一方面也可以用来与从最后布好的印制电路板中导出的网络表进行比较、核对。

11.3.1 网络表中所包含的内容

网络表主要由两部分组成，即元件声明和网络定义。

1. 声明元件的格式

[	元件声明开始
C1	元件标号 Designator
RAD0.2	元件封装形式 Footprint
60PF	元件注释文字 Part Type
]	元件声明结束

2. 网络定义的格式

(	网络定义开始
AD0	网络名称（设置的网络标号）
U3 – 11	网络的连接点1（元件U3的第11引脚）
U3 – 3	网络的连接点2（元件U3的第3引脚）
)	网络定义结束

11.3.2 由原理图生成网络表

执行菜单命令 Design→Create Netlist，进入 Netlist Creation（网络生成表）对话框，如图 11-3-1 所示。在该对话框中进行如下设置。

1. Output Format（输出格式）

Protel 99 SE 提供了 Protel、Protel2 等多达 40 种不同的格式，这里设置成 Protel 格式。

2. Net Identifier Seope（网络识别器范围）

此栏共有三种选项。

- Net Labels and Ports Global：网络标号及 I/O 端口在整个项目内的全部电路中都有效。
- Only Ports Global：只有 I/O 端口在整个项目内有效。
- Sheet Symble/Port Connection：方块电路符号 I/O 端口相连接。本例为单张原理图，可以不考虑此项。

3. Sheets to Netlist（生成网络表的图纸）

此栏共有 3 种选项。
- Active sheet：当前激活的图纸。
- Active project：当前激活的项目。
- Active sheet plus sub sheets：当前激活的图纸及其下层子图纸。这里设定为 Active sheet，即处于当前激活状态的图纸。

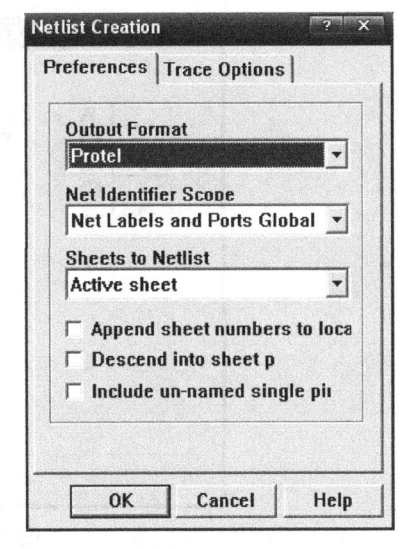

图 11-3-1 Netlist Creation（网络生成表）对话框

4. Append sheet numbers to local nets（将原理图编号附加到网络名称上）

这里不选中该项。

5. Descend into sheet parts（细分到图纸部分）

对于单张原理图没有实际意义，不选中该项。

6. Include un-named single pin nets（包括没有命名的单个引脚网络号）

这里不选中该项。

设置完毕后，单击"OK"按钮可生成与原理图文件名相同的网络表文件，工作窗口和设计管理器窗口也将自动切换到文件编辑器工作窗口和 Browse Text（文本浏览器）。生成的网络表将显示于当前的工作窗口中，可以对之进行编辑。

11.3.3 元件列表生成

元件列表主要用于整理出一个电路或一个项目中的所有元器件。元件列表主要包括元件的名称、序号、封装形式等信息，以便用户对设计中所涉及的所有元件进行检查、核对。下面介绍本例中的原理图生成元件列表的具体操作步骤。

（1）执行菜单命令 Reports→Bill of Material。

（2）执行该命令后，会出现如图 11-3-2 所示的 BOM Wizard 对话框。选择 Sheet 项，然后单击"Next"按钮进入下一步操作。

（3）执行完上一步操作后即可进入如图 11-3-3 所示的对话框，在该对话框中可以设置元件列表中所包含的内容，选中 Footprint 和 Description 选项，然后单击"Next"按钮进入下一步操作。

（4）设置完元件列表中的内容后，进入如图 11-3-4 所示的对话框，在该对话框中定义元件列表中各列的名称。定义结束后单击"Next"按钮进入下一步操作。

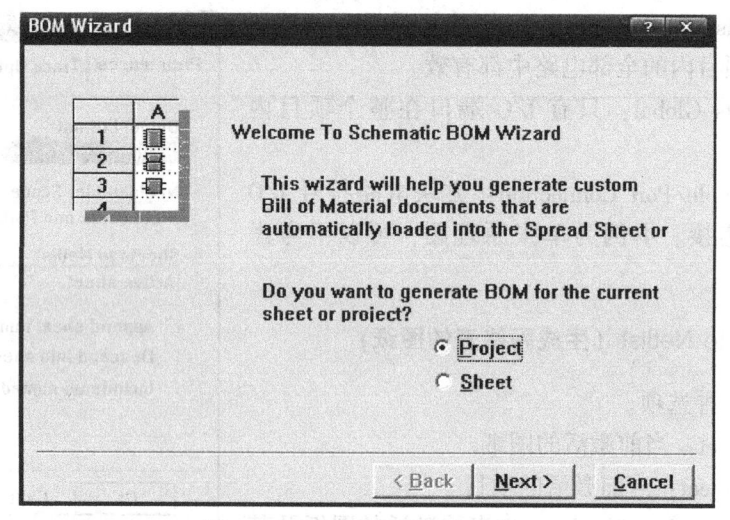

图 11-3-2　BOM Wizard 对话框

图 11-3-3　设置元件列表中的内容

图 11-3-4　定义元件列表中各列的名称

(5) 如图 11-3-5 所示，在此对话框中可以选择列表文件的类型，这里将复选框的一种类型选中。

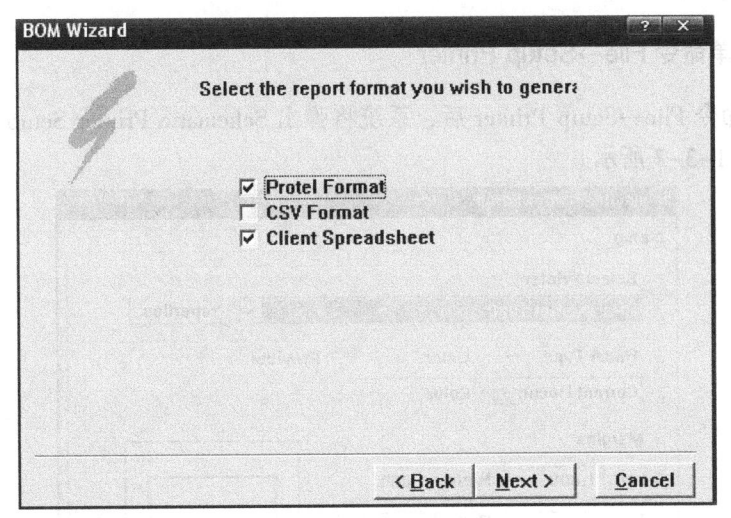

图 11-3-5　选择元件列表文件类型

三种元件列表文件格式如下。
- Protel Format：Protel 格式，文件扩展名为".bom"。
- CSV Format：电子表格可调用格式，文件扩展名为".csv"。
- Client Spreadsheet：Protel 99 SE 的表格格式，文件扩展名为".xls"。

(6) 选择完文件类型后，单击"Next"按钮进入下一步操作，如图 11-3-6 所示。单击"Finish"按钮即可自动生成元件列表并自动进入 Browse Text（文本浏览器）。列表将显示于当前的工作窗口中，可以对之进行编辑。

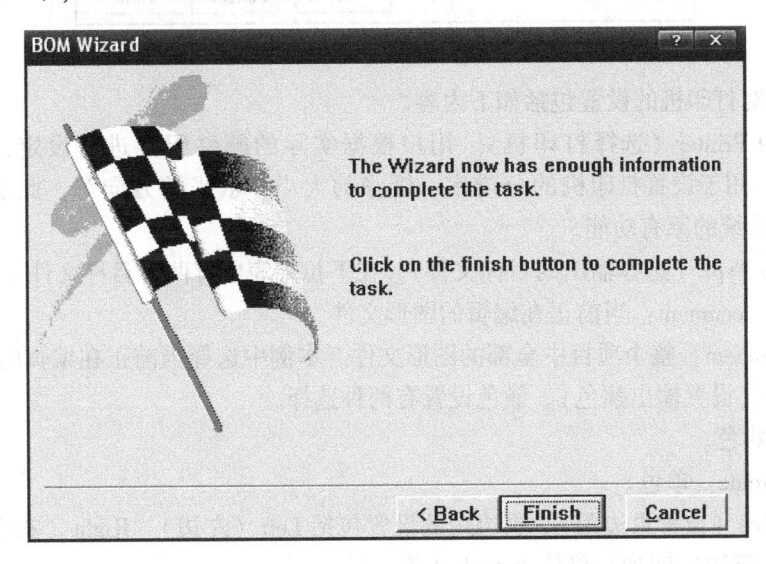

图 11-3-6　完成设置

11.3.1　原理图输出

原理图绘制结束后，往往要通过打印机或绘图仪输出，以供设计人员参考、归档。用打印机打印输出，首先要对打印机进行设置，包括打印机的类型设置、纸张大小的设定、原理图纸的设定等内容。

1. 执行菜单命令 File→Setup Printer

执行菜单命令 File→Setup Printer 后，系统将弹出 Schematic Printer Setup（打印机设置）对话框，如图 11-3-7 所示。

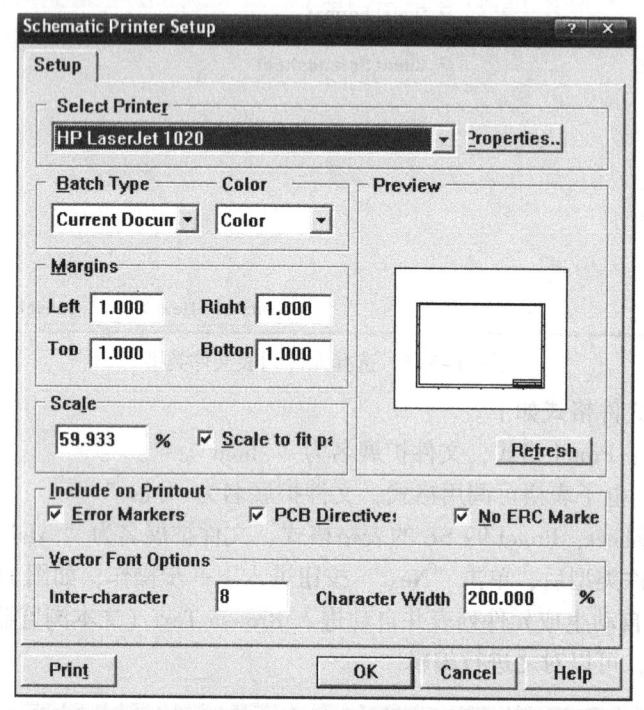

图 11-3-7　Schematic Priner Setup（打印机设置）对话框

对话框中对打印机的设置包括如下内容。

（1）Select Printer（选择打印机）。用户根据实际的硬件配置进行设定，其后的按钮"Properties…"用于设置打印机的分辨率、纸张的大小、纸张的方向等，此功能是调用了 Windows 操作系统的原有功能。

（2）Batch Type（选择输出的目标文件）。在下拉列表中有两个目标文件可供用户选择。
- Current Document：当前正在编辑的图形文件。
- All Document：整个项目中全部的图形文件。本例中选择当前正在编辑的图形文件。

（3）Color（设置输出颜色）。颜色设置有两种选择。
- Color：彩色。
- Monochrome：单色。

（4）Margins（设置页边距）。页边距的设置包括 Left（左边）、Right（右边）、Top（上边）、Bottom（下边）四种，单位为 Inch（英寸）。

（5）Scale（设置缩放比例）。设置打印的缩放比例，以满足不同目的的需求。
- Scale to fit page：选择充满页面的缩放比例。如果用户设置了该项，则无论原理图的图纸种类是什么，程序都会自动根据当前打印纸的尺寸计算出合适的缩放比例，使打印输出时原理图充满整页打印纸。在一般打印中常选择该项。

(6) Preview（预览）。当设置好页边距和缩放比例后，单击该项中的"Refresh"按钮，即可预览到实际打印输出的效果。

设置完成后，单击"OK"按钮保存当前的设置。

2. 执行菜单命令 File→Print

执行菜单命令 File→Print 后程序将会按照上述设置进行打印输出。

11.4 绘制印制电路板（PCB）

电路设计的最终目的是为了设计出电子产品，而电子产品是通过印制电路板来实现的，因此印制电路板是电路图设计中最重要、最关键的一步，其设计步骤如图 11-4-1 所示。

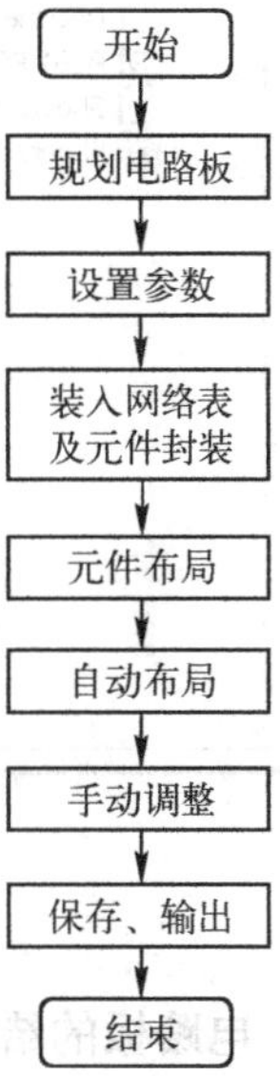

(1) 规划电路板。在绘制印制电路板之前，用户要对电路板做一个初步的规划，比如说电路板采用多大的物理尺寸，采用几层板，是单面板还是双面板，各元件采用何种封装形式及其安装位置等。这是一项极其重要的工作，是进行电路板设计的基础。

(2) 设置参数。参数的设置是电路板设计中非常重要的一步。设置参数主要是设置元器件的布置参数、板层参数、布线参数等。一般说来，有些参数用其默认值即可，有些参数在使用过一次以后，即第一次设置以后，以后几乎无需修改。

(3) 装入网络表及元件封装。在前面提到过，网络表是电路板自动布线的灵魂，也是原理图设计系统与印制电路板设计系统的接口，因此这一步也是非常重要的环节。只有将网络表装入之后，才可能完成对电路板的自动布线。元器件的封装就是元器件的外形，对于每个装入的元器件都必须有相应的封装形式，以保证电路板布线的顺利进行。

(4) 元件布局。元器件的布局是为了便于 Protel 99 SE 自动布局。规划好电路板并装入网络表后，用户可以让程序自动装入元件，并自动将元件布置在电路板规划好的边框内。Protel 99 SE 也可以让用户手工布局。只有元件的布局合理了，才能进行下一步的布线工作。

图 11-4-1 印制电路板设计流程图

(5) 自动布局。Protel 99 SE 采用世界最先进的无网格、基于形状的对角线自动布线技术。只要将有关的参数设置得当、元件的布局合理，自动布线的成功率几乎是 100%。

(6) 手工调整。到目前为止，还没有一种自动布线软件能够完美到不需要手工调整的地步。自动布线结束后，往往存在一些令人不满意的地方，此时需要进行手工调整。

(7) 保存、输出。完成电路板的布线后，保存完成的电路板文件，然后利用各种图形输出设备，如打印机或绘图仪，来输出电路板的布线图。

11.4.1 启动 PCB 设计系统与环境设置

1. PCB 设计系统的启动

启动 PCB 设计，其方法与启动原理图设计类似。

(1) 进入 Protel 99 SE 主界面，执行菜单命令中的 File→New 命令。
(2) 从设置文件对话框中选择 PCB Document（PCB 设计文档）图标。
(3) 单击"OK"按钮，建立起 PCB 设计文档，用户可以修改文档名。
(4) 双击文档图标，进入 PCB 设计界面，如图 11-4-2 所示。

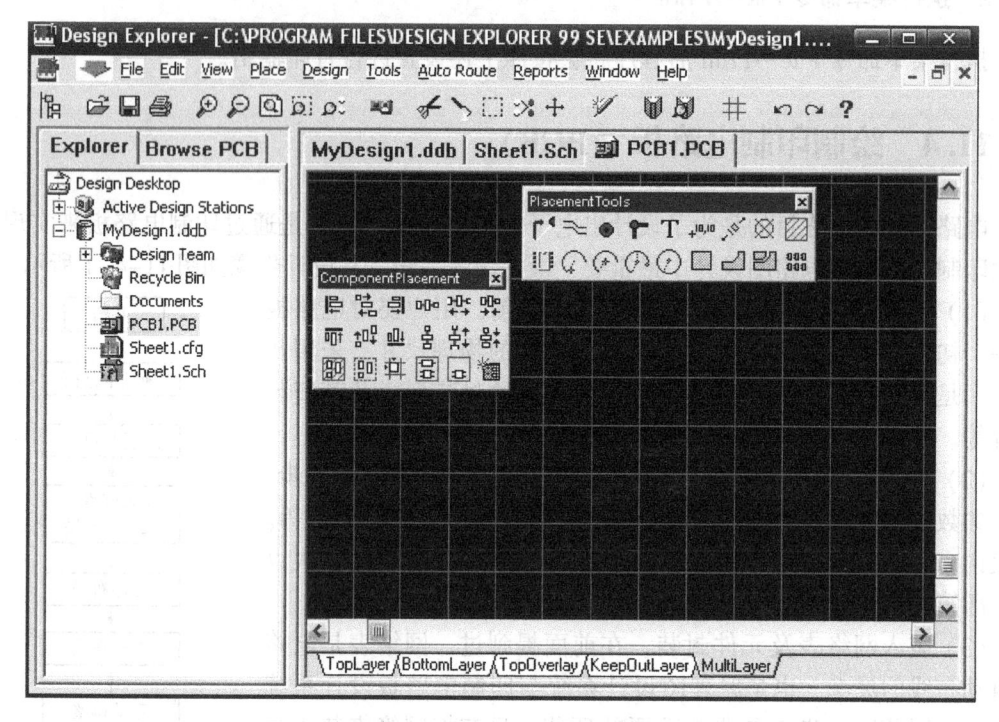

图 11-4-2 PCB 设计界面

2. 电路板的结构

一般来说，PCB 的结构分单面板、双面板和多层板。

(1) 单面板。单面板是一种一面有敷铜、另一面没有敷铜的电路板，只可以在它敷铜的一面布线并放置元件。单面板由于其成本低、不用打过孔而被广泛应用。

(2) 双面板。双面板包括 Top Layer（顶层）和 Bottom Layer（底层）两层，顶层一般为元件面，底层一般为钎焊层面，双面板的双面都有敷铜，都可以布线。双面板的电路一般比单面板的电路复杂，但布线比较容易，是制作电路板比较理想的选择。

(3) 多层板。多层板是包含了多个工作层面的电路板。除了上面讲到的顶层、底层以外，还包括中间层、内部电源/接地层等。随着电子技术的高速发展，电子产品越来越精密，电路板也就越来越复杂，多层板的应用也就越来越广泛。

3. 工作层的类型

在设计印制电路板时，往往会碰到工作层面选择的问题。Protel 99 SE 提供了多个工作层供用户选择，用户可以在不同的工作层面上进行不同的操作。当进行工作层面设置时，应该执行设计管理器 Design→Options 命令，系统将弹出如图 11-4-3 所示的 Document Options 对话框。工作层面的设置集中在对话框中 Layers 选项卡的设置。

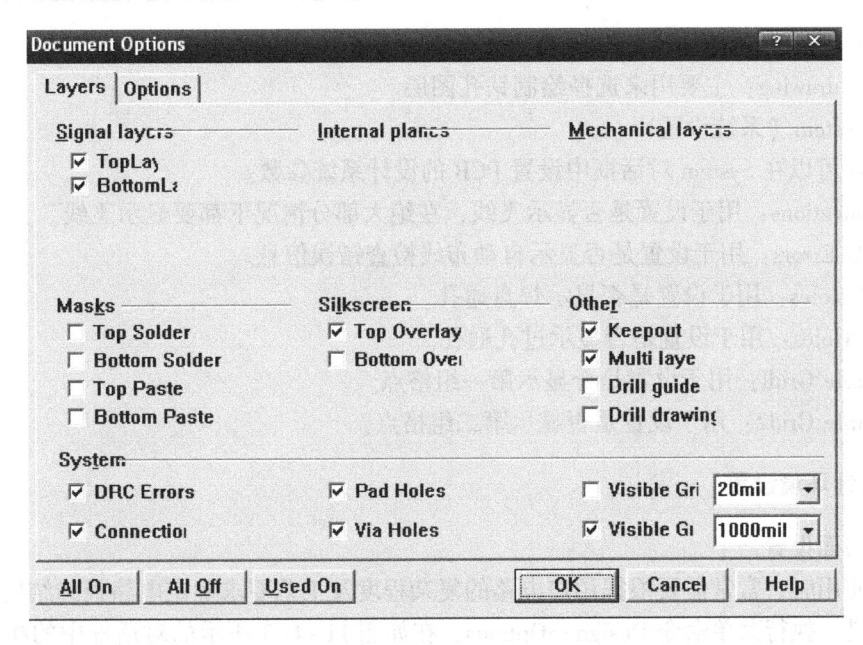

图 11-4-3 Document Options 对话框

（1）Signal Layers（信号层）

Protel 99 SE 可绘制多层板，如果当前板是多层板，则 Signal Layers 可以全部显示出来。用户可以选择其中的层面，主要有 Top Layers、Bottom Layers、Mid Layerl 等，如果用户没有设置 Mid 层，则这些层不会显示出来，用户可以执行菜单命令 Design→Layer Stack Manager 设置信号层。

信号层主要用于放置与信号有关的电气元素，如 Top Layer 为顶层，用于放置元件及布线；Bottom layer 为底层，用作钎焊及布线；Mid Layer 为中间工作层，用于布置信号线。

（2）Internal Planes（内层电源/接地层）

内层电源/接地层主要用于布置电源线及接地线，可以通过执行 Design→Layer Stack Manager 命令设置。

（3）Mechanical Layers（机械层）

机械层主要用于产生加工与装配图；显示印制电路板上的有关尺寸、各种标记及安装说明等详细的机械资料。Protel 99 SE 可设多达 16 个机械工作层，可以通过执行菜单命令 Design→Mechanical Layers 对其进行设置。

（4）Masks（阻焊层及防锡膏层）

Protel 99 SE 提供的阻焊层及防锡膏层有：Top Solder 为设置顶层阻焊层；Bottom Solder 为设置底层阻焊层；Top Paste 为设置顶层防锡膏层；Bottom paste 为设置底层防锡膏层。

（5）Silkscreen（丝印层）

丝印层用于绘制元件的外形轮廓和标识，主要包括 Top Overlay（顶层丝印层）、Bottom Overlay（底层丝印层）两种。

（6）Other（其他工作层）

其他工作层面共有四个复选框，各复选框的意义如下。

- Keepout：用于设置是否禁止布线层。
- Multi layer：用于设置是否显示复合层。如果不选择此项，导孔就无法显示出来。

- Drill guide：主要用来选择绘制钻孔引层。
- Drill drawing：主要用来选择绘制钻孔图层。

(7) System（系统设置）

用户还可以在 System 对话框中设置 PCB 的设计系统参数。

- Connections：用于设置是否显示飞线，在绝大部分情况下都要显示飞线。
- DRC Errors：用于设置是否显示自动布线检查错误信息。
- Pad Holes：用于设置是否显示焊盘通孔。
- Via Holes：用于设置是否显示过孔通孔。
- Visible Gridl：用于设置是否显示第一组格点。
- Visible Grid2：用于设置是否显示第二组格点。

4. 设计环境设置

(1) 层面设置

实际使用时，常常需要根据用户电路的复杂程度及工艺要求确定电路板的结构及工作层面，方法是：执行菜单命令 Design→Options，在如图 11-4-3 所示的对话框中的相应项前打"√"（选中）。本例中选取如图 11-4-3 所示的设置。

(2) 参数设置

在图 11-4-3 所示的对话框中单击 Options 选项卡，如图 11-4-4 所示。

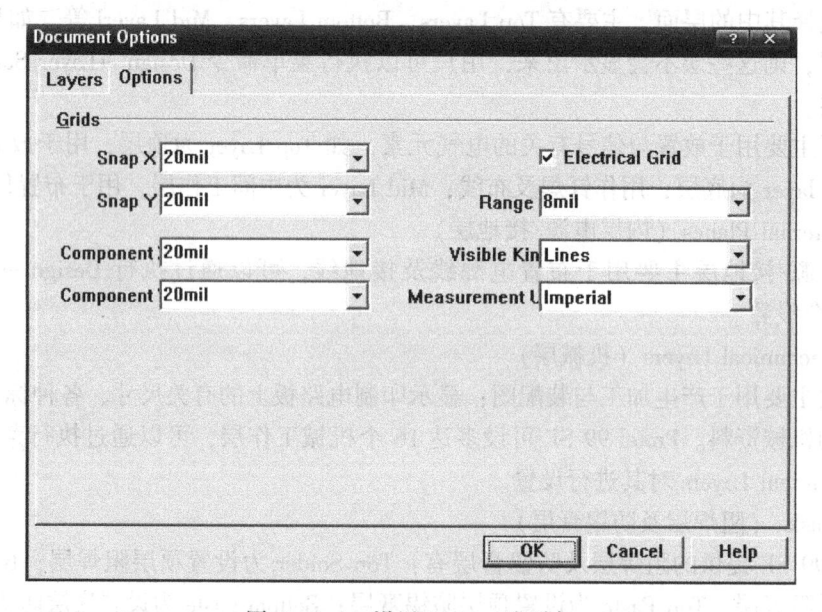

图 11-4-4　设置 Options 选项卡

对设计过程中常用的参数进行设置。

- Snap X/Y：光标移动时在 X/Y 方向的间距，其值可以在其右边的选择框中设置。
- Component X/Y：用来设置控制元件移动的间距。
- Visible Kind：用于设置显示格点的类型。系统提供了两种格点类型：Lines（线型）和 Dots（点型）。
- Electrical Grid（电气栅格设置）：用于设置电气格点的属性。它的含义与原理图中的电气格点相同。选中 Electrical Grid 复选项表示具有自动捕捉焊盘的功能，Range（范围）用于设置捕捉半径。在布置导线时，系统会以当前光标为中心、以 Grid 设置的值为半径捕捉焊盘，一旦捕捉到焊盘，光标会自动移到该焊盘上。
- 度量单位（Measurement Unit）：用于设置系统的度量单位。系统提供了两种度量单位，即 Imperial（英制）和 Metric（米制）。系统默认值为英制。本例中选取如图 11-4-4 中的设置值。

(3) 工作层间切换

在 PCB 设计中大多数操作与原理图设计相似，此处仅介绍工作层间的切换，常用的方法有两种：运用热键和单击工作层选项卡。

① 运用热键。当前工作层间可以利用小键盘上的"＋"、"－"键进行切换。

② 用鼠标单击屏幕上的工作层选项卡，如图 11-4-5 所示。

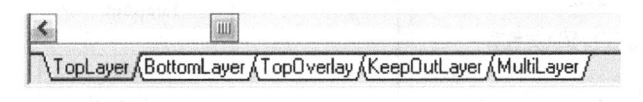

图 11-4-5 工作层选项卡

11.4.2 制作印制电路板

1. 准备原理图与网络表

要制作印制电路板，需要有原理图和网络表，这是制作印制电路板的前提。这一部分工作在前面的原理图设计过程中已经完成。

2. 印制电路板的规划

对于所设计的电子产品都有外形及外部尺寸的要求，因而首要的工作是电路板的规划，在此即是电路板边框的确定。进入 PCB 设计系统后，电路板的规划步骤如下。

(1) 选取 Keep Out Layer 为当前工作层（方法如前所述）。该层为禁止布线层，一般用于设置电路板的边框。

(2) 执行菜单命令 Place→Keepout→Track，或者鼠标单击 Placement Tools 工具栏中相应的图标 ≈。

(3) 执行完该命令后，光标会变成十字。将光标移动到适当的位置，单击鼠标左键，即可确定第一条边框线的起点。然后拖动鼠标，将光标移动到合适的位置，单击鼠标左键，即可确定第一个边框线的终点。

用户在该命令状态下，按"Tab"键进入 Line Constraints（线型）对话框，如图 11-4-6 所示。在该对话框中可以设置该线的线宽及工作层。

当 Track 放置完成后，用户可以通过鼠标双击该线，双击后将出现如图 11-4-7 所示的 Properties（Track 属性）选项卡，可以在此对该 Track 属性进行编辑，内容包括：起、终点坐标，线宽，工作层等信息。

(4) 用同样的方法绘制出其他三条边。

(5) 单击鼠标右键，退出该命令状态。

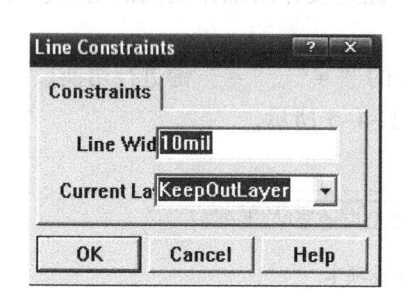

图 11-4-6 Line Constraints（线型）对话框 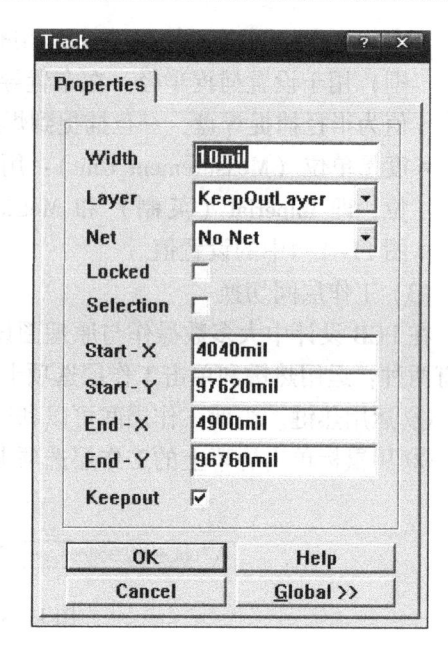　　图 11-4-7 "Track 属性"选项卡

3. 网络表和元件的装入

印制电路板规划好后，接下来的工作是装入网络表和元件封装。在装入网络表和元件封装之前，必须装入所需的元件封装库。如果没有装入元件封装库，则在装入网络表的过程中，程序将会提示用户"装入过程失败"。

（1）装入元件封装库

其步骤与原理图库文件的装入相似。

① 执行菜单命令 Design→Add→Remove Libraries。

② 执行上述菜单命令后出现图 11-2-5 所示的对话框，在该对话框中，找出原理图中的所有元件所对应的元件封装库。选中这些库，用鼠标单击"Add"按钮，即可添加元件封装库。

③ 添加完所需的元件封装库，程序就将所选中的元件库装入。

（2）网络表与元件的装入过程和基本步骤

网络表与元件的装入过程实际上是将原理图设计的数据装入印制电路设计系统的过程。PCB 设计中数据的变化都可以通过 Netlist Macro（网络宏）来完成。通过分析网络表文件和 PCB 系统内部的数据，可以自动产生网络宏。其基本步骤如下。

① 执行菜单命令 Design→Load Nets 。

② 执行该命令后，会出现如图 11-4-8 所示的 Load/Forward Annotate Netlist（装入网络表与元件设置）对话框。

③ 在 Netlist File 输入选框中，输入网络表文件名。也可以用对话框中的按钮"Browse"查找到网络表文件。

④ 用鼠标单击按钮"Execute"，就装入了网络表与元件。

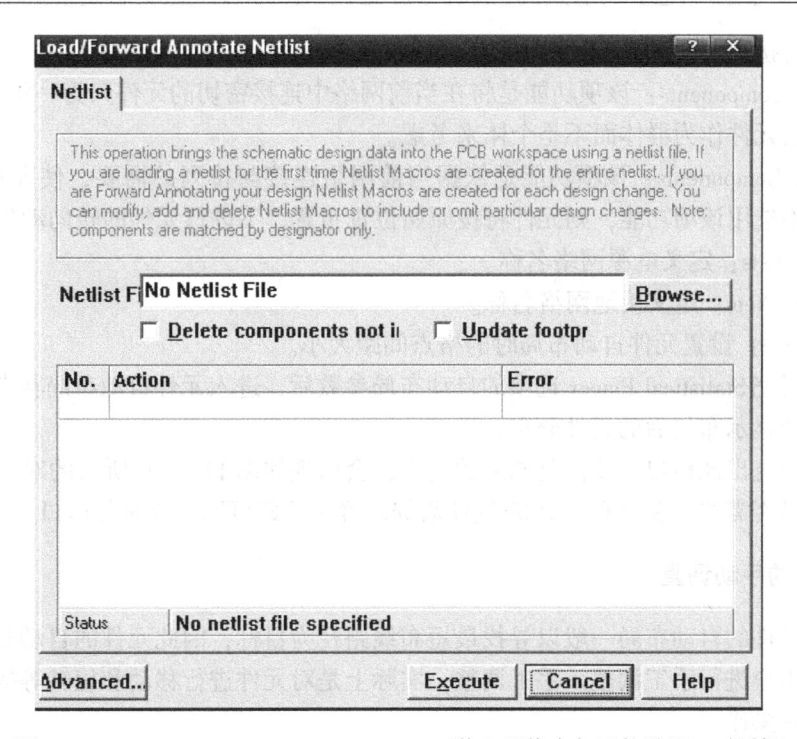

图 11-4-8　Load/Forward Annotate Netlist（装入网络表与元件设置）对话框

4. 元件的自动布局

Protel 99 SE 提供了强大的自动布局功能，用户只要定义好规则，Protel 99 SE 就可以将重叠的元件封装分离出来。实现元件自动布局的一般步骤如下。

（1）执行菜单命令 Tools→Auto Placement→Auto Place。

（2）执行完该命令后，会出现如图 11-4-9 所示的 Auto Place（自动布局）对话框，可以看到系统提供了两种自动布局方式，分别是 Cluster Placer 和 Statistical Placer。

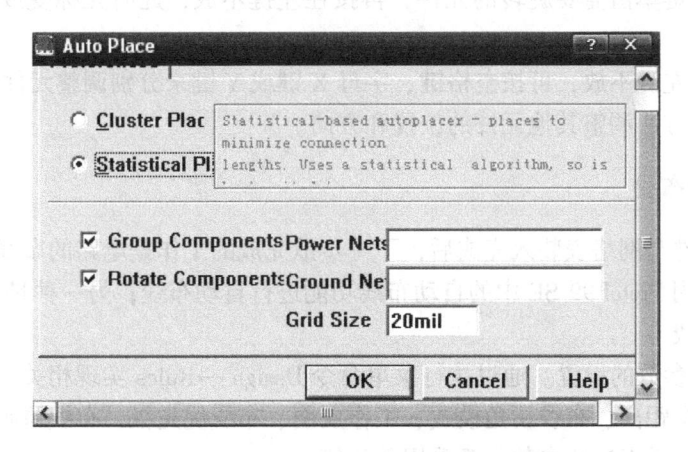

图 11-4-9　Auto Place（自动布局）对话框

- Cluster Placer：一般适合于元件较少的情况，这种情况下元件被分组来布局。
- Statistical Placer：适合于元件较多的情况。它使用了统计算法，使元件间用最短的导线来连接。Statistical Placer 中各选项的意义如下。

- Group Components：该项功能是将在当前网络中连接密切的元件归为一组。在排列时，将该组元件作为群体而不是个体来考虑。
- Rotate Components：该项功能是依据当前网络连接与排列的需要，使元件重组转向。如果不选用该项功能，则元件将按原始位置布置，不进行元件的转向动作。
- Power Nets：定义电源网络名称。
- Ground Nets：定义接地网络名称。
- Grid Size：设置元件自动布局时的格点间距大小。

（3）设置完 Statistical Placer 选项的自动布局参数后，进入元件自动布局状态。自动布局结束后，系统显示布局后的元件分布。

（4）用户退出此窗口，要恢复原来的窗口，会出现如图 11-4-9 所示的对话框。该对话框提示用户是否需要刷新原有的 PCB 设计数据。确认后即可回到原来的窗口。

5. 元件的手动调整

程序对元件的自动布局一般以寻找最短布线路径为目标，因此元件的自动布局往往不太理想，需要用户进行手工调整。手工调整，实际上是对元件进行移动和旋转等操作。下面简要介绍这两种操作。

（1）元件的移动

该操作与原理图编辑相似。

① 用鼠标左键单击需要移动的元件，再按住左键不放，此时光标变成十字，表明已选中要移动的元件。

② 用户按住鼠标左键不放，然后拖动鼠标，则十字光标会带动被选中的元件进行移动，将元件移动到适当的位置后，松开鼠标左键。

③ 用同样的方法移动其他元件，进行位置调整。

（2）元件的旋转

① 用鼠标左键单击需要旋转的元件，再按住左键不放，此时光标变成十字，表明已选中要旋转的元件。

② 用户按住左键不放，可按空格键、字母 X 键或 Y 键来分别调整元件的不同方向。

③ 用同样的方法调整其他元件的位置和方向。

6. 电路板的布线

电路板中元件与网络表装入完成后，下一步欲完成的工作是电路的布线，布线的方法有两种：一种是利用 Protel 99 SE 中的自动布线功能进行自动布线；另一种是进行手工布线。

（1）自动布线

① 自动布线参数的设置。通过执行菜单命令 Design →Rules 实现相关参数的修改，可修改的参数包括安全距离、布线拐角模式、工作层面、布线优先级、布线原则、过孔类型及布线宽度等，对于初学者这些参数大都采用默认值。

② 启动自动布线。Protel 99 SE 提供了多种自动布线方法可选，包括全局布线、选定网络布线、两连接点间布线、指定元件布线和指定区域布线，本例选用全局布线。执行菜单命令 Auto Route →All，如图 11-4-10 所示，启动该功能后，系统将开始对电路板进行自动布线。

(2) 手工调整

Protel 99 SE 的自动布线功能非常强大，布线的成功率几乎是 100%，但是也会存在一些令人不满意的地方。一个成功的印制电路板往往都是在自动布线的基础上进行多次手工修改，才能将电路板设计得尽善尽美的。手工调整包括以下几方面的内容。

① 调整布线。首先拆除在不合理的工作层面上的线，执行菜单命令 Tools→Unroute→Net（拆除该网络编号的布线结果）。执行该网络命令后光标变成十字，移动光标到要拆除的网络上，单击鼠标左键确定，已布好的走线被拆除。执行菜单命令 Place→Track，将上述已拆除的网络重新走线。

② 电源/接地线的加宽。为了提高抗干扰能力、增加系统的可靠性，往往需要将电源/接地线和一些流过电流较大的线加宽。步骤如下：移动光标，将光标指向需要加宽的电源/接地线或其他线；双击鼠标左键，出现"导线属性设置"对话框，用户可对导线宽度进行修改，方法是在宽度选项中输入宽度值。

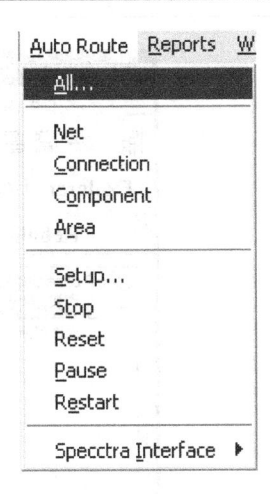

图 11-4-10　全局布线菜单结构

7. 印制电路板 PCB 文档的保存

在 PCB 板设计完成后要对该文件进行保存，保存的位置在当前设计项目数据库中，保存方法是执行菜单命令 File→Save。

8. 印制电路板的打印输出

完成 PCB 的设计以后，就要打印输出，以生成印制电路板和焊接元件。使用打印机打印输出电路板，首先要对打印机进行设置，包括打印机的类型设置、纸张大小的设定、电路图纸的设定等内容，然后再进行打印输出。

(1) 打印对象的设置

打印输出首先要对打印对象进行设置，步骤如下。

① 在 PCB 服务器中执行菜单命令 File→Printer→Preview，则系统生成 *.PPC 文件并启动 PPC 文件功能，在窗口预览 PCB 实际输出的效果，系统默认状态是将当前 PCB 图中所有的层面同时打印输出。在制作 PCB 过程中常常需要单层打印输出，可以通过属性修改来实现。

② Top Layer（顶层）输出。在设计管理器控制板、选择 PCB 打印浏览器中，选择 Multilayer Composite Print（如图 11-4-11 所示），右击鼠标选择 Properties 或执行菜单命令 Edit→Change，然后出现如图 11-4-12 所示的对话框，对话框中 Options 栏有选项 Show Holes（显示通孔）、Mirror Layers（设置层面在打印时的镜像，在打印底面各层时应注意设置该选项）等。当前预览窗口中所显示的层面可以在 Layers 中进行修改，通过"Add"按钮可以向预览窗口中增加层面，通过"Remove"按钮可以从预览窗口中删除层面。本例中通过"Remove"按钮仅在 Layers 框中保留 Top Layers，则预览窗口中仅有顶层。

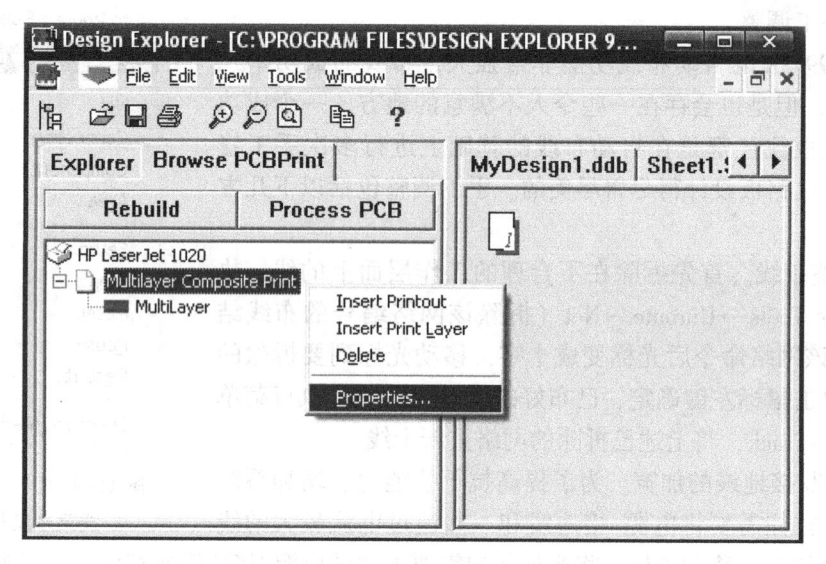

图 11-4-11　PPC 设计管理器控制板图

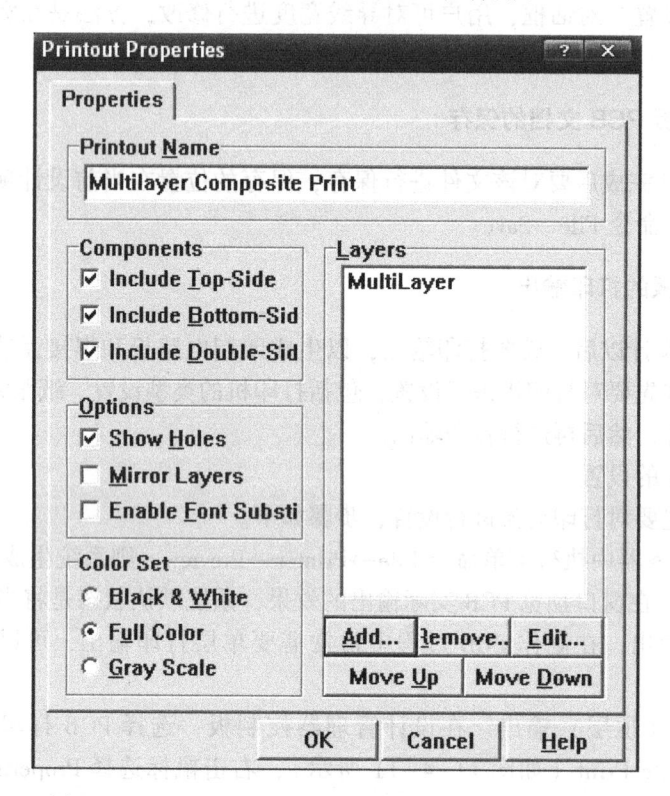

图 11-4-12　Printout Properties（输出层面设置）对话框

(2) 打印机设置

完成输出对象设置后，进行打印机的设置。执行菜单命令 File→Setup Printer，系统将弹出"打印机设置"对话框，在对话框中可以设置如下内容：在 Printer 操作框中可以选择打印机名（用户可根据实际使用的情况进行设置）；在 Orientation 互锁选择框中可选择打印方向：Portrait（纵向）和 Landscape（横向）；在 Print What 选择下拉列表中可选择打印方式：Standard（标准形式）、Whole Board on Page（整块板打印于一页上）和 PCB Screen Region

(PCB 区域)。设置完毕后单击"OK"按钮,完成打印机的设置操作。

(3) 打印输出

设置打印机后,最后执行菜单命令 File→Print 的相关命令进行打印,打印 PCB 图形的命令有:

Print→All (打印所有图形);

Print→Job (打印所操作的对象);

Print→Page (打印所给定的页面,用户通过对话框给定相应的页面);

Print/Current (打印当前页)。

用户可以用同样的方法和步骤通过打印机输出该 PCB 中的其他层面。

思 考 题

1. Protel 99 SE 是什么软件?有何特性?
2. Protel 99 SE 由哪些组件构成?各有什么功能?
3. 项目文件夹、原理图文件、印制板文件(PCB 文件)、PCB 库文件、PCB 打印输出、文本文件及波形文件的扩展名各是什么?
4. 为何使用树形文件结构来管理设计文件?数据库管理员可进行哪些操作?如何在原理图编辑器中加载元件库文件?
5. 简述绘制原理图的一般流程。
6. 如何在 PCB 编辑器中引入网络表?
7. 完成原理图的绘制后,生成的网络表文件有何作用?

参 考 文 献

[1] 曹海平．电工电子技术实验教程．北京：电子工业出版社，2010．
[2] 李桂安．电工电子实践初步．南京：东南大学出版社，1999．
[3] 熊幸明．电工电子实训教程．北京：清华大学出版社，2007．
[4] 陈世和．电工电子实习教程．北京：北京航空航天大学出版社，2007．
[5] 徐国华．电子技能实训教程．北京：北京航空航天大学出版社，2006．
[6] 吴俊芹．电子技术实训与课程设计．北京：机械工业出版社，2009．
[7] 李敬伟，等．电子工艺训练教程．北京：电子工业出版社，2008．
[8] 宁铎，等．电子工艺实训教程．西安：西安电子科技大学出版社，2006．
[9] 顾江，等．电子电路基础实验与实践．南京：东南大学出版社，2008．
[10] 马全喜．电子元器件与电子实习．北京：机械工业出版社，2006．
[11] 李洋．EDA 技术实用教程．北京：机械工业出版社，2009．
[12] 徐磊．电子、电子技术实习与课程设计．北京：中国电力出版社，2006．